U0231395

"煤炭清洁转化技术丛书"

丛 书 主 编：谢克昌

丛书副主编：任相坤

各分册主要执笔者：

《煤炭清洁转化总论》	谢克昌	王永刚	田亚峻
《煤炭气化技术：理论与工程》	王辅臣	于广锁	龚 欣
《气体净化与分离技术》	上官炬	毛松柏	
《煤炭转化过程污染控制与治理》	亢万忠	周彦波	
《煤炭热解与焦化》	尚建选	郑明东	胡浩权
《煤炭直接液化技术与工程》	舒歌平	吴春来	任相坤
《煤炭间接液化理论与实践》	孙启文		
《煤基化学品合成技术》	应卫勇		
《煤基含氧燃料》	李 忠	付廷俊	
《煤制烯烃和芳烃》	魏 飞	叶 茂	刘中民
《煤基功能材料》	张功多	张德祥	王守凯
《煤制乙二醇技术与工程》	姚元根	吴越峰	诸 慎
《煤化工碳捕集利用与封存》	马新宾	李小春	任相坤
《煤基多联产系统技术》	李文英		
《煤化工设计技术与工程》	施福富	亢万忠	李晓黎

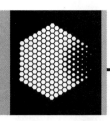

煤炭清洁转化技术丛书

丛书主编　　谢克昌　　　丛书副主编　　任相坤

煤制乙二醇
技术与工程

姚元根　吴越峰　诸　慎　主编

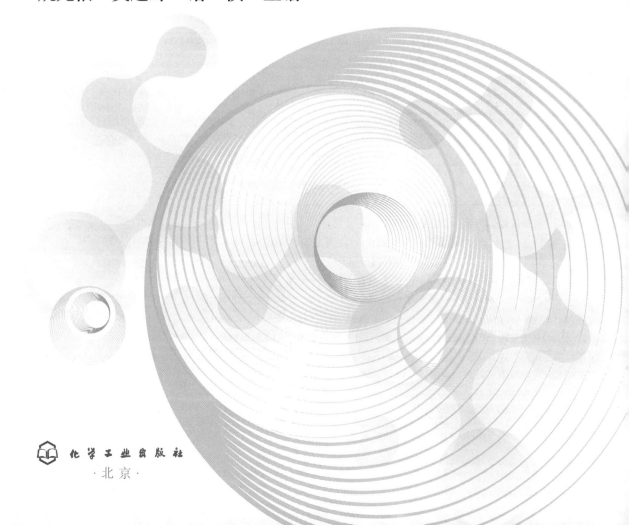

化学工业出版社

·北京·

内容简介

本书是"煤炭清洁转化技术丛书"的分册之一,全面呈现了中国煤制乙二醇的技术和工程图景。本书概述了煤制乙二醇技术和行业发展现状、机遇与挑战,深入探讨了CO氧化偶联合成草酸酯、氧化酯化合成亚硝酸甲酯、草酸酯加氢制备乙二醇、乙二醇产品与中间体的精制等关键技术;系统介绍了煤制乙二醇工艺系统的设计与分析,包括能耗分析、技术经济分析、安全控制技术和环境保护措施。在此基础上,介绍了已实现工业化的代表性煤制乙二醇技术及典型的工业化装置,展望了煤制乙二醇技术发展方向以及关联产品和技术。

本书深入总结了作者团队的研究和工程化成果,内容翔实,实用性强,可供煤化工领域的研究、设计和生产技术人员,尤其是煤制乙二醇领域的技术人员阅读参考。

图书在版编目(CIP)数据

煤制乙二醇技术与工程 / 姚元根,吴越峰,诸慎主编. -- 北京:化学工业出版社,2024.9. --(煤炭清洁转化技术丛书). -- ISBN 978-7-122-45950-3

Ⅰ. O623.413

中国国家版本馆 CIP 数据核字第 2024Y1C253 号

责任编辑:傅聪智 仇志刚   文字编辑:师明远
责任校对:边 涛   装帧设计:张 辉

出版发行:化学工业出版社
　　　　　(北京市东城区青年湖南街 13 号 邮政编码 100011)
印　　装:中煤(北京)印务有限公司
787mm×1092mm 1/16 印张 20¼ 字数 486 千字
2025 年 1 月北京第 1 版第 1 次印刷

购书咨询:010-64518888   售后服务:010-64518899
网　　址:http://www.cip.com.cn
凡购买本书,如有缺损质量问题,本社销售中心负责调换。

定　　价:168.00 元

"煤炭清洁转化技术丛书"编委会

丛书序

2021 年中央经济工作会议强调指出："要立足以煤为主的基本国情，抓好煤炭清洁高效利用。"事实上，2019 年到 2021 年的《政府工作报告》就先后提出"推进煤炭清洁化利用"和"推动煤炭清洁高效利用"，而 2022 年和 2023 年的《政府工作报告》更是强调要"加强煤炭清洁高效利用"和"发挥煤炭主体能源作用"。由此可见，煤炭清洁高效利用已成为保障我国能源安全的重大需求。中国工程院作为中国工程科学技术界的最高荣誉性、咨询性学术机构，立足于我国的基本国情和发展阶段，早在 2011 年 2 月就启动了由笔者负责的《中国煤炭清洁高效可持续开发利用战略研究》这一重大咨询项目，组织了煤炭及相关领域的 30 位院士和 400 多位专家，历时两年多，通过对有关煤的清洁高效利用全局性、系统性和基础性问题的深入研究，提出了科学性、时效性和操作性强的煤炭清洁高效可持续开发利用战略方案，为中央的科学决策提供了有力的科学支撑。研究成果形成并出版一套 12 卷的同名丛书，包括煤炭的资源、开发、提质、输配、燃烧、发电、转化、多联产、节能降污减排等全产业链，对推动煤炭清洁高效可持续开发利用发挥了重要的工程科技指导作用。

煤炭具有燃料和原料的双重属性，前者主要用于发电和供热（约占 2022 年煤炭消费量的 57%），后者主要用作化工和炼焦原料（约占 2022 年煤炭消费量的 23%）。近年来，由于我国持续推进煤电机组与燃料锅炉淘汰落后产能和节能减排升级改造，已建成全球最大的清洁高效煤电供应体系，燃煤发电已不再是我国大气污染物的主要来源，可以说 2022 年，占煤炭消费总量约 57% 的发电用煤已基本实现了煤炭作为能源的清洁高效利用。如果作为化工和炼焦原料约 10 亿吨的煤炭也能实现清洁高效转化，在确保能源供应、保障能源安全的前提下，实现煤炭清洁高效利用便指日可待。

虽然 2022 年化工原料用煤 3.2 亿吨仅占包括炼焦用煤在内转化原料用煤总量的 32% 左右，但以煤炭清洁转化为前提的现代煤化工却是煤炭清洁高效利用的重要途径，它可以提高煤炭综合利用效能，并通过高端化、多元化、低碳化的发展，使该产业具有巨大的潜力和可期望的前途。至 2022 年底，我国现代煤化工的代表性产品煤制油、煤制甲烷气、煤制烯烃和煤制乙二醇产能已初具规模，产量也稳步上升，特别是煤直接液化、低温间接液化、煤制烯烃、煤制乙二醇技术已处于国际领先水平，煤制乙醇已经实现工业化运行，煤制芳烃等技术也正在突破。内蒙古鄂尔多斯、陕西榆林、宁夏宁东和新疆准东4个现代煤化工产业示范区和生产基地产业集聚加快、园区化格局基本形成，为现代煤化工产业延伸产业链，最终实现高端化、多元化和低碳化奠定了雄厚基础。由笔者担任主编、化学工业出版社2012年出版发行的"现代煤化工技术丛书"对推动我国现代煤化工的技术进步和产业发展发挥了重要作用，做出了积极贡献。

现代煤化工产业发展的基础和前提是煤的清洁高效转化。这里煤的转化主要指煤经过化学反应获得气、液、固产物的基础过程和以这三态产物进行再合成、再加工的工艺过程，而通过科技创新使这些过程实现清洁高效不仅是助力国家能源安全和构建"清洁低碳、安全高效"能源体系的必然选择，而且也是现代煤化工产业本身高端化、多元化和低碳化的重要保证。为顺应国家"推动煤炭清洁高效利用"的战略需求，化学工业出版社决定在"现代煤化工技术丛书"的基础上重新编撰"煤炭清洁转化技术丛书"（以下简称丛书），仍邀请笔者担任丛书主编和编委会主任，组织我国煤炭清洁高效转化领域教学、科研、工程设计、工程建设和工厂企业具有雄厚基础理论和丰富实践经验的一线专家学者共同编著。在丛书编写过程中，笔者要求各分册坚持"新、特、深、精"四原则。新，是要有新思路、新结构、新内容、新成果；特，是有特色，与同类著作相比，你无我有，你有我特；深，是要有深度，基础研究要深入，数据案例要充分；精，是分析到位、阐述精准，使丛书成为指导行业发展的案头精品。

针对煤炭清洁转化的利用方式、技术分类、产品特征、材料属性，从清洁低碳、节能高效和环境友好的可持续发展理念等本质认识，丛书共设置了15个分册，全面反映了作者团队在这些方面的基础研究、应用研究、工程开发、重大装备制造、工业示范、产业化行动的最新进展和创新成果，基本体现了作者团队在煤炭清洁转化利用领域追求共性关键技术、前沿引领技术、现代工程技术和颠覆性技术突破的主动与实践。

1.《煤炭清洁转化总论》（谢克昌　王永刚　田亚峻　编著）

以"现代煤化工技术丛书"之分册《煤化工概论》为基础，将视野拓宽至煤炭清洁转化全领域，但仍以煤的转化反应、催化原理与催化剂为主线，概述了煤炭清洁转化的主要过程和技术。该分册一个显著的特点是针对中国煤炭清洁转化的现状和问题，在深入分析和论证的基础上，提出了中国煤炭清洁转化技术和产业"清洁、低碳、安全、高效"的量化指标和发展战略。

2.《煤炭气化技术：理论与工程》（王辅臣　于广锁　龚欣　等编著）

该分册通过对煤气化过程的全面分析，从煤气化过程的物理化学、流体力学基础出发，深入阐述了气化炉内射流与湍流多相流动、湍流混合与气化反应、气化原料制备与输送、熔渣流动与沉积、不同相态原料的气流床气化过程放大与集成、不同床型气化炉与气化系统模拟以及成套技术的工程应用。作者团队对其开发的多喷嘴气化技术从理论研究、工程开发到大规模工业化应用的全面论述和实践，是对煤气化这一煤炭清洁转化核心技术的重大贡献。专述煤与气态烃的共气化是该分册的另一特点。

3.《气体净化与分离技术》(上官炬　毛松柏　等编著)

煤基工业气体净化与分离是煤炭清洁转化的前提与基础。作者基于团队几十年在这一领域的应用基础研究和技术开发实践，不仅系统介绍了广泛应用的干法和湿法净化技术以及变压吸附与膜分离技术，而且对气体净化后硫资源回收与一体化利用进行了论述，系统阐述了不同净化分离工艺技术的应用特征和解决方案。

4.《煤炭转化过程污染控制与治理》(亢万忠　周彦波　等编著)

传统煤炭转化利用过程中产生的"三废"如果通过技术创新、工艺进步、装置优化、全程管理等手段，完全有可能实现源头减排，从而使煤炭转化利用过程达到清洁化。该分册在介绍煤炭转化过程中硫、氮等微量和有害元素的迁移与控制的理论基础上，系统论述了主要煤炭转化技术工艺过程和装置生产中典型污染物的控制与治理，以及实现源头减排、过程控制、综合治理、利用清洁化的技术创新成果。对煤炭转化全过程中产生的"三废"、噪声等典型污染物治理技术、处置途径的具体阐述和对典型煤炭转化项目排放与控制技术集成案例的成果介绍是该分册的显著特点。

5.《煤炭热解与焦化》(尚建选　郑明东　胡浩权　等编著)

热解是所有煤炭热化学转化过程的基础，中低温热解是低阶煤分级分质转化利用的最佳途径，高温热解即焦化过程以制取焦炭和高温煤焦油为主要目的。该分册介绍了热解与焦化过程的特征和技术进程，在阐述技术原理的基础上，对这两个过程的原料特性要求、工艺技术、装备设施、产物分质利用、系统集成等详细论述的同时，对中低温煤焦油和高温煤焦油的深加工技术、典型工艺、组分利用、分离精制、发展前沿等也做了全面介绍。展现最新的研究成果、工程进展及发展方向是该分册的特色。

6.《煤炭直接液化技术与工程》(舒歌平　吴春来　任相坤　编著)

通过改变煤的分子结构和氢碳原子比并脱除其中的氧、氮、硫等杂原子，使固体煤转化成液体油的煤炭直接液化不仅是煤炭清洁转化的重要途径，而且是缓解我国石油对外依存度不断升高的重要选择。该分册对煤炭直接液化的基本原理、用煤选择、液化反应与影响因素、液化工艺、产品加工进行了全面论述，特别是世界首套百万吨级煤直接液化示范工程的工艺、装备、工厂运行等技术创新过程和开发成果的详尽总结和梳理是其亮点。

7.《煤炭间接液化理论与实践》（孙启文　编著）

煤炭间接液化制取汽油、柴油等油品的实质是煤先要气化制得合成气，再经费-托催化反应转化为合成油，最后经深加工成为合格的汽油、柴油等油品。与直接液化一样，间接液化是煤炭清洁转化的重要方式，对保障我国能源安全具有重要意义。费-托合成是煤炭间接液化的关键技术。该分册在阐述煤基合成气经费-托合成转化为液体燃料的煤炭间接液化反应原理基础上，详尽介绍了费-托合成反应催化剂、反应器和产物深加工，深入介绍了作者在费-托合成领域的研发成果与应用实践，分析了大规模高、低温费-托合成多联产工艺过程，费-托合成产物深加工的精细化以及与石油化工耦合的发展方向和解决方案。

8.《煤基化学品合成技术》（应卫勇　编著）

广义上讲，凡是通过煤基合成气为原料制得的产品都属于煤基合成化学品，含通过间接液化合成的燃料油等。该分册重点介绍以煤基合成气及中间产物甲醇、甲醛等为原料合成的系列有机化工产品，包括醛类、胺类、有机酸类、酯类、醚类、醇类、烯烃、芳烃化学品，介绍了煤基化学品的性质、用途、合成工艺、市场需求等，对最新基础研究、技术开发和实际应用等的梳理是该书的亮点。

9.《煤基含氧燃料》（李忠　付廷俊　等编著）

作为煤基燃料的重要组成之一，与直接液化和间接液化制得的煤基碳氢燃料相比，煤基含氧燃料合成反应条件相对温和、组成简单、元素利用充分、收率高、环保性能好，具有明显的技术和经济优势，与间接液化类似，对煤种的适用性强。甲醇是主要的、基础的煤基含氧燃料，既可以直接用作车船用替代燃料，亦可作为中间平台产物制取醚类、酯类等含氧燃料。该分册概述了醇、醚、酯三类主要的煤基含氧燃料发展现状及应用趋势，对煤基含氧燃料的合成原料、催化反应机理、催化剂、制造工艺过程、工业化进程、根据其特性的应用推广等进行了深入分析和总结。

10.《煤制烯烃和芳烃》（魏飞　叶茂　刘中民　等编著）

烯烃（特别是乙烯和丙烯）和芳烃（尤其是苯、甲苯和二甲苯）是有机化工最基本的基础原料，市场规模分别居第一位和第二位。以煤为原料经气化制合成气、合成气制甲醇，甲醇转化制烯烃、芳烃是区别于石油化工的煤炭清洁转化制有机化工原料的生产路线。该分册详细论述了煤制烯烃（主要是乙烯和丙烯）、芳烃（主要是苯、甲苯、二甲苯）的反应机理和理论基础，系统介绍了甲醇制烯烃技术、甲醇制丙烯技术、煤制烯烃和芳烃的前瞻性技术，包括工艺、催化剂、反应器及系统技术。特别是对作者团队在该领域的重大突破性技术以及大规模工业应用的创新成果做了重点描述，体现了理论与实践的有机结合。

11.《煤基功能材料》（张功多　张德祥　王守凯　等编著）

碳元素是自然界分布最广泛的一种基础元素，具有多种电子轨道特性，以碳元素作为唯一组成的炭材料有多样的结构和性质。煤炭含碳量高，以煤为主要原料制取的煤基炭材料是煤炭材料属性的重要表现形式。该分册详细介绍了煤基有机功能材料（光波导材料、光电显示材料、光电信息存储材料、工程塑料、精细化学品）和煤基炭功能材料（针状焦、各向同性焦、石墨电极、炭纤维、储能材料、吸附材料、热管理炭材料）的结构、性质、生产工艺和发展趋势。对作者团队重要科技成果的系统总结是该分册的特点。

12.《煤制乙二醇技术与工程》（姚元根　吴越峰　诸慎　主编）

以煤基合成气为原料通过羰化偶联加氢制取乙二醇技术在中国进入到大规模工业化阶段。该分册详细阐述了煤制乙二醇的技术研究、工程开发、工业示范和产业化推广的实践，针对乙二醇制备过程中的亚硝酸甲酯合成、草酸二甲酯合成、草酸酯加氢、中间体分离和产品提纯等主要单元过程，系统分析了反应机理、工艺流程、催化剂、反应器及相关装备等；全面介绍了煤基乙二醇的工艺系统设计及工程化技术。对典型煤制乙二醇工程案例的分析、技术发展方向展望、关联产品和技术说明是该分册的亮点。

13.《煤化工碳捕集利用与封存》（马新宾　李小春　任相坤　等编著）

煤化工生产化学品主要是以煤基合成气为原料气，调节碳氢比脱除 CO_2 是其不可或缺的工艺属性，也因此成为煤化工发展的制约因素之一。为促进煤炭清洁低碳转化，该分册阐述了煤化工碳排放概况、碳捕集利用和封存技术在煤化工中的应用潜力，总结了与煤化工相关的 CO_2 捕集技术、利用技术和地质封存技术的发展进程及应用现状，对 CO_2 捕集、利用和封存技术工程实践案例进行了分析。全面阐述 CO_2 为原料的各类利用技术是该分册的亮点。

14.《煤基多联产系统技术》（李文英　等编著）

煤基多联产技术是指将燃煤发电和煤清洁高效转化所涉及的主要工艺单元过程以及化工-动力-热能一体化理念，通过系统间的能量流与物质流的科学分配达到节能、提效、减排和降低成本，是一项系统整体资源、能源、环境等综合效益颇优的煤清洁高效综合利用技术。该分册紧密结合近年来该领域的技术进步和工程需求，聚焦多联产技术的概念设计与经济性评价，在介绍关键技术和主要工艺的基础上，对已运行和在建的系统进行了优化与评价分析，并指出该技术发展中的问题和面临的机遇，提出适合我国国情和发展阶段的多联产系统技术方案。

15.《煤化工设计技术与工程》（施福富　元万忠　李晓黎　等编著）

煤化工设计与工程技术进步是我国煤化工产业高质量发展的基础。该分册全面梳理和总结了近年来我国煤化工设计技术与工程管理的最新成果，阐明了煤化工产业高端化、多元化、低碳化发展的路径，解析了煤化工工程设计、工程采购、工程施工、项目管理在不同阶段的目标、任务和关键要素，阐述了最新的工程技术理念、手段、方法。详尽剖析煤化工工程技术相关专业、专项技术的定位、工程思想、技术现状、工程实践案例及发展趋势是该分册的亮点。

丛书 15 个分册的作者，都十分重视理论性与实用性、系统性与新颖性的有机结合，从而保障了丛书整体的"新、特、深、精"，体现了丛书对我国煤炭清洁高效利用技术发展的历史见证和支撑助力。"惟创新者进，惟创新者强，惟创新者胜。"坚持创新，科技进步；坚持创新，国家强盛；坚持创新，竞争取胜。"古之立大事者，不惟有超世之才，亦必有坚韧不拔之志"，只要我们坚持科技创新，加快关键核心技术攻关，在中国实现煤炭清洁高效利用一定会指日可待。诚愿这套丛书在煤炭清洁高效利用不断迈上新水平的进程中发挥科学求实的推动作用。

谢克昌

2023 年 6 月 9 日

前言

　　煤炭一直是中国的主导能源和碳资源，这种局面在未来仍将维持相当长的时间。煤化工以煤炭为碳资源合成各种化学品，相比燃烧发电，可显著降低单位煤炭使用的二氧化碳排放。经过几代科技工作者的不懈努力，中国在煤炭清洁高效利用方面取得了长足的进步，从煤气化到化学品合成，形成了一系列具有自主知识产权的现代煤化工技术。

　　21世纪初，由于我国聚酯产业的迅猛发展，对乙二醇的需求量大幅上升，传统的环氧乙烷水合工艺（石油路线）所生产的乙二醇已远远不能满足聚酯需求，大量依赖进口。在这种局面下，煤制乙二醇技术应时而生，我国在2009年首先实现了煤制乙二醇技术的工业化，利用我国相对富产的煤炭资源替代石油生产大量依赖进口的乙二醇，具有重要的战略意义。

　　自从建在内蒙古自治区通辽经济开发区的世界首套20万吨煤制乙二醇装置在2009年末实现运行后，国内外出现了多种技术，建成了数十套大型煤制乙二醇工业生产装置。经过这十几年的发展，中国的煤制乙二醇产能规模已超过1000万吨/年。大型煤制乙二醇装置的建设和投产运行，也推动了工程设计和配套技术的发展，涌现了煤（合成气）制草酸、碳酸二甲酯、聚乙醇酸等新的工业化生产技术。针对乙二醇期货市场对煤制乙二醇技术的冲击，各技术供应单位都加强了技术创新、节能降耗和产品结构优化。因此，系统总结煤制乙二醇的技术原理、工程化技术和产业发展状况很有必要。

　　本书是谢克昌院士主编的"煤炭清洁转化技术丛书"的分册之一，由中国科学院福建物质结构研究所（以下简称福建物构所）、东华工程科技股份有限公司（以下简称东华科技）、上海浦景化工技术股份有限公司（以下简称上海浦景）牵头组织编写，由姚元根、吴越峰、诸慎担任主编，为读者呈现了全面的煤制乙二醇技术和工程图景。

　　全书共分9章，主要内容和编写分工如下：

　　第1章由福建物构所覃业燕、东华科技吴越峰和毛宇杰、上海浦景计扬编写，介绍了乙二醇的工业生产技术、中国煤制乙二醇行业现状、产业的挑战与机遇。

　　第2章由福建物构所潘鹏斌、上海浦景骆念军编写，介绍CO氧化偶联合成草酸酯的技术原理、催化剂研发进展和反应工艺研究。

　　第3章由上海浦景骆念军编写，介绍亚硝酸甲酯的性质和制备技术以及在反应过程中的再生循环。

第 4 章由福建物构所林凌编写，介绍草酸酯加氢制备乙二醇的反应原理、热动力学、催化剂研发进展及其失活再生研究。

第 5 章由福建物构所程建开、东华科技吴越峰和毛宇杰、上海浦景鲁文质编写，介绍了乙二醇的精制以及草酸二甲酯、碳酸二甲酯等中间产品的精制分离，并列举了适用于煤制乙二醇生产路线的分离方法和节能技术。

第 6 章由东华科技吴越峰、毛宇杰、王晷、余海清、张冰、李林、聂明成、苗卉编写，介绍了煤制乙二醇工艺系统设计和分析、安全控制技术、环境保护措施。

第 7 章由福建物构所周张锋、东华科技吴越峰和余海清、上海浦景钱宏义编写，介绍了中国已实现产业化的代表性煤制乙二醇技术及典型的工业化装置。

第 8 章由福建物构所周张锋、东华科技吴越峰和王晷、上海浦景毛彦鹏编写，指出了当前煤制乙二醇及其催化剂技术的发展方向，也介绍了常压加氢、装置大型化、尾气循环和吸收、节能减排等新技术开发。

第 9 章由福建物构所周张锋、上海浦景孙朝阳编写，介绍了煤制乙二醇的关联产品与技术，随着这些技术的发展和工业化，煤制乙二醇技术有望形成一个技术产业群。

本书各章尽管有分工，但全体编者对各章内容的写作和优化均有贡献。

本书许多内容是编者团队多年学术研究的结晶和工业化实践的成果，这些研究得到了国家 973 计划、863 计划、国家科技攻关（支撑）计划、国家重点研发计划、国家自然科学基金、中国科学院弘光专项等科技和人才项目持续不断的支持，也一直得到了江苏丹化集团、丹化科技、通辽金煤、中石化广州工程公司、贵州鑫醇科技、高化学株式会社、北京兴高化学技术有限公司、浙江联盛化学股份有限公司、新疆天业（集团）有限公司、陕煤集团榆林化学有限责任公司、中化学（内蒙古）新材料有限责任公司、华陆工程科技有限责任公司、鄂尔多斯市新杭能源有限公司、国能榆林化工有限公司等的支持。在本书出版之际，对上述单位表示衷心的感谢。

国内许多专家、学者对本书编者团队的研究和技术推广工作一直给予指导和支持，他们无私的帮助，促进了煤制乙二醇技术的顺利开花结果，也促进了编者团队的继续成长和发展。在此，对他们表示衷心的感谢。

本书写作过程中，得到了丛书主编谢克昌院士、丛书副主编任相坤教授和丛书责任编辑细致入微的指导。在编写过程中，他们多次组织视频会议，统一了来自各方编写团队的写作口径，并对本书的写作提出了许多重要的建议和修改意见。在此，也对他们表示衷心的感谢。

煤制乙二醇技术还在不断创新发展，新的催化剂技术及由煤制乙二醇技术衍生出来的新技术研究成果正在不断涌现。编写团队虽竭尽所能让本书周到齐全，但难免有疏漏和不当之处，敬请读者批评指正。

编者
2024 年 8 月

目录

5   乙二醇产品与中间体的精制   111

6 煤制乙二醇工艺系统设计　143

7 煤制乙二醇的产业化　218

8 煤制乙二醇技术发展方向 265

9 煤制乙二醇的关联产品与技术 277

1

绪论

乙二醇（ethylene glycol，EG）是重要的有机化工原料，主要用于生产聚对苯二甲酸乙二醇酯（polyethylene terephthalate，PET）、防冻剂、增塑剂等，广泛应用于包装、电子、医疗卫生、建筑和汽车等领域。

乙二醇的工业生产主要采用以乙烯为原料氧化制备环氧乙烷中间体，环氧乙烷进一步水合获得乙二醇产品的工艺路线，也称为石油路线。在很长一段时间，乙二醇产品基本采用该路线进行生产。2009 年，全球首套采用煤制合成气为原料催化合成草酸二甲酯（DMO）中间体，DMO 进一步加氢获得乙二醇产品的通辽金煤 20 万吨/年"煤制乙二醇"技术工业示范装置投入运行。这标志着我国具有自主知识产权的煤制乙二醇技术在世界范围内率先实现了产业化，对乙二醇产业带来了深远的影响。"煤制乙二醇"符合我国"缺油、少气、煤炭资源相对丰富"的资源禀赋和能源资源基本国情的需求，因此受到了业界的广泛关注，在国内获得了快速发展。该技术一方面可充分利用我国丰富的煤炭资源生产乙二醇产品，另一方面，也可采用天然气、页岩气及工业尾气（如电石尾气、焦炉气、高炉气、黄磷尾气、荒煤气等）为原料生产乙二醇，既可实现煤炭的清洁高效利用，又切合当前国家碳达峰、碳中和（"双碳"）政策和能源战略。

经过十余年的发展，煤制乙二醇技术在基础理论研究、知识产权应用、技术工程化实施和产业化模式发展等方面不断取得突破，涌现出一批有工业化应用成果、有市场影响力的代表性技术及工业装置。"煤制乙二醇"行业的发展不但有效缓解了我国长期以来乙二醇自给率低的局面，也使煤制乙二醇产品成为了全球乙二醇供应链的重要组成部分。因此，中国煤制乙二醇技术已成为具有国际领先水平的中国现代煤化工的代表性技术之一。

1.1 乙二醇的性质与应用

1.1.1 乙二醇的性质

乙二醇又名甘醇，结构式为 $HOCH_2CH_2OH$，是最简单和最重要的脂肪族二元醇。乙二醇分子量 62.07，凝固点 $-11.5℃$，沸点 197.6℃，相对密度（d_4^{20}）1.1135，折射率

1.43063，是无色澄清、略带甜味的黏稠液体。乙二醇能与水以任意比例混合。

1.1.2 乙二醇的应用

乙二醇主要用于生产 PET、玻璃纸、黏合剂、乙二醛、多元醇、炸药等化工产品，还可用作防冻剂、增塑剂、水力流体、溶剂等，此外在有机合成、制药、香料等诸多领域有着广泛用途。

PET 合成是乙二醇最重要的下游应用，每年消耗的乙二醇占其全年总消费量的 90% 左右。PET 属于高分子化合物，由对苯二甲酸（terephthalic acid，PTA）和乙二醇（EG）经过缩聚得到：

$$n\ \text{HO-C}\overset{\text{O}}{\Vert}\text{—}\!\!\!\!\text{—C—OH} + n\ \text{HOCH}_2\text{CH}_2\text{OH} \longrightarrow \text{HO}\!\!-\!\!\!\left[\text{C}\overset{\text{O}}{\Vert}\text{—}\!\!\!\!\text{—C—O—CH}_2\text{—CH}_2\text{—O}\right]_n\!\!-\!\!\text{H} + (2n-1)\text{H}_2\text{O} \tag{1-1}$$

PET 是人类社会中最广泛使用的几种聚合物之一。PET 的合成研究最早可追溯到 1928 年[1]。20 世纪 40 年代和 70 年代分别实现了 PET 纤维和 PET 瓶片的商业化应用。截至 2020 年，全球纤维级 PET 和瓶级 PET 的产能已分别超过了 7000 万吨/年和 3300 万吨/年，占全球 PET 产能的 95% 以上。

除用于 PET 生产外，乙二醇还可直接用作防冻剂，或与水等混合制备冷却剂，这一应用约占乙二醇消费量的 3%～5%。

乙二醇还可以与邻苯二甲酸、顺丁烯二酸和反丁烯二酸等多元酸反应生成相应的聚合物，统称醇酸树脂。

此外，乙二醇的二硝酸酯可用作炸药，同时也是生产增塑剂、涂料、胶黏剂、表面活性剂及电容器电解液等产品不可缺少的物质。乙二醇的主要用途占比及乙二醇下游聚酯产品占比如图 1-1 所示。

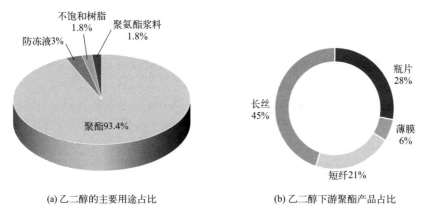

(a) 乙二醇的主要用途占比　　　　　　(b) 乙二醇下游聚酯产品占比

图 1-1　乙二醇的主要用途占比及乙二醇下游聚酯产品占比

1.2　乙二醇工业生产技术

20 世纪 30～40 年代，乙二醇工业生产技术进入起步探索阶段，此时 PET 的研究开发也刚起步，乙二醇的大宗下游应用方向尚不明确。在此期间出现了两条代表性的技术路线/

装置：第一条技术路线是美国联合碳化物公司（UCC）开发的以乙烯为原料，环氧乙烷（EO）为中间体，通过 EO 水合反应得到乙二醇产品的乙烯法路线。1938 年，UCC 采用此技术建成了世界上首套乙烯法制备乙二醇的工业化装置。第二条技术路线是美国杜邦公司开发的以甲醛为原料，乙醇酸（GA）为中间体，通过 GA 液相加氢得到乙二醇的甲醛法路线。20 世纪 40 年代，杜邦公司成功开发出了甲醛法合成乙二醇技术，并建成了工业化装置，后因技术经济性问题停产。

从 20 世纪 50 年代开始，随着 PET 相继在纺织纤维和饮料包装方面商业化应用的成功，乙二醇需求量不断增长。在石油化工大发展的背景下，在质量和技术经济性上更能满足 PET 生产要求的"乙烯法乙二醇合成路线"逐渐成为主流，"甲醛法乙二醇合成路线"淡出行业。在此期间形成了英荷壳牌（Shell）、美国 Halcon-SD、美国 UCC 三足鼎立的三条乙烯法合成乙二醇技术路线。

进入 21 世纪后，中国成为全球纺织业的加工厂。随着中国聚酯工业和汽车防冻液等下游产业的快速发展，乙二醇的国内需求逐年大幅增加，国内自给率长期在低位徘徊。在中国"缺油、少气、煤炭资源相对丰富"的资源特点、中国乙二醇产业的对外依存度居高不下的产业现状以及国内多家研究机构的持续努力开展技术研发的大背景下，以煤制合成气为原料合成草酸酯，草酸酯进一步加氢得到乙二醇产品的煤制乙二醇技术在全球率先实现产业化，并由此影响了整个行业的发展，使得该技术成为具有国际领先水平的中国现代煤化工的代表性成果之一。

按照原料来源，乙二醇工业化生产路线可分为石油化工路线、煤化工路线和生物质转化路线[2]。

1.2.1 石油化工路线制乙二醇

石油化工路线是乙二醇生产的主流工艺路线。无论何种石油化工路线技术都是以乙烯氧化生产环氧乙烷为前提。石油化工路线主要过程为，首先将石脑油催化裂解生产乙烯（中东地区和加拿大采用油田伴生甲烷裂解获得乙烯，可以获得成本更低的乙烯），随后乙烯与 O_2 在 Ag 催化剂存在的情况下反应生成环氧乙烷（EO），最后环氧乙烷通过水合作用得到乙二醇。

根据环氧乙烷水合过程中是否采用催化剂，乙烯路线又可分为环氧乙烷直接水合法和环氧乙烷催化水合法。

在环氧乙烷水合的工艺路线之外，还有以碳酸乙烯酯为中间体合成乙二醇的路线。

（1）环氧乙烷直接水合法

环氧乙烷直接水合法在高温和加压条件下进行，主要反应式如下：

$$\underset{O}{H_2C-CH_2} + H_2O \longrightarrow \underset{OH\ OH}{H_2C-CH_2} \tag{1-2}$$

在直接水合过程中会产生一定的副产物。副产物主要为一缩乙二醇（DEG）、二缩乙二醇（TEG）和少量的聚乙二醇，其量和水比（H_2O 和 EO 的摩尔比）有关。为了获得较高的乙二醇选择性，一般将水比控制在（20~22）∶1、温度 190~220℃、压力 1.0~2.5MPa 下反应。直接水合后液相混合产物中乙二醇、DEG、TEG 的摩尔比约为 100∶10∶1；乙二醇的选择性为 88%~99%[3]。EO 水合反应后，反应产物液中水含量很高，乙二醇的质量分数约占 10%。因此，在后处理过程中需设置多效蒸发流程脱水，脱水过程能耗较高，这也是乙二醇的主要生产成本之一。

目前，环氧乙烷直接水合法的生产技术基本上由英荷壳牌（Shell）、美国 Halcon-SD 以及美国 UCC 三家公司所垄断。它们的工艺技术和工艺流程基本上相似，主要区别体现在催化剂、反应和吸收工艺以及一些技术细节上。

（2）环氧乙烷催化水合法

针对环氧乙烷直接水合法生产乙二醇工艺中水比高，导致后序脱水能耗高的缺点，EO 催化水合法被开发出来。该技术在 EO 水合过程中加入水合催化剂，降低水比，同时保证较高的乙二醇选择性。与直接水合法相比，催化水合法可大幅度节能降耗，具有良好的经济和环境效益，成为石油路线生产乙二醇的一项重大变革。如，Shell 公司开发的使用大环螯合化合物催化剂的水合工艺[4]，UCC 公司开发的使用水滑石型催化剂的水合工艺[5]，俄罗斯开发的以苯乙烯和二乙烯基苯交联的含季铵基的碳酸氢盐型离子交换树脂为催化剂的水合工艺[6]，Dow 化学公司开发的使用 MSA-1 阴离子交换树脂催化剂的水合工艺[7] 等。其中，Huntsman 开发的以活性炭为催化剂的水合工艺，使得环氧乙烷的转化率及乙二醇的选择性都得到了显著提高[8]。国内多家企业和研究机构也对环氧乙烷的催化水合进行了研究。例如，大连理工大学开发了一种铜催化的环氧乙烷水合制备乙二醇的方法，环氧乙烷转化率可达 100%，乙二醇选择性达到 85%～99%，主要副产物二乙二醇、三乙二醇的生成量很少[9]。江苏工业学院研发了一种季鏻型阴离子交换树脂催化剂，催化活性高，树脂不易破碎，环氧乙烷转化率达到 99%，乙二醇选择性达到 95% 以上[10]。

（3）METEOR™ 工艺

针对传统石油路线存在的问题，Dow 化学公司开发了 METEOR™ 工艺，1994 年首次在加拿大实现工业化生产[11]。该工艺采用乙烯、纯氧为原料，在一定温度、压力下通过银催化剂床层生成 EO，反应生成的 EO 经过吸收、汽提及再吸收、精制塔侧线采出高纯 EO 产品，EO 精制塔釜液去水合乙二醇/精制单元，经过四效蒸发、真空脱水、乙二醇精制、DEG 精制，生产出乙二醇产品及副产品 DEG。其最大的特点是采用大型单反应器技术、独特的催化剂和多塔合一技术。与其他 EO/乙二醇生产工艺技术相比，不仅所需的设备数量较少、占地总面积较小，且原材料的利用率显著提高，开车成本投入也较低，设备操作和维修更简便易行，可靠性更高。

目前，世界上已经有多套乙二醇装置采用该法进行生产。如 1994 年加拿大 Prentiss 公司、1997 年科威特 EQUATE 公司、2002 年马来西亚 Optimal 公司、2008 年科威特 Olefins 公司分别采用该方法建成乙二醇生产装置。2010 年我国中石化镇海炼化公司和中石化天津石化公司乙二醇装置也采用该法进行生产。

（4）碳酸乙烯酯法合成乙二醇

碳酸乙烯酯法合成乙二醇也是以环氧乙烷为原料，首先利用乙烯氧化生产环氧乙烷时回收的 CO_2 为原料与 EO 在催化剂作用下生成碳酸乙烯酯（EC）；最后碳酸乙烯酯水解生成乙二醇或与甲醇进行酯交换生成乙二醇和碳酸二甲酯（DMC）。主要反应过程如下：

$$\begin{matrix} H_2C \\ H_2C \end{matrix}\!\!\diagdown\!\!\diagup\!\!O + CO_2 \xrightarrow{\text{酯化}} \begin{matrix} H_2C-O \\ H_2C-O \end{matrix}\!\!C{=}O \qquad (1\text{-}3)$$

$$\begin{matrix} H_2C-O \\ H_2C-O \end{matrix}\!\!C{=}O + H_2O \underset{}{\overset{\text{水解}}{\rightleftharpoons}} \begin{matrix} CH_2OH \\ CH_2OH \end{matrix} + CO_2 \qquad (1\text{-}4)$$

或

$$\underset{H_2C-O}{\overset{H_2C-O}{\diagdown}}C=O + 2CH_3OH \Longrightarrow \underset{CH_3O}{\overset{CH_3O}{\diagdown}}C=O + \underset{CH_2OH}{\overset{CH_2OH}{|}} \qquad (1\text{-}5)$$

美国 Halcon-SD 公司、日本触媒公司、美国 Dow 化学公司、日本三菱化学公司、美国 Texaco 公司、日本三井东压公司、英荷 Shell 公司等都对此工艺进行了研究[12-15]。

此工艺路线较有代表性的技术是 Shell 公司的 OMEGA 工艺。OMEGA 工艺技术的首套商业化应用是在韩国乐天大山石化公司（Lotte Daesan Petrochemical）的 40 万吨/年乙二醇装置，于 2008 年 5 月建成投产[13]；第二套应用在沙特阿拉伯 Petro Rabigh 公司的 60 万吨/年乙二醇装置，于 2009 年 4 月成功投产；Shell 公司还采用此技术于 2009 年 11 月在新加坡裕廊岛建设了一套生产能力为 75 万吨/年乙二醇装置，该装置是目前世界上采用 OMEGA 工艺建成的最大的乙二醇生产装置[16]。

1.2.2 煤化工路线制乙二醇

以煤为原料合成乙二醇的路线主要有：

（1）煤经甲醇制乙二醇

即以煤基甲醇为原料脱水制乙烯，乙烯氧化水合后得到乙二醇。其技术核心是甲醇制烯烃（MTO）技术和乙烯法乙二醇技术，乙二醇合成技术的本质属于乙烯路线，故在本节不做介绍；MTO 技术可以参考本丛书的《煤制烯烃和芳烃》分册。

（2）煤经甲醛制乙二醇

即以甲醇为原料氧化制甲醛，甲醛羰基化生成乙醇酸/酯，再加氢得到乙二醇。美国 Du Pont 公司曾于 1948 年开发出由合成气经甲醛合成 EG 的间接工艺，并投入工业化生产，后因技术经济性原因于 1968 年停产[17]。2013 年，由伊士曼化工公司与庄信万丰戴维科技有限公司（JM Davy）合作开发了以煤（合成气）为原料，经甲醛/乙醇酸路线生产乙二醇的专利技术。目前 Davy 公司国外有一套 10t/a 的实验装置已运行 1000h，千吨级工业化试验即将建成，即将具备工业化示范的条件。2017 年，内蒙古久泰新材料有限公司年产 100 万吨乙二醇项目拟采用 Davy 公司的甲醛氢羰基化法制备乙二醇，开始建设国内首套工业示范装置，2022 年 9 月开始试运行。

（3）煤制乙二醇

即以煤制合成气为原料，草酸二甲酯为中间体，加氢得到乙二醇。该路线是以合成气为原料经草酸二甲酯（DMO）制乙二醇产品的工艺路线，该路线是煤为原料合成乙二醇的主流路线，目前绝大部分煤制乙二醇产品均采用该路线生产。在本书中，煤制乙二醇技术专指该技术路线。此外，该路线的合成气可以用煤炭、石油气、天然气、页岩气等原料制备，也可以直接采用合成氨厂、钢厂、焦化厂等的工厂尾气经回收后资源化利用。

合成气经草酸二甲酯制乙二醇工艺路线主要分为三个步骤。

第一步为一氧化碳在负载型 $Pd/\alpha\text{-}Al_2O_3$ 催化剂作用下，与亚硝酸甲酯（methyl nitrite, MN）偶联反应生成 DMO 和一氧化氮，反应式为：

$$2CH_3ONO + 2CO \xrightarrow{Pd/\alpha\text{-}Al_2O_3} (COOCH_3)_2 + 2NO \qquad (1\text{-}6)$$

第二步为 MN 再生反应，第一步生成的 NO 与产品分离后进入 MN 再生反应器与甲醇和氧气反应生成 MN，反应式为：

$$2CH_3OH + 2NO + 1/2O_2 \longrightarrow 2CH_3ONO + H_2O \tag{1-7}$$

第二步为 DMO 加氢反应，生成乙二醇产品，加氢副产的甲醇经过回收后送回 MN 再生工序参与 MN 的合成。

$$(COOCH_3)_2 + 4H_2 \xrightarrow{Cu/CuO} (CH_2OH)_2 + 2CH_3OH \tag{1-8}$$

合成气制乙二醇的总反应式为：

$$2CO + 4H_2 + 1/2O_2 \longrightarrow (CH_2OH)_2 + H_2O \tag{1-9}$$

自 1965 年美国 UOP 公司 Fenton 等[18,19]报道了 CO 和醇类液相法一步催化合成草酸酯新工艺，1977 年，日本 UBE[20,21]公司引入亚硝酸酯使得反应转变为常压下气相合成后，国内也随即开始了相关的研究工作。相关研究机构有中国科学院福建物质结构研究所（福建物构所）[22,23]、西南化工研究院[24]、中国科学院成都有机化学研究所[25,26]、天津大学[27]、浙江大学[28,29]、华东理工大学[30-32]等。合成气经草酸二甲酯制乙二醇路线，在国内现代煤化工大发展的背景下获得了蓬勃发展的机遇。截至 2023 年，根据中国石油和化学工业联合会煤化工专业委员会统计，全国乙二醇产能规模已超过 2800 万吨/年，其中合成气路线的煤制乙二醇（下文煤制乙二醇均代指合成气路线）设计产能已占总设计产能的 40% 左右[33,34]。

1.2.3 生物质转化制乙二醇

近年来，以甘油、糖醇和纤维素类化合物等生物质资源通过不同途径制备乙二醇也是研究方向之一。

以甘油为原料催化转化制备乙二醇技术依托生物柴油副产甘油，需要严格调控加氢和 C—C 断键的速率，因此实现乙二醇的高选择性仍是一大挑战。同时随着甘油高附加值利用的蓬勃发展，甘油制备乙二醇受到诸多限制。

近年来利用来源广泛的糖醇通过催化转化制备低碳醇的技术普遍受到重视，该技术主要的催化剂体系为铜系、镍系和贵金属催化剂，此反应的关键在于调控 C—C 键和 C—O 键的选择性断裂。中国科学院大连化学物理研究所徐杰研究组[35,36]使用镍基催化剂，在 180~250℃氢气气氛下，MEG 和 1,2-PG 的总收率超过 50%。在此基础上，中国科学院大连化学物理研究所同吉林长春大成、江苏索普有限公司等企业合作，将原料从糖醇拓展到符合国家产业政策、不与人争粮争地的玉米芯[37]上。经过玉米芯水解、催化加氢和加氢裂解三步技术耦合，实现了玉米芯高效催化转化制备乙二醇等低分子醇。

2008 年，中国科学院大连化学物理研究所张涛研究组[38,39]首次实现了直接利用自然界中广泛存在的纤维素制备乙二醇的催化过程，以镍促进的碳化钨（Ni-W_2C/AC）为催化剂，在 245℃、6MPa 氢气压力的反应条件下，纤维素的转化率达到 100%，乙二醇的收率达到 61%（质量分数）。此过程为纤维素催化转化制化学品开拓了一条新途径。

1.3 中国煤制乙二醇行业现状

石油占世界能源的消费比例 2021 年为 30.95%，是现代工业的血液。其在交通运输及国防领域中的不可替代性，决定了它在当今世界能源格局中的重要战略地位。全球石油资源日趋枯竭，已成为世界各国共同关注的焦点问题。受国际政治的影响，原油价格的变化跌宕起伏，成为国际化工品市场风险的主要因素。这使得全球以乙烯为原料制取乙二醇等化工品的石油化工产业链面临巨大压力。

随着近年来我国经济的快速发展，中国对能源的需求越来越大，成品油需求进入了快速增长期。在国际原油价格居高不下的情况下，将丰富的煤炭资源转化为洁净燃料，发展以煤代油的煤化工新技术，推动我国"以煤代油"战略的实施，逐步降低我国的石油进口依存度，对我国的能源布局具有重要的战略意义。国内外乙二醇生产长期依赖于石油产业，直至福建物构所与丹化科技合作完成了世界首创煤制乙二醇技术开发并成功产业化，引发了国内外开展煤制乙二醇相关技术研发与产业化的热潮。

2009 年通辽金煤与福建物构所合作建成了全球首套 20 万吨/年煤制乙二醇工业化装置，标志着中国煤制乙二醇行业正式诞生。经过十余年的发展，中国煤制乙二醇行业取得了举世瞩目的成就。2008 年，中国乙二醇表观消费量约为 657 万吨，国内生产量约为 157 万吨，自给率约为 23.9%；其中煤制乙二醇的比例为 0。2023 年，中国乙二醇表观消费量达到了 2314 万吨，国内生产量约为 1641 万吨，自给率提升至 71% 左右。2021 年中国乙二醇/煤制乙二醇装置产能情况如表 1-1 所示，主要产能分布在新疆、内蒙古、山东、河南、山西等煤炭资源丰富的地区。中国煤制乙二醇产能总规模达到了 853 万吨/年，煤制乙二醇产能已经占乙二醇总产能的 40%；产量约为 323 万吨，占乙二醇整体表观消费量的 16% 左右。

表 1-1　2021 年中国乙二醇产能统计

地区	省份	产能/万吨	工艺路线
华东地区（936 万吨）	浙江	375	石油路线
		88	MTO 制乙烯路线
	上海	61	石油路线
	江苏	103	石油路线
		4	MTO 制乙烯路线
	福建	160	石油路线
	安徽	70	煤（合成气）路线
	山东	75	煤（合成气）路线
华中地区（228 万吨）	河南	120	煤（合成气）路线
	湖北	28	石油路线
		80	煤（合成气）路线
华南地区（155 万吨）	广东	135	石油路线
	广西	20	煤（合成气）路线
华北地区（274 万吨）	内蒙古	138	煤（合成气）路线
	北京	6	石油路线
	天津	40	石油路线
	河北	20	煤（合成气）路线
	山西	70	煤（合成气）路线

地区	省份	产能/万吨	工艺路线
东北地区（235万吨）	辽宁	224	石油路线
	吉林	11	石油路线
西南地区（66万吨）	四川	36	石油路线
	贵州	30	煤（合成气）路线
西北地区（236万吨）	陕西	80	煤（合成气）路线
	新疆	150	煤（合成气）路线
		6	石油路线

在十多年的发展过程中，煤制乙二醇行业在工艺技术、工程化、系统集成、工业应用和产业化推广等方面不断取得突破，产能规模化装置不断涌现：

2009年成功开车运行的通辽金煤20万吨/年乙二醇装置，是全球首套煤制乙二醇商业化装置。

2013年成功开车运行的新疆天业5万吨/年乙二醇装置，采用回收电石炉尾气的乙二醇合成装置，拓展了煤制乙二醇合成气来源，不但使技术经济性进一步提升，而且与电石产业形成了循环经济。

2014年成功开车运行的中石化湖北化肥20万吨/年乙二醇装置，是国内首套单线20万吨/年产能规模装置。

2015年成功开车运行的新杭能源30万吨/年乙二醇装置，是国内投产的首套单线规模达到30万吨/年的煤制乙二醇装置。

2020年成功开车运行的山西沃能30万吨/年乙二醇装置，是以转炉煤气为原料制乙二醇装置，实现了乙二醇产业与炼钢产业的循环经济，技术经济性进一步提高。

2021年成功开车运行的建元煤焦化26万吨/年乙二醇装置，是以焦炉尾气为原料制乙二醇装置，实现了乙二醇产业与焦炭产业的循环经济，技术经济性进一步提高。

2021年成功开车运行的哈密广汇40万吨/年乙二醇装置，是国内首套以荒煤气为原料制乙二醇装置。

2021年成功开车运行的国能榆林化工40万吨/年乙二醇联产5万吨/年聚乙醇酸（PGA）装置，实现了乙二醇多联产的商业化运行。

2021年成功开车运行的湖北三宁60万吨/年乙二醇装置，是国内首套单线规模达到60万吨的煤制乙二醇装置。

2021年成功开车运行的山西美锦30万吨/年乙二醇联产液化天然气（LNG）装置，实现了焦炉气制乙二醇联产LNG的商业化运行。

2022年成功开车运行的陕煤榆林180万吨/年乙二醇装置，是目前全球最大的煤制乙二醇装置。

十多年发展过程中，在基础理论研究、实验室成果商业化转化、知识产权保护等方面中国也不断取得突破。出现了一批在煤制乙二醇行业有运行装置业绩、有市场影响力的技术提供方。比如：

① 福建物构所-通辽金煤；

② 东华科技-高化学联合体；

③ 华东理工大学-上海浦景化工联合体；

④ 中国五环-华烁-鹤壁宝马联合体（WHB）；

⑤ 中石化上海石油化工研究院；

⑥ 上海华谊集团；

⑦ 上海戊正；

⑧ 中科远东-华鲁恒升联合体；

⑨ 西南化工设计研究院；

⑩ 天津大学；

⑪ 上海交通大学。

在煤资源丰富与可获得性优势的基础上，中国煤制乙二醇产业取得了快速发展，缓解了国内乙二醇长期依赖进口的局面，实现了与相关石油化工产业的协调发展。煤制乙二醇也已经成为了全球乙二醇供应链上的一个重要组成部分。按照中国乙二醇表观消费量 2314 万吨/年进行计算，可实现石油替代约 5785 万吨/年；约占 2023 年中国石油进口总量（56399 万吨）的 10%。煤制乙二醇技术是中国现代煤化工的代表性技术之一，中国煤制乙二醇整体已经处于国际领先水平。

1.4 中国煤制乙二醇产业的挑战与机遇

中国煤制乙二醇在十余年的快速发展中取得了一系列成就，但也需要进一步完善和提高：一是在应用方面，受传统石油基乙二醇使用标准的影响，煤制乙二醇产品作为下游 PET 的生产原料，开始时与石油路线乙二醇按一定比例掺混使用，随着煤制乙二醇产品标准的不断提高，这一问题已经基本得以解决。二是目前全球乙二醇供需基本平衡而国内新增产能多数内销，国内煤制乙二醇需要和石油基乙二醇产能统筹协调发展。

煤制乙二醇产业的发展也蕴藏着机遇，如表 1-2 所示，国内 PET 行业产能持续增加，国内乙二醇的需求量也将持续增长。在现有基础上，煤制乙二醇能够实现无掺混使用，无疑将进一步扩大中国煤制乙二醇产业在全球乙二醇行业的影响力。

表 1-2 中国十大 PET 聚酯企业的产能情况

排名	2021 年			2023 年预估值		
	集团名称	产能/万吨	市场份额	集团名称	产能/万吨	市场份额
1	浙江恒逸集团有限公司	847	12.90%	桐昆集团股份有限公司	1080	14.60%
2	桐昆集团股份有限公司	740	11.30%	恒力石化股份有限公司	1000	13.50%
3	新凤鸣集团股份有限公司	570	8.70%	浙江恒逸集团有限公司	977	13.20%
4	三房巷集团有限公司	350	5.30%	新凤鸣集团股份有限公司	950	12.80%
5	中国石油化工集团有限公司	343	5.20%	三房巷集团有限公司	650	8.80%
6	恒力石化股份有限公司	320	4.90%	中国石油化工集团有限公司	413	5.60%
7	浙江逸盛石化有限公司	270	4.10%	浙江逸盛石化有限公司	320	4.30%
8	盛虹集团有限公司	228	3.50%	盛虹集团有限公司	300	4.10%

排名	2021 年			2023 年预估值		
	集团名称	产能/万吨	市场份额	集团名称	产能/万吨	市场份额
9	华润化学材料科技股份有限公司	210	3.20%	万凯新材料股份有限公司	240	3.20%
10	万凯新材料股份有限公司	180	2.70%	福建百宏聚纤科技实业有限公司	200	2.70%
	合计	4058	61.90%	合计	6130	82.80%

此外，相比石油化工路线制乙二醇技术，煤制乙二醇关联技术的发展可实现产品的多元化，进一步显著增加煤制乙二醇行业的市场竞争力和抗风险能力。目前煤制乙二醇的关联技术丰富，下游产品多样。煤制乙二醇联产草酸工艺已经工业化，并有望取代甲酸钠法成为草酸生产的主流工艺。随着聚碳酸酯（PC）及锂电池行业的发展，作为电解液原料的碳酸二甲酯（DMC）需求不断增加，DMO 气相脱羰制 DMC 技术已经具备大规模工业化的前景；煤制乙二醇联产 DMC 工艺也成为提高乙二醇装置经济性的有效途径之一。随着全球限塑运动的开展，全生物降解塑料也逐渐受到市场热捧，由煤制乙二醇技术衍生的——煤经合成气制全生物降解材料聚乙醇酸（PGA），已取得了重大的产业化进展。

目前，我国的可再生能源制氢技术已初步成熟，充分利用氢能、光伏等新能源和煤化工之间的耦合，将煤制乙二醇技术与甲烷干重整等低碳化技术进行系统集成和工艺优化，以降低碳排放和实现碳回收，是实现煤制乙二醇产业向低碳化发展的方向之一。

2021 年 9 月，习近平主席在视察国家能源集团榆林化工 40 万吨/年乙二醇装置时强调，煤化工产业潜力巨大、大有前途，要提高煤炭作为化工原料的综合利用效能，促进煤化工产业高端化、多元化、低碳化发展，把加强科技创新作为最紧迫任务，加快关键核心技术攻关，积极发展煤基特种燃料、煤基生物可降解材料等。

煤制乙二醇通过进一步的技术创新实现"高端化、多元化、低碳化"正是未来行业的发展之道。

参考文献

[1] Carothers W H，Arvin J A. Studies on polymerization and ring formation. Ⅱ. Poly-esters [J]. Journal of the American Chemical Society，1929，51（8）：2560-2570.

[2] 周张锋，李兆基，潘鹏斌，等.煤制乙二醇技术进展 [J].化工进展，2010，29（11）：2003-2009.

[3] 崔小明.环氧乙烷合成乙二醇的研究进展 [J].精细石油化工进展，2006，7（7）：19-26.

[4] Van K，Eugene M G. Shell International Research Maatschappij. B V：WO 99/23053 [P]. 1999.

[5] Forkner M W. Union carbide chemicals and plastics technology corporation：US 5260495 [P]. 1993.

[6] Shvelts V F，Makarov M G，Koustov A V，et al. Method of synthesis of alkylene glycols：RU 2149864 [P]. 2000-05-27.

[7] Strickler G R，Lee G J，Rievert W J. Process and equipment for the production of ethylene glycols：US 6137015 [P]. 2000-10-24.

[8] 许茜，王保伟，许根慧.乙二醇合成工艺的研究进展 [J].石油化工，2007，36（2）：194-199.

[9] 吕连海，胡爽，王越.一种铜催化环氧乙烷水合制备乙二醇的方法：CN 1775719 [P]. 2006.

[10] 陈群，何明阳.一种新型环氧乙烷水合反应催化剂及制备方法：CN 1559684 [P]. 2005.

[11] 李雅丽.DOW 公司环氧乙烷/乙二醇 METEOR 系列工艺简述 [J].石油化工快报（有机原料），2009（6）：4-6.

[12] Bhise V S. Process for preparing ethylene glycol：US 4500559 [P]. 1983.

[13] Akasaki K，Takahashi K. Preparation of alkylene glycol：JP 571006631 [P]. 1982.

［14］Raines D A. Production of monoglycols from ethylene carbonates：US 4237324［P］.1980.

［15］Kawabe K. Method for producing monoethylene glycol：US 6080897［P］.2000.

［16］Kawabe K，Murata K，Toshiyuki F，et al. Ethylene glycol process：US 5763691［P］.1998.

［17］Gresham W F. Preparation of polyfuctional compounds：US 2636046［P］.1948.

［18］Fenton D M，Steinwand P J. Preparation of oxalates：US 33393136［P］.1968.

［19］Shiomi Y，Matsuzaki T，Masunaga K. Process for the preparation of a diester of oxalic acid：EP 0108359A1
［P］.1984.

［20］Uchiumi S，Ataka K，Matsuzaki T. Oxidative reactions by a palladium-alkyl nitrite system［J］.Journal of
Organometallic Chemistry，1999，576：279-289.

［21］Nishimura K，Uchiumi S，Fujii K，et al. Process for preparing a diester of oxalic acid：US Patent 4229589
［P］.1978.

［22］陈庚申，陈贻盾.一氧化碳催化偶联合成草酸：CN 85101616［P］.1985.

［23］陈贻盾.合成氨厂用一氧化碳催化合成草酸的前景及其成本预测［J］.福建化工，1988（2）：2-3.

［24］西南化工研究院.由 CO、O₂ 和乙醇合成草酸二乙酯［J］.天然气化工，1982，7（2）：37-39.

［25］宋若钧，张秀辉，贺德华，等.一氧化碳气相催化氧化偶合制草酸酯的研究：Ⅰ催化剂的评选［J］.天然气化工（C1
化学与化工），1986，3：27-32.

［26］宋若钧，张秀辉，贺德华.一氧化碳气相催化氧化偶合制草酸酯的研究：Ⅲ亚硝酸乙酯生成的热力学分析和最佳工艺
［J］.天然气化工（C1 化学与化工），1987，5：1-5.

［27］李振花，许根慧，陈洪钫.气相法 CO 催化偶联制取草酸二甲酯的研究［J］.化学工业与工程，1991，4（8）：15-19.

［28］尤青，许文松，骆有寿.一氧化碳气相催化偶合制草酸二乙酯动力学的研究［J］.浙江大学学报（自然科学版），
1991，5（25）：512-521.

［29］姜玄珍.一氧化碳合成草酸二乙酯催化剂：CN90103093.7［P］.1991.

［30］赵红钢，肖文德，朱毓群，等.气相合成草酸酯的催化剂及其制备方法：CN 02111624.5［P］.2002.

［31］赵秀阁，吕兴龙，赵红钢，等.气相法 CO 与亚硝酸甲酯偶联合成草酸二甲酯用 Pd/α-Al₂O₃ 催化剂的研究［J］.催化
学报，2004，2：125-128.

［32］李竹霞，钱志刚，赵秀阁，等.Cu/SiO₂ 催化剂上草酸二甲酯加氢反应的研究［J］.化学反应工程与工艺，2004，2：
121-128.

［33］中国石油和化学工业联合会.中国石化市场预警报告（2024）［M］.北京：化学工业出版社，2024：415.

［34］中国石油和化学工业联合会煤化工专业委员会.中国石油和化学工业联合会煤化工专业委员会文件［EB］.中石化联
煤委函〔2022〕1 号.2022.

［35］徐杰，于维强，苗虹，等.一种糖及糖醇的催化裂解方法：CN 200810011993.7［P］.2009.

［36］徐杰，于维强，邵守言，等.一种负载催化剂及其在木糖醇加氢裂解反应中的应用：CN 200910187393.0［P］.2011.

［37］徐杰，于维强，宋勤华，等.一种玉米芯催化转化制取乙二醇、丙二醇和丙三醇的方法：CN 101704710 A
［P］.2010.

［38］Ji N，Zhang T，Zheng M，et al. Direct catalytic conversion of cellulose into ethylene glycol using nickel-promoted
tungsten carbide catalysts［J］.Angew Chem Int Ed，2008，47：8510-8513.

［39］Ji N，Zhang T，Zheng M，et al. Catalytic conversion of cellulose into ethylene glycol over supported carbide catalysts
［J］.Catal Today，2009，147：77-85.

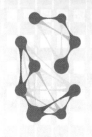

2

CO 氧化偶联合成草酸酯

2.1 技术原理及工艺

2.1.1 羰化偶联

在煤制乙二醇的技术路线中，从煤炭气化或其他原料得到的合成气中的 CO 经过羰化偶联合成草酸酯是 CO 等能源小分子实现单碳到多碳、无机到有机的关键转化步骤。从液相的一步反应到气相的亚硝酸酯参与的循环反应及相应连续反应工艺技术的成功开发是实现煤（合成气）制乙二醇全套技术的前提和基础。

CO 氧化偶联生成 C_2 化合物的反应原理可追溯到 1965 年美国 UOP 公司的 Fenton 等[1,2]发现了液相法一步催化合成草酸酯的反应，其中合成草酸二甲酯（DMO）的反应式为：

$$2CO+2CH_3OH+1/2O_2 \longrightarrow (COOCH_3)_2+H_2O \tag{2-1}$$

原料一氧化碳（CO）、甲醇（CH_3OH）和氧气（O_2）在 Pd-Cu 催化剂的作用下直接催化合成 DMO。反应过程中生成的水（H_2O）如果不能及时脱离反应体系会抑制主反应的持续运行。为了保证反应的连续和稳定，需要向该反应体系加入昂贵的脱水剂。在 CO 氧化偶联液相合成 DMO 的过程中，存在催化剂流失严重、反应条件苛刻、设备易腐蚀等缺点。在对 Pd-Cu 体系的研究过程中，日本 UBE 公司 Uchiumi 等[3,4]发现气相一氧化氮（NO）的助催化作用极大地提高了草酸酯的活性和选择性，同时确认了亚硝酸酯中间产物的存在，这一重大发现为开发气相法合成草酸酯奠定了基础。

20 世纪 80 年代以来，中国也有众多科研院所和高校（福建物构所[5-10]、中国科学院成都有机化学研究所[11-15]、西南化工研究院[16]、湖北化学研究院、华东理工大学[17-21]和浙江大学[22-26]等）开展了大量气相合成草酸酯（以 DMO 和草酸二乙酯为主）技术的研究。

针对工业化的要求，日本宇部兴产公司[27]和美国的 UCC 公司共同开发成功了液相法草酸二烷基酯合成工艺，并在 1978 年建立了一套年产 6000t 草酸二丁酯的工业规模的生产装置，生产的草酸酯成本比传统的草酸酯化法降低 40％左右。

继液相法成功之后，日本宇部兴产公司和意大利蒙特爱迪生公司于1978年相继开展了气相法的研究[28]。气相法反应过程分为两步：第一步为CO在负载型Pd/α-Al₂O₃催化剂的作用下，常压与亚硝酸甲酯（MN）偶联反应生成DMO和NO，第二步为偶联反应生成的NO在常温下与CH_3OH和O_2反应再生为MN并循环使用。

以现阶段国内外煤（合成气）制乙二醇技术中广泛采用的CO合成DMO反应技术为例，CO气相氧化偶联合成DMO主要包括两个反应，首先MN和CO在负载型Pd/α-Al₂O₃催化剂的作用下发生氧化偶联反应生成DMO，反应方程为：

$$2CH_3ONO + 2CO \longrightarrow (COOCH_3)_2 + 2NO \tag{2-2}$$

然后生成的NO与CH_3OH和O_2反应，再次转化为MN进入第一个反应以完成整个循环，反应方程式为：

$$2CH_3OH + 2NO + 1/2O_2 \longrightarrow 2CH_3ONO + H_2O \tag{2-3}$$

总的反应过程可以简化为：

$$2CH_3OH + 2CO + 1/2O_2 \longrightarrow (COOCH_3)_2 + H_2O \tag{2-4}$$

此外，DMO合成反应中，反应产物除DMO以外，主要还有碳酸二甲酯（DMC）、甲酸甲酯（MF）、二甲氧基甲烷（DMM）、CH_3OH、甲醛以及少量H_2O等，主要副反应如下。

生成DMC：

$$CO + 2CH_3ONO \longrightarrow CH_3OCOOCH_3 + 2NO \tag{2-5}$$

生成MF的反应，其中又分为MN的催化分解和原料气含氢气（H_2）的条件下的副反应，在原料CO纯度控制较好的情况下主要是以MN的催化分解为主：

$$4CH_3ONO \longrightarrow HCOOCH_3 + 2CH_3OH + 4NO \tag{2-6}$$

$$2CO + H_2 + 2CH_3ONO \longrightarrow 2HCOOCH_3 + 2NO \tag{2-7}$$

系统中存在较多CH_3OH时则可生成二甲氧基甲烷（DMM）：

$$CH_3OH + 2CH_3ONO \longrightarrow CH_3OCH_2OCH_3 + 2NO + H_2O \tag{2-8}$$

反应温度较高如飞温时MN分解生成甲醛：

$$2CH_3ONO \longrightarrow 2CH_2O + N_2O + H_2O \tag{2-9}$$

在较好地控制反应原料杂质和反应温度的条件下，一般主要的副产物为DMC和MF。总的来说，该反应过程主要消耗的原料是CH_3OH、CO和O_2，而且反应过程体系温度和压力较低，MN和NO两者作为中间产物不断循环，因此整个反应过程实现了无机C_1（CO）到有机C_2（DMO）高附加值产物的转变，是一个极具原子经济性的化工过程。

2.1.2　CO合成DMO的工艺简介

经过十余年的工业化发展，并且经过先后数十套不同条件下工业生产装置的设计优化和生产实践，煤制乙二醇技术已经形成了相对成熟的工艺技术路线。鉴于CO合成草酸酯及加氢生成乙二醇的主要反应步骤是共同的，因此尽管不同技术方及设计单位对工艺细节进行了各自的调整和优化，但其主要的原则性工艺流程仍然是通用的。其中广义的 CO 合成 DMO 工艺单元涵盖了：CO 原料脱氢净化、羰化偶联、DMO 精制、MN 制备、氧化酯化、甲醇回收、尾气吸收、硝酸还原等单元技术。本节以福建物构所的技术为例，对相关技术单元和流程加以简要说明，其主要工艺流程如图 2-1 所示。

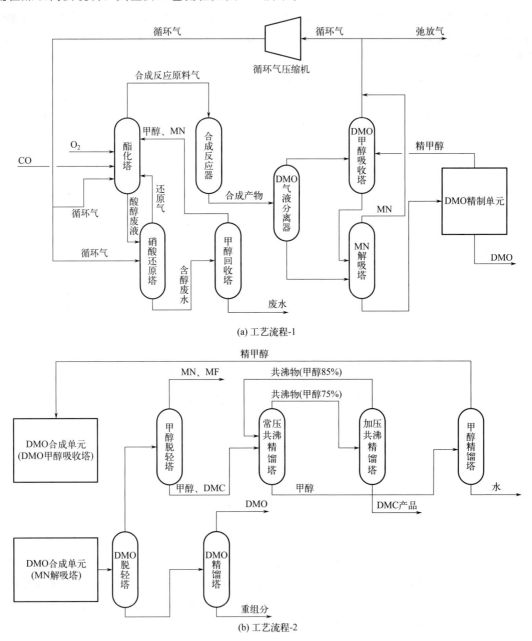

图 2-1 CO 合成 DMO 的工艺流程

（1）CO 合成 DMO 反应

一般说来，由于 H_2 和 CO 在催化剂表面形成竞争吸附，随着 H_2 浓度的上升，CO 分子在金属活性中心表面的吸附、活化受到了抑制。另外，H_2 在金属活性中心吸附并解离后，生成的活性氢物种迅速迁移，并与亚硝酸酯解离生成的烷氧基反应生成脂肪醇类副产物，从而削弱了 CO 插入烷氧基的主反应，最终导致催化剂对 CO 的转化率、草酸酯的选择性和时空收率降低。

在煤制乙二醇技术中，煤炭经过气化得到合成气，合成气再经变换、净化、PSA 分离等过程得到含有浓度约为 $0.1\%\sim2\%$ H_2（体积分数）的 CO 原料气。根据不同工艺装置设计标准的不同，如在合成气净化和分离工段获得的 CO 中 H_2 浓度较高，CO 原料气应经过脱氢净化处理，才能进入羰化合成反应单元，如福建物构所开发的世界首套煤制乙二醇技术及装置中，经过变压吸附分离得到的 CO 原料气首先经过 CO 脱氢净化单元，再进入合成单元。

随着气体分离技术的进步，新建的诸多煤制乙二醇生产装置在合成气分离单元出口的 CO 原料气体基本上达到含 H_2 小于 5×10^{-4}（体积比）的高纯净度，结合合理的工程设计，往往不再设置脱氢净化装置。

原料 CO 一般首先进入酯化塔，和氧化酯化后的循环气混合通入合成反应器，酯化塔顶部冷凝后的气相（CO、MN、N_2 和少量 CO_2）先经过合成反应器进料-产物换热器与高温产物换热以回收热量，再经过合成反应进料预热器加热到约 120℃ 进入羰基合成反应器。该反应器一般为列管式反应器，壳程通除氧水进行移热和控制反应温度。合成反应所用催化剂为氧化铝球负载的 Pd 催化剂，粒径 $3\sim5\mathrm{mm}$，堆密度 $0.6\sim0.8\mathrm{kg/L}$。反应气在催化剂的作用下发生羰化偶联反应，生成 DMO 和 NO 以及少量副产物 DMC 和 MF 等。

反应产物先与进料热交换，再经合成反应产物冷却器冷却至约 65℃（略高于 DMO 的熔点以防止管道堵塞）后进入合成反应气分液罐进行分离，气相产物中的 DMO 和副产物 DMC、MF 经过 DMO 甲醇吸收塔与气相产物中的 NO、CO 等气体分离，进入该塔塔底液相，与合成反应器分液罐中的液相混合进入 MN 解吸塔，在 MN 解吸塔中脱除并回收溶解的残余 MN 后液相 DMO、DMC 和 MF 进入合成产物分离单元，依次分离甲醇、MF、DMC 等轻组分，并根据生产装置设计和计划需要分别进入相关产物的精制单元。精制后的 DMO 送至加氢反应工段。

目前主要的副产物回收指的是 DMC，根据其与甲醇的共沸特性，一般通过一组变压精馏塔实现产品的分离。关于更多的副产物分离和回收工艺，在本书第 6 章将进行详细描述。

（2）氧化酯化（MN 再生）

羰基合成所需的反应物之一 MN，一部分由循环压缩机入口处的 MN 合成反应器提供；另一部分由 CH_3OH、NO 和 O_2 在酯化塔内发生氧化酯化反应，通过反应精馏的形式在塔顶冷凝后的气相中产出 MN。MN 进行羰基合成反应后产生的 NO 进入循环气反复使用，部分 NO 随着弛放气损失，通过循环压缩机入口处补充 MN 以保持反应所需的 NO。当然，随着不同工业项目的设计建设，根据基础条件的不同，除了配备单独的 MN 制备装置以外，有配套产品的生产企业可以直接通过补充氮氧化物的形式维系体系组分的稳定循环，随着硝酸还原技术的趋于成熟，也可以通过补充硝酸来达到体系内氮氧化物的平衡循环。关于体系 NO 的循环以及 MN 再生，因其本身特有的反应动力学特征和工艺要点，将在本书的第 3 章进行详细介绍。

对于氧化酯化反应的工艺和设备目前有以下几种方案：气液并流上进下出，产生的 MN 在塔釜经压缩冷冻收集，然后汽化进入反应循环气；气液逆流接触，循环气和氧气混合后从下部进入酯化塔，在塔内在过量甲醇循环的条件下充分反应后从塔顶输出，直接作为反应循环气。如今普遍采用的氧化酯化工艺方案一般为循环气和氧气分别从塔中下部不同塔板位置进料，新鲜甲醇从塔的上部进料，另外反应段还有较大的循环甲醇进料。在塔的各段操作温度控制上根据不同设计要求也有所差异。

酯化塔塔釜液相含有 CH_3OH、硝酸和杂醇,并溶解有部分 MN,塔釜废液送至硝酸还原塔。硝酸还原可采用催化还原和非催化还原工艺,含硝酸的废液在塔中与循环气中的 NO 及甲醇反应生成 MN,随循环气物流返回酯化塔,同时通过塔底的再沸器达到回收酯化塔废液中的 MN 的效果,塔釜的 CH_3OH 和水进入甲醇回收塔。该塔部分回流,塔顶气相为 CH_3OH,经冷凝器用循环水冷却,采出部分作为回收 CH_3OH 送回酯化塔反应段,使氧化酯化未反应的 CH_3OH 得以循环使用。塔釜重组分废液(杂醇、水、硝酸等)送至污水处理单元。

(3)产物分离及 DMO 精制

通过 MN 解吸塔脱除 MN 后液相产物主要组分有 DMO 和 DMC、MF 等副产物及甲醇溶剂。一方面 DMO 作为乙二醇加氢反应的主要原料,其纯度及品质直接决定了后续乙二醇加氢反应的副反应产物,进而影响乙二醇精馏单元的能耗以及产品、杂质分离的难度,甚至影响乙二醇产品品质;另一方面,CO 与 MN 羰化反应制备 DMO 的反应过程中,伴随副反应生成的 DMC 和 MF 本身也是具有较高价值的精细化工产品,同时吸收塔加入产物系统的大量 CH_3OH 也需要分离精制后进行循环利用。因此,合成产物的分离单元是整个工艺体系中一个不可或缺的重要单元。

从工艺流程简图中可以看到,在 DMO 脱轻塔中,主要分离出比 CH_3OH 沸点更低的轻组分副产物,主要是 MF;之后产品主物流进入甲醇分离塔,分离出 DMC 和 CH_3OH,之后 DMO 产品进入精制塔,从塔釜脱除少量重组分杂质,从而获得合格的加氢原料 DMO。

其中 DMC 和 CH_3OH 由于存在共沸,因此一般通过一组变压精馏塔得到纯度较高的 DMC 产品和 CH_3OH,其中 CH_3OH 还需要经过精馏才能达到重复利用的技术要求。

2.2 反应机理

生产实践中,反应技术的优化的关键科学问题在于对反应机理的认识,关于 CO 偶联反应机理的研究,数十年来研究人员从不同角度用不同方法进行了多方面的探讨,至今仍是研究人员关注的热点问题之一。随着相关催化技术的快速发展,对该反应的机理的研究也经历了不同的发展阶段。

2.2.1 羰化反应机理

早期的反应机理主要是根据反应现象结合相关的 Pd 催化的反应机理进行推导和预测。早期日本宇部的相关人员在发现并报道的同时提出的反应机理如图 2-2 所示。

1985 年,Waller[29] 根据经验推测了气相法合成草酸酯的两种反应路径,分子内偶联和连续 CO 插入双羰基路径,但是缺乏理论和实验的支持。

张飞跃等[30] 在 CO 与 CH_3ONO 催化合成 DMO 反应中,利用瞬变应答方法和原位红外技术研究了在催化剂 Pd/Al_2O_3 上 CO、CH_3ONO 和 NO 的吸附机理以及反应中的变化,根据 CO 的吸附状态不同(线式吸附快而弱,桥式吸附慢而稳定)形成两种反应机理(见图 2-3 和图 2-4)。

王保伟、马新宾[31] 利用 XPS、SEM、EPMA 技术对 CO 气相催化氧化偶联制草酸二乙酯催化剂进行分析,表明催化剂活性中心 Pd 原子在亚硝酸乙酯氧化反应过程中经历了从

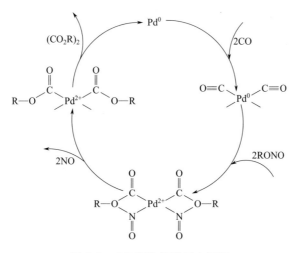

图 2-2　CO 氧化偶联反应机理

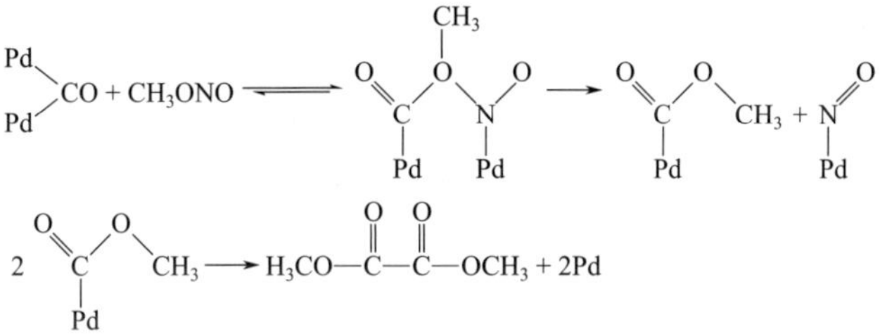

图 2-3　CO 桥式吸附机理

Pd^0—Pd^{1+}—Pd^{2+} 的过程，生成二烷氧基化合物；CO 还原反应进行时，活性中心 Pd 原子由 Pd^{2+} 还原为 Pd^0，活性中心 Pd 原子在循环反应中起价态调变作用，依据 CO 气相偶联合成草酸二乙酯的主要反应原理，初步证实反应历程是按"共催化循环"模式，如图 2-5 所示。

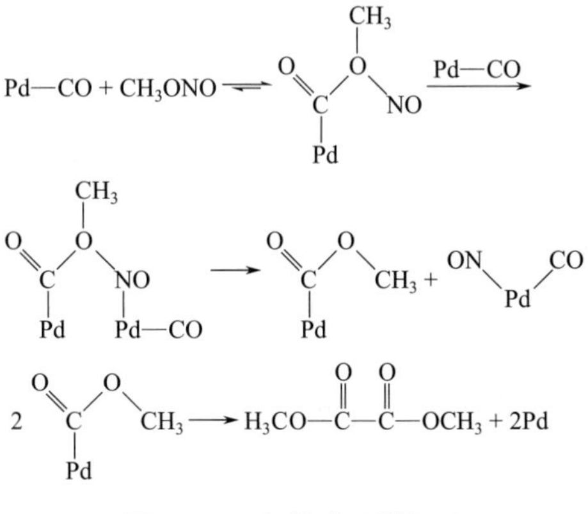

图 2-4　CO 线式吸附机理

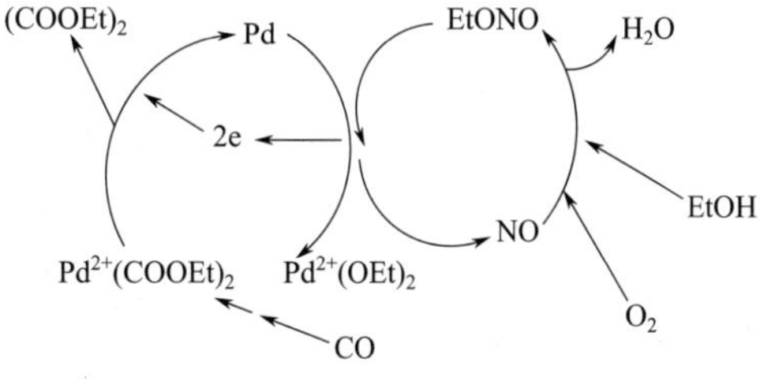

图 2-5　共催化循环机理

　　林茜等[32]以 Pd/Al_2O_3 作催化剂偶联合成 DMO，采用傅里叶变换红外光谱分别考察了催化剂 Pd/Al_2O_3 上 CO、MN 的吸附（图 2-6），发现 CO 的桥式吸附态比线式吸附态更稳定，而 MN 在催化剂上容易分解成 CH_3OH、甲醛和 MF，认为反应初期应先通入 CO，这样可抑制 MN 的分解。同时通过改变 CO 和 MN 进入原位反应池的顺序对催化偶联反应过程中的反应机理进行了研究，发现 CO 偶联反应发生在稳定的桥式吸附态的 CO 和气相中的 MN 之间，CO 的吸附为反应的控制步骤，但是没有指出线式吸附态 CO 是否参与反应。

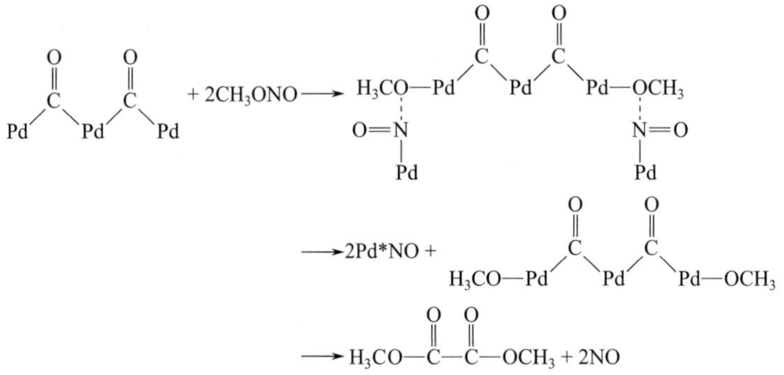

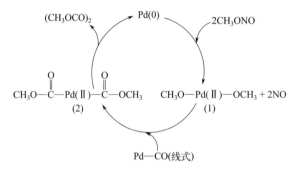

图 2-6　催化偶联合成 DMO 机理

随着纳米制备技术、原位表征技术和计算机的快速发展以及 DFT 理论的成熟，对 CO 合成 DMO 反应机理的研究也得以取得较快的发展。

2013 年，郭国聪等[33]利用纳米制备技术制得了两种不同晶面的单分散的纳米钯，分别为（111）和（100），然后通过传统的浸渍方法将这些具有固定暴露的晶面的纳米钯成功负载在氧化铝载体上。经过试验活性测定，发现（111）晶面是 CO 氧化偶联合成 DMO 的活性面。并且通过原位红外光谱和 XPS 表征结果推测出以下的反应机理（见图 2-7）：

图 2-7　CO 氧化偶联合成 DMO 机理

李巧红等[34]通过 DFT 计算推测反应可能遵循 Langmuir-Hinshelwood（L-H）反应机理，存在三种反应路径，三种反应路径如图 2-8 所示：路径一，C-C 偶联生成中间产物 $COOCH_3^*$，能垒较高（155.6kJ/mol）；路径二，连续 CO 插入双羰基反应路径结合实验情况相对比较合理（能垒 118.5kJ/mol），即 MN 在 Pd 催化剂上吸附解离生成的 OCH_3^* 被连续插入的 CO 分子形成 $COCOOCH_3^*$，最后与 OCH_3^* 脱附生成 DMO；路径三，两分子 CO 吸附的物种 $OCCO^*$，能垒最低（95.8kJ/mol），但中间体 $OCCO^*$ 热力学上不稳定容易可逆分解为吸附态的 CO。其中路径一需要跨过非常高的两分子 $COOCH_3^*$ 偶合能垒（155.6kJ/mol）；路径二是连续 CO 插入双羰基反应路径（能垒 118.5kJ/mol）；路径三是两分子 CO 吸附的路径，但该中间物种 $OCCO^*$ 只有在 CO 大量预吸附在催化剂表面时才能生成，虽然能垒最低（95.8kJ/mol），但是非常不稳定，并且真实反应条件下不存在，因此路径二比较合理。

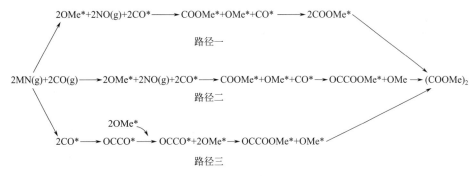

图 2-8　CO 偶联反应路径示意图

王纯正等[35,36]通过原位红外仪器和探针分子捕获到了中间物种 COCOOCH$_3$* 的存在，直接证明了 CO 在 Pd/ns-AlOOH（薄水铝石）/Al 纤维催化剂上气相氧化偶联合成 DMO 应该遵循 CO 连续插入双羰基反应路径。同时通过本征动力学研究，CO 与 MN 存在竞争吸附，符合 L-H 反应机理。即 MN 解离吸附为 NO* 和 OCH$_3$*，之后桥式吸附的 CO* 插入 OCH$_3$* 形成 COOCH$_3$*，再形成 COCOOCH$_3$*，最后与 OCH$_3$* 偶合生成 DMO。其中决速步为 COCOOCH$_3$* 与 OCH$_3$* 的偶合，并且指出催化剂表面 CO 覆盖率低会促进生成副产物 DMC，如图 2-9 所示。

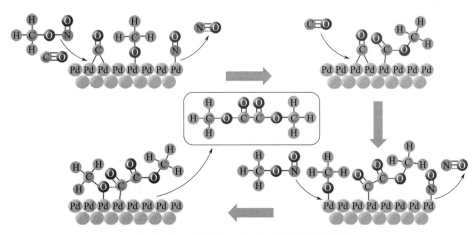

图 2-9　CO 偶联合成 DMO 的双羰基化途径

有关 CO 氧化偶联合成草酸酯反应机理的研究，经过国内外众多研究人员数十年的探索和发展：早期通过表观动力学研究和经验总结，得出了多个可能的基元反应模型，其后通过催化剂微观结构的表征和吸附过程的研究，对活性中心价态、晶面结构等对反应路径和选择性的影响规律进行了较深入的研究和归纳，深化了对反应机理的认识；近几年来研究人员结合原位红外等现代分析方法和理论模拟计算，完成了反应中间体的仪器捕捉和反应路径的能垒计算，推导出较为合理的 CO 连续插入的双羰基反应机理。

同时，在对 CO 羰化偶联反应的研究中也发现了该反应过程的诸多特性，比如载体比表面积、Pd 的粒径和催化活性之间的非常规影响规律等，现有的机理和表征结果并未对此给出十分完美的解释。总体来说，研究和认识化学反应机理是一个长期的、渐进的发展过程，特别是在多相催化反应中，反应过程具有多样性和复杂性，需要我们随着检测分析手段的进步不断深入研究，获得更为准确的结论。

2.2.2 主要副反应及相关机理

CO 氧化偶联合成 DMO 的反应体系中涉及的反应物和产物有 CO、MN、DMO、DMC、MF 和 NO 等。在实际反应条件下，各物质相互之间在气相条件或催化剂表面容易发生交叉反应，根据对工艺条件的研究分析发现其中最重要的副反应是 DMC 的生成反应及 MN 的热分解和催化分解反应[22,32]。如果能对相关反应可能存在的潜在机理进行进一步剖析，不仅能有效地减少对应的副反应的发生，也能对催化剂的制备有一定的指导作用，同时对整个反应工艺流程的优化也有一定的重要意义。

（1）生成 DMC 的反应及机理

CO 和 MN 在催化剂的作用下偶联生成 DMC 的反应方程式如下：

$$2CH_3ONO+CO \longrightarrow (CH_3O)_2CO+2NO \tag{2-10}$$

制备 DMC 和 DMO 的方法十分接近，二者所用的原料也都是 CO 和 MN，所用催化剂的活性组分都是钯，因此这两个反应会同时相伴发生。如果想要促进其中一个反应，而抑制另外一个反应，只能通过改变催化剂的制备方法、改变催化剂所用的载体以及改变反应的工艺参数来实现，研究人员对相关反应机理和催化剂的结构等进行了大量研究[37-43]。如 Yamamoto 等通过大量的研究工作提出了一种更加详细、更具有针对性的生成 DMC 的反应机理。他们通过 CO 和 MN 在 Pd/NaY 催化剂上发生羰化反应，推测并提出了在酸性催化剂上 DMC 生成的可能反应机理，如图 2-10 所示。

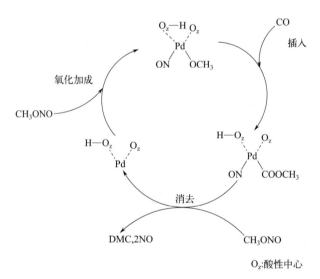

图 2-10 CO 和 MN 在 Pd/NaY 催化剂上的反应机理

计扬等[19]利用红外光谱发现在偶联合成 DMO 中主要是 MN 和 CO 的吸附。CO 有两种吸附形态——桥式和线式，但是只有桥式参与反应。确定了反应过程中存在两种中间体 ON—Pd—OCH₃ 和 ON—Pd—COOCH₃，而催化剂上形成的 ON—Pd—OCH₃ 和桥式吸附的 CO 二者的比例直接影响副产物的形成。其机理如图 2-11 所示。

从催化剂结构和反应机理上研究，Pd 在催化剂表面按价态来划分，有两种可能存在的形式：金属态和离子态。随着表征技术的快速发展，特别是同步辐射技术和球差电镜的出

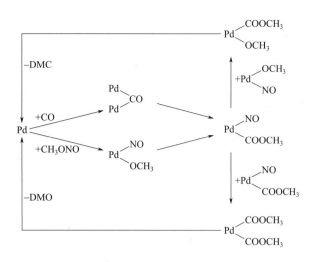

图 2-11 CO 吸附形态与 CO 合成 DMO 和 DMC 的选择性

现，能实现催化剂表面结构分子甚至原子层面的精确分析。

2019 年，郭国聪等[39]还利用同步辐射技术解析了 Pd/NaY 催化剂的活性中心潜在的构型，发现 CO 相对于 MN 更容易吸附在 Pd 上，推测 CO 氧化偶联合成 DMO 在 Pd_{13} 团簇上可能发生 Eley-Rideal（E-R）和 L-H 共存的反应机理。金属态的 Pd 容易发生 CO 氧化偶联合成 DMO 反应，离子态单分散的 Pd 容易发生 CO 氧化偶联合成 DMC 反应，如图 2-12 所示。

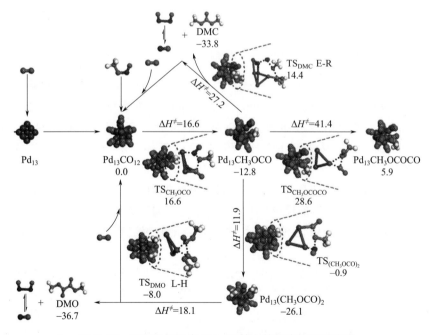

图 2-12 CO 和 MN 在 Pd_{13} 团簇上的反应机理示意图

工业上实际制备催化剂的过程中，可能存在微量杂质的掺入或去除不完全导致局部 Pd 的价态变化引起副产物 DMC 增多，当然实际的反应以及制备过程可能更加复杂，相关的机理还需要进一步深入研究。

（2）MN 的分解

MN 常温下是一种无色有毒气体，其受热、遇光容易发生分解。通常情况下 MN 的分解有两种情况：一个是热分解，另一个是催化分解。MN 的分解容易造成副产物的产生，因此对其分解的研究也是很有必要的。陈长军[44]借助于原位红外光谱对 MN 的热分解进行了研究，如图 2-13 所示。

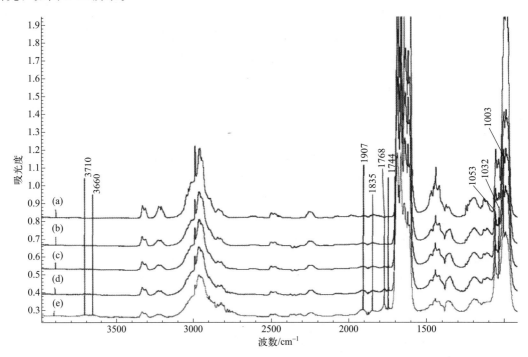

图 2-13　MN 热分解的红外光谱图　[(a)～(e)分别代表不同温度]

图中可见，140℃时，开始在 1744cm^{-1} 和 1768cm^{-1} 处出现微弱的吸收峰，说明 MN 开始发生热分解反应。到 200℃时，1744cm^{-1} 和 1768cm^{-1} 两处的吸收峰明显增强，这说明随着温度的升高 MN 的热分解反应加剧。随着温度的继续升高，1835cm^{-1} 和 1907cm^{-1} 两处的吸收峰强度明显增强。这表明 MN 分解产生 NO 气体，所以 $CH_3O—NO$ 键发生断裂，1032cm^{-1} 处的吸收峰为甲氧基伸缩振动峰。结合 3710cm^{-1} 和 3660cm^{-1} 两处的羟基吸收峰，说明 MN 发生热分解反应后生成 CH_3OH。由此推测加热温度在 140℃以下，MN 几乎不会发生热分解反应，只有当加热温度高于 140℃时，MN 才会发生热分解反应。

另外，他们也对 MN 在催化剂存在条件下的催化分解进行了研究。研究结果如图 2-14 所示。

可以看出，当 MN 进入原位红外反应池后，其吸收峰的强度未达到该浓度的 MN 气体应有的强度，同时立刻产生 NO、MF、CH_3OH 及 CO_2。随着 MN 浓度继续降低，NO、MF 和 CH_3OH 的吸收峰强度增加，约 3min 后，NO、MF、CH_3OH 达到最大值。此时 MN 的强度还在进一步减小，随后两分钟内 NO、MF、CH_3OH 几乎保持不变，MN 浓度降到最小值，此时 CO_2 强度达到最大值。根据 1766cm^{-1}、1740cm^{-1}、1155～1220cm^{-1} 处的吸收峰可推断 MN 发生催化分解反应生成 MF。

2016 年，肖文德等[38]利用 DFT 计算推测了 MN 在 Pd（111）晶面上的分解机理，分解产物主要是 MF、CO 和 CH_3OH，如图 2-15 所示。

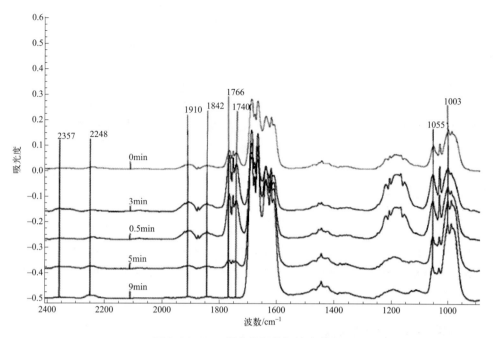

图 2-14 MN 催化分解的红外光谱图

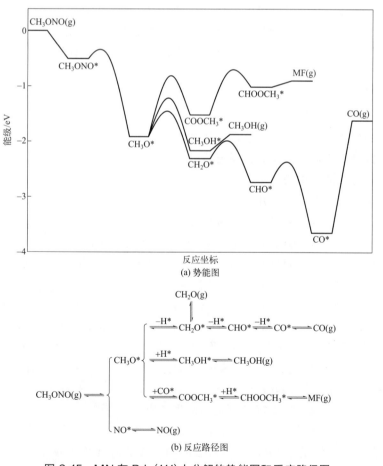

(a) 势能图

(b) 反应路径图

图 2-15 MN 在 Pd（111）上分解的势能图和反应路径图

结合主副反应的机理研究，结合实际生产装置中的反应条件，一方面提高主反应的选择性、尽量抑制或减少副反应能减少原料的浪费和分离的能耗，有助于提高经济效益。但是从技术实践中也发现，不论从催化剂设计和加工的技术，或者是反应条件的控制，都不太可能使产生 DMC 和 MF 的副反应完全消失，考虑到 DMC 和 MF 本身也是附加值较高的产品，只是产物中较低的组成比例导致较大的分离成本产生的效益较低，因此根据市场及生产条件的实际情况，适当调控提高 DMC 或 MF 的选择性或许对生产装置的总体经济效益更加有利。

2.3　催化剂

对于 CO 气相催化偶联合成草酸酯技术，催化剂是整个技术体系的核心内容。催化剂的载体、活性组分和助剂是催化剂技术的基本要素，以下对合成 DMO 用催化剂技术的组成和制备方面进行简要讨论和总结。

2.3.1　合成催化剂概述

目前 CO 偶联合成草酸酯反应的催化剂主要是 Pd-M/α-Al$_2$O$_3$ 系列催化剂，属于比较常用且典型的催化剂。该系列催化剂在许多典型的催化反应中表现出很高的活性和选择性，其催化效用和性能与催化剂的组成、结构及制备方法密切相关。同样的活性组分和载体组分，不同的载体晶型结构和不同的助剂乃至不同的制备条件下得到的催化剂其催化作用和性能大相径庭，仅在煤制乙二醇技术中就有不同制备路线得到的 Pd-M/Al$_2$O$_3$ 催化剂分别作为 CO 深度脱氢净化和 CO 氧化偶联两个反应的催化剂，而在每个催化反应中，催化剂本身的诸多因素又对各自的催化性能有着重要影响。因此数十年来，国内外研究人员围绕催化剂的活性组分、载体、助剂等方面进行了大量基础性研究。

（1）活性组分和活性中心

在催化剂上对反应起催化作用的是一个个催化活性中心或称为活性位点，它们可能是活性组分原子、原子团簇或其微粒的晶面缺陷结构等。研究人员在研究 CO 气相催化偶联合成草酸酯的反应时，发现铂、钌、铑、铱、Pd 等贵金属对该反应都具有一定的催化活性。但是其中尤以钯作为主催化剂时催化活性最好[45-47]。另外，活性组分的负载量和活性组分的前驱体也对催化剂的性能有显著影响。许根慧等[48]通过改变 Pd 的负载量制备了一系列催化剂，结果发现 Pd 质量含量低于 5％时，一氧化碳的单程转化率和草酸酯的时空收率随着 Pd 负载量的增大而增大。但是当 Pd 负载量高于 5％时，一氧化碳的单程转化率、草酸酯的选择性和时空收率都随着 Pd 负载量的增大而减小。造成这种情况的原因可能是由于过量的 Pd 负载容易造成活性组分 Pd 物种在载体表面形成簇合物，簇合物的形成容易堵塞催化剂的孔口，使得一氧化碳气相催化偶联反应无法正常进行。因此，合适的贵金属 Pd 的负载量不仅对催化反应有利，而且能够有效降低催化剂的生产成本。

经过现代科学仪器和分析方法的表征，研究人员发现在 CO 合成 DMO 用的 Pd-M/α-Al$_2$O$_3$ 催化剂上，活性组分 Pd 是以纳米晶粒的形式负载分散在载体上。为研究其不同晶面原子的催化活性机理，徐忠宁等[33]利用晶面控制生长技术，合成出暴露（111）晶面的

Pd 纳米多面体和（100）晶面的 Pd 纳米立方体，再通过传统浸渍方法将得到的 Pd 纳米多面体和 Pd 纳米立方体负载到 α-Al_2O_3 载体上。对催化剂性能进行评价发现暴露（111）晶面的 Pd 纳米多面体的催化剂具有较好的催化性能，DMO 的时空收率为 $642g/(L \cdot h)$，而暴露（100）晶面的 Pd 纳米立方体的催化剂则表现出催化活性，其 DMO 的时空收率为 $79g/(L \cdot h)$。

通过密度泛函理论计算他们认为并首次提出了活性组分 Pd 粒子的（111）晶面是 CO 氧化偶联合成 DMO 反应的活性晶面（图 2-16）。

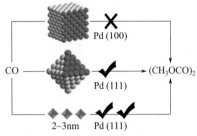

图 2-16 CO 气相催化氧化偶联合成 DMO 择优反应晶面示意图

当然，对于工业上常规的催化剂制备技术而言，精准地调控活性组分的晶面并不是容易做到的事情，根据 Wuff 理论，对于纳米颗粒，在平衡状态下也倾向于形成低表面能的晶面，从而决定了纳米颗粒的形貌。对 Pd 纳米颗粒而言，其（111）晶面本身就是表面能最低的低指数晶面，因此只要从宏观上调控好催化剂的活性组分分散度，是可以做到使制得的催化剂中活性组分的暴露晶面以 Pd（111）为主，同时这个研究结论也对催化剂生产技术的优化和质量控制提供了一定的依据。

（2）载体的影响

载体是负载型催化剂必要的组成部分，并且载体通常具有一定的机械强度和孔结构等物理特性。最初，人们使用载体的目的只是为了增加催化剂的比表面积，提高活性组分的分散度。但是随着对催化反应研究的深入，发现载体的作用是复杂的。CO 气相催化偶联合成草酸酯反应是煤制乙二醇工艺的一个重要环节，鉴于其重要性，近年来，国内也有很多研究机构在载体对催化剂性能的影响方面进行了大量研究。常见和常用的催化剂载体一般为金属或非金属氧化物，按照酸碱性来划分的话分为固体酸氧化物和固体碱氧化物，Uchiumi 等[4]通过高斯计算得到 MN 在酸性载体上的催化分解活化能为 $12.6kJ/mol$，低于主反应 CO 和 MN 合成 DMO 的活化能（$90.10kJ/mol$），发现酸性载体会加速 MN 催化分解为 MF 和 CH_3OH，相当于增加了无效反应（整个反应体系消耗 CH_3OH，此过程生成 CH_3OH，相当于增大了 CH_3OH 的循环量，提高了整个反应的负荷）和副产物 MF。

鉴于氧化物中存在的酸性中心会引起 MN 的大量催化分解，国内外研究人员将载体目标瞄准在弱酸性氧化物和碱性氧化物作为载体，其中弱酸性氧化物 α-Al_2O_3 显示出良好的催化活性，研究人员[49-52]对 α-Al_2O_3 的比表面积、孔结构以及孔径与催化剂活性进行了研究。

在 20 世纪 80 年代，国外很多专利开始报道关于载体对偶联合成草酸酯催化剂的影响。采用氧化铝、二氧化硅、浮石、沸石、活性炭、硅藻土等几种常见载体制备催化剂，通过其催化性能对比研究发现 α-Al_2O_3 是比较理想的载体，并认为氧化铝的比表面积为 $0.05 \sim 70m^2/g$ 是比较适宜的范围。如果氧化铝比表面积太大，将会使得 CO 的单程转化率和草酸酯的时空收率降低，同时副产物碳酸酯的选择性增大；如果氧化铝的比表面积太小，将会抑制活性组分在其表面的均匀分散，进而影响催化剂的催化活性[53-55]。

王保伟等[56,57]研究了载体的比表面积和孔分布对催化剂性能的影响。他们认为采用小比表面积、大孔径的载体制备的催化剂具有较好的催化活性。后来又考察了焙烧温度对 Al_2O_3 孔结构的影响，研究发现焙烧温度越高，载体的比表面积和孔容就越小，其所制得的催化剂 CO 的单程转化率就越高。赵秀阁等[58]对载体的孔结构与催化剂的催化性能关系进行了研究，发现具有双峰孔结构的催化剂表现出优良的催化性能。这是因为大孔可以提供快速的质量传递渠道,反应底物在没有阻碍的前提下优先进入催化剂的大孔孔道中,然后再从裂缝处的小孔导向最终起反应的活性部位,从而促进反应的进行。

姜玄珍等[22,23]选用两种不同晶型的氧化铝（α 型和 γ 型）作为载体,采用浸渍法制备催化剂并对催化剂的性能进行对比,结果发现以 γ 型氧化铝为载体的催化剂,其产物草酸二乙酯的时空收率仅为 272g/(L_{cat}·h),而以 α 型氧化铝为载体的催化剂,其产物草酸二乙酯的时空收率为 475g/(L_{cat}·h),并且副产物碳酸二乙酯和乙酸乙酯也比较少。他们还对亚硝酸酯在不同氧化铝载体上的分解情况进行了研究,结果发现亚硝酸酯的分解与载体的表面酸性有很大关系,亚硝酸酯的分解量与载体的表面酸性成正比。载体的表面酸性越大,亚硝酸酯就越容易分解,从而不利于产物草酸酯的生成。α-Al_2O_3 载体的表面羟基较少,其表面酸性较弱,因此 α-Al_2O_3 被认为是一氧化碳气相催化偶联合成草酸酯反应的最合适载体。

宋若钧等[13]对比了 γ-Al_2O_3、α-Al_2O_3、炭毡、活性炭、分子筛等不同载体负载的钯基催化剂的催化活性,同样认为 α-Al_2O_3 是 CO 气相催化偶联合成草酸酯反应的最佳载体。然而,也有学者认为 α-Al_2O_3 载体不是最佳载体。赵铁军等[59]研究了碳纳米管、γ-Al_2O_3、α-Al_2O_3 载体对 CO 气相催化偶联合成草酸酯反应的影响,发现以碳纳米管为载体制备的催化剂,活性组分 Pd 的颗粒更小,且分散度更高。就产物 DMO 的选择性而言,以碳纳米管为载体制备的催化剂其催化性能高于以 α-Al_2O_3 为载体制备的催化剂,但是由于碳纳米管价格高、机械强度差,限制了其应用前景。

在福建物构所的第一代煤制乙二醇技术开发和工业化过程中[60,61],也对羰基合成过程中的催化剂所用载体进行了全面考察,对比了不同焙烧温度处理下不同晶型的氧化铝为载体的催化剂的性能（见表 2-1）。

表 2-1 不同规格的氧化铝载体的性能比较

项目	071027-1	071027-2	071027-3	071027-4	070918-7	070918-8
Al_2O_3 晶态	α-Al_2O_3	α-Al_2O_3	θ-Al_2O_3	θ-Al_2O_3	γ-Al_2O_3	γ-Al_2O_3
空速/h^{-1}	3000	3000	3000	3000	3000	3000
温度/℃	149	150	152	155	163	169
比表面积/(m^2/g)	3.99	4.36	84.57	83.72	267.87	302.01
孔容/(cm^3/g)	0.0196	0.0196	0.354	0.448	0.426	0.474
平均孔径/nm	19.63	17.93	16.74	21.38	6.33	6.28
收率/[g/(L·h)]	880	820	625	550	440	470

彭思艳等[62,63]发现 Pd 负载在碱性 MgO 上表现出良好的催化活性,并通过尿素水热法制备了碱性氧化物 ZnO 纳米微球,然后通过浸渍法将活性组分 Pd 负载在 ZnO 纳米微球上,该催化剂在 CO 气相催化偶联制备 DMO 反应中表现出良好的催化活性,并且发现在通过掺杂 Mg^{2+} 来调控载体的碱性后用其制备的催化剂的稳定性得到明显提高。Mg^{2+} 的掺杂使得载体碱性位增多并增强,如图 2-17 (a) 所示,掺杂 Mg^{2+} 后的催化剂稳定性显著提高,如图 2-17 (b) 所示。

姚元根等[64-66]通过溶胶-凝胶法制备得到钙钛矿型的 $MgTiO_3$ 载体负载的 Pd 催化剂,Pd 的负载量为 0.3%。如图 2-18 所示,从粉末衍射谱图中可以看出催化剂的主要组成相是 $MgTiO_3$,并含有少量板钛矿型 Ti_2O_3 和 MgO,由于 Pd 的负载量较低且分散度较好,粉末

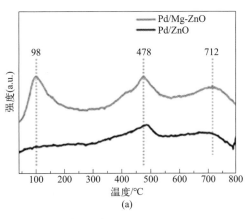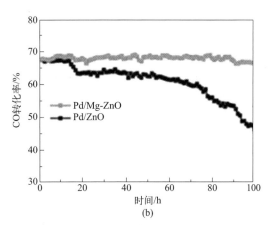

图 2-17　Pd/Mg-ZnO 和 Pd/ZnO 催化剂的 CO 程序升温脱附曲线　(a) 和
连续反应 100h Pd/Mg-ZnO 和 Pd/ZnO 催化剂的 CO 转化率曲线　(b)

衍射谱图中看不到任何 Pd 的衍射峰。该催化剂在 130℃，空速 3000h^{-1} 条件下，CO 的单程转化率可以达到 61.15%，DMO 的选择性可以达到 98.36%，DMO 的时空收率可以达到 1426g/(L•h)。

（3）载体掺杂和助催化剂

通过添加活性组分以外的其他元素组分改变催化剂载体的表面性质以调控载体-活性组分的相互作用是催化剂研究领域的共性认识，根据目前文献的报道，主要有添加助剂改变金属颗粒组成、调控金属颗粒尺寸、对金属颗粒本身进行改性等策略。助剂的加入可以调控活性组分分布和电子结构来改变催化剂的活性和稳定性。

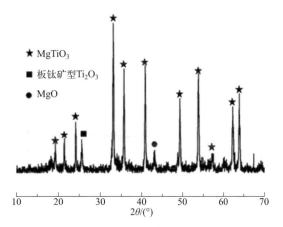

图 2-18　溶胶-凝胶法制备的 Pd/MgTiO$_3$
催化剂样品的粉末衍射图

赵秀阁等[58]考察了 CeO$_2$ 助剂对 Pd/α-Al$_2$O$_3$ 催化剂催化合成 DMO 性能的影响，他们认为 CeO$_2$ 的添加能够提高活性组分 Pd 物种的分散度，进一步通过 XPS 和 XRD 表征技术证明了助剂 CeO$_2$ 的添加可以使活性组分 Pd 物种更加集中分布在载体表面上，更有利于 CO 在 Pd-CeO$_2$/α-Al$_2$O$_3$ 催化剂上的吸附，并且通过实验证明了加入助剂 CeO$_2$ 后，催化剂的活性和选择性均得到了很大提高。

陈庚申等[67]研究了 V、Ti、Mg、Mn 助剂对催化剂催化性能的影响。他们发现加入助剂 Mn 后，对草酸酯的选择性影响不大；加入助剂 Mg 之后，草酸酯和碳酸酯的选择性降低；加入助剂 Ti 和 V 的催化剂能提高草酸酯等乙氧羰基化合物的选择性。然而，朱毓群[68]则认为采用 Ti 作为助剂，催化剂的催化性能几乎没有变化。

高正虹等[69]对采用 Fe 助剂的钯基催化剂进行了研究，采用 XPS 表征发现催化剂中活性组分 Pd 以零价存在，而 Fe 助剂主要以正二价存在，即 Fe^{2+}。他们认为，铁助剂的加入使得活性组分 Pd 在催化剂上保持较好的分散度，并能够有效抑制活性组分 Pd 粒子的团聚和长大，延长催化剂的使用寿命。

此外，张鑫[61]采用溶胶-凝胶法制备了系列掺杂硼、镁和钴元素的载体。对所制备的掺杂载体进行粉末衍射表征，如图 2-19 所示，发现所制备的掺杂载体主要包含两种不同晶相。对于掺硼载体其晶相主要是 α-Al_2O_3 和 $Al_5(BO_3)O_6$，对于掺镁载体其晶相主要是 α-Al_2O_3 和 $MgAl_2O_4$ 尖晶石，对于掺钴载体主要是 α-Al_2O_3 和 $CoAl_2O_4$ 尖晶石。以此掺杂载体来制备催化剂，活性评价结果表明，掺杂硼元素载体的催化剂的活性要优于掺杂镁、钴元素的载体，并且其催化性能要优于纯的 α-Al_2O_3 载体。

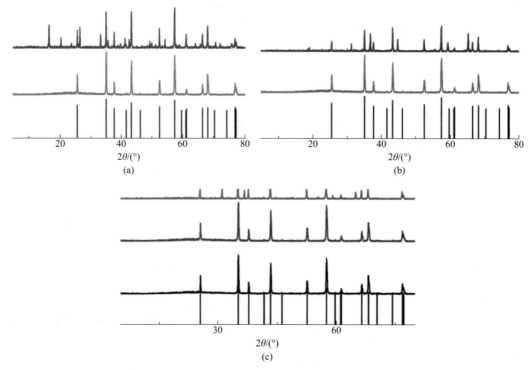

图 2-19　掺杂硼元素载体的 XRD 谱图　(a)、掺杂镁元素载体的 XRD 谱图　(b) 及
掺杂钴元素载体的 XRD 谱图　(c)

另外，研究人员发现 Ga、La、Zr、Ca 等助剂的加入也在一定程度上提高了 CO 氧化偶联合成草酸酯的时空收率，改进了催化剂的稳定性且提高了催化剂对草酸二甲酯的选择性[69-72]。而也有文献报道[73]催化剂中加入 Cu、Cl 等显著提高了催化剂对副产物碳酸酯的选择性，降低了催化剂对主产物草酸酯的选择性。

同样，比较煤制乙二醇技术中羰基合成催化剂制备中不同的助剂发现，在现阶段采用的制备技术中，不添加助剂的催化剂性能较低，第一代技术中添加的 Fe 助剂能较明显提高催化剂活性，而添加 Mg、Co、Ni 的催化剂效果优于添加 Fe 助剂的催化剂，而大原子序数的稀土元素如 Ce、Ne 的添加则对选择性影响较大。

（4）催化剂的结构研究

近年来，对多相催化体系的理论研究中，催化剂及活性中心的构效关系研究得到了普遍的关注，对于 CO 偶联制 DMO 催化剂而言，其结构因素可以归结为三个方面：活性组分 Pd 的分散度、载体-活性组分的相互作用、活性组分在颗粒中的径向分布状态。关于此催化剂的构效关系规律一般与反应机理研究直接相关，研究人员得到了众多的结论性成果和进展，在本章反应机理小节中已做相关的引用和归纳。

众所周知，对负载型催化剂尤其是贵金属催化剂，其活性中心的分散度关系到有效原子比例，同时也直接影响催化剂在工业中应用的成本。在相关测试表征技术突飞猛进的条件下，人们已经可以直观地观测到活性中心组分在催化剂中存在的形态并对其粒径和分散度进行量化的测试研究。对于 Pd 系催化剂而言，提高其分散度的同时还要防止其聚集烧结，因此合适的载体和载体-金属相互作用是最主要的因素之一，其中助剂的选择也是以有助于加强载体和活性中心相互作用为一般要求的。

但对于 CO 偶联合成草酸酯的反应而言，人们在研究和生产实践中发现性能最优的催化剂载体选择空间较小，常见的为 $\alpha\text{-Al}_2\text{O}_3$、MgO、钙钛矿材料等，其比表面积较常规的载体小一个数量级以上，一般为每克几十甚至几平方米。经过透射电镜等手段观测，活性组分 Pd 在催化剂中以 5～10nm 粒径的晶粒存在的形态往往对应着催化剂样品的最佳性能。因此也充分说明，我们对 CO 羰化偶联合成草酸酯反应的机理和催化剂还需要继续深入研究。

工业上 CO 氧化偶联合成 DMO 反应采用的是固定床反应器，反应条件接近常压，为了避免较大的压降，催化剂采用的是成型的氧化铝颗粒作为载体。实际的催化反应涉及五个基本反应过程，外扩散、内扩散、吸附、反应和脱附，从动力学上看一般认为内扩散是整个反应过程的限速步骤。因此，工业用催化剂的设计和优化必须考虑宏观尺度上的影响因素，如活性组分在催化剂载体颗粒中的径向分布在工业反应装置中对反应的进行就有很重要的影响。

计扬[41]提出，载体孔结构、Pd 分散度和活性组分在球形催化剂中的分布是影响蛋壳型 $Pd/\alpha\text{-Al}_2\text{O}_3$ 催化剂活性的主要因素。通过研究发现：①相较于比表面积和孔容而言，载体孔结构是影响催化剂活性的主要因素。提高 $\alpha\text{-Al}_2\text{O}_3$ 载体中 1～10nm 的孔的比例，有利于催化剂活性的提高。而具备双峰孔结构分布的载体最适合于 CO 偶联反应体系。②CO 偶联反应是一个结构敏感型反应，CO 偶联反应速率随 Pd 分散度的下降而上升。③对蛋壳型 $Pd/\alpha\text{-Al}_2\text{O}_3$ 催化剂，减小"蛋壳"即活性层厚度利于催化剂活性提高。最优"蛋壳"厚度为 $50\mu m$。④通过比较上述三个因素对催化剂活性的影响，发现活性组分在蛋壳型催化剂内的分布，即所谓的"蛋壳"厚度，是影响催化剂活性的首要因素。

潘鹏斌[74]对 2011 年以前在此方面的工作进行了初步总结，主要从浸渍法制备催化剂过程中的 pH 值控制、溶液 Cl^- 浓度控制以及干燥焙烧过程的条件控制方面对传统浸渍法制备催化剂的技术进行了讨论和优化，另外还对液相原位还原法、高温还原法等新颖制备方法进行了初步研究，得到了较有意义的初步成果。

首先是提出催化剂结构因素中，采用粒径 3～5mm 的羰基合成催化剂，发现最佳的活性组分分布状态应该是在载体表层以下一定深度的蛋白型，分析其可能的原因：①反应过程中在 MN 和 CO 之间存在竞争吸附，根据物质性质和相关文献报道，基于 MN 的扩散难于 CO、吸附态的 CO 与 MN 生成 DMO 的反应是快反应、MN 在 Pd 上的吸附会促进 MN 的分解等规律性认识，活性组分在载体表面富集时更有利于 MN 的催化分解，而当 Pd 组分主要存在于载体壳层下的特定区域时，其对 CO 的扩散选择性和阻力之间形成平衡，从而达到最优的反应效果（活性和选择性）。②CO 偶联合成草酸酯是一个强放热的快反应，如果活性组分在载体壳层过于富集，则会造成反应管中局部过热从而同时促进主反应和副反应，使得反应器中发生飞温导致催化剂失活和副产物增多等多方面不利影响。经过在万吨级工业试验装置上的实地考察，作者认为最佳的活性组分分布状态是特定结构的蛋白型，如图 2-20 所示。

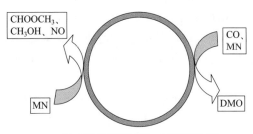
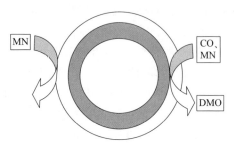

(a) 在蛋壳型催化剂中，MN在催化剂
表面与活性中心作用发生分解

(b) 在蛋白型催化剂中经过扩散的选
择性作用，减少了MN的催化分解

图 2-20　MN 在蛋白型催化剂中的反应

（5）催化剂活化

MN 和 CO 发生氧化偶联反应生成 DMO，催化剂为 Pd/α-Al$_2$O$_3$。催化剂使用前需进行还原。戴珂琦[75]的 H$_2$ 还原方案，还原条件为常压、气体组成为 H$_2$＝25％（体积分数），以 1℃/min 的速率从室温升温至 200℃，还原 5h。然后在 200℃下 N$_2$ 高温吹扫 4h，以脱出 H$_2$，原因是贵金属 Pd 对 H$_2$ 的吸附能力很强。还原完成后降温至反应温度，通入原料气进行偶联反应。贺黎明[76]研究了还原温度对合成草酸酯的影响，在 200～500℃ 的温度范围内对 Pd 催化剂进行还原处理，还原后的催化剂性能评价如图 2-21 所示。

当还原温度为 360℃ 时，Pd 催化剂有最好的活性和选择性。当还原温度过高或过低时，Pd 催化剂的活性和选择性均有所下降。

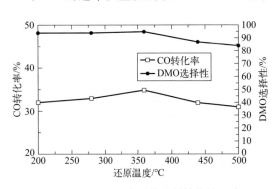

图 2-21　还原温度对催化剂性能的影响

通过前述的 TPR 测试结果可知，Pd 催化剂有两个还原峰，分别为低温还原峰（90℃）和高温还原峰（340℃）。因此过低的还原温度使催化剂不能完全还原，影响其催化性能；而过高的还原温度虽然可加快催化剂的还原，使还原更充分，但同时也会导致催化剂晶粒长大，从而影响催化剂活性，因此采用 360℃ 的还原温度是适宜的。此外，由于还原温度对 Pd 催化剂分散度有较大影响，进而影响其催化性能，因此测试了还原温度对 Pd 催化剂分散度的影响，所得结果如表 2-2 所示。

表 2-2　还原温度对 Pd 分散度的影响

还原温度/℃	S/(m^2/g)	分散度	
		表面原子比例 R/%	Pd 颗粒平均粒径 D/Å
200	8.9	19	29.4
280	9.1	19	28.8
360	9.9	21	26.6
440	8.2	17	32.0
500	7.7	16	33.9

在 200～360℃ 的温度范围内，随着还原温度的升高，催化剂钯分散度增加，在 360℃ 时钯分散度较高，再升高温度，钯分散度有所下降，这与还原温度对催化性能的影响规律是一致的。

此外，工业上使用过程中还有采用 CO 还原或者器外还原好，装入反应器中不再还原的情况，相对于 H₂ 还原来说，一方面节省开车时间，另一方面也方便了操作。

2.3.2 催化剂的失活和再生研究

（1）反应物中杂质组分对催化剂活性的影响

对 CO 偶联合成草酸酯反应过程和催化剂，研究人员发现如反应物中含有 H₂、O₂、NH₃、NO 等组分对催化剂的活性和选择性都有不同方面的影响。由于合成气原料中最常见的杂质组分为 H₂，所以催化剂的临氢失活是研究人员关注的热点，如计扬[41]在研究中发现：当 CO 偶联反应处在外扩散控制区时，H₂ 含量上升导致 MN 转化率迅速下降和副产物 CH₃OH 选择性迅速上升，同时无法检测到副产物 MF，说明 CH₃OH 的来源主要是 MN 与 H₂ 的反应，而 MN 的催化分解反应完全被抑制。当 CO 偶联反应处在动力学控制区时，H₂ 含量上升导致反应速率下降的幅度与在低气速情况相比明显较小，DMO 选择性迅速下降，副产物 MF 选择性迅速上升。此时 MF 的来源是 H₂ 与催化剂表面过渡态中间体 CH₃OCO—Pd—O 之间的反应。戴珂琦等[77]研究发现，催化剂表面的吸附顺序为 H₂、MF、CO。随 H₂ 浓度升高，副产物 MF 和 CH₃OH 生成的同时 DMO 和 DMC 的生成明显减少。同时，CO 偶联反应反应器进口含有较多的 NO，而反应同时还产生 NO，研究也发现，NO 含量上升会导致催化剂活性迅速下降，但这是由于 NO 占据了活性中心引起的，是一个可逆过程。

吴芹等[78]研究发现，随着氧含量的增加和反应温度的升高，氧杂质的存在同时加快了 CO 偶联主副反应速率。氧引起的 Pd 系催化剂活性变化具有可逆性。高正虹等[79]研究发现，在反应温度（90~120℃）下，氧气含量在 10% 以内可促进 CO 偶联主反应和副反应速率，副反应速率的增长比主反应速率的增长更明显；他们还发现，氨含量不超过 0.54% 时，仅引起催化剂活性下降，不会造成催化剂完全失活；当氨含量达 1.16% 时，催化剂活性迅速下降，直至完全失活。

但对于 CO 合成 DMO 的催化剂而言，在较好地控制反应组成和温度的条件下，其日常运行是较为稳定的，以上研究结果中的各种杂质组分对催化反应的影响一般可以较好地得以控制。更值得研究的是在工业装置运行中由于复杂的条件和长时间运行导致催化剂结构变化引起的失活过程。

（2）催化剂烧结失活

工业用催化剂一般都具备高的催化活性、选择性和稳定性。但是由于在反应过程中经常会出现一些非人为的不可抗拒因素，催化剂的活性和选择性会逐渐下降，当其性能下降到一定程度（也就是我们所说的催化剂失活），就必须对催化剂进行更换或使其活性再生。因此，催化剂活性再生的难易程度也被认为是考察催化剂性能的一个重要指标。引起催化剂失活的原因是多种多样的，一般可归纳为三类：催化剂的热失活、中毒失活、污染失活。

CO 气相催化偶联合成 DMO 是一个强的放热反应，如果初始反应条件控制不好，特别是当反应体系中亚硝酸甲酯的浓度超过一定浓度时，瞬间会产生大量的反应热，由于在固定床反应器中热量不能够及时散去，热量瞬间大量积累，这就会导致体系中的温度呈现跳跃式增加，从而使得整个体系的温度失去控制，出现飞温现象。飞温现象发生后，催化剂表面会出现大量积炭、活性组分烧结和高温氧化，从而使得催化剂失活。由于该反应是强放热反应，所以合成催化剂的失活一般是由飞温造成的。

目前的研究工作主要是围绕提高载体和活性组分的相互作用来提高催化剂的稳定性，郭国聪等[62]发现 Pd/ZnO 催化剂在 CO 氧化偶联合成 DMO 反应中表现出优异的催化活性，但是载体与活性组分 Pd 的结合较弱，催化剂在 100h 稳定性考察过程中催化活性急剧下降，为了提高催化剂的稳定性，作者采用 Mg^{2+} 掺杂的策略，形成了 Zn-Mg-O 固溶体，通过引入载体与活性组分的电子相互作用提高了催化剂的稳定性，在随后的 100h 的稳定性考察过程中表现出良好的稳定性，如图 2-22 所示。

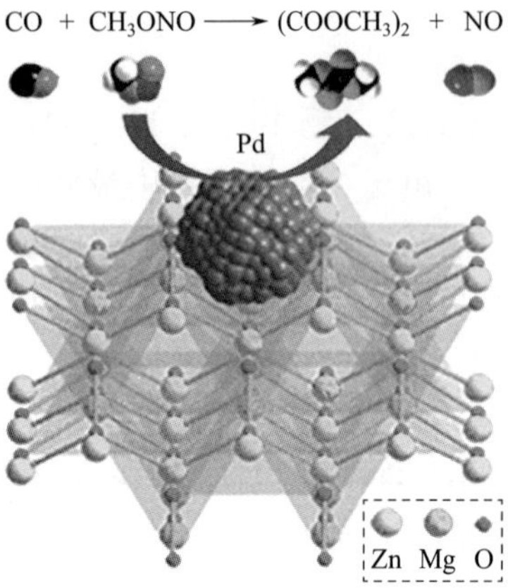

随后他们在研究载体为水滑石体系时也尝试通过引入杂原子或氧空穴的方式提高载体各种相互作用来提高催化剂的稳定性[80,81]。

$$CO + CH_3ONO \longrightarrow (COOCH_3)_2 + NO$$

图 2-22　Zn-Mg-O 固溶体结构

（3）烧结失活的催化剂及再生方法

由于采用惰性的 $\alpha\text{-}Al_2O_3$ 作为载体，因此飞温不会影响载体的晶体形态。张鑫[61]在其博士论文中通过对失活后催化剂进行 XPS 表征，发现失活后催化剂大部分表面相的 Pd(0) 被氧化为 Pd(+2)，部分助剂 Fe(+2) 被氧化为 Fe(+3)，透射电镜表征显示催化剂飞温失活后，活性组分 Pd 粒子聚集成较大晶粒。同时对新鲜催化剂和飞温后的催化剂的催化性能进行对比评价，发现飞温后的催化剂 DMO 的收率基本为零，可见飞温后的催化剂已经完全丧失了催化活性。

对失活前后的催化剂进行了 BET 和 CO 化学吸附表征，表征结果列于表 2-3 中。

表 2-3　新鲜催化剂和飞温失活后催化剂的 BET 和 CO 化学吸附表征结果

样品名称	比表面积 /(m²/g)	平均孔容 /(cm³/g)	平均孔径/nm	Pd 分散度/%	Pd 粒径/nm
B-2-4	5.231	0.0078	6.42	24.23	4.21
B-2-4-F	2.132	0.0083	6.78	15.32	14.6

分别对飞温失活前后的催化剂样品进行了透射电镜表征，如图 2-23 所示。从图 2-23（a）中可以看出飞温前的催化剂样品中活性组分 Pd 粒子高度分散且具有较小的粒径（平均粒径在 2.22nm 左右），图 2-23（b）中的飞温失活后的催化剂样品中 Pd 的分散度降低，并且 Pd 粒子明显聚集长大，Pd 粒子的平均粒径在 14nm 以上。由此我们可以得知，飞温后的催化剂失活的一个原因有可能是高温导致 Pd 粒子的分散度降低以及 Pd 粒子的聚集长大。

对比两种重新还原的方法来处理催化剂：一是氢气在线还原法，二是液相还原法。氢气在线还原法就是直接向反应管中通入 50mL/min H_2 或 CO，200mL/min 氮气进行还原。液相还原法是将催化剂从反应管中取出来，选择合适的还原性溶剂，如水合肼、乙二醇、甲醛、硼氢化钠（$NaBH_4$）溶液等，来浸泡处理失活的催化剂，浸泡时间为 12h，之后将溶剂回收至废液桶，再将催化剂放入 200℃烘箱中干燥处理 24h。按同样的评价条件对活化再生后的催化剂进行评价来考察再生后催化剂的活性恢复程度，无论是 H_2 在线还原还是液相还原，催化剂的活性都能够得到恢复，但是都不能够恢复到飞温前催化剂的活性。氢气在线还原再生相比液相还原再生，催化剂活性只能恢复到失活前的 71%。对于液相还原再生来说，所用的还原剂不同，失活催化剂的活性恢复程度也不同，其中以 $NaBH_4$ 溶液作还原剂的效

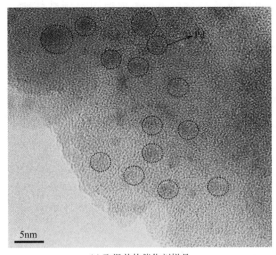
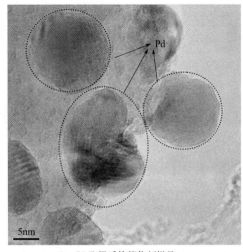

(a) 飞温前的催化剂样品　　　　　　　　　　(b) 飞温后的催化剂样品

图 2-23　催化剂样品 TEM 图

果最好,其活性能够恢复到失活前的 91％ 左右。通过上表的表征结果我们可以看出,与飞温失活的催化剂相比,经过活化再生后的催化剂的比表面积都有所增加,但是都不能够恢复到失活前的水平。

实际开工过程中,因为温度的剧烈波动或者长时间运转造成的催化剂的烧结失活,一般很难通过简单的再生处理方式将催化剂的活性恢复到生产前的水平。不过考虑到实际催化剂的理化性质,可以采取高温焙烧、酸浸出处理和浸渍再制备的过程将催化剂恢复到原来开工时的催化性能水平。首先为失活的 Pd/α-Al₂O₃ 催化剂选择合适的高温焙烧方式,去除负载在催化剂表面以及堵塞孔道中的有机物和碳等杂质,同时将催化剂上的团聚的金属态的 Pd 变成氧化态的 Pd 物种;由于惰性载体 α-Al₂O₃ 耐一定程度的酸碱,可将焙烧后的催化剂与酸反应,使氧化态的 Pd 物种生成可溶性钯盐重新回到规模化制备过程中的浸渍环节,后续通过老化、干燥、焙烧和活化恢复催化剂的大部分原始活性。

从工业生产实践上看,催化剂再生有器内再生和器外再生两种方式,姚元根等[82]公开了一种 Pd/α-Al₂O₃ 催化剂在线再生方法,即通过在不同温度下,分别向反应器中通入水蒸气以除掉催化剂表面附着的部分有机物和无机物,通入 N₂ 以疏通载体孔道,通入 O₂ 以除去催化剂上的积炭,并使已团聚的还原态 Pd 被氧化、分散,通入 H₂ 对活性组分进行还原和再分散。该法活化后的催化剂样品活性只能恢复到原来的约 85％。失效催化剂器内再生时占用了开工生产时间,从而影响工厂经济效益。催化剂器外再生即将催化剂卸出,在专用设备中进行预处理和再生。项铁丽[83]研究发现,飞温至 400～500℃ 催化剂失活的主要原因是高温烧结和催化剂活性组分 Pd 被氧化,再生可完全恢复其活性,飞温至 1000～1200℃ 失活的催化剂再生只能部分恢复其活性。姚元根等[84,85]将 Pd/α-Al₂O₃ 催化剂高温焙烧,去除负载在载体上的有机物和碳等杂质,再将催化剂与酸反应,使氧化钯生成可溶性钯盐,将溶液和载体一起干燥、焙烧使钯物种在载体上重新分布和负载,再经还原处理获得再生的钯催化剂,经再生后的催化剂活性能够恢复到新鲜催化剂的水平。还将失活催化剂在高温高压下碱洗,除掉催化剂表面附着的有机物,再用扩孔剂溶液浸泡后于 400～700℃ 下焙烧,除掉催化剂表面附着的积炭及疏通催化剂堵塞的孔道,然后用氮气和氯化氢混合气体吹扫,使团聚长大的活性 Pd 物种重新分散，再用碱液浸泡使重新分散后的 Pd 物种固定到载体上，最后催化剂经湿法和干法两步还原，将氧化钯还原为 Pd。采用该方法对失活催化剂进行再生处理，团聚烧结的活性 Pd 物种得到了有效分散，催化剂活性能够恢复到原来的约 96%。催化剂器外再生可延长装置的开工周期，减少催化剂活性损失，可以对催化剂处理过程中产生的污染集中处理，是值得关注的研究方向。

合成催化剂的再生技术是根据实际的开工情况导致的失活原因而制定，当然如果存在载体的破损程度太大而导致的压降过高等其他意外情况，贵金属的回收和新催化剂的再制备也是一种备选方案。

2.3.3 催化剂制备技术

（1）目前生产采用的浸渍法制备技术

CO 氧化偶联合成 DMO 用的合成催化剂是负载型催化剂，负载型催化剂的规模化制备方法有两种：方法一是针对反应体系选择合适的尺寸形状和颗粒大小的成型的载体，所需的活性组分通过后续的浸渍、干燥、焙烧和活化获得；方法二是先制备出所需催化剂的粉末前驱体，后续通过成型技术获得一定机械强度以及耐磨性的成型催化剂。由于第二种方法粉末到成型颗粒前后存在未知放大效应的问题，目前工业上所用的合成催化剂主要采用第一种方法制备，采用成型的 α-Al_2O_3 载体，通过活性组分 Pd 前驱体溶解和干燥以及焙烧过程中 Pd 前驱体与载体 α-Al_2O_3 固液界面的化学过程获得 Pd/α-Al_2O_3 催化剂。催化剂具体的制备过程主要包括五个环节：

① 浸渍。浸渍法由于利于催化剂的规模化制备在工业上被广泛采用。工业上的合成催化剂 Pd 的负载量（活性组分 Pd 相对于载体质量的比值）一般在 0.2%～1.0% 范围内。所需载体 α-Al_2O_3 通过高温焙烧（1200℃以上）的方式获得，催化剂的比表面积一般在 $10m^2/g$ 以下，浸渍液一般采用水作为溶剂，α-Al_2O_3 表面用于锚定 Pd 前驱体的羟基基团密度较低，Pd 的单次理论负载量一般低于 0.5%，为了获得均匀分散的 Pd 基催化剂，一般采用多次浸渍的方式。浸渍方法分为两种：干法浸渍和湿法浸渍。干法浸渍时浸渍液体积等于载体的孔体积，湿法浸渍时浸渍液体积一般远大于载体的孔体积。Pd 的前驱体一般采用静电吸附的模型吸附在载体的表面，吸附过程中载体表面的羟基基团会发生质子化或去质子化的过程，前者干法浸渍过程中 pH 值的变化相对于后者更加显著。为了获得最佳的浸渍效果，需要控制浸渍液的 pH 值，使得 Pd 前驱体与载体表面的静电相互作用最强，在后续的干燥或焙烧过程中不会发生迁移团聚。

②老化。浸渍后的准催化剂一般要在一定条件下放置一段时间来达到催化剂的最佳性能，简称老化。成型的载体 α-Al_2O_3 具有一定的尺寸形貌和颗粒大小，一般为直径 2～4mm 的圆球，比如湿法浸渍后，以 $NaPdCl_4$ 作为 Pd 源，水作为溶剂为例，在常温条件下，由于载体 α-Al_2O_3 的等电点（PZC）在 8.5 左右，刚开始浸渍液 pH=7<8.5，载体 α-Al_2O_3 带正电，$[PdCl_4]^{2-}$ 与载体以静电的方式相互作用，锚定在载体表面，但是随着时间的推移，$[PdCl_4]^{2-}$ 络合物溶液会由黄色变为棕色的钯水合氢氧化物溶液，甚至产生 Pd 的沉淀，说明 Pd 前驱体与载体的作用过程中，先发生静电吸附作用，然后水中的 OH^- 逐渐取代了 Cl^- 配体发生了沉积-沉淀机制。这种沉积-沉淀机制对于 Pd 在载体 α-Al_2O_3 内部的空间分布起着决定性的作用，同时活性组分 Pd 的空间分布引起的反应的传热和传质问题也会对催化剂性

能产生显著的影响。因此合理地选择老化条件对催化剂的最终性能起着很关键的作用。

③ 干燥。去除溶剂的过程被称为干燥。在干燥的过程中溶剂不断蒸发离开载体，此时如果 Pd 前驱体与载体的相互作用不强，由于溶剂的流失造成局部的浓度差异引起的扩散行为会导致 Pd 前驱体的迁移团聚现象。如果浸渍过程中加入了与 Pd 前驱体竞争吸附的竞争者，干燥后的准催化剂会根据 Pd 前驱体与竞争者相对于载体的作用强度的强弱产生不同的 Pd 空间分布类型。当 Pd 前驱体与载体具有很强的吸附作用，缓慢干燥时，Pd 一般趋于蛋壳型分布；当 Pd 前驱体与竞争者的吸附作用相近，室温干燥时，Pd 一般趋于均匀分布；当竞争者与载体的吸附作用较强，快速干燥时，Pd 一般趋于蛋黄型分布。当然其他条件会介于这三种分布之间。根据实际反应的需要，选择合适的分布类型。

④ 焙烧。去除杂质或进一步固定活性组分的过程需要一定温度的焙烧处理。常用的焙烧方法为静态空气条件下马弗炉焙烧，如果采用硝酸钯作为前驱体，焙烧过程会产生氮氧化物、结构水（与载体作用较强，干燥过程中难完全去除的水）和大量的热，如果焙烧过程中形成的 Pd 中间体与载体作用较弱或者焙烧温度过高，会产生 Pd 的活性组分迁移再分布现象或团聚长大（类似于催化剂失活过程中，由于活性组分与载体的作用弱引起的整体 Pd 颗粒的迁移、聚集和长大的过程）。因此，为了防止焙烧过程中局部过热导致的活性组分 Pd 的聚集长大或 Pd 的空间再分布，焙烧的操作控制也非常关键。

⑤ 活化。在实际的合成反应过程中，催化剂中的活性组分为金属态的 Pd，焙烧后催化剂表面上的 Pd 物种主要以氧化物的形式存在，工业上一般用 H_2 作为还原剂，在开工前用 H_2 在一定的温度条件下将氧化态的 Pd 还原为金属态的 Pd。也可采用 CO 作为还原剂来还原，不过还原过程中会形成 Pd-CO 络合物，在较高的温度条件下会发生迁移团聚，需要控制还原温度和时间，同时 CO 的还原能力低于 H_2，表面上与载体结合较强的 Pd 物种难完全被还原。也有采用硼氢化钠等强还原剂来活化催化剂的，但是还原过程太过剧烈和难控制，容易造成 Pd 颗粒的尺寸分布不均一，需要合理设置活化条件。

总之，在催化剂规模化制备过程的五大环节中，为了实现催化剂性能的可重复性和均一性，每个环节都需要精细地调控，才能实现从实验室制备方法到工业化规模制备技术的放大。

（2）新型制备技术的探索

总的看来，现阶段行业内采用的催化剂生产技术仍然是以传统的浸渍法为基础，传统的浸渍法有工艺简便、易于放大等优点，同时在一些精细的结构调控上有所不足，因此研究人员在新型催化剂材料的应用以及新颖制备技术的探索上也进行了大量研究。

潘鹏斌[74]通过对浸渍法制备催化剂的技术方案的研究和总结，发现对 CO 合成 DMO 的 $Pd/\alpha\text{-}Al_2O_3$ 催化剂来说，浸渍制备过程中按 Pd 源（前驱体）、浸渍液的 pH 值、沉淀（固载）条件、还原方式等条件的不同可以在一定程度上调控催化剂的分散度和活性组分分布等结构参数。由此探索和比较了原位液相还原法、高温还原法、超声分散法等新颖的制备技术，制得了一系列负载量更低、分散度更好及不同活性组分分布的催化剂样品并进行了评价和研究。

彭思艳等[86]也利用 Cu^{2+} 辅助的液相还原法制备了一种 Pd 颗粒均一分散、尺寸仅约 2.7nm 且在载体 $\alpha\text{-}Al_2O_3$ 上高度分散的催化剂，并且暴露的 Pd 晶面为（111），成功制备了超低 Pd 负载量（0.13 %，质量分数）、高活性和高稳定的催化剂。但是上述液相还原法存在种种缺点：①采用的载体为未成型的粉末载体，而氧化铝载体压片难，催化剂放大生产困难；②液相还原法需耗费大量的还原剂，如果大量生产很难控制还原条件的均一性，同时还原效率低下且贵金属理论负载量和实际负载量相差较大。但上述的工作从研究基础的角度证实了 Pd 在极低的负载量条件下，仍能保持较高的活性和稳定性。

张雨等[87]采用了液相原位还原法来制备催化剂详细研究了制备过程中的干燥温度、还原剂的种类、还原剂的浓度等条件对催化剂性能的影响。采用氯化钯、醋酸钯等钯源，配制成母液后通过浸渍使活性组分分散吸附到载体内部孔道和表面上，然后通过温和的还原性有机物溶液处理，制备成均匀高分散的催化剂样品。经过实验比较，可在负载量小于 0.06%的情况下基本达到 600g/(L·h) 以上收率。

此外，黄园园[88]采用了超声分散浸渍法来制备催化剂，考察了不同超声频率、不同超声时间下超声浸渍的步骤先后顺序对催化剂性能的影响。发现在制备中经过超声分散的催化剂对产物草酸二甲酯的时空收率都较未经超声处理的催化剂样品有了很大程度的提高，这一结论进一步通过 CO 化学吸附表征结果得到论证。超声处理后的样品活性组分 Pd 的分散度明显优于未经超声处理的催化剂样品。

路勇等[89]利用薄片铝纤维作为载体，巧妙地利用铝单质与水蒸气反应的原位生长技术，在铝纤维表面生成一层均匀的薄水铝石（ns-AlOOH）结构，然后再通过常规浸渍的方法将 Pd 均匀地负载在 ns-AlOOH 上，利用金属铝纤维的高通透性和高导热性，该催化剂的 Pd 负载量为 0.25%，如图 2-24 和图 2-25 所示。

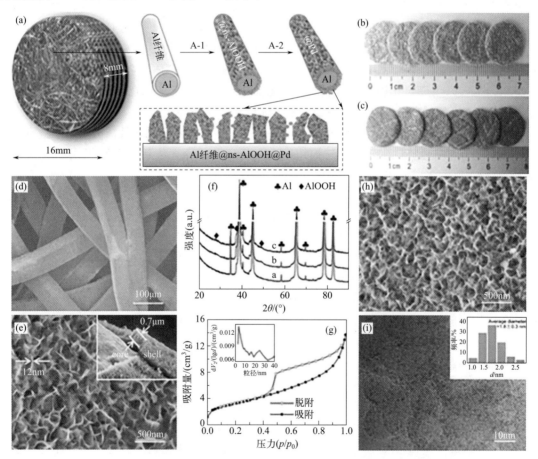

图 2-24　铝纤维载体制备的催化剂及其结构

郭俊怀等[90]利用蜂窝状的堇青石作为载体，通过简单的酸处理法对堇青石载体的比表面积和孔结构进行可控调整，制备了催化剂 Pd 负载量为 0.2% 的整体式催化剂，在高空速条件下，MN 的转化率仍能达到 90% 以上，DMO 的选择性达 97%。

另外，就目前的技术进展和现状而言，现有催化剂技术的催化活性已能够满足生产工艺要求，甚至可以支持工业技术上单位催化剂生产效率提高 50%~80% 情况下对单位催化剂性能的进一步要求。因此，对催化剂技术的优化首要问题在于适合于进

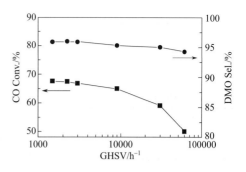

图 2-25　铝纤维催化剂高通量条件下的性能

一步提高工业装置生产效率的新工艺和反应设备的技术要求，其次，在反应选择性和热稳定性上需要进一步提高技术指标。

2.4　反应工艺研究

2.4.1　反应条件

一般认为 CO 合成 DMO 反应过程主要包括以下反应：

主反应：$\quad 2CH_3ONO + 2CO \longrightarrow (COOCH_3)_2 + 2NO$ (2-11)

副反应：$\quad 2CH_3ONO + CO \longrightarrow CO(OCH_3)_2 + 2NO$ (2-12)

MN 热分解：$\quad 2CH_3ONO \longrightarrow CH_3OH + CH_2O + 2NO$ (2-13)

MN 催化分解：$\quad 4CH_3ONO \longrightarrow CHOOCH_3 + 2CH_3OH + 4NO$ (2-14)

现阶段 CO 气相合成 DMO 反应技术中，普遍采用固定床列管式反应器，具有结构简单、操作便捷等优点。针对 CO 羰化偶联反应的过程反应放热大、副反应对温度敏感等特征，在工业装置的反应器设计中，尤其需要关注整体反应过程对温度、反应物配比、空速等工艺参数的响应和关联规律。为对工业示范装置反应器和工艺设计提供参考，各方研究人员在实验室对催化反应的主要工艺参数进行了大量实验，以福建物构所的部分实验数据为例[74,88]，通过 10mL 的反应评价装置对反应工艺条件进行了考察，分别对温度、反应物配比、空速等参数对反应过程的影响进行了研究和总结。

（1）反应温度

对于任何一个反应过程，反应温度都是最重要的参数指标之一，直接关系反应的效率和生产装置经济效益，对反应温度的考察需要建立在反应热力学的基础上。综合文献报道和已有资料，CO 合成 DMO 反应体系的主要热力学数据，如表 2-4 所示。

表 2-4　基本热力学数据

物质	$\Delta_f H^\ominus / (kJ/mol)$ (298K)	$\Delta_f G^\ominus / (kJ/mol)$ (298K)
CO	−110.69	−135.37
NO	90.500	86.813
CH_3OH	−201.98	−162.42

続表

物质	$\Delta_f H^{\ominus}$/(kJ/mol)(298K)	$\Delta_f G^{\ominus}$/(kJ/mol)(298K)
CH₃ONO	−64.104	1.0056
DMO	−709.27	−604.86
HCOH	−108.6	−102.5

根据表2-4中的各化学物质的热力学数据以及反应方程式可以计算得知，CO气相催化偶联合成草酸酯反应是一个不可逆的强放热反应，反应热大约为159kJ/mol。因此加热温度肯定会对该反应产生很大的影响。另外，如果加热温度过高，反应物MN也容易发生热分解，MN分解会导致大量的副产物产生。因此选择一个合适的加热温度对于该偶联反应来说至关重要。另外，反应空速也是影响偶联反应的一个重要因素[27]。戴珂琦[75]考察了该反应在110～140℃温度范围内MN的转化率、草酸酯和碳酸酯的选择性，如图2-26所示，随着反应温度的升高，MN的转化率从46%迅速升高到80%，而产物DMO的选择性略有降低，副产物DMC的选择性略有升高。

黄园园[88]在更接近生产装置工况的条件下对反应温度的影响进行了研究。在空速为3000h⁻¹，N₂∶MN∶CO＝48∶20∶32（mL/min）条件下，评价反应温度对反应的影响，结果如图2-27所示，易见，随着温度的逐渐升高，MN转化率显著增加，DMO选择性略有降低。

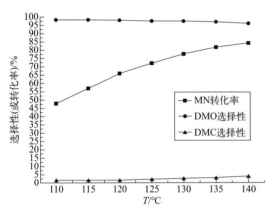

图2-26 反应温度对CO偶联制备DMO反应的影响

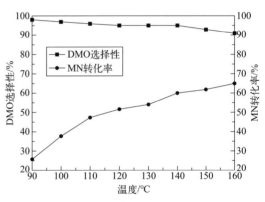

图2-27 温度对MN转化率和DMO选择性的影响

从图2-28可知，当温度从90℃上升到160℃时，催化剂的活性保持上升的状态，DMO的时空收率从400g/(L·h)上升到940g/(L·h)。

从图2-29可知，随着温度的升高，MN的催化分解和热分解有上升的趋势，其中MN的催化分解在140℃后增加较为显著；DMC的选择性随着温度的升高先增加后降低，变化幅度不大，在1.5%～2.5%之间波动。虽然随着温度的升高，催化剂的活性逐渐增加，但是140℃后副反应程度显著增加。因此CO气相氧化偶联合成DMO的最佳反应温度确定在110～140℃。

（2）反应物料配比

由于N₂是不参与反应的惰性气体，它的存在多少不会对该偶联反应造成任何影响。但是反应物MN和一氧化碳的比例则会对该反应产生影响[91-93]。戴珂琦[75]也研究了反应物料配比对CO偶联反应的影响，如图2-30所示，随着CO/MN比值增大，MN的转化率呈现出一个先上升后下降的趋势，产物 DMO 的选择性则呈现不断上升的趋势。副产物 DMC 的选择性则随着 CO 含量的增大而不断下降。副产物 MF 则随着 CO 浓度的增大而降低，当 CO/MN 的值达到 1.8 的时候，基本上就没有副产物 MF 生成了。

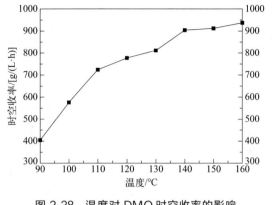

图 2-28　温度对 DMO 时空收率的影响

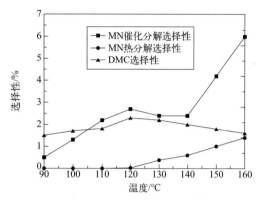

图 2-29　温度对副产物选择性的影响

在温度为 140℃、气体空速为 3000h^{-1} 的条件下，通过调控 CO/MN 的流量比例对反应进行了研究，通过反应前后的组分变化计算获得的实验数据见图 2-31～图 2-33。

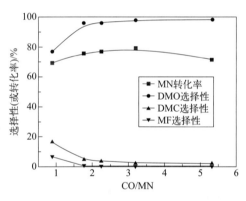

图 2-30　反应物料配比对 CO 偶联制备
DMO 反应的影响

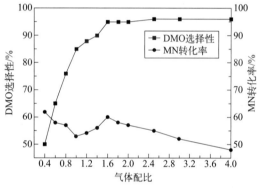

图 2-31　反应气体配比对 DMO 选择性和
MN 转化率的影响

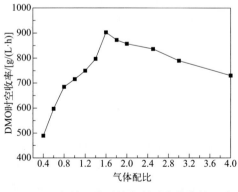

图 2-32　气体配比对催化剂时空收率的影响

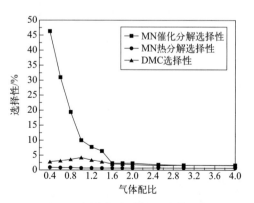

图 2-33　气体配比对 MN 催化分解、
MN 热分解和 DMC 选择性的影响

根据图 2-31 可知，当 CO 气相氧化偶联合成 DMO 反应在空速为 3000h⁻¹、反应温度为 140℃条件下，CO/MN 的比例为 0.4～1.6 时，随着 CO/MN 比值的升高，DMO 的选择性上升得比较明显，而当 CO/MN 的比例为 1.6 以上时，随着 CO/MN 比值的增加，DMO 的选择性变化很平缓。导致这种现象发生的原因在于，当 CO/MN 比值在 1.6 以内时，MN 逐渐过量，催化剂更多地倾向于发生 MN 的催化分解，导致更多的 MN 催化分解副产物的产生；当 CO/MN 比值在 1.6 以上时，CO 逐渐过量，CO 的分压逐渐升高，使得 CO 过多地占据催化剂 Pd 物种的活性中心，减少了 MN 在催化剂 Pd 物种的活性中心上的吸附比例，从而导致整个合成反应速率降低。根据图 2-31 可知，MN 的转化率在 CO/MN 比值为 1 和 1.6 时有两个峰值，也进一步说明了过多的 MN 会导致更多的 MN 催化分解的发生，过多的 CO 会抑制 MN 的吸附。

根据图 2-32 可知，DMO 的时空收率在 CO/MN＝1.6 时达到一个最佳值，在 CO/MN 比值在 1.6 以内时，随着 CO/MN 比值的升高，催化剂的活性逐渐增加；CO/MN 比值超过 1.6 后，随着 CO/MN 比值的增加，催化剂的活性逐渐降低。

根据图 2-33 可知，随着 CO/MN 比值的变化，因为温度保持恒定，MN 的热分解受到的影响不大，MN 的热分解的比例波动很小。DMC 的选择性随着 CO/MN 比值的变化，有一定程度的起伏，在 CO/MN＝1 时达到一个峰值，随着 CO/MN 比值继续增加，DMC 的选择性逐渐降低。CO/MN 比值在 1.6 以内时，随着 CO/MN 比值的增加，催化剂的 MN 催化分解选择性下降显著；CO/MN 比值超过 1.6 后，随着 CO/MN 比值的增加，催化剂的 MN 催化分解选择性变化很小，趋于平缓。说明增大 CO/MN 的比值有助于抑制 MN 在催化剂表面的催化分解，但是综合考虑安全性和经济性，CO 气相氧化偶联合成 DMO 反应的较佳配比为 CO/MN＝1.5～1.8。

（3）空速

进一步考察反应空速对该偶联反应的影响。如图 2-34 所示，随着反应空速从 1400mL/(g·h) 增加到 25000mL/(g·h)，MN 的转化率从 91％下降到 48％，DMO 的选择性则不断上升，当空速超过 5000mL/(g·h) 以后，DMO 的选择性就稳定在 96％左右。DMC 的选择性则不断下降，当空速超过 12500mL/(g·h) 以后，DMC 的选择性则稳定在 4％左右。MF 在低空速下的选择性为 15％左右，但是在高空速下则完全检测不到 MF 的存在。

作为参照，黄园园得到了类似的结论：在温度为 140℃、CO/MN＝1.6 的条件下测定了空速在 500～10000h⁻¹ 条件下催化剂的各项反应参数，结果见图 2-35、图 2-36。

可见，随空速的逐渐增加，MN 的转化率从 82％下降到 21％，其中在空速为 500～3000h⁻¹ 时，催化剂的转换频率（TOF）增加较为明显；空速为 3000～10000h⁻¹ 时，催化剂的 TOF 增加幅度不大。可以大概认定为 500～10000h⁻¹ 这个空速区间的 CO 气相氧化偶联合成 DMO 反应催化剂处于最佳活性区。经分析可知，在最佳活性区间，随着空速的增加副产物的选择性逐渐降低，DMC 的选择性从 4.6％下降到 0.6％；MN 催化分解选择性从 44.5％下降到 0.5％；MN 热分解选择性基本保持不变。这个变化现象说明，在低空速的情况下，MN 的催化分解程度比较剧烈；空

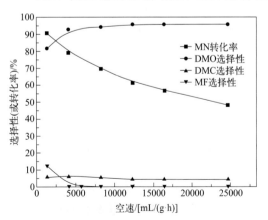

图 2-34　反应空速对 CO 偶联制备 DMO 反应的影响

速的增加能有效抑制 MN 的催化分解。在 $3000\sim10000h^{-1}$ 这个区间内，催化剂的活性增加趋势变化在 5% 以内，从整个反应成本的条件考虑，最终确定催化剂的最佳空速条件为 $3000h^{-1}$。

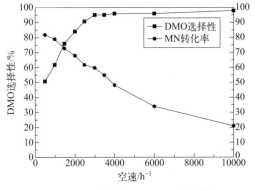

图 2-35　反应空速对 DMO 选择性和
MN 转化率的影响

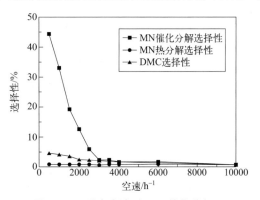

图 2-36　反应空速对 MN 催化分解、
MN 热分解和 DMC 选择性的影响

（4）小结

通过对 CO 气相氧化偶联合成 DMO 反应工艺条件的研究，充分掌握影响该反应的因素和变化规律。

CO 气相氧化偶联合成 DMO 反应受温度的影响显著。当反应温度从 90℃ 上升至 140℃，MN 的转化率增加明显，催化剂的 DMO 时空收率也逐渐上升；但是当温度由 140℃ 继续升高，MN 的转化率增加的部分主要来自于 MN 的催化分解。因此适当地提高反应温度对整个反应是有利的，但从减少副产物角度出发，反应温度不宜过高。因此最终确定 CO 气相氧化偶联合成 DMO 反应的温度为 110～140℃。

CO 气相氧化偶联合成 DMO 的原料气配比为 CO/MN 的比值。通过设计实验可以发现，最优的 CO/MN 比值为 1.6，大于反应方程式的 CO/MN＝1，主要原因在于 CO 与 MN 由气相扩散到催化剂的活性中心的速率不同。当 CO/MN 比值小于 1.6 时，MN 的催化分解会随着比值的降低逐渐明显；而当 CO/MN 比值超过 1.6 后，过高的 CO 分压相反会使 CO 过度占据催化剂的活性中心，从而导致反应速率下降。在生产实践中，考虑反应循环的稳定性和可操控性，反应物料中的 CO 含量可以作为一个较灵活的操作参数，一般可以设计为 1.5～2.0。

CO 气相氧化偶联合成 DMO 是一个快速的放热反应，空速对 CO 气相氧化偶联反应有很大的影响。在空速为 $500\sim3000h^{-1}$ 时，催化剂的转换频率（TOF）增加较为明显；空速为 $3000\sim10000h^{-1}$ 时，催化剂的 TOF 增加幅度不大。可以认为空速的增加，加大了反应气体向催化剂活性中心的扩散速率，有效地增加了 DMO 的时空收率，同时也能有效降低副产物的产生。考虑生产实践中能耗等因素，一般选择的反应空速为 $2000\sim3000h^{-1}$。

2.4.2　反应动力学和热力学研究

（1）反应热力学

CO 偶联制 DMO 反应体系涉及的物质有 CO、MN、DMO、NO、DMC、MF，考虑大部分工业装置中 CO 原料气含有微量 H_2，因此选择以下三个主要反应进行热力学的估算和分析：

生成 DMO 的主反应：

$$2CH_3ONO + 2CO \longrightarrow (COOCH_3)_2 + 2NO \tag{2-15}$$

生成 DMC 的副反应：

$$2CH_3ONO + CO \longrightarrow CO(OCH_3)_2 + 2NO \tag{2-16}$$

在有 H_2 存在的情况下生成副产物 MF 的副反应：

$$CH_3ONO + CO + 0.5H_2 \longrightarrow HCOOCH_3 + NO \tag{2-17}$$

各物质的标准生成热和标准生成自由焓以及用于计算各物质比热容的参数列于表 2-5 中。表中热力学数据主要来自化学工程手册，对于难以查到的物质 DMO 采用 Benson 法[94] 估算，MN 的数据来自文献[15]。

表 2-5　基本热力学数据

物质	$\Delta_f H^{\ominus}/(kJ/mol)$ 298K	$\Delta_f G^{\ominus}/(kJ/mol)$ 298K	$C_p = A + B \times T + C \times T^2 + D \times T^3$			
			A	B	C	D
CO	-110.69	-135.37	26.5366	7.6831×10^{-2}	-1.1719×10^{-6}	0
NO	90.500	86.813	26.944	8.657×10^{-2}	-1.761×10^{-6}	0
MN	-64.104	1.0056	17.6097	17.182×10^{-2}	-61.925×10^{-6}	0
MF	-350.27	-297.60	5.286	251.818×10^{-2}	-169.423×10^{-6}	460.658×10^{-10}
DMC	-545.76	-657.04	27.678	23.752×10^{-2}	-96.826×10^{-6}	0
DMO	-709.27	-604.86	28.020	0.26969	-1.5502×10^{-5}	7.765×10^{-8}

因为该反应体系的操作温度不会超过 423K，选取 298～473K 作为热力学计算的温度区间。对以上所列的反应进行了热力学计算的结果列于表 2-6。不同温度下的反应焓变（$\Delta_r H_T$）、反应吉布斯自由能变（$\Delta_r G_T$），以及反应的平衡常数（K_p）的计算可采用以下公式。

不同温度下反应焓变的计算：

$$\Delta_r H_T = \sum_j v_j \times \Delta_f H_{298K,j} + \sum_j \int_{298}^{T} C_p dT \tag{2-18}$$

不同温度下反应熵变的计算：

$$\Delta_r S_T = \sum_j v_j \times \Delta_f S_{298K,j} + \sum_j \int_{298}^{T} C_p d\ln T \tag{2-19}$$

不同温度下反应吉布斯自由能变的计算：

$$\Delta_r G_T = \Delta_r H_T - T \times \Delta_r S_T \tag{2-20}$$

不同温度下反应平衡常数的计算：

$$\ln K_p = -\frac{\Delta_r G_T}{RT} \tag{2-21}$$

式中　$\Delta_r H_T$——不同温度下的反应焓变，J/mol；

$\Delta_r S_T$——不同温度下的反应熵变，J/mol；

$\Delta_r G_T$——不同温度下的反应吉布斯自由能变，J/mol；

K_p——反应平衡常数；

T——温度，K；

R——气体常数。

表 2-6 各个反应在不同温度下的反应热和平衡常数

温度/K	反应序号	$\Delta_r H/(kJ/mol)$	$\Delta_r G/(kJ/mol)$	K_p
313	2-15	−159.43	−382.30	9.3500×10^{68}
	2-16	−125.77	−347.71	8.1810×10^{60}
	2-17	−84.98	−76.42	2.4896×10^{13}
323	2-15	−159.81	−401.01	6.5140×10^{64}
	2-16	−125.94	−366.35	1.6090×10^{59}
	2-17	−85.17	−75.70	1.7452×10^{12}
373	2-15	−162.45	437.94	2.0430×10^{61}
	2-16	−126.48	−403.48	2.9690×10^{56}
	2-17	−85.53	−74.19	2.4562×10^{10}
423	2-15	−164.00	−474.78	4.0810×10^{58}
	2-16	−127.24	−440.45	2.3680×10^{54}
	2-17	−85.88	−72.62	9.2881×10^{8}
473	2-15	−165.76	−511.63	2.8860×10^{56}
	2-16	−128.16	−477.71	5.1150×10^{52}
	2-17	−86.26	−70.98	6.8981×10^{7}

由表 2-6 的计算结果可见,对于 CO 偶联反应部分的三个反应在计算的温度区间内 $\Delta_r G$ 小于零且其绝对值很小,说明其反应的热力学趋势很大。同时其 K_p 值很大,且随温度的变化均不大,可以将这三个反应认为是不可逆的放热反应。若选择合适的催化剂降低主反应的活化能,将可进一步降低反应操作温度。

(2)动力学模型

CO 羰化合成草酸酯的反应器为列管式固定床,固定床反应器的优点是很容易放大,可以从实验室直接放大到工业化装置。但固定床的设计必须以动力学为基础。在确定了动力学以后,建立反应器模型,进行反应器放大设计。

根据亚硝酸烷基酯烷基基团的不同,草酸酯主要有两种:DMO 和草酸二乙酯。因此主要研究两种反应的动力学。

林茜等[21]使用无梯度反应器研究了 CO 偶联制 DMO 的反应,参考 Ridear 反应机理提出了吸附态 MN 和气态 CO 反应的反应机理,并且通过实验提出了本征动力学方程:

$$-r_{CO} = \frac{k_a k_b p_{CO}^2 p_{MN}^2}{k_a p_{MN}^2 + \dfrac{k_a k_b}{k_c} p_{MN}^2 p_{CO}^2 + k_b p_{CO}^2} \tag{2-22}$$

$$k_a = 6.80 \exp\left(\frac{-3.980 \times 10^4}{RT}\right) \tag{2-23}$$

$$k_b = 4.84 \times 10^4 \exp\left(\frac{-4.744 \times 10^4}{RT}\right) \tag{2-24}$$

$$k_c = 2.81 \exp\left(\frac{-6.100 \times 10^4}{RT}\right) \tag{2-25}$$

计扬[41]以反应机理研究的结果为基础,认为 CO 偶联反应制备 DMO 的各步基元反应为:

$$CO + \theta_0 \Longleftrightarrow \theta_1 \tag{2-26}$$

$$CO + \theta_1 \Longleftrightarrow \theta_2 \tag{2-27}$$

$$CH_3ONO + \theta_0 \rightleftharpoons \theta_3 \tag{2-28}$$

$$\theta_1 + \theta_3 \rightleftharpoons \theta_4 \tag{2-29}$$

$$\theta_4 + \theta_4 \rightleftharpoons (COOCH_3)_2 + 2\theta_5 \tag{2-30}$$

$$\theta_5 \rightleftharpoons NO + \theta_0 \tag{2-31}$$

式中　θ_0——催化剂表面未被占据的活性中心；

　　　θ_1——催化剂表面的线式吸附CO；

　　　θ_2——催化剂表面的桥式吸附CO；

　　　θ_3——催化剂表面的MN吸附物种，$CH_3O—Pd—NO$；

　　　θ_4——催化剂表面的过渡态中间体，$CH_3OOC—Pd—NO$；

　　　θ_5——催化剂表面的NO吸附物种。

基元反应式(2-26)和式(2-27)代表了CO在Pd上的吸附首先形成桥式吸附CO，随后当CO分压增高时桥式吸附CO转化成线式吸附CO。由于线式吸附CO不参与反应，过多的线式吸附CO占据活性中心将会导致MN转化率下降。

基元反应式(2-31)代表了NO对反应的影响，当NO分压增加时催化剂表面过渡态中间体θ_5增加，θ_5越多参与反应的有效活性中心越少，催化剂活性越低。

催化剂表面的桥式吸附CO较多时，$CH_3OOC—Pd—NO$迅速生成反应瞬间就达到稳定；而当催化剂表面桥式吸附CO较少时，$CH_3OOC—Pd—NO$生成较慢，反应达到稳定的时间较长。因此反应的控制步骤可能是桥式吸附CO生成的基元反应式(2-26)。

除此之外，因为DMO在催化剂表面不吸附，即基元反应式(2-30)是不可逆的；再加上过渡态中间体$CH_3OOC—Pd—NO$在催化剂表面的量可以忽略，因此生成$CH_3OOC—Pd—NO$的基元反应式(2-29)也有可能是反应的控制步骤。

因此，最可能的反应控制步骤为基元反应式(2-26)或式(2-29)。但仅通过原位红外实验结果无法完全确定反应的控制步骤，所以需要通过动力学模型计算来确定。按顺序分别假设桥式吸附CO的生成［式(2-26)］、MN的吸附［式(2-28)］、催化剂表面反应［式(2-29)］、NO的脱附［式(2-31)］为反应的控制步骤，可推导出不同的动力学方程式。下面以假设表面反应［式(2-29)］为控制步骤举例说明动力学方程式的推导过程。

因为假设表面反应式(2-29)为反应控制步骤，所以基元反应式(2-29)为不可逆反应；而由于DMO在催化剂表面不吸附，因此基元反应式(2-30)也应为不可逆反应。当假设反应处于定态条件下，假定各基元反应处于平衡状态，则可推导出以下各式：

$$\theta_1 = K_1 p_{CO} \theta_0 \tag{2-32}$$

$$\theta_2 = K_2 p_{CO}^2 \theta_0 \tag{2-33}$$

$$\theta_3 = K_3 p_{MN} \theta_0 \tag{2-34}$$

$$\theta_4 = K_4 p_{CO}^{1/2} p_{MN}^{1/2} \theta_0 \tag{2-35}$$

$$\theta_5 = K_5 p_{NO} \theta_0 \tag{2-36}$$

$$\theta_0 + \theta_1 + \theta_2 + \theta_3 + \theta_4 + \theta_5 = 1 \tag{2-37}$$

联解以上各式可得：

$$\theta_0 = 1 + K_1 p_{CO} + K_2 p_{CO}^2 + K_3 p_{MN} + K_4 p_{MN}^{1/2} p_{CO}^{1/2} + K_5 p_{NO} \tag{2-38}$$

由于式(2-29)为反应控制步骤，因此反应速率可表达为：

$$-r_{MN} = k \theta_1 \theta_3 \tag{2-39}$$

将式(2-32)、式(2-34)、式(2-37)代入上式可得到动力学方程：

$$-r_{MN} = \frac{kp_{MN}p_{CO}}{(1+K_1p_{CO}+K_2p_{CO}^2+K_3p_{MN}+K_4p_{MN}^{1/2}p_{CO}^{1/2}+K_5p_{NO})^2} \tag{2-40}$$

由文献[95]可知，在反应处于定态条件时没有观察到过渡态中间体 $CH_3OOC—Pd—NO$ 即 θ_4 的红外特征峰。可能的原因是：因为基元反应式(2-29)是反应的控制步骤，且基元反应式(2-30)也是不可逆的；当反应处于定态条件时，θ_4 在催化剂表面的量少到可以忽略不计。若在推导动力学方程过程中考虑到这一点，则式(2-40)可以简化为：

$$-r_{MN} = \frac{kp_{MN}p_{CO}}{(1+K_1p_{CO}+K_2p_{CO}^2+K_3p_{MN}+K_5p_{NO})^2} \tag{2-41}$$

通过假设不同的反应控制步骤推导出的动力学方程列于表2-7。

表2-7 CO偶联反应本征动力学方程

速控步骤	动力学方程	备注
式(2-26)	$-r_{MN} = \dfrac{kp_{CO}}{1+K_1p_{NO}p_{DMO}^{1/2}p_{MN}^{-1}+K_2p_{CO}p_{NO}p_{DMO}^{1/2}p_{MN}^{-1}+K_3p_{MN}+K_4p_{NO}p_{DMO}^{1/2}+K_6p_{NO}}$	
式(2-28)	$-r_{MN} = \dfrac{kp_{MN}}{1+K_1p_{CO}+K_2p_{CO}^2+K_3p_{NO}p_{DMO}^{1/2}p_{MN}^{-1}+K_4p_{NO}p_{DMO}^{1/2}+K_5p_{NO}}$	
式(2-29)	$-r_{MN} = \dfrac{kp_{MN}p_{CO}}{(1+K_1p_{CO}+K_2p_{CO}^2+K_3p_{MN}+K_4p_{MN}^{1/2}p_{CO}^{1/2}+K_5p_{NO})^2}$	考虑 θ_4
式(2-29)	$-r_{MN} = \dfrac{kp_{MN}p_{CO}}{(1+K_1p_{CO}+K_2p_{CO}^2+K_3p_{MN}+K_4p_{NO})^2}$	忽略 θ_4
式(2-31)	$-r_{MN} = \dfrac{kp_{CO}p_{MN}p_{DMO}^{-1/2}}{1+K_1p_{CO}+K_2p_{CO}^2+K_3p_{MN}+K_4p_{MN}p_{CO}+K_5p_{CO}p_{MN}p_{DMO}^{-1/2}}$	

通过对 CO、CH_3ONO 在催化剂上的吸附现象的观察，发现在偶联反应温度下，CO 吸附较弱，主要以气相分子的状态存在，而 CH_3ONO 的吸附性强，在催化剂上易解离形成甲氧基，且不易脱附，由此推出偶联反应的机理满足 Rideal 模型：

$$CH_3ONO + \sigma \longrightarrow CH_3ONO \cdot \sigma \tag{2-42}$$

$$CH_3ONO \cdot \sigma \longrightarrow CH_3O \cdot \sigma + NO \tag{2-43}$$

$$CH_3O \cdot \sigma + CO \longrightarrow COOCH_3 \cdot \sigma \tag{2-44}$$

$$2 COOCH_3 \cdot \sigma \longrightarrow (COOCH_3)_2 \cdot \sigma \tag{2-45}$$

$$(COOCH_3)_2 \cdot \sigma \longrightarrow (COOCH_3)_2 + \sigma \tag{2-46}$$

在此基础上，鲁文质[96]结合动力学机理模型研究和数据拟合出的动力学参数，推出 CO 气相偶联催化反应合成 DMO 的动力学方程如下：

$$r = \frac{K_aK_bp_{CO}^2p_{MN}^2}{K_ap_{MN}^2+\dfrac{K_aK_b}{K_c}p_{MN}^2p_{CO}^2+K_bp_{CO}^2} \tag{2-47}$$

$$K_a = 1.46 \times 10^9 \exp(-6.895 \times 10^4/RT) \tag{2-48}$$

$$K_b = 4.1 \times 10^{12} \exp(-3.945 \times 10^4/RT) \tag{2-49}$$

$$K_c = 1.89 \times 10^5 \exp(-6.312 \times 10^4/RT) \tag{2-50}$$

除了本征动力学以外，宏观动力学也十分重要，可通过宏观动力学指导反应器设计。戴珂琦[75]通过使用内循环无梯度反应器测定各条件下的反应速率、转化率、选择性，采用双曲线形式的方程，对实验结果进行回归拟合，得出颗粒动力学的反应方程式：

$$r_{DMO} = k \frac{p_{MN}}{(1 + K_1 p_{DMO} + 1.32 p_{NO})^2} \tag{2-51}$$

$$K = 1.05 \times 10^{12} e^{\frac{94514}{RT}} \tag{2-52}$$

$$K_1 = 3983 e^{\frac{17410}{RT}} \tag{2-53}$$

$$r_A = k p_{CO} p_{RONO}^{0.27} p_{(COOR)_2}^{-0.12} p_{NO}^{-0.33} \tag{2-54}$$

$$k = 32.3 \exp(-2.12 \times 10^4 / RT) \tag{2-55}$$

$$-r_{CO} = \frac{k_+ p_{CO} - k_- K_1 p_{(COOR)_2}^{1/2} p_{NO} / p_{RONO}}{1 + K_1 p_{(COOR)_2}^{1/2} p_{NO} / p_{RONO} + K_2 p_{RONO} + K_3 p_{(COOR)_2} + K_4 p_{NO}} \tag{2-56}$$

式中

$$k_+ = 8.86 \times 10^4 \exp(-1.01 \times 10^4 / RT) \tag{2-57}$$

$$k_- = 2.81 \exp(-4.51 \times 10^3 / RT) \tag{2-58}$$

$$K_1 = 0.278 \times 10^{-21} \exp(3.8 \times 10^4 / RT) \tag{2-59}$$

$$K_2 = 0.1178 \times 10^{-6} \exp(9.1 \times 10^3 / RT) \tag{2-60}$$

$$K_3 = 0.149 \times 10^{11} \exp(-1.65 \times 10^4 / RT) \tag{2-61}$$

$$K_4 = 0.785 \times 10^9 \exp(-1.34 \times 10^4 / RT) \tag{2-62}$$

$$r = \frac{k_+ p_{CO} - k_- K_1 p_{(COOR)_2}^{1/2} p_{NO} / p_{RONO}}{1 + K_2 p_{(COOR)_2}^{1/2} p_{NO} / p_{RONO} + K_2 p_{RONO} + K_3 p_{(COOR)_2}^{1/2} + K_4 p_{(COOR)_2} + K_5 p_{NO} + K_6 p_{ROH}} \tag{2-63}$$

式中的动力学参数用温度的函数关系表达如下：

$$K_1 = 534.4 \exp(-991 / RT) \tag{2-64}$$

$$K_2 = 1.83 \times 10^{-3} \exp(-3.757 \times 10^4 / RT) \tag{2-65}$$

$$K_3 = 379.4 \exp(-3.84 \times 10^3 / RT) \tag{2-66}$$

$$K_4 = 2.034 \times 10^4 \exp(-1.784 \times 10^4 / RT) \tag{2-67}$$

$$K_5 = 2.027 \times 10^4 \exp(-1.667 \times 10^4 / RT) \tag{2-68}$$

$$K_6 = 4.618 \times 10^3 \exp(-1.026 \times 10^3 / RT) \tag{2-69}$$

$$k_+ = 1.605 \times 10^3 \exp(-2.143 \times 10^4 / RT) \tag{2-70}$$

$$k_- = 8.44 \times 10^{-2} \exp(-1.856 \times 10^4 / RT) \tag{2-71}$$

$$-r_{CO} = \frac{K_5 p_{CO} p_{EtONO} p_{NO}^{-1}}{(1 + K_1 p_{CO} + K_2 p_{EtONO}^{-1} + K_3 p_{NO} + K_4 p_{(COOEt)_2}^{1/2})^2} \tag{2-72}$$

$$K_1 = 9.84 \times 10^{-8} \exp(5.87 \times 10^4 / RT) \tag{2-73}$$

$$K_2 = 3.24 \times 10^{-2} \exp(1.28 \times 10^3 / RT) \tag{2-74}$$

$$K_3 = 4.13 \times 10^3 \exp(-1.17 \times 10^4 / RT) \tag{2-75}$$

$$K_4 = 2.72 \times 10^{-6} \exp(4.65 \times 10^4 / RT) \tag{2-76}$$

$$K_5 = 2.21 \times 10^2 \exp(-1.36 \times 10^4 / RT) \tag{2-77}$$

2.4.3　反应器模拟和工艺优化

计算流体动力学，通常缩写为 CFD，是流体力学的一个分支。根据流体力学的知识，我们可以用连续性方程（质量守恒方程）和 Navier-Stokes 方程（动量守恒方程）来描述自然界中的流动现象。从理论上讲，将某一时刻流场的参数的初值（如速度分布）代入这两个方程求解，便能够求出任一时刻任一位置的流场的参数。然而 Navier-Stokes 控制方程实际是一系列复杂的偏微分（PDE）方程组，往往难以得到解析解。因此，CFD 使用数值分析和算法来解决和分析涉及流体流动的问题，并用计算机来执行模拟液体和气体与边界条件限定的表面的相互作用所需的计算。这需要建立物理模型，用网格线把连续的流体（计算域）划分为有限个离散点（即网格的节点，node）。然后通过一定的途径建立每个节点上变量值关系的代数方程，即得到离散的方程组，计算机再求解这些离散方程组得到能够满足需求的近似解。

黄雄杰[97] 通过采用离散元（DEM）方法并用 PFC 软件模拟催化剂颗粒的振荡装填过程，实现等径催化剂颗粒（反应管内径与催化剂直径比：$D/d = 3\sim5$）随机填充床，并用作 CFD 固定床模拟的几何模型。将实验拟合得到的动力学方程与流体控制方程耦合，并采用商业 CFD 软件 Fluent 进行求解，得到固定床反应器流场、温度场及浓度场分布，考察了壁效应及沟流对于传递和反应过程的影响规律。

（1）对径向空隙率分布的影响

在 CFD 的后处理中，可沿径向在催化剂的床层位置插入同轴圆柱，得到流体相交的剖面，可计算得床层径向空隙率：

$$\varepsilon = \frac{A_{\text{fluid}}}{\pi D_{\text{cyl}} H} \tag{2-78}$$

式中，A_{fluid} 为圆柱面与流体相交的面积；D_{cyl} 为圆柱的直径。

图 2-37 为不同直径比的床层空隙率的径向分布。可以看出，由于颗粒与壁面只有一个接触点（在模型中不接触），因此壁面处的空隙率 ε 均为 1。随着与壁面距离 $b = (R - r)/R$ 的增大，振荡波动，近乎每隔一个颗粒直径的位置出现空隙率的极大值和极小值。

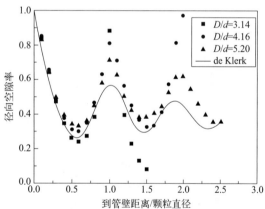

图 2-37　不同直径比下径向空隙率的分布

将计算得到的床层空隙率的径向分布与文献中的经验方程相比较。de Klerk 总结了大量文献的实验事实和模拟结果得到了等径球圆柱堆积床的径向空隙率 $\varepsilon(r)$ 与无量纲的壁面距离 b 的函数关系式：

$$\varepsilon(r) = 2.14b - 2.53b + 1, \quad b \leqslant 0.637 \tag{2-79}$$

$$\varepsilon(r) = b + 0.29\mathrm{e}^{0.6b}[\cos(2.3\pi(b - 0.16))] + 0.15\mathrm{e}^{-0.9b}, \quad b > 0.637 \tag{2-80}$$

该经验方程在近壁区为抛物线振荡的模式，而在远壁处呈正弦振荡的模式，最大的相对误差为 20%，特别是对于小直径比的颗粒床误差会相对更大。

计算得到的空隙率分布在近壁处与 de Klerk 的方程较为吻合，在远壁处的振荡频率较为接近，但振幅较大，整体空隙率偏高。空隙率偏高是因为建模时在接触点处都添加了缝隙，导致整体的空隙率增加。且床层高度较短，末端颗粒并不平整，也使床层的空隙率偏高。

在直径比较小（$D/d=3.14$、4.16）的情况下，受力充分平衡后径向颗粒的排序仍有较好的对称性，无序性较差。$D/d=3.14$ 的模型具有较好的对称性，在轴线处垂直地填满了颗粒，因此轴线位置 $b=1.5$ 处空隙率很低，为 0.13，而在其两侧则近乎形成了垂直的沟道，$b=2.0$ 处即轴线位置空隙率很高，达 0.88；而 $D/d=4.16$ 的模型则在轴线处有一条明显的沟道，空隙率达 0.97，从图 2-37 可以看出。这是因为设置摩擦系数为零的方法接近于垂直振荡的效果，从而缺少了横向振荡的效果。

（2）对流场分布的影响

图 2-38 为 $z=15\text{mm}$ 水平剖面以及 $x=0\text{mm}$ 竖直剖面的轴向速率分布云图，从图中可以看出，轴向速率在床层中的分布十分不均匀，较大局部轴向速率大都分布在近壁区以及床层中形成的沟道中，这也意味着很大部分流量将从壁面处以及这些沟道流走。

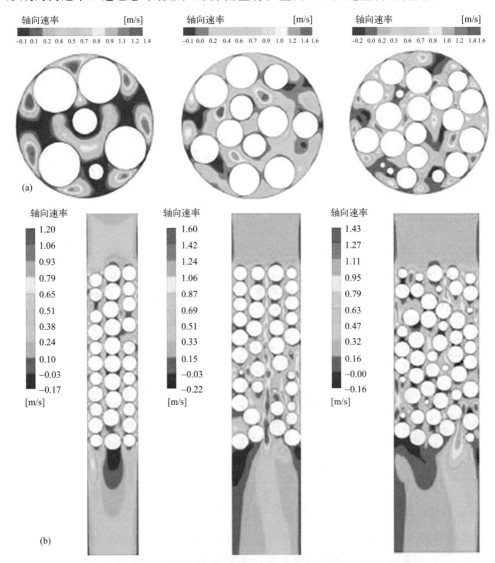

图 2-38　固定床的水平(z=15mm)(a)和竖直(x=0mm)(b)剖面的
轴向速率分布云图(从左到右分别为固定床 A、B、C)

从水平剖面的轴向速率分布来看，固定床 A 壁效应最为明显，固定床 C 壁效应较小，床层内的局部沟流较多。而固定床 B 的轴线位置床层后段形成了一条轴向长 32mm 的轴向速率为 0.9~1.6m/s、平均轴向速率为 1.0m/s 的沟道，床层最大的轴向速率均集中在此处，大比例的流体从此流过，沟流现象十分明显。

（3）对压降的影响

图 2-39 为固定床 A、B、C 催化剂床层的压力随床层高度的变化，雷诺数（Re）分别对应 191、249、245。可以看出压力随着床层高度增大而下降，但其中固定床 A 虽然 Re 最小但压降最大，而固定床 B 的压降却最小，与 Ergun 经典的压降预测关联式规律（流速越大、颗粒直径越小压降越大）不相符。

这是因为在小雷诺数下，严重的壁效应会导致壁面摩擦的影响增大，从而增加床层的流动阻力，使直径比为 3.14 的固定床 A 的压降比固定床 C 的压降更大。而固定床 B 由于形成了一条较长的沟道使流体短路，大大减小了床层的阻力，因此压降最小。

（4）床层热点的分布和反应速率

计算得到固定床 A、B、C 催化段的平均温度分别为 394.6K、395.0K、395.2K，可见小直径比的反应器整体换热效果较好，改变直径比对反应器的均温影响较小。为了观察固定床轴向热点的位置，在催化剂床层沿 z 轴方向每隔 1mm 作垂直于 z 轴的水平截面，求每个截面的最高温度，得到轴向最高温度的变化如图 2-40 所示。

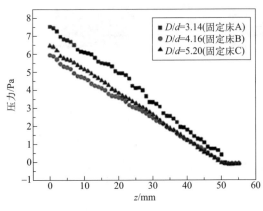

图 2-39　压力随催化剂床层高度的变化

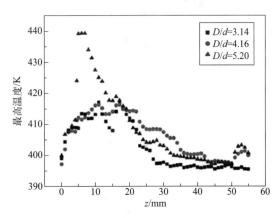

图 2-40　催化剂床层水平截面最高温度与
床层轴向距离 z 的关系

由于壁效应造成流体局部短路和床层内沟流的现象，三个催化剂床层均存在热点。热点的位置均在催化剂床层的起始段，且位于与周围流速差异较大的"滞留区"，因热量无法被及时移走而产生热点。

固定床 C 的热点温度高达 442K，在该温度下将会发生较为严重的副反应，这里采用的单一反应模型无法真实模拟。而在实际生产中，过高的热点温度是需要尽量避免的，当反应温度超过 160℃（433K）时，容易产生"飞温"现象，使反应失控，降低转化率和产物的选择性。固定床 A、B 的热点温度则均为 417K，固定床 A 的热点位置在靠近壁面的位置，主要受壁效应的影响，而固定床 B、C 的热点位置则在局部沟道起始端的滞留处。

比较温度分布云图（图 2-41）和反应速率分布云图（图 2-42），反应速率主要受温度影响，反应速率分布与温度较为一致，热点的位置反应速率最高，但需要注意的是，当热点温度过高

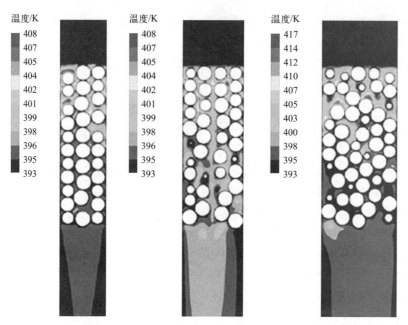

图 2-41　竖直剖面的温度分布云图（从左到右分别为固定床 A、B、C）

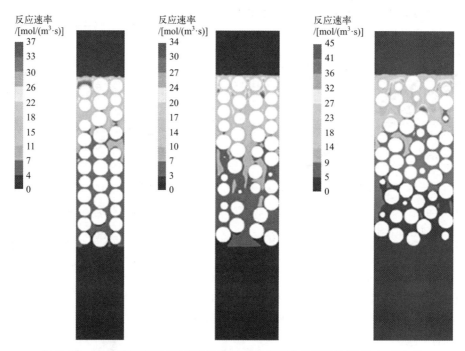

图 2-42　竖直剖面的反应速率分布云图（从左到右分别为固定床 A、B、C）

时，会产生严重而复杂的副反应，本节的反应模型为简单的单一反应模型，无法模拟。

（5）浓度分布和转化率

如图 2-43 所示，从轴向剖面的 MN 的摩尔分数分布来看，近壁侧的反应物 MN 因来不及反应，浓度较高、轴向变化梯度较小。在各固定床轴向位置 $z=10mm$、$20mm$、$30mm$、$40mm$ 处截取水平剖面的 MN 摩尔分数并除以该剖面的最大值得到无量纲的值，如图 2-44 所示，考察壁效应、沟流对 MN 浓度分布的影响。可以看出，固定床 A 的近壁处 MN 浓度始终明显高于床层内的 MN 浓度，这意味着大量的反应物 MN 从近壁侧的通道流失；固定床 B 中 MN 的最高浓度区域主要分布在近壁侧及床层内的沟道处，在催化床后段浓度差异减小；而固定床 C 的催化剂床层初始段浓度差异较大，最高 MN 浓度区域主要集中在床层内部，部分分布在近壁侧。而在催化剂床后段，最高 MN 浓度区极小，浓度差异变小，分布较为均匀。这是因为固定床 C 的壁效应较小，流量集中于床层中间，反应更充分，径向的浓度差异较小。

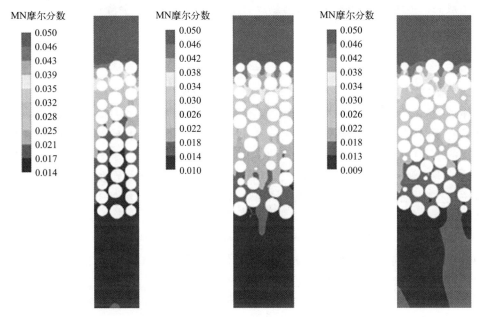

图 2-43　竖直剖面的 MN 摩尔分数分布云图（从左到右分别为固定床 A、B、C)

图 2-45 为 MN 平均转化率随催化剂床相对高度的变化，固定床 A、B、C 在催化剂床出口的 MN 平均转化率分别为 68.9%、72.7%、73.8%。固定床 A 的管径颗粒直径比最小，壁效应最大，且壁面处短路的流体 MN 浓度较大，反应物 MN 没有充分参与反应，且整体的温度较低，转化率较低。

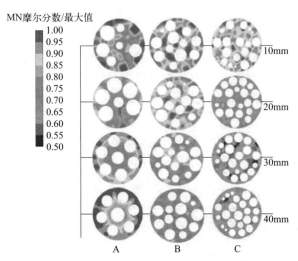

图 2-44　催化床水平剖面 MN 摩尔分数
比该剖面最大值的分布云图

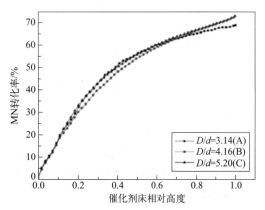

图 2-45　MN 平均转化率随催化剂床相对
高度的变化

而固定床 B 的床层内沟流最明显，故在前半段的转化率最低。但因为床层内局部的沟流将更有机会在床层内部再分布，且到了床层中段 MN 的浓度仍较高，可充分利用催化剂活性。且反应产生的热效应使得催化床后段（$z > 20\text{mm}$）水平截面最高温均较 A、C 床高，平均温度 394.6K 亦高于 A（393.9K）和 C（394.2K）床。因此固定床 B 的出口转化率较高。而固定床 C 的壁效应较为不明显，MN 更集中在催化剂床层内部，反应充分，因此出口转化率最高。但考虑到催化段极高的热点，实际的产物选择性会降低。

（6）结论和工艺优化的建议

用 CFD 模拟的方法考察小直径比固定床的空隙率分布和不同直径比固定床因流动不均造成的影响，得到如下规律和结论：

① 根据固定床层的径向空隙率分布可知，小直径比的固定床近壁空隙率大，容易形成沟道，体现为：壁面处的空隙率 ε 最大为 1，随着与壁面距离的增加，振荡波动，近乎每隔一个颗粒直径的位置出现空隙率的极大值和极小值。与 de Klerk 的经验方程规律相符。较小直径比的 A、B 床的颗粒堆积在受力充分平衡后仍具有较好的对称性。固定床 A，在轴线处垂直地填满了颗粒，空隙率仅有 0.13，而在其两侧则近乎形成了垂直的沟道，$b = 2.0$ 处即轴线位置空隙率很高，达 0.88；而 $D/d = 4.16$ 的模型则在轴线处有一条明显的沟道，空隙率达 0.97。

② 直径比越小，壁效应对流动影响越大，固定床 A 壁效应最严重，大量流体从壁面通过，固定床 C 则没有很明显的壁效应，流量被均摊到中间的孔道。固定床 B 则有着明显的沟流现象，大比例流体从中间的沟道通过。

③ 小直径比固定床低雷诺数流动的压降规律与传统的 Ergun 压降关联式的规律不同：固定床 A 的壁效应最大，壁面摩擦的影响增加了床层阻力，因此压降最大。固定床 B 由于床层短路，大大减小了流动的阻力，压降最小。

④ 小直径比的反应器整体换热效果较好，固定床 A、B、C 催化段的平均温度分别为 394.6K、395.0K、395.2K。床层热点的位置均在催化剂床层的起始段。由于壁效应和沟流产生了与周围流速差异较大的"滞留区"，因热量无法被及时移走而产生热点。直径比最大的固定床 C 由于换热不佳，床层的热点温度达到了 442K，该温度下将会发生较为严重的副反应，采用单一反应模型无法真实模拟。固定床 A、B 的热点则均为 417K。反应速率主要受温度影响与温度分布较为一致，在热点的位置反应速率最高。

⑤ 根据 MN 的浓度分布和轴向的转化率变化趋势可知，壁效应可降低出口的转化率。在床层足够长的情况下，沟流可调节床层前后的浓度分布，充分利用催化剂的活性，减小沟流带来的不利影响。体现为：直径比最小的固定床 A 大量高 MN 浓度流体在壁面附近没有经过充分反应就流走，造成了出口的转化率降低，对反应较为不利。

$D/d = 4.16$ 的固定床虽然沟流比较明显，但是因为管径较小散热效果较好没有造成极高的热点，且局部沟流比壁效应更有机会使流体再分布。因此虽然在催化床前段转化率较低，但在催化床后段反应物浓度较高可产生温度相对较高的热点，提高了床层的平均温度，反而有利于 MN 在催化床后段充分转化，提高了出口的转化率。因此在控制好热点温度的情况下，采用足够长的 $D/d = 4.16$ 的固定床反应器更能够充分利用催化剂的活性，减小沟流的不利影响。

$D/d = 5.20$ 的固定床壁效应较为不明显，流量分布较均匀，在初始段反应过后，壁面与床层内的反应物 MN 的浓度差异也缩小了，有利于反应气体充分反应，出口转化率最高。

但由于管径较大，换热效果不佳，产生了很高的热点温度（442K），若应用于生产需采取措施降低热点温度。

2.5 小结

作为煤制乙二醇技术中的关键反应单元，CO 合成 DMO 技术在各个煤制乙二醇相关的生产装置中已投入运行，业内科研和技术人员对 CO 合成草酸酯反应的机理、动力学热力学模型、反应器的模拟计算等方面都进行了大量的工作，特别是在 20 余套煤（合成气）制乙二醇工业装置中经过近年来的实践和不断优化，已初步形成较为成熟稳定的关于 CO 合成草酸酯的技术体系，但也面临着共同的技术短板和瓶颈。

由于该生产过程主副反应的强放热性和温度敏感性，实际上目前反应过程及反应器中的计算模型仍不够完善，各研发和设计单位以及生产企业一直没有从根本上解决 CO 合成草酸酯反应工艺中的飞温和安全问题，生产效率和保证生产安全性之间的选择难题并未得到根本改善。

以福建物构所开发的煤制乙二醇技术中的 CO 合成草酸酯技术为例，比如在第一代煤制乙二醇技术中的 CO 羰基合成草酸酯催化剂，在 10mL 小试评价装置中反应收率可达 800g/(L·h)，而在中试以及工业生产装置中，其平均收率只能达到 $500\sim600g/(L·h)$。在新一代催化剂的研究中，很多羰基合成催化剂在实验室小试装置中收率可达 $1000\sim1400g/(L·h)$，而在 100mL 装量的模试装置反应管中，平均收率仅达到 $700\sim900g/(L·h)$。反应效率的瓶颈为反应器的换热负荷和反应条件的精确控制技术，应考虑副反应以及防止飞温，床层热点温度应严格控制在 140℃以下（在试验装置中，床层轴向温度测量点间距为 $3\sim5cm$，在工业装置中测量反应管内温度的难度较大，因此需要更进一步抑制反应放热）。

因此，对 CO 合成 DMO 的催化剂技术和工艺技术来说，需要将催化剂的设计和开发与生产工艺的优化及反应器的创新设计更加紧密地结合起来，才能突破当前的技术瓶颈，在生产效率和效益上获得新的增长和突破。

从反应原理中我们知道，在以 CO 为原料生产 DMO 的反应中，还涉及 NO-MN 的氮循环，具体就是 MN 和 CO 生成 DMO 及相关副产物，同时 MN 被还原为 NO，所以在连续生产工艺中还必须对 NO 通过氧化酯化再生为 MN 的反应过程进行研究和优化。理想状态下 NO-MN 的循环是不消耗的，但是氧化酯化过程中 NO 发生副反应生成硝酸以及系统的弛放气会带出相当比例的氮氧化物及 MN，所以氮氧化物的补充和回收直接关系到生产装置的效益。下一章将对 MN 的再生及补充、回收等技术进行讨论和总结。

参考文献

[1] Fenton D M，Steinwand P J. Preparation of oxalates：US 33393136 [P]. 1968.

[2] Shiomi Y，Matsuzaki T，Masunaga K. Process for the preparation of a diester of oxalic acid：EP 0108359A1 [P]. 1984.

[3] Fenton D M，Steinwand，P J. Noble-metal catalysis. 3. preparation of dialkyl oxalates by oxidative carbonylation [J]. Journal of Organic Chemistry，1974，139（2）：701-704.

[4] Uchiumi S，Ataka K，Matsuzaki T. Oxidative reactions by a palladium-alkyl nitrite system [J]. Journal of Organic Chemistry，1999，576（3）：278-289.

[5] 张炳楷，黄存平，王金木，等.草酸酯合成催化剂：CN 1148589 [P]. 1997.

[6] 陈贻盾.合成氨铜洗回收 CO 气相催化合成草酸二乙酯技术 [J].小氮肥，1998，4：14-16.

[7] 陈庚申，薛彪，严慧敏.在 Pd(acac)₂ 络合催化剂上 CO 偶联合成草酸二酯的研究 [J].天然气化工，1991，16 (4)：23-24.

[8] 陈贻盾.气相催化合成草酸酯连续工艺：CN 90101447.8 [P]. 1990.

[9] 陈庚申，陈贻盾.一氧化碳催化偶联合成草酸：CN 85101616.2 [P]. 1985.

[10] 张炳楷，黄存平，王金木，等.草酸酯合成催化剂：CN 95116136.9 [P]. 1995.

[11] Eugene M G. Carboxylates in catalytic hydrolysis of alkylene oxides：US 6316571 [P]. 2011.

[12] 尹平. PC-1500 计算机在气相催化氧化羰化法制草酸酯实验数据处理中的应用 [J].天然气化工，1986，6：7-10.

[13] 宋若钧，张秀辉，贺德华.一氧化碳气相氧化偶合制草酸酯的研究Ⅲ：亚硝酸乙酯生成的热力学分析和最佳工艺条件 [J].天然气化工，1987，5：1-5.

[14] 宋若钧，张秀辉，贺德华.一氧化碳气相氧化偶合制草酸酯的研究Ⅳ：液体和气体流出物的色谱分析 [J].天然气化工，1995，2：44-49.

[15] 尹平.一氧化碳偶联制草酸二甲酯及碳酸二甲酯体系的热力学分析 [J].天然气化工，1987，4：6-12.

[16] 汪威，计扬，肖文德.草酸二甲酯制备过程中 α 酸二甲酯制备载体对钯催化剂性能的影响 [J].天然气化工，2009，34 (1)：1-4.

[17] Zhao X G, Lin Q, Xiao W D. Characterization of Pd-CeO₂/α-alumina catalyst for synthesis of dimethyl oxalate [J]. Applied Catalysis A：General，2005，284：253-257.

[18] 龚海燕，刘俊涛，刘国强，等.一氧化碳气相合成草酸酯催化剂：CN 201410428976.9 [P]. 2014.

[19] Ji Y, Liu G, Li W, et al. The mechanism of CO coupling reaction to form dimethyl oxalate over Pd/α-Al₂O₃ [J]. Journal of Molecular Catalysis A：Chemical，2009，314：63-70.

[20] 刘秀芳，计扬，李伟，等.蛋壳型 Pd/催化剂的制备及活性 [J].催化学报，2009，30 (3)：213-217.

[21] 林茜，张坚，赵献萍，等. CO 偶联制草酸二甲酯的动力学研究 [J].石油化工，2004 (33)：676-677.

[22] 卓广澜，姜玄珍.负载钯催化剂上亚硝酸乙酯的催化分解 [J].催化学报，2003，24 (7)：509-512.

[23] 苏跃华，姜玄珍.用负载于中孔分子筛的钯催化剂合成碳酸二乙酯 [J].应用化学，2002，19 (10)：994-997.

[24] 尤青，许文松，骆有寿.一氧化碳气相催化偶合制草酸二乙酯动力学的研究 [J].浙江大学学报，1991，25 (5)：512-522.

[25] Zhuo G L, Jiang X Z. Catalytic decomposition of methyl nitrate over supported palladium catalysts in vapor phase [J]. Reaction Kinetics and Catalysis Letters，2002，77 (2)：219-226.

[26] Jiang X Z. Palladium supported catalysts in CO+RONO reactions [J]. Platinum Metals Review，1990，34 (4)：178-180.

[27] 西平圭吾，内海晋一郎.宇部興産の草酸製造技術 [J].化学と工業，1982，35 (4)：243-246.

[28] 宇部興産.一氧化碳合成草酸酯の開発 [J].触媒，1981，23 (1)：23-26.

[29] Waller F J. Recent achievements, trends and prospects in homogeneous catalysis [J]. Journal of Molecular Catalysis，1985，31：123-136.

[30] 张飞跃，沙昆源.一氧化碳催化合成草酸二甲酯的研究 [J].广西大学学报（自然科学版），1999，24：234-237.

[31] 王保伟，马新宾. CO 气相偶联合成草酸二乙酯钯系催化剂研究 [J].天然气化工，2000，5 (25)：29-32.

[32] 林茜，计扬，谭俊青，等. Pd/α-Al₂O₃ 催化 CO 偶联制备草酸二甲酯的反应机理 [J].催化学报，2008，29 (4)：325-329.

[33] Xu Z, et al. High-performance and long-lived Pd nanocatalyst directed by shape effect for CO oxidative coupling to dimethyl oxalate [J]. ACS Catalysis，2013，3：118-122.

[34] Li Q, Zhou Z, Chen R, et al. Insights into the reaction mechanism of CO oxidative coupling to dimethyl oxalate over palladium：a combined DFT and IR study [J]. Physical Chemistry Chemical Physics，2015，17：9126-9134.

[35] Wang C, Chen P, Li Y, et al. In situ DRIFTS study of CO coupling to dimethyl oxalate over structured Al-fiber@ns-AlOOH@Pd catalyst [J]. Journal of Catalysis，2016，344：173-183.

[36] 王纯正.整装 AlOOH/Al-Fiber 的可控内源生长及其负载纳米 Pd 催化 CO 气相偶联合成 DMO 研究 [D].上海：华东师范大学，2017.

［37］Fan C，Luo M，et al. Reaction mechanism of methyl nitrite dissociation during co catalytic coupling to dimethyl oxalate：A density functional theory study［J］. Chinese Journal of Chemical Engineering，2016，24：132-139.

［38］Zhao J，Yin L F，et al. A predicted new catalyst to replace noble metal Pd for CO oxidative coupling to DMO［J］. Catalysis Science & Technology，2022，12：2542-2554.

［39］Tan H Z，Chen Z N，et al. Synthesis of High-Performance and High-Stability Pd(Ⅱ)/NaY Catalyst for CO Direct Selective Conversion to Dimethyl Carbonate by Rational Design［J］. ACS Catalysis，2019，4：3595-3603.

［40］陈锦文，马新宾，许根慧.一氧化碳气相催化偶联制取草酸二乙酯的动力学研究［J］.化学工程与工艺，1994，11（2）：13-17.

［41］计扬.CO 催化偶联制草酸二甲酯反应机理、催化剂和动力学研究［D］.上海：华东理工大学，2010.

［42］李振花，何翠英，尹东学.CO 催化偶联制草酸二乙酯催化剂的宏观反应动力学［J］.化工学报，2005，56（12）：2315-2319.

［43］Matsuzaki T，Nakamura A. Dimethyl carbonate synthesis and other oxidative reactions using alkyl nitrites［J］. Catalysis Surveys from Japan，1997，1（1）：77-88.

［44］陈长军.CO 羰化偶联合成草酸二甲酯过程中副反应机理研究［D］.上海：华东理工大学，2013.

［45］朱波，袁贤鑫，金松寿，等.MgO 对 γ-Al_2O_3 结构稳定性及负载 Pt-Pd 催化剂氧化性能的影响［J］.石油化工，1995，3：161-164.

［46］张征祥.高分散钯催化剂的制备及催化性能研究［D］.北京：北京化工大学，2004.

［47］谭琦生，郭志英，宋丽萍，等.SiO_2、Al_2O_3 上涂载 TiO_2、ZrO_2、La_2O_3 制备 Pd 催化剂的研究［J］.燃料化学学报，2001，22（3）：269-275.

［48］许根慧，马新宾，王保伟，等.气相法 CO 偶联再生催化循环制草酸二乙酯：CN 200710060003.4［P］.1996.

［49］霍志国，李振花，王保伟，等.载体的性质对 CO 气相催化偶联反应的影响［J］.化学反应工程与工艺，2002（1）：31-35.

［50］林茜，赵秀阁，毕伟，等.α-Al_2O_3 的性质对负载钯催化剂催化 CO 偶联反应的影响［J］.催化学报，2006（10）：911-915. PHam

［51］刘彦轻，高翙，蒋化，等.一种用于草酸二甲酯合成的催化剂及其制备方法：CN 201210478833.X［P］.2012.

［52］Jiang X Z，Su Y H，et al. A study on the synthesis of diethyl oxalate over Pd/defected graphene：A theoretical study［J］. catalystsrom Japan，1997，1.

［53］Nishimura，Kenji，Fujii，et al. Process for preparing a diester of oxalate acid in the gaseous phase：US 4229591［P］.1980.

［54］Miyazaki，Haruhiko，Shiomi，et al. Process for preparing oxalic acid dieters using platinum group metals supported on alumina：US 4410722［P］.1983.

［55］Shiomi Y，Matsuzaki T，Masunaga K. Process for the preparation of diester of oxalic acid：US 4874888［P］.1989.

［56］王保伟，许根慧，马新宾，等.CO 气相氧化偶联制草酸二乙酯催化剂研究［J］.燃料化学学报，2000，28（3）：262-267.

［57］王保伟，马新宾，韩森，等.CO 气相合成草酸二乙酯的载体研究［J］.天然气化工，2005，30（1）：6-10.

［58］赵秀阁，吕兴龙，赵红钢，等.气相法 CO 与亚硝酸甲酯合成草酸二甲酯用 Pd/α-Al_2O_3 的研究［J］.催化学报，2004，25（2）：125-128.

［59］Zhao T J，Ch D. Synthesis of dimethyl oxalate from CO and CH_3ONO on carbon nanofiber supported palladium catalysts［J］. Industrial & Engineering Chemistry Research，2004，43：4595-4601.

［60］周张锋.CO 气相催化合成乙二醇工艺中三种催化剂的研究［D］.北京：中国科学院研究生院，2008.

［61］张鑫.CO 气相催化偶联合成草酸二甲酯用催化剂的制备、表征及性能研究［D］.北京：中国科学院研究生院，2016.

［62］Peng S，Xu Z，Chen Q，et al. MgO：an excellent catalyst support for CO oxidative coupling to dimethyl oxalate［J］. Catalysis Science & Technology，2014，4：1925-1930.

［63］Peng S，Xu Z，et al. Enhanced Stability of Pd/ZnO Catalyst for CO Oxidative Coupling to Dimethyl Oxalate：Effect of Mg^{2+} Doping［J］. ACS Catalysis，2015，5：4410-4417.

［64］姚元根，张鑫，潘鹏斌，等.一种合成草酸二甲酯催化剂用载体的制备方法：CN 201710014343.7［P］.2018.

［65］姚元根，张鑫，潘鹏斌，等.一种 Pd/Mg（OH）$_2$ 催化剂的沉积沉淀制备方法及其应用：CN 201710106874.9［P］.2017.

[66] 姚元根，张鑫，潘鹏斌，等. 一种 Pd/MgTiO₃ 催化剂的溶胶凝胶制备方法及其应用：CN 201611024599.8 [P]. 2017.

[67] 陈庚申，严慧敏，薛彪. 一氧化碳和亚硝酸酯合成草酸酯和草酸 [J]. 天然气化工，1995，20 (4)：5-9.

[68] 朱毓群. CO 气相催化偶联合成草酸二甲酯 [D]. 上海：华东理工大学，2003.

[69] 高正虹，胡超权，李振花，等. 一氧化碳偶联制草酸二乙酯用 Pd Fe/α Al₂O₃ 催化剂的表面结构 [J]. 催化学报，2004，25 (3)：206-209.

[70] 张炳凯，黄存平，郭廷煌，等. 一氧化碳催化偶联合成草酸二甲酯 [J]. 化学研究与应用，1990，2 (3)：21-25.

[71] 郭俊怀，王敬中，翟成契，等. 用于合成草酸酯的催化剂及其制备方法：CN02146105.8 [P]. 2020-10-31.

[72] 常怀春，于富红，刘春丽. 用于 CO 气相合成草酸酯的催化剂及其制备方法：CN201210159774.X [P]. 2012-05-22.

[73] Ma X, Fan M, Zhang P. Study on the catalytic synthesis of diethyl carbonate from CO and ethyl nitrite over supported Pd catalysts [J]. Catalysis Communications，2004，5 (12)：765-770.

[74] 潘鹏斌. 煤化工技术中 CO 气体羰基合成反应的 Pd 催化剂的研究 [D]. 北京：中国科学院研究生院，2011.

[75] 戴珂琦. CO 偶联制备草酸二甲酯反应杂质和工艺条件影响及颗粒动力学研究 [D]. 上海：上海交通大学，2012.

[76] 贺黎明. CO 经草酸二乙酯合成乙二醇催化剂研究 [D]. 北京：北京化工大学，2011.

[77] 戴珂琦，罗漫，肖文德. H₂ 对 CO 偶联制备草酸二甲酯反应影响的研究 [J]. 天然气化工（C1 化学与化工），2012，37 (3)：1-4.

[78] Wu Qin, Gao Zhenghong, He Fei, et al. Influence of oxygen on activity of Pd-Fe/α-Al₂O₃ catalyst for CO coupling reaction to diethyl oxalate [J]. Chinese Journal of Catalysis，2003，24 (4)：289-293.

[79] Gao Zhenghong, Wu Qin, He Fei, et al. Study on ammonia poisoning of Pd system catalyst for CO coupling reaction to diethyl oxalate [J]. Chinese Journal of Catalysis，2002，23 (1)：95-98.

[80] Jing K Q, Fu Y Q, et al. Boosting Interfacial Electron Transfer between Pd and ZnTi-LDH via Defect Induction for Enhanced Meta-Support Interaction in CO Direct Esterification Reaction [J]. ACS Applied Materials & Interfaces 2021, 13 (21)：24856-24864.

[81] Jing K Q, Fu Y Q, et al. Zn²⁺ stabilized Pd clusters with enhanced covalent metal-support interaction via the formation of Pd-Zn bonds to promote catalytic thermal stability [J]. Nanoscale，2020，12 (27)：14825-14830.

[82] 姚元根，周张锋，乔路阳. 煤制乙二醇过程失活钯催化剂在线再生方法：CN 104190441B [P]. 2016-06-15.

[83] 项铁丽. CO 偶联制草酸酯工艺条件及催化剂失活与再生研究 [D]. 天津：天津大学，2003.

[84] 姚元根，黄园园，潘鹏斌. CO 气相氧化偶联合成草酸酯工艺用钯催化剂的再生方法：CN 106540755A [P]. 2016-11-07.

[85] 姚元根，张鑫，潘鹏斌，等. 一种 CO 合成草酸二甲酯失活催化剂的活化再生方法：CN 106861775A [P]. 2017-06-20.

[86] Peng S, Xu Z, Chen Q, et al. An ultra-low Pd loading nanocatalyst with high activity and stability for CO oxidative coupling to dimethyl oxalate [J]. Chemical Communications，2013，49：5718-5720.

[87] 张雨，潘鹏斌，等. CO 氧化偶联合成草酸二甲酯催化剂的制备与研究 [D]. 福州：福州大学，2015.

[88] 黄园园. CO 合成草酸二甲酯的制备方法研究 [D]. 北京：中国科学院大学，2014.

[89] Wang C Z, Han L P, et al. High-performance, low Pd-loading microfibrous-structured Al-fiber@ns-AlOOH@Pd catalyst for CO coupling to dimethyl oxalate [J]. J Catal，2016，337：145-156.

[90] 郭俊怀，王敬中，翟成契. 用于合成草酸酯的催化剂及其制备方法：CN 1150992 [P]. 2004.

[91] 计扬，骆念军，毛彦鹏. 用于 CO 偶联反应合成草酸酯的催化剂及其制备方法：CN 102784640A [P]. 2012.

[92] Jiang X Z, Su Y H, et al. A study on the synthesis of diethyl oxalate over Pd/coupling catalysis [J]. Applied Catalysis A：General，2001，211：47-51.

[93] 印建和. 气相催化合成草酸二甲酯 [J]. 重庆工业高等专科学校学报，2004，19 (6)：8-9.

[94] Ried R C, Prausnitz J M, Sherwood J K. The Properties of gas and liquid (4th edition) [M]. New York：McGraw-Hill，1987.

[95] Yang Ji, Gang Liu, Wei Li, Wende Xiao. The methanism of CO coupling reaction to form dimethyl oxalate over Pd/α-Al₂O₃ [J]. Journal of molecular catalysis A：Chemical，2009，204：499-507.

[96] 鲁文质. SDMO 路线合成乙二醇的模拟研究 [D]. 上海：上海交通大学，2006.

[97] 黄雄杰. CO 偶联制备草酸二甲酯动力学及反应器 CFD 模拟研究 [D]. 上海：上海交通大学，2019.

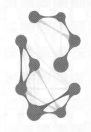

3

氧化酯化合成亚硝酸甲酯

从第 2 章描述的 CO 羰化偶联合成 DMO 反应工艺过程中可以看到，一氧化氮-亚硝酸酯的化学循环是羰化偶联反应得以连续进行的关键反应步骤，羰化单元消耗亚硝酸甲酯（MN）和 CO 产生 DMO 和 NO，NO 回到酯化工段和 O_2 和 ME 经过氧化酯化反应再生为 MN。MN、NO 作为循环物质，理论上不消耗，但实际上由于副反应的发生以及物料排放等环节会略有损耗，需要适度补充。本章主要对以 MN 为代表的亚硝酸酯的性质和制备技术以及在反应过程中的再生循环技术进行介绍。

3.1 亚硝酸甲酯的性质和应用

以煤制乙二醇技术中的 CO 气相羰化偶联制草酸酯的反应技术的研究为契机，衍生了以 CO 和 MN 为主要反应物制备多种有用的有机化学产品的技术体系，包括碳酸酯、甲酸酯等。以亚硝酸甲酯等为代表的亚硝酸烷基酯作为一个特殊的重要化合物广受研究人员的关注，对其性能和制备技术的研究也取得了很大进展。

3.1.1 基本性质

MN 的分子式为 CH_3ONO，与硝基甲烷（CH_3NO_2）为同分异构体，在常温常压下为易燃、易爆、无色、有毒、比空气重的气体；易水解产生亚硝酸，阳光照射或受热均易分解[1]，其蒸气与空气形成的混合物具有很强的爆炸性；可用于炸药及血管舒张剂等药物的合成。表 3-1 是一些亚硝酸酯的物理性质。

表 3-1　一些亚硝酸烷基酯的物理性质[2]

化合物	沸点/℃	熔点/℃	分解温度/℃	解离能/(kcal/mol)
CH_3ONO	−12	−17	141	41.8
C_2H_5ONO	17	−35	116	42.0
$n\text{-}C_4H_9ONO$	103	无数据	96	42.5

注：1kcal=4.18kJ。

根据文献资料[3]，MN 的汽化潜热与温度的关系是呈线性变化的，随着温度的升高逐渐降低，见表 3-2。

表 3-2　MN 汽化潜热与温度的关系表

温度/℃	汽化潜热/(kcal/kg)	温度/℃	汽化潜热/(kcal/kg)	温度/℃	汽化潜热/(kcal/kg)
−50	92	−15	85	20	77
−45	91	−10	84	25	76
−40	90	−5	83	30	74
−35	89	0	82	35	73
−30	88	5	81	40	72
−25	87	10	79	45	70
−20	86	15	78	50	69

有文献[4,5]认为 MN 通常是以两种旋转同分异构体形式共存的混合物，固体状态下顺反异构体比例为 1∶1，在某些特定条件下两种异构体可以相互转化。顺式异构体（cis-）能量较低，而反式异构体（trans-）能量相对较高，顺势异构体稳定性比反式强。陈长军[6]利用红外光谱对 MN 进行了表征，如图 3-1 所示。

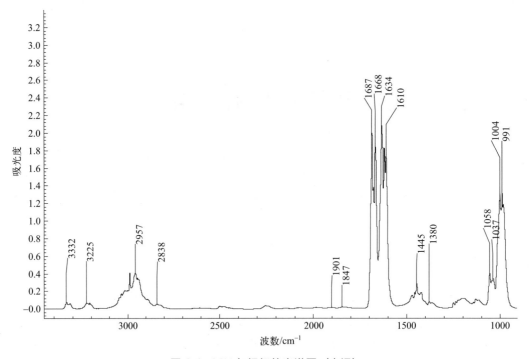

图 3-1　MN 气相红外光谱图（室温）

其中判断 1610～1634cm⁻¹ 和 1668～1687cm⁻¹ 之间的两组最强吸收峰分别为 MN 分子中 N＝O 键的反对称伸缩振动和对称伸缩振动，分别对应于 MN 反式异构体和顺式异构体；波数在 2957cm⁻¹ 和 2838cm⁻¹ 附近的一系列吸收峰分别为 MN 分子中 CH₃—的反对称伸缩振动和对称伸缩振动，1445cm⁻¹ 和 1380cm⁻¹ 附近分别为 CH₃—的反对称变形振动和对称变形振动；3332cm⁻¹ 和 3225cm⁻¹ 附近分别为 N＝O 的反对称伸缩振动和对称伸缩振动吸收峰的倍频峰；1901cm⁻¹ 和 1847cm⁻¹ 附近为 NO 气相吸收峰，此少量 NO 气体为 MN 在制备过程中混入的；1058cm^{-1} 和 1037cm^{-1} 附近为 CH$_3$O—伸缩振动吸收峰，1004cm^{-1} 和 991cm^{-1} 附近为 N—O 弯曲振动与甲氧基伸缩振动吸收峰相互叠加的结果[7]。

作为一种中强度氧化剂，MN 会因温度、压力和浓度的变化发生气相燃爆，研究 MN 爆炸极限对于安全操作有着非常重要的意义。目前相关资料较少，张铁等[8]研究了不同温度下 N$_2$-MN 体系的爆炸极限，结果见表 3-3。

表 3-3　MN 爆炸临界浓度（常压）

气体体系	温度/℃	MN 燃爆下限/%
MN+N$_2$	125	38.2
MN+N$_2$	70	42.4
MN+N$_2$	20	46.9

MN 容易分解且会产生大量的分解热，导致体系温度和压力快速升高，造成反应失控。因此确定 MN 的分解热对于指导 MN 工艺单元安全操作有着非常重要的意义。MN 热分解成甲酸甲酯的反应[1]如下：

$$2CH_3ONO \longrightarrow HCO_2CH_3 + N_2O + H_2O \qquad (3-1)$$

张铁等[8]通过反应量热仪 C600 研究了 MN 的分解热，得到了 MN 分解放热曲线，见图 3-2。

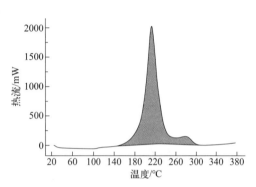

图 3-2　MN 热分解曲线

从图 3-2 中可以看出：MN 在 140℃附近开始放热，220℃达到放热峰值，300℃基本完成放热。对图 3-2 中的放热区间进行积分，确定 MN 的分解热为 3216J/g。由 MN 的分解热可以判断，MN 热分解是强放热反应，有高度危险性。

3.1.2　亚硝酸酯的下游应用

亚硝酸烷基酯体系可应用于醇的氧化羰基化反应[2,9]、烯烃的氧化反应[10,11]、烯烃的氧化羰基化反应[12]等系列反应，举例如下。

（1）醇的氧化羰基化反应

自从 Fenton[13]合成草酸酯方法公布以后，世界各公司一直致力于 Pd-Cu 氧化还原系催化剂的改进。UBE 公司[9]首先发现亚硝酸酯可以有效地实现 Pd(0)-Pd(Ⅱ) 的氧化还原循环，从而取代氧气用于醇的氧化羰基化反应，起到 Wacker 催化剂的部分作用。亚硝酸酯可由醇、NO 和氧气合成。这一发现使得反应条件变得非常温和。尽管反应事实上分为独立的两步反应，但从总反应看，仍可称为醇的氧化羰基化反应。反应不仅可在液相中进行，也可采用气-固催化方式。利用这一反应，可以合成多种酯类产物。

CO 和亚硝酸丁酯生成草酸二丁酯、和亚硝酸乙酯生成草酸二乙酯：

$$2CO + 2C_4H_9ONO \longrightarrow (COOC_4H_9)_2 + 2NO \qquad (3-2)$$

$$2CO + 2CH_3CH_2ONO \longrightarrow (COOCH_2CH_3)_2 + 2NO \qquad (3-3)$$

CO 和亚硝酸甲酯生成碳酸二甲酯、和亚硝酸乙酯生成碳酸二乙酯：

$$CO + 2CH_3ONO \longrightarrow CH_3OCOOCH_3 + 2NO \tag{3-4}$$

$$CO + 2CH_3CH_2ONO \longrightarrow CO(OCH_2CH_3)_2 + 2NO \tag{3-5}$$

（2）烯烃氧化反应

采用 Pd(Ⅱ)-亚硝酸酯体系，可以将烯烃在 PdCl$_2$ 存在下氧化为缩醛或缩酮。催化剂以 PdCl$_2$ 或 PdBr$_2$ 最好，添加 CuCl$_2$ 作助催化剂能进一步促进反应[14]。

$$\tag{3-6}$$

$$\tag{3-7}$$

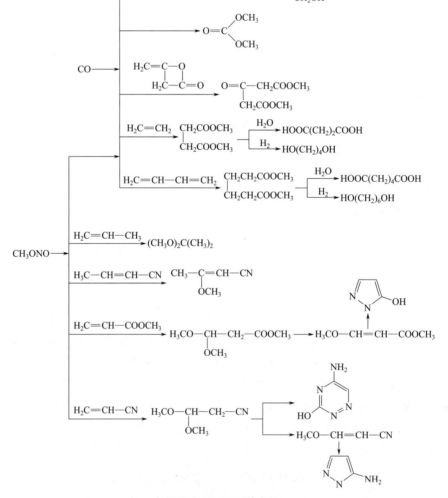

图 3-3　MN 下游应用

（3）烯烃的氧化羰基化反应

烯烃的氧化羰基化反应是典型的 Wacker 反应过程，由乙烯、CO 和亚硝酸酯反应可合成丁二酸酯，反应在液相中进行，以 PdCl$_2$ 作催化剂，以 ROH-MeCN 作溶剂。在气相中反应时，以 PdCl$_2$-CuCl$_2$ 作催化剂[15]。

$$CH_2=CH_2 + 2CO + 2RONO \xrightarrow[\text{ROH-MeOH}]{PdCl_2} \substack{ROOC \\ \\ COOR} \qquad (3\text{-}8)$$

这一反应优先生成丁二酸酯，而不是发生氧化反应生成缩醛，这说明底物烯烃的结构对反应性能有很大影响。通常 Wacker 反应生成的烷氧丙酸酯和不饱和碳酸酯等副产物在这一体系中不出现。

此外，以亚硝酸甲酯为原料，还可进行酮的氧化羰基化反应、酰基化反应、羰基化合成氯甲酸甲酯等其他反应，UBE 公司针对亚硝酸甲酯下游应用提出了一系列反应，可归纳如图 3-3 所示[2]。

3.2 亚硝酸甲酯再生技术

MN 再生是指含有 NO 的羰化反应产物循环气回到酯化系统，和原料 O$_2$、CH$_3$OH 反应氧化酯化制备 MN 的过程。图 3-4 是 UBE 公司提出的工业上 MN 再生反应装置示意图[2]，MN 再生反应器为反应精馏塔，也是目前工业装置上应用的常见反应器形式。

3.2.1 氮氧化物制备技术

在装置开车起始阶段，需要向系统中引入 NO 或者 MN 以建立 N 平衡，目前主要有三种氮氧化物制备方式。

① 氨氧化制备氮氧化物技术：利用 NH$_3$ 氧化制备 NO，反应方程式为：

$$4NH_3 + 5O_2 \longrightarrow 4NO + 6H_2O \qquad (3\text{-}9)$$

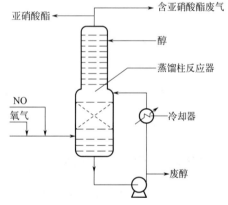

图 3-4 MN 再生工业化装置示意图

氨氧化后生成的 NO 进入酯化单元，和 O$_2$、CH$_3$OH 反应制备 MN。采用此技术需要增加氨氧化单元，相对比较复杂，且由于酯化系统总氮建立起来后不再连续使用，因此相比较而言性价比较低。

② 亚硝酸钠制备氮氧化物技术：采用亚硝酸钠、甲醇和硝酸反应，直接制备 MN。这也是实验室（采用硫酸）制备 MN 的方式之一。反应方程式为：

$$NaNO_2 + CH_3OH + HNO_3 \longrightarrow NaNO_3 + CH_3ONO + H_2O \qquad (3\text{-}10a)$$

采用此技术需要增加相应的反应设备，一般为间歇反应釜单元，反应会产生硝酸钠废盐和废水，需要再处理。

也可以先采用亚硝酸钠与硝酸反应，产生的 NO 进入酯化单元与 O$_2$、CH$_3$OH 反应制备 MN。

$$2HNO_3 + 3NaNO_2 \longrightarrow 2NO + 3NaNO_3 + H_2O \tag{3-10b}$$

该技术同样采用间歇反应釜，但不需要引入甲醇，使得开车系统补充 NO_x 的工艺更简洁、安全，反应同样会产生硝酸钠废盐和废水，需要再处理。

③ N_2O_4 补充技术：也可向反应体系中直接补充 N_2O_4，N_2O_4 可与甲醇反应生成 MN：

$$N_2O_4 + CH_3OH \longrightarrow CH_3ONO + HNO_3 \tag{3-11}$$

该技术简单，操作方便，不需要增加反应设备。N_2O_4 直接作为原料可以引入酯化系统中，但反应会副产一定量的硝酸。

3.2.2 MN 再生反应原理

MN 再生反应的总反应式如下所示：

$$4NO + O_2 + 4CH_3OH \longrightarrow 4CH_3ONO + 2H_2O \tag{3-12}$$

再生反应存在两个协同的反应过程[3]：NO 氧化反应生成氮氧化合物 NO_x、NO_x 与甲醇发生酯化反应生成 MN。

3.2.2.1 NO 的氧化反应

NO 化学性质活泼，在常温下不稳定，可立即与 O_2 发生不可逆的氧化反应。反应速率与氧气分压成正比，与 NO 分压的二次方成正比。NO 氧化反应的反应速率常数随温度的升高而降低。氧化产物 NO_2 在常温下为红棕色刺鼻性气体，与等摩尔量的 NO 发生可逆反应生成 N_2O_3，此外 NO_2 与 N_2O_4 间存在化学反应平衡。虽然 N_2O_3、N_2O_4 的生成反应均为可逆反应，但是这两个反应的正逆方向均为快速反应，因此在气相中 NO、NO_2、N_2O_3、N_2O_4 四种组分始终处于平衡状态。

$$2NO + O_2 \longrightarrow 2NO_2 \tag{3-13}$$

$$NO + NO_2 \rightleftharpoons N_2O_3 \tag{3-14}$$

$$2NO_2 \rightleftharpoons N_2O_4 \tag{3-15}$$

3.2.2.2 NO_x 的酯化反应

NO 不与甲醇发生反应，但 NO_2、N_2O_3、N_2O_4 等各组分在与甲醇接触时可发生酯化反应和其他副反应，如以下方程式所示。

$$2CH_3OH + N_2O_3 \longrightarrow 2CH_3ONO + H_2O \tag{3-16}$$

$$CH_3OH + N_2O_4 \longrightarrow CH_3ONO + HNO_3 \tag{3-11}$$

$$CH_3OH + 2NO_2 \longrightarrow CH_3ONO + HNO_3 \tag{3-17}$$

$$N_2O_3 + H_2O \longrightarrow 2HONO \tag{3-18}$$

$$N_2O_4 + H_2O \longrightarrow HONO + HNO_3 \tag{3-19}$$

$$HONO + CH_3OH \longrightarrow CH_3ONO + H_2O \tag{3-20}$$

其中 N_2O_3 与甲醇的反应为主反应，生成目标产物 MN 并副产水，由于 MN 是气态，因此与水容易分离；N_2O_4 与甲醇反应生成 MN 和副产物硝酸；N_2O_3 与水反应生成亚硝酸，N_2O_4 与水反应生成亚硝酸和硝酸。这些主副产物在实际过程中均可以检测得到。反应中副产物硝酸的生成不仅会降低反应的收率，而且会因不断累积而造成对设备的腐蚀，因此工业操作过程中一方面要控制硝酸的生成量，另一方面会进行硝酸的回收处理，比如稀硝酸还原技术，降低 N 元素的损耗。

通过分析上述反应可以看出，在反应中应尽可能减少 N_2O_4 的含量，增加 N_2O_3 的含量，即增大体系中 NO/NO_2 的比例，从而达到提高收率、减少硝酸生成的目的。再者，体系中的氧不利于后续的羰化偶联反应，因此 MN 再生反应中的氧气必须被完全消耗掉。根据总反应式中 NO/O_2 的化学计量比为 4:1，因此从原则上考虑，MN 再生反应体系中 NO/O_2 的摩尔比应当大于其化学计量比 4:1，但过量的 NO 不利于羰化反应，因此最适宜的 NO/O_2 摩尔比应当综合考虑反应工艺和结果才能确定。

3.2.3 MN 再生工艺

对于 MN 的再生反应，目前存在两种不同的观点，一是气液反应，即气相的 NO、O_2 和液相甲醇反应生成 MN；二是气相反应，即气相的 NO、O_2 和气相甲醇反应生成 MN。

王玮涵[16]认为 MN 的再生反应属于气液相反应，研究了在氧化酯化反应器中 MN 的再生情况，分别从原料液相甲醇浓度、副产物硝酸的影响、反应压力、反应时间等方面做了研究，结果如下：①当甲醇溶液的浓度由 20% 增加至 40% 时，MN 收率随甲醇浓度的增大而增大；当甲醇浓度高于 40% 时，MN 收率基本不随甲醇浓度而变化。因此，甲醇溶液的浓度为 40%～99.9% 时，对 MN 收率影响不大。②与不添加硝酸的空白实验相比较，当液相中硝酸质量分数分别为 3.30% 和 6.38% 时，再生反应的 MN 收率没有发生变化。因此即便硝酸在液相中不断积累，对 MN 的生成也无影响。③随着反应的进行，少量的 MN 和硝酸会在液相中积累，水的生成也会导致液相中甲醇的浓度发生变化。反应开始阶段，随着反应的进行，MN 的生成速率逐渐升高，之后 MN 的生成速率存在一个稳定阶段。尽管在此阶段内液相组成有所变化，但对 MN 再生反应速率的影响不大。④反应压力同样是影响再生反应的重要因素，对气相中的 NO 氧化反应以及气液两相间的传质均有一定的影响。当反应压力由 0.1MPa 增加至 0.3MPa 时，增大反应压力使得 O_2 的转化率略有增加，当压力由 0.3MPa 继续增加到 0.4MPa 时，O_2 的转化率反而下降。压力为 0.3MPa 时，MN 的收率最高。在增加压力的情况下，塔内倾向于形成尺寸较小的气泡，因此气含量和气液相界面积增加，有利于气相中的 NO 氧化反应以及相间传质的发生。同时，液相中的扩散系数也随着反应压力的增大而增大。但是提高反应压力也会增大 MN 在液相中的溶解损失量，因此，综合考虑，反应系统压力在 0.2～0.3MPa 较为适宜。

单文波[17]对酯化工艺条件也进行了研究。MN 的生成速率在 NO/O_2 不同配比下均随着温度的升高而下降，而此反应为强放热反应，因此在工业化放大过程中，如何合理地移热将成为比较关键的问题。在一定的温度下，NO/O_2 配比越高对 MN 的生成越有利，因此，NO/O_2 配比的高限是由羰化反应和综合经济最优的量决定的。压力升高对 MN 的生成不利，虽然此反应也为体积缩小反应，但 NO_2 转变为 N_2O_4 时体积缩小 50%，因此加压更有利于 N_2O_4 的生成，使副反应加强，进而导致 MN 收率下降。甲醇中水含量低于 70% 时，对 MN 生成影响不大，但超过 70% 时，反应性能急剧下降。总的优化工艺为：反应温度以 30～45℃ 为宜；NO/O_2 的高配比有利于反应，但受限于后续羰化反应的要求，一般以 (6:1)～(8:1) 为宜；反应压力升高对该反应不利。

亦有研究认为 MN 再生属于气相甲醇和氮氧化物发生酯化反应生成 MN，通过气体携带饱和甲醇蒸气的方式进行进料，在管式反应器中研究了 0.3MPa 条件下气相酯化反应情况，结果如下。

（1）温度对酯化反应的影响

原料设定为 NO 的体积含量为 10%，NO/O_2 比为 9:1，保证甲醇量充足。考察反应温度 30~90℃。实验结果如表 3-4 所示。

表 3-4　不同温度下酯化反应的结果

实验序号	温度/℃	NO 转化率/%	MN 选择性/%	HNO$_3$ 选择性/%
1	40	44.4	98.97	1.03
2	50	44.3	98.19	1.81
3	70	41.8	91.89	8.11
4	90	37.3	79.60	20.40

由表 3-4 可知，当反应温度高于 50℃时，不利于 NO 向 MN 的转化，NO 的转化率降低，MN 的选择性降低，说明在反应段反应不完全。当温度为 40℃或 50℃时，NO 向 MN 的转化较完全，说明低温有利于 NO 向 MN 的转化。

（2）停留时间对酯化反应的影响

将实验进气条件设定为 NO 的体积含量为 10%，NO/O_2 比为 9 左右，甲醇与 O_2 的比设定为 6。反应温度设定为 50℃。控制反应管体积，通过改变总流量来实现停留时间的变化。考察标况下停留时间为 0.5s、1s、2s 和 5s。由表 3-5 可知，在该反应条件下，标况停留时间为 0.5s 时，即可满足要求。

表 3-5　不同停留时间下酯化反应的结果

停留时间/s	NO 转化率/%	MN 选择性/%	HNO$_3$ 选择性/%
0.5	44.1	97.18	2.82
1	44.3	98.19	1.81
2	43.8	97.91	2.09
5	44.5	97.96	2.04

（3）NO/O_2 摩尔比对酯化反应的影响

其他条件不变，固定 O_2 进料，改变 NO 和 O_2 的摩尔比来研究对酯化的影响，结果如表 3-6 所示。

表 3-6　不同 NO/O_2 摩尔比下酯化反应结果

NO/O_2	NO 转化率/%	MN 选择性/%	HNO$_3$ 选择性/%
3	80.6	88.58	11.42
6	64.4	95.84	4.16
8	49.5	98.21	1.79
9	44.3	98.19	1.81

由表 3-6 可知，固定 O_2 的量不变时，当 NO 的含量降低，即 NO/O_2 的摩尔比降低到 6 时，副产物 HNO$_3$ 的选择性增加。当 NO/O_2 摩尔比高于 8 时，对气相合成 MN 反应影响不大。

（4）ME/O$_2$ 摩尔比对酯化反应的影响

由表 3-7 可知，当甲醇不足时，即设定 ME/O$_2$ 摩尔比为 2 时，HNO$_3$ 的选择性大幅度增加，这说明，当甲醇不足时，NO 被氧化生成过量的 NO$_2$，此时过量的 NO$_2$ 与系统中生成的 H$_2$O 反应生成了 HNO$_3$。而当甲醇过量，即 ME/O$_2$ 比等于或大于 4 时，其对反应结果影响不大。

表 3-7　不同 ME/O$_2$ 摩尔比下酯化反应结果

ME/O$_2$	NO 转化率/%	MN 选择性/%	HNO$_3$ 选择性/%
2	27.2	78.76	21.24
4	44.4	98.15	1.85
6	44.3	98.19	1.81
10	44.5	98.17	1.83

根据上述研究结果可知，不论是气相甲醇还是液相甲醇，与氮氧化物（NO 和 O$_2$ 反应的产物）生成 MN 的反应，都要求甲醇过量；反应属于放热反应，因此低温有利，一般控制在 40~50℃为宜；NO/O$_2$ 的摩尔比要高，结合后续羰化要求，一般控制在 8 以上；此外反应压力一般控制在 0.3MPa 左右为佳。

3.2.4　反应热力学

MN 再生系统是一个既有串联反应，又有平行反应的复杂反应体系。为了更好地对该体系进行热力学分析，单文波[17]利用原子矩阵确定了酯化系统的独立反应数，如下所示：

$$4NO(g) + O_2(g) \longrightarrow 2N_2O_3(g) \tag{3-21}$$

$$O_2(g) + 2NO(g) \longrightarrow 2NO_2(g) \tag{3-22}$$

$$4CH_3OH(l) + O_2(g) + 4NO(g) \longrightarrow 2H_2O(l) + 4CH_3ONO(g) \tag{3-23}$$

$$O_2(g) + 2NO(g) \longrightarrow N_2O_4(g) \tag{3-24}$$

$$3O_2(g) + 2H_2O(g) + 4NO(g) \longrightarrow 4HNO_3(g) \tag{3-25}$$

$$O_2(g) + 2CH_3OH(l) \longrightarrow 2H_2O(l) + 2CH_2O(g) \tag{3-26}$$

在进行热力学分析时，只要求独立反应的热力学函数和平衡常数，非独立函数的热力学函数和平衡常数都可以利用独立反应通过简单的运算求得。利用 Aspen 估算物性性质，标准状态下各独立反应的热力学性质由下式计算：

$$\Delta H_{R,298} = \sum \nu_i \Delta H_{f,298} \tag{3-27}$$

$$\Delta G_{R,298} = \sum \nu_i \Delta G_{f,298} \tag{3-28}$$

$$K_{p,298} = \exp(-\Delta G_{R,298}/RT) \tag{3-29}$$

利用上述方程求得的各独立反应的 $\Delta H_{R,298}$、$\Delta G_{R,298}$、$K_{p,298}$ 见表 3-8。

表 3-8　标准状态下各反应的热力学函数值

反应	$\Delta H_{R,298}$/(kJ/mol)	$\Delta G_{R,298}$/(kJ/mol)	$K_{p,298}$
式(3-21)	−187.8	−61.48	5.9821×10^{10}
式(3-22)	−114.14	−70.54	2.3173×10^{12}
式(3-23)	−224.54	−182.8	1.1043×10^{32}

反应	$\Delta H_{R,298}/(\text{kJ/mol})$	$\Delta G_{R,298}/(\text{kJ/mol})$	$K_{p,298}$
式(3-24)	-171.34	-75.32	1.5954×10^{13}
式(3-25)	-417.6	-171.44	1.1266×10^{30}
式(3-26)	-325.4	-360.54	1.5819×10^{63}

利用盖斯定律计算任一温度下的反应热。

$$\Delta H_{R,T} = \Delta H_{R,T_0} + \int_{T_0}^{T} \Delta C_p \, dT \tag{3-30}$$

式(3-30)中 $\Delta C_p = \sum_{V_i} C_{p_i}$ 为产物与反应物的比热容差，kJ/mol。把比热容与温度的关系式代入式(3-30)并积分得：

$$\Delta H_{R,T} = \Delta H_R(T_0) + \Delta A(T-T_0) + \Delta B/2(T^2-T_0^2) + \Delta C/3(T^3-T_0^3) + \Delta D/4(T^4-T_0^4) \tag{3-31}$$

各反应的 ΔA、ΔB、ΔC、ΔD 值见表 3-9。

表 3-9 各反应的 ΔA、ΔB、ΔC、ΔD 值

Reactions	ΔA	$\Delta B\times10^2$	$\Delta C\times10^5$	$\Delta D\times10^8$
式(3-21)	-65.23	20.92	-16.84	3.97
式(3-22)	-38.31	10.64	-8.70	2.44
式(3-23)	-256.51	148.01	-319.52	132.61
式(3-24)	-47.98	18.17	-17.63	5.65
式(3-25)	-212.64	69.64	-67.64	22.06
式(3-26)	-11.45	59.24	-185.26	115.88

反应的 Gibbs 自由能与温度的关系由 Gibbs-Helmnots 方程确立，

$$[\partial(\Delta G_{R,T}/T)/\partial T]_p = -\Delta H_{R,T}/T^2 \tag{3-32}$$

将比热容与温度的多项式关系式代入并积分得：

$$\Delta G_{R,T} = (T\Delta G_{R,298} + 298\Delta H_{R,T} - T\Delta H_{R,298})/298$$
$$- T[\Delta A \ln T/298 + \Delta B(T-298) + \Delta C/2(T^2-298^2) + \Delta D/3(T^3-298^3)] \tag{3-33}$$

各反应在不同温度下的平衡常数由下式计算求得：

$$K_{p,T} = \exp(-\Delta G_{R,T}/RT) \tag{3-34}$$

由上述方程求得的各反应在不同温度下的 $\Delta H_{R,T}$、$\Delta G_{R,T}$、$K_{p,T}$ 的值见表 3-10～表 3-12。

表 3-10 不同温度下的 $\Delta H_{R,T}$ 值 单位：kJ/mol

反应	273K	298K	310K	320K	340K	360K
式(3-21)	-187.34	-187.8	-187.99	-188.14	-188.40	-188.62
式(3-22)	-113.78	-114.14	-114.30	-114.43	-114.66	-114.88
式(3-23)	-242.95	-244.54	-245.32	-425.97	-247.34	-248.81
式(3-24)	-171.11	-171.34	-171.43	-171.49	-171.60	-171.67
式(3-25)	-416.00	-417.6	-418.29	-418.82	-419.79	-420.64
式(3-26)	-326.24	-325.40	-325.04	-324.76	-324.29	-323.91

表 3-11　不同温度下的 $\Delta G_{R,T}$ 值　　　　　　　　　　　单位：kJ/mol

反应	273K	298K	310K	320K	340K	360K
式(3-21)	−70.16	−61.48	−56.80	−53.22	−46.12	−39.08
式(3-22)	−73.07	−70.54	−69.02	−67.95	−65.82	−63.73
式(3-23)	−180.46	−182.80	−181.91	−182.44	−183.70	−185.19
式(3-24)	−81.97	−75.32	−71.75	−69.02	−63.60	−58.23
式(3-25)	−185.84	−171.44	−162.85	−156.75	−144.71	−132.86
式(3-26)	−357.30	−360.54	−362.03	−363.34	−366.01	−368.71

表 3-12　不同温度下的 $K_{p,T}$ 值

反应	273K	298K	310K	320K	340K	360K
式(3-21)	2.6588×10^{13}	5.9821×10^{10}	3.718×10^{9}	4.8768×10^{8}	1.2184×10^{7}	4.6887×10^{5}
式(3-22)	9.5831×10^{13}	2.3173×10^{12}	4.2704×10^{11}	1.2363×10^{11}	1.2949×10^{10}	1.7684×10^{09}
式(3-23)	3.3827×10^{34}	1.1043×10^{32}	4.4976×10^{30}	6.0529×10^{29}	1.6728×10^{28}	7.425×10^{26}
式(3-24)	4.8361×10^{15}	1.5954×10^{13}	1.2324×10^{12}	1.8467×10^{11}	5.9099×10^{9}	2.8131×10^{8}
式(3-25)	3.6243×10^{35}	1.1266×10^{30}	2.7608×10^{27}	3.8695×10^{25}	1.707×10^{22}	1.9003×10^{19}
式(3-26)	2.3215×10^{68}	1.5819×10^{63}	1.0103×10^{61}	2.0501×10^{59}	1.7102×10^{56}	3.1597×10^{53}

从表 3-10、表 3-11、表 3-12 可以看出，酯化反应均为放热反应，且反应热随温度变化不大，因此在后续的反应塔换热计算中，使用 298K 下的反应热计算将不会产生太大的误差。$\Delta G_{R,T}$ 数据表明，在所考察的温度范围内，其反应的自由能都为负值，表明这些反应在热力学上都是可以发生的，并且主副反应都为放热反应，在热力学上升高温度对反应都不利。此外 $K_{p,T}$ 值均较大，反应容易朝右移动，基本可以认为是不可逆的。

3.2.5　反应动力学

针对 MN 再生反应动力学，有气液反应观点，有气相反应观点，对此不同学者做出的动力学均不相同，对此分别介绍。

3.2.5.1　气液反应动力学

单文波[17]认为 MN 的再生反应为气液相反应，采用鼓泡床反应器作为研究对象，根据酯化反应方程式选取幂函数模型作为动力学方程，考虑到甲醇大大过量，可以不计甲醇的影响，利用最小二乘法进行非线性拟合。得到如下动力学方程式：

$$r_{MN}=4.74\times10^{-9}\times e\left(\frac{3.033\times10^{4}}{8.314T}\right)\times p_{NO}^{0.86}\,[\mathrm{mol/(m^{3}\cdot s)}] \tag{3-35}$$

值得注意的是，本动力学方程组活化能为负数，其原因是 MN 生成的速率随着温度的升高而降低，也就意味着在 Arrhenius 方程中的 E 为负值。根据文献［18］可知，亚硝酸乙酯的反应速率也有随着温度升高而降低的规律，因此这一类反应的 E 值均为负值。

王玮涵等[16,19]也认为 MN 再生反应属于气液相反应，对在 NO 和 O_2 预先混合并完全反应的情况下，采用双搅拌反应器对 NO、NO_2 与甲醇溶液反应生成 MN 的过程进行了研究，

基于双膜理论，给出了 MN 再生反应动力学方程的另一种形式：

$$r_{MN} = \frac{p_C}{H_C} \sqrt{D_C \times 3.6967 \times 10^7 \exp\left(-\frac{2.3725 \times 10^4}{RT}\right)\left(\frac{p_B}{H_B} - \frac{1}{3}\frac{D_C}{D_B} \times \frac{p_C}{H_C}\right)c_E} \quad (3\text{-}36)$$

式中，下标 B、C、E 表示 NO、NO_2 与甲醇的相关参数；H 为亨利常数；c_i 为组分 i 在液膜中的摩尔浓度，$mmol/mL$；p 为分压；D 为溶质在溶剂中的扩散系数。

研究中还计算出了亚硝酸甲酯合成反应在不同反应温度下的增强因子 β 和八田数 Ha，其中 $Ha \gg 3$，验证了先前假设亚硝酸甲酯合成反应为快速反应是合理的。若假设液膜中 NO 的浓度是恒定的，则液膜厚度 δ_L 与发生反应的膜厚度 δ_R 之间存在如式(3-37) 所示的计算关系：

$$\delta_L = Ha\delta_R \quad (3\text{-}37)$$

因为 $Ha \gg 3$，所以 δ_R 小于 δ_L 的值，说明亚硝酸甲酯合成反应是发生在液膜中的反应。

3.2.5.2 气相反应动力学

计扬[20]采用分子热力学方法来估算 NO 和 NO_2 在甲醇中的亨利系数，结果如表 3-13 所示。由表 3-13 可见 NO 和 NO_2 的亨利系数都较大，可认为 NO 和 NO_2 在甲醇中的溶解度极小或不溶解于甲醇。

表 3-13　NO 和 NO_2 在甲醇中的亨利系数估算值

温度/K	NO/10^7Pa	NO_2/10^6Pa
278	1.8970	6.3937
283	2.0106	6.9006
288	2.1270	7.4285
293	2.2462	7.9773
298	2.3681	8.5467

由于气相反应物 NO 和 NO_2 在甲醇中的亨利系数很大，NO 和 NO_2 在液相甲醇中的溶解度过小导致 NO 和 NO_2 在液相甲醇中无法反应生成 N_2O_3。在此基础上，计扬[20]认为液相甲醇与气相 N_2O_3 之间没有反应，MN 的再生酯化反应是一个气相反应而不是一个气液反应，并对此进行了动力学研究。反应器选择双搅拌式反应器，理由为双搅拌反应器的气相部分是一个很好的气相全混反应器，有利于动力学数据的测定，其次双搅拌反应器中液相部分的液相甲醇对反应没有影响，液相甲醇可视为惰性物质。

N_2O_3 与甲醇反应生成 MN［式(3-16)］的反应动力学方程如下所示：

$$r_{MN} = k p_{N_2O_3}^{\alpha} p_{ME}^{\beta} \quad (3\text{-}38)$$

用 NO 的分压代替 N_2O_3 的分压后动力学方程变为：

$$r_{MN} = k p_{NO}^{\alpha} p_{ME}^{\beta} \quad (3\text{-}39)$$

用 NO 的分压代替了 N_2O_3 的分压，理由是 NO 与 NO_2 的混合物与 N_2O_3 之间存在热力学平衡，参与再生反应的 N_2O_3 均来自 NO 与 NO_2 之间的反应，而 NO 与 N_2O_3 的化学计量数之比为 1。因此，为了便于实验数据的测量，用 NO 的分压代表 N_2O_3 的分压。此外，根据试验数据可以发现 MN 在甲醇液相中的浓度很小且随温度的变化也很小；因此在回归动力学方程时忽略了液相甲醇中 MN 的量。采用最小二乘法对动力学方程参数进行了估计，参数估计的结果为：

$$r_{MN} = kp_{NO}p_{ME}^{0.0001} \tag{3-40}$$

其中：

$$k = 3815\exp\left(-\frac{25172}{RT}\right) \tag{3-41}$$

由公式(3-40)可见，甲醇分压对再生反应的反应速率影响很小，甲醇分压的级数为 10^{-4}，接近0。这解释为，在双搅拌反应器内气相部分的甲醇分压的变化范围内，对反应来说甲醇大量过剩；且气相甲醇分压始终等于该温度下的甲醇饱和蒸气压。因此再生反应的动力学方程可改写为：

$$r_{MN} = 38.15\exp\left(-\frac{25172}{RT}\right)p_{NO} \tag{3-42}$$

式中，r_{MN} 为 MN 生成速率，$kmol/(m^3 \cdot s)$；p_{NO} 为 NO 的分压，kPa。

上述动力学研究主要对主产物 MN 的生成进行了研究，对副产物尤其是硝酸的生成研究较少。柳刚[21,22]则对合成 MN 的主反应动力学和合成 HNO_3 的副反应动力学分别进行了回归，结果如下。

(1) 合成 MN 的主反应动力学方程式中的参数关联

N_2O_3 与甲醇反应合成 MN 的反应中，由于 N_2O_3 是用 1:1 的 NO 与 NO_2 的混合物替代，MN 的生成速率只与其中的 NO 的分压有关。表 3-12 是不同温度、不同 NO 分压下，根据生成 MN 的速率计算出的速率常数。由于在整个实验过程中双搅拌反应器只是一个近似的全混状态，故计算出的同一温度下的速率常数存在一定的波动，所以对同一温度下计算出来的速率常数取平均值得出不同温度下的反应速率常数。由不同温度下的速率常数的自然对数与相应温度的倒数拟合可以得出活化能和指前因子。活化能 $E = 57.416kJ/mol$，指前因子是 $k_0 = 6.546 \times 10^9 m^3/(kmol \cdot s)$。

$$k = k_0\exp\left(-\frac{E^0}{RT}\right) \tag{3-43}$$

根据实验，测定出 MN 合成主反应的动力学表达式如下：

$$r_{MN} = 2\frac{p_{NO}}{H_{NO}}C_{CH_3OH}^0\sqrt{D_{NO} \times 6.546 \times 10^9\exp\left(-\frac{57416}{RT}\right) \times C_{CH_3OH}^0} \tag{3-44}$$

(2) 合成 MN 反应中副反应的动力学方程式

硝酸是合成 MN 反应中的主要副产物，理论上 1mol N 生成 1mol MN，但 1mol 硝酸也消耗 1mol N，因此硝酸的生成会降低有效 N 的使用效率，浪费 N 源，导致系统 N 不平衡。副反应的总反应式可认为是：

$$2NO_2(g) + CH_3OH(l) \longrightarrow CH_3ONO(g) + HNO_3(g) \tag{3-45}$$

由反应式(3-45)可知，副反应过程中生成 MN 的速率和硝酸的速率相等，因此只要求出硝酸的生成速率就可以得出副反应生成 MN 的速率。硝酸的生成速率可以通过对双搅拌反应器中硝酸的量对时间的拟合求出，所得出的直线斜率就是生成硝酸的速率。硝酸的生成量可以通过当反应达到稳态后，从双搅拌反应器中取出少量液相进行酸碱滴定分析。

根据实验结果在同一温度下，不同进料的 NO 和 O_2 进料时（双搅拌反应器中不同的

NO_2 浓度），硝酸的生成速率几乎保持不变，说明生成硝酸的反应是一个零级反应，即生成硝酸的速率只与温度有关而与反应物浓度无关。对阿伦尼乌斯方程两边取对数：

$$\ln k = -\frac{E^\circ}{RT} + \ln k^\circ \tag{3-46}$$

将同一温度下生成硝酸的速率平均值的自然对数与温度的倒数拟合，即可以得到活化能和指前因子。副反应生成硝酸的速率表达式如下：

$$r_{HNO_3} = 30.33\exp\left(-\frac{23780}{RT}\right) \tag{3-47}$$

3.2.5.3 小结

本小节介绍了 MN 再生反应动力学，通过对反应机理的不同认识，可分为气液反应和气相反应两种。其中对气液反应，以鼓泡床反应器为研究对象，采用幂函数形式，结合双膜理论，分别给出了不同的表达形式；对于气相反应理论，采用双搅拌反应器为考察对象，以幂函数为模型，分别给出了主产物 MN 的生成动力学方程和副产物硝酸的生成动力学方程。后续可结合传质传热等因素在具体的动力学方程表达式下，进行相应的反应器模拟计算。

3.2.6 反应器模拟

基于对反应机理的不同认识，工业上 MN 再生装置也有所不同，针对气相反应机理，包括预反应器和酯化塔；针对气液反应机理，仅有酯化塔。因此本节对气液反应的酯化塔模拟和气相反应的预反应器模拟均做介绍。

单文波[17]选择浮阀板式塔作为酯化合成反应器，进行了相应的模拟计算。一般的板式塔是作为精馏塔使用的，因此塔板数是根据分离要求计算等板高度获得的，但 MN 的合成塔是作为反应器使用的，因此它的高度应该取决于反应体积。以万吨级 DMO 产量的 MN 反应器为设计基础，进行了塔径估算圆整、水力学计算（包括压降计算、淹塔计算、雾沫夹带计算和负荷上下限计算）、反应体积估算、换热面积估算，并进行了一维换热模型计算，计算结果如图 3-5 和图 3-6 所示。

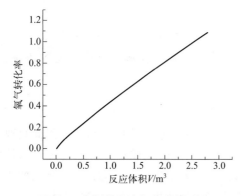

图 3-5　氧气转化率与体积关系图

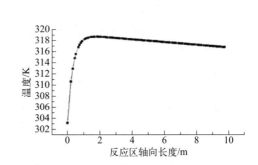

图 3-6　反应区轴向温度分布

从图 3-5、图 3-6 可以看出，对于万吨级 DMO 规模来说，MN 再生单元酯化反应器在体积为 2.9m^3 时，氧气可以完全转化。反应最高温度为 318K，且温度分布比较好。根据系列计算结果，可得出酯化塔参数如表 3-14 所示。

表 3-14　塔板参数

序号	项目	数值	序号	项目	数值
1	塔径 D	1.8m	12	阀孔速度 u_0	4.7m/s
2	塔板间距 H_T	0.5m	13	板上清液层高度 h_L	0.059m
3	塔板形式	单流型	14	塔板压降 h_P	0.0625m 液柱
4	空塔速度 u	1.0m/s	15	液体在降液管中的停留时间 τ	26s
5	堰长 l_W	0.9m	16	降液管内清液层高度 H_d	0.1218m 液柱
6	外堰高 h_W	0.050m	17	雾沫夹带 C_g	<0.1kg/kg 气
7	降液管底与板距离 h_0	0.035m	18	负荷上限（泛塔控制）	234%
8	阀数 N^*	333 个	19	负荷下限（漏液控住）	55.5%
9	阀孔动能因数 F_0	9	20	塔板数	18
10	阀间距	0.075m	21	换热面积	60m^3
11	排液距 t（叉排）	0.080m			

不同于单文波对板式塔进行模拟计算，王玮涵[16]利用得到的反应器数学模型对鼓泡塔中不同液层高度下 MN 再生反应的收率进行模拟计算。

鼓泡塔内液层高度与塔径比一般在 3～12 之间。反应条件的设定采用先前实验得到的适宜的操作条件：反应温度为 35℃，常压，甲醇的浓度为 99.9%（质量分数），气相流量为 400～500mL/min，其中氮气体积分数为 80%，NO/O_2 的摩尔比为 5∶1。液层高度与塔径比对 MN 收率的影响如图 3-7 所示。在相同的气相流量下，MN 收率均随着液层高度与塔径比的增大而增大。当比例大于 9 时，MN 收率的变化很小。因此，液层高度与塔径比在 8～10 范围内较为合适。

计扬[20]对 NO 和 O_2 预先混合反应过程进行了模拟研究。NO 和 O_2 预反应的作用是将 NO 氧化成 NO_2，NO 再与 NO_2 反应，从而在预反应器出口得到 N_2O_3。因此进入预反应器的 NO∶O_2 不低于 4∶1，同时要求 O_2 在预反应器内就被完全消耗。

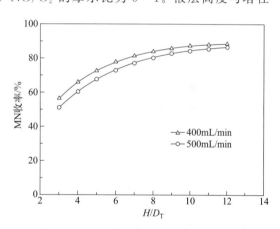

图 3-7　液层高度与塔径比对 MN 收率的影响

由于 N_2O_4 是再生反应过程中主要副产物 HNO_3 的来源，因此预反应器的出口应该尽量减少 N_2O_4 的含量。NO 和 O_2 反应生成 NO_2 是一个特殊的反应，其反应速率随反应温度的下降而增加。而生成 N_2O_4 的反应平衡常数随温度的增加而减小。因此为控制预反应器出口 N_2O_4 的含量，在相同的停留时间下，预反应器存在最优操作温度。

假设预反应器操作压力为 4atm（1atm＝101325Pa），NO 分压为 0.4atm，O_2 分压为 0.1atm；预反应器为恒温平推流反应器。首先在不考虑 N_2O_4 的情况下，模拟了 NO 的氧化过程。图 3-8 模拟了在反应温度为 303K 的情况下各组分分压随停留时间的变化。

由图 3-8 可见，在反应温度为 303K 的情况下，NO 的氧化反应速率较高，在停留时间为 15s 时 O_2 就已经被完全消耗并在预反应器出口得到了 1：1 混合的 NO 和 NO_2 混合物。随着反应温度的升高，O_2 被完全消耗所需的停留时间逐渐变长，如图 3-9 所示。当反应操作温度达到 373K 时停留时间已经达到了 65s，说明温度对 NO 氧化反应的速率影响很大。因此，反应操作温度的选择决定了预反应器的尺寸；从减小设备尺寸的角度来说预反应器操作温度越低越好，但操作温度的下限受限于出口 N_2O_4 的含量。

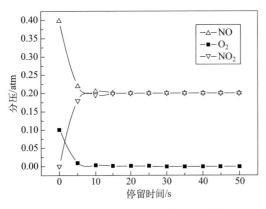

图 3-8　NO 氧化过程各组分分压随停留　　　　图 3-9　停留时间随操作温度的变化
时间的变化（303K）

通过反应器的模拟计算，可以了解较优的反应条件，包括反应转化程度、反应温度分布等信息，以及反应设备大小选型，可以作为后续工业化设计过程中的参考。但需要说明的是，不论是气相反应机理还是气液反应机理，反应器的模拟计算均是理论研究。在实际反应过程中，存在着 NO 氧化的预反应器和氮氧化物与甲醇酯化的 MN 再生反应器形式，也存在着 NO、O_2、液相甲醇直接酯化 MN 再生反应器形式。此外，在反应器计算过程中，上述研究者均只考虑反应需求，事实上，由于系统产生水，而水不利于后续羰化反应，因此酯化工段产生的 MN 循环气中的水分需要除去，一般采用精馏方式或者通过大量甲醇洗涤的方式，即在酯化塔上端增加 MN 洗涤段，从而形成反应精馏塔形式。

3.3　氮回收技术

在乙二醇实际生产过程中，酯化单元需要适度地补充有效氮（N）元素，主要指 NO 补充或者 MN 补充，以维持整个酯化羰化系统的平衡。究其原因，是因为在生产运行过程中，存在着有效 N 的损失，包括反应副产物引起的 N 损失和弛放气引起的 N 损失。为降低物耗和成本，需要进行 N 回收和补充，除了工业上应用的利用甲醇洗涤回收弛放气中的 MN 外，采用稀硝酸还原技术将酯化过程中生成的硝酸再还原为 MN 也是进行 N 补充的一个较为有效的方法，该技术同时还可以降低 MN 再生单元中废水的酸含量。

3.3.1　氮损失途径

在生产过程中，需要适度进行 N 补充，其原因在于副反应的生成以及弛放气排放等因素，导致系统总 N 不守恒。

① 副反应引起 N 损失[23]。MN 作为煤制乙二醇工艺中的关键中间产物，与 NO 进行 1∶1 摩尔转化，因此理论上有效 N 元素不被消耗。但在酯化单元，由于选择性原因导致副产物 HNO_3 的生成，以及反应中的各种物质之间还会发生各种其他独立反应，同时存在 NO、NO_2、N_2O_3 及 N_2O_4 等多种氮氧化物和水，氮氧化物被水吸收后又生成了硝酸及亚硝酸，因此不可避免地会引起有效 N 元素的损失。在这个复杂的氮元素被氧化-还原的过程中，气相和液相中发生相互转化的反应。其中引起副产物硝酸生成的反应方程式如下：

$$3NO_2 + H_2O \longrightarrow 2HNO_3 + NO \tag{3-48}$$

$$3N_2O_4 + 2H_2O \longrightarrow 4HNO_3 + 2NO \tag{3-49}$$

$$NO + NO_2 + H_2O \longrightarrow 2HNO_2 \tag{3-50}$$

② 弛放气引起 N 损失。在 DMO 合成和 MN 再生的循环系统中，原料 O_2、CO 不可避免地会含有少量的惰性气体杂质，以及系统会生成 CO_2 等惰性气体，为维持系统稳定运行，保持系统压力，需要进行少量循环气体的弛放，由此造成有效气体包括 NO 和 MN 的损失。表 3-15 为某典型装置酯化弛放气组成[24]。

表 3-15　系统气相弛放各组分占比

组分	N_2	CO	NO	CO_2	MN	MF	ME	DMC	N_2O
占比/%	51	18.9	5.2	9.7	0.9	1.2	10.8	0.2	1.3

3.3.2　稀硝酸还原氮回收技术

针对酯化过程需要补 N 这个问题，UBE 公司[25]提出由 NO 与硝酸和甲醇的混合溶液直接反应制备 MN 的方法，如反应式(3-51) 所示。该反应硝酸转化成目标产物 MN，从而提高 MN 收率。

$$2NO + HNO_3 + 3CH_3OH \longrightarrow 3CH_3ONO + 2H_2O \tag{3-51}$$

副反应有：

$$CO + 2HNO_3 \longrightarrow 2NO_2 + CO_2 + 2H_2O \tag{3-52}$$

$$CH_3OH + 2HNO_3 \longrightarrow 2NO_2 + HCHO + 2H_2O \tag{3-53}$$

$$HCHO + 4HNO_3 \longrightarrow 4NO_2 + CO_2 + 3H_2O \tag{3-54}$$

$$2CH_3OH + N_2O_3 \longrightarrow 2CH_3ONO + H_2O \tag{3-16}$$

$$CH_3OH + HNO_3 \longrightarrow CH_3NO_3 + H_2O \tag{3-55}$$

稀硝酸是活泼的氧化剂，可以将甲醇氧化成甲醛，而甲醛又是活泼的还原剂，可以被进一步地氧化成 CO_2。因此，值得注意的是酯化工段会有部分 CO_2 和硝酸甲酯生成，尽管量极少，但也需要注意。

通过向系统补充一定量的 HNO_3，采用稀硝酸还原技术可以维持系统总 N 的平衡。稀硝酸还原回收 N 技术目前有催化还原和非催化还原两种技术，其中催化还原催化效率高，反应体积小，但需要催化剂，非催化技术无须催化剂，不存在上述载体流失问题，但反应效率相对较低，需求反应器体积偏大，两种技术各有优缺点。

3.3.2.1　非催化还原

MN 再生过程中补给的硝酸，早期采用反应釜搅拌滴加硝酸工艺，为满足充足的反应停留时间，仅 5 万吨装置就需要用 3 个以上容量为 $30\sim100m^3$ 的反应釜来共同完成，不仅占地面积大，空间利用率低，设备投资高，控制不稳定，而且搅拌轴与反应釜之间间隙容易泄漏甚至产生爆炸；同时大容量反应釜存在显著的放大效应，混合反应不均匀，这些都导致硝酸补给净化装置的低效率和高排放。后续采用催化还原法，在固定床塔式装置内用固相催化剂来降解净化硝酸，但在实际生产过程中，硝酸催化还原法容易因催化剂过度还原硝酸，而产生微量氨基杂质，进而影响最终的 EG 产品的质量，并且催化剂中活性炭载体会随着使用时间推移慢慢破碎，产生二次炭黑废水，难以处理，此外过程中催化剂性能逐渐衰减，使用寿命短，成本高。亦有采用真空系统下硝酸浓缩蒸甲醇蒸水的技术路线，废水中硝酸浓度可达 0.1％（质量分数）以下，效果较好但需要消耗大量蒸汽和电耗，仅 20 万吨规模每小时就需要消耗大约 $20\sim25t$ 蒸汽，成本较高。

宇部兴产开发了无催化硝酸还原塔技术，由若干反应塔串联组成，酯化塔含硝酸釜液进入第一级反应塔，反应残液依次进入下一级反应塔，NO 原料气并联进入各反应塔与含硝酸和甲醇的原料液反应生产亚硝酸甲酯，生成的亚硝酸甲酯返回酯化塔。通过精准控制每级反应塔的反应温度和进气量，将硝酸还原塔出口残液中硝酸浓度降低至 0.2％（质量分数）以下。

耿皎等[26]开发了无催化还原技术。其还原技术原理是利用一种喷射型碰撞流反应净化设备，分多级将含有硝酸的酯化残液在净化塔内喷射雾化，与来自 DMO 合成圈分流的循环气强化反应，将其中的硝酸逐级降解至 0.2％（质量分数）以下，同时出口气中 MN 浓度提升至 6％～13％（摩尔分数）并返回 DMO 合成圈。相比目前采用的单级釜式硝酸补给流程、硝酸蒸发浓缩工艺以及硝酸催化还原工艺，具有流程短、占地小、投资少、能耗低，具有十分显著的资源回收和节能减排效果。耿皎等认为无催化硝酸还原技术的关键在于三点：首先是控制好反应温度，在反应器上部由于酸浓度较高，温度控制在 $60\sim65℃$，中下部温度控制在 $70\sim80℃$，温度总体控制在 $80℃$ 以内以降低产生易燃易爆的硝酸甲酯风险，同时防止设备腐蚀；其次是停留时间，当酸浓度降低至 0.5％（质量分数）时，反应速率大幅降低，此时需要足够的停留时间以便于反应成分进行反应；最后气液剧烈碰撞、充分接触，从而强化传质和反应过程是整个反应器的关键核心所在。

梁必超等[27]发明了一种反应塔串联的方式提高硝酸转化率，将其中前一个反应塔底部含硝酸液体作为后一个反应塔的入口原料，NO 原料气分别进入各反应塔。在硝酸还原反应器内，富含一氧化氮的原料气与含硝酸和甲醇的原料液接触，发生氧化还原反应使硝酸转化为亚硝酸甲酯。所述的硝酸还原反应器为 $2\sim6$ 级串联，富含一氧化氮的原料气分别进入各级硝酸还原反应器，含硝酸和甲醇的原料液从第一级硝酸还原反应器进入，反应后液体进入下一级硝酸还原反应器，气体从各级硝酸还原反应器顶部分别排出后，并联进入回流罐。所述的富含一氧化氮的原料气中 NO 物质的量浓度为 6％～20％。所述的硝酸还原反应器内气液接触方式是逆流；各级硝酸还原反应器的反应温度为 $50\sim100℃$；在第一级硝酸还原反应器中，进气一氧化氮与进液硝酸摩尔比为 $(3\sim5):1$；在非第一级硝酸还原反应器中，进气量与第一级硝酸还原反应器进气量之比为 $(0.3\sim1.5):1$；各级硝酸还原反应器的压力为 $3\sim10bar$；各级硝酸还原反应器中液相停留时间之和为 $0.2\sim5h$。所述的含硝酸和甲醇的原料液中补加一定量的新鲜甲醇，将混合原料液中甲醇浓度为 60％～80％（质量分数）作为控制目标。

3.3.2.2 催化还原

基于非催化还原存在反应设备体积过大，硝酸转化效率低的问题，众多研究者们提出了催化还原技术，即采用催化剂提高硝酸转化效率和降低设备体积。

郑敏等[28]通过等量浸渍法制备得到活性炭负载钯（Pd/AC）催化剂，采用间歇式气液接触搅拌反应釜作为反应装置，选择硝酸转化率作为评价指标，研究钯的负载量、煅烧和还原过程对催化剂性能的影响。在实验条件下，未加入催化剂时，硝酸转化率约为33%，纯的AC催化剂可以使硝酸转化率提升约20个百分点，当金属钯负载量为0.5%时，可使得硝酸转化率达85%以上。对催化剂的制备方式、煅烧温度和还原温度也进行了考察，煅烧和还原温度会影响钯的晶体形态以及钯与活性炭载体之间的作用力，煅烧时间和还原条件会分别影响Pd/AC的结晶程度和还原程度，从而影响催化剂的性能。研究认为，Pd/AC能有效地催化硝酸还原反应，硝酸转化率随着煅烧温度的升高先上升后下降，随着煅烧时间和还原时间的延长而降低。Pd/AC的最优制备条件为：在活性炭上负载0.3%（质量分数）的Pd，在600℃氮气气氛管式炉中煅烧2h，不进行氢气还原。

马继平等[29,30]采用粒径为5～20目的SiO_2、Al_2O_3小球为载体，具有氧化还原性的过渡金属氧化物（Mn_3O_4、CeO_2、ZrO_2、Co_3O_4、MoO_3、V_2O_5中的一种或两种以上）为活性组分，积炭为助活性组分的催化剂，在管式反应器中经过400℃氢气还原5h，反应温度为70℃，$WHSV=2.5h^{-1}$，2%（质量分数）稀硝酸和18%（质量分数）甲醇液相进料，硝酸转化率和MN选择性分别可达99%和98%。他们还使用活性炭作为催化剂（在相同的装置上，$WHSV=1.0h^{-1}$，其他条件不变），在氮气气氛下进行反应，硝酸转化率和MN选择性分别可达98%和99%。石松等[31]使用含氮碳催化剂，利用其碱性促进了酯化反应的过程，降低了催化剂的用量。在60～80℃，常压下，在连续的固定床反应器中以氮气为载气，将气相甲醇与稀硝酸溶液逆流接触反应，$WHSV=1.0h^{-1}$，硝酸转化率可达98%，MN选择性可达86%。孙颖等[32]提供了一种还原气相硝酸的方法。使用碳基负载的钒催化剂，在固定床反应器中，温度为120～400℃，$GHSV=50～3000h^{-1}$，甲醇经汽化后与含硝酸的废气（1%～5%，体积分数）反应，之后通过0℃和-15℃冷凝分别回收甲醇和MN，硝酸的转化率达到95%，MN选择性达到88%。

陈伟建等[33]公开了一种NO还原硝酸再生MN的方法。使用高硅铝比耐酸沸石分子筛负载二氧化钛催化剂，将稀硝酸还原与氧化酯化在同一个反应器的不同段中进行：上段为塔板/填料，循环气大部分进入反应器中部，塔顶喷淋新鲜甲醇，上段发生氧化酯化反应；下段装填催化剂，循环气小部分进入反应器底部，与上段流下来的液相中的硝酸反应生成NO_2上升至上段，塔釜液相通过泵重新进入下段循环，并可根据需要，在塔釜循环液中补加硝酸。氧化酯化和硝酸还原两个反应在同一反应器不同区域分别完成，避免了副反应带来的各种问题，降低了设备投资，提高了系统稳定性。吴晓金等[34]使用负载Fe和Cu的活性炭包覆分子筛膜催化剂，在塔式反应器中，气相NO与液相甲醇和硝酸并流通过催化剂床层反应，硝酸转化率可达70%，MN选择性可达85%。

参考文献

[1] Yasushi Y. Vapor phase carbonylation reactions using methyl nitrite over Pd catalysts [J]. Catal Surv Asia，2010，14：103-110.

［2］姜玄珍. 亚硝酸酯参与的反应及芳烃直接羰基化反应研究［D］. 杭州：浙江大学，2003.

［3］王中开. 亚硝酸甲酯制备工艺的优化研究［D］. 北京：北京化工大学，2017.

［4］Klaboe P，Jones D，Lippincott E. The infrared spectra and the rotational isomerism of methyl and ethyl nitrite［J］. Spectrochimica Acta Part A．Molecular Spectroscopy，1967，23（12）：2957-2971.

［5］张先燚，吴军，崔执凤. CH_3NO_2 和 CH_3ONO 结构及互异化反应的理论研究［J］. 原子与分子物理学报，2008，5：899-904.

［6］陈长军. CO 羰化偶联合成草酸二甲酯过程中副反应机理研究［D］. 上海：华东理工大学，2013.

［7］于建国，刘若庄. 亚硝酸甲酯的振动频率，力场和正则振动分析的 abinitio SCF 研究［J］. 化学物理学报，1989，2（1）：14-22.

［8］张铁，王建新，姜杰. 亚硝酸甲酯物性研究［J］. 危险化学品管理，2013，13（7）：39-40，56.

［9］Shin-ichiro Uchiumi，Kikuo Ataka，Tokuo Matsuzaki. Oxidative reactions by a palladium-alkyl nitrite system［J］. Journal of Organometallic Chemistry，1999，576：279-289.

［10］Lloyd W G，Luberoff B J. Oxidations of olefins with alcoholic palladium（Ⅱ）salts［J］. Journal of Organic Chemistry，1969，34（12）：3949-3952.

［11］Tsuji J. Expanding industrial applications of palladium catalysts［J］. Synthesis，1990（09）：739-749.

［12］Better M，Tafesh A M. Applied homogeneous catalysis with organometallic compounds：A comprehensive handbook in two volumes［M］. Weinheim：Wiley-VCH Verlag GmbH，1996.

［13］Fenton D M，Steinwand P J. Preparation of oxalates：US 3393136［P］. 1967.

［14］Manada N，Abe K，Iwayama A，et al. A novel synthetic method of acetals from olefins and alkyl nitrites with palladium catalysts［J］. Nippon Kagaku Kaishi，1994（7）：667-673.

［15］Kurafuji T，Manada N，Murakami M，et al. Method of producing an ester compound：US S869729［P］. 1999.

［16］王玮涵. 亚硝酸甲酯再生反应动力学及鼓泡塔中的反应过程模拟研究［D］. 天津：天津大学，2013.

［17］单文波. 亚硝酸甲酯合成动力学和反应器研究［D］. 上海：华东理工大学，2008.

［18］苏跃华，季金美. 亚硝酸乙酯合成的研究［J］. 化学反应工程与工艺，2000，16（1）：45-48.

［19］Li Z H，Wang W H，Lv J，Ma X B. Modeling of a packed bubble column for methyl nitriteregeneration based on reaction kinetics and mass transfer［J］. Ind Eng Chem Res，2013，52：2814-2823.

［20］计扬. CO 催化偶联制草酸二甲酯反应机理、催化剂和动力学的研究［D］. 上海：华东理工大学，2010.

［21］柳刚. 亚硝酸甲酯合成反应的研究［D］. 上海：华东理工大学，2010.

［22］Gang Liu，Yang Ji，Wei Li. Kinetic study on methyl nitrite synthesis from methanol and dinitrogen trixiode［J］. Chemical Engineering Journal，2010，157：483-488.

［23］朱涛. 合成气制乙二醇装置中的硝酸催化还原技术应用和探讨［J］. 化肥设计，2020，58（3）：47-49.

［24］温佳梅，李成科，王冠之，等. 煤制乙二醇亚硝酸甲酯回收工艺特点［J］. 化工管理，2021（02）：176-178.

［25］杉瀬良二，田中秀二，井伊宏文. 生产亚硝酸烷基酯的方法：CN 03120703.0［P］. 2003-10-01.

［26］耿皎，彭璟，秦松，等. 一种亚硝酸甲酯再生段硝酸净化工艺和装置：CN 111269127A［P］. 2020.

［27］梁超超，钱宏义，欧进永，等. 一种硝酸还原转化工艺：CN 111196758A［P］. 2020.

［28］郑敏，徐垒，陈晨，等. 稀硝酸催化还原工艺中 Pd/AC 制备条件优化［J］. 化工进展，2022，41（7）：9.

［29］马继平，徐杰，高进，等. 用于甲醇还原稀硝酸制备亚硝酸甲酯的催化剂及其制备：CN 201410120309.4［P］. 2017.

［30］马继平，徐杰，高进，等. 一种催化甲醇还原稀硝酸制亚硝酸甲酯的方法：CN 201410123581.8［P］. 2016.

［31］石松，徐杰，孙颖. 一种催化稀硝酸制亚硝酸甲酯的方法：CN 201610615349.5［P］. 2018.

［32］孙颖，徐杰，石松. 一种硝酸气相催化还原的方法：CN 201610624196.0［P］. 2018.

［33］陈伟建，孔渝华，闫常群. 亚硝酸甲酯的再生方法：CN 201410146460.5［P］. 2015.

［34］吴晓金，孔国杰，梁鹏. 一种处理稀硝酸并生成亚硝酸烷基酯的催化剂的制备方法：CN 201410456172.X［P］. 2017.

4

草酸酯加氢制备乙二醇

草酸酯加氢催化剂性能是煤制乙二醇技术工业化进程的核心，如何设计高效长寿命的催化剂，使之既能使草酸二甲酯完全转化，又能避免乙二醇进一步过度加氢生成乙醇等副产品，提高乙二醇选择性，还能保持较高的稳定性是草酸酯加氢催化剂研发的关键，也是草酸酯加氢工艺实现的重要基础。本章内容是从草酸二甲酯加氢反应的原理出发，介绍近年来高效草酸酯加氢催化剂的研究成果和制备方法，进而介绍草酸酯加氢催化剂使用的工艺条件，草酸二甲酯加氢反应的化学热力学及动力学，加氢反应器的模拟计算和催化剂的失活再生研究等，以资借鉴，促进草酸酯加氢工艺的发展。

4.1 反应原理

4.1.1 化学反应

草酸二甲酯（DMO）加氢的化学过程普遍认为是几个反应串联而成的，即 DMO 先经过一步加氢生成乙醇酸甲酯（MG），MG 再加氢生成乙二醇（EG），EG 进一步加氢脱水生成乙醇（EtOH），如反应方程式(4-1)～式(4-3) 所示。

$$CH_3OOCCOOCH_3 + 2H_2 \longrightarrow CH_3OOCCH_2OH + CH_3OH \qquad (4\text{-}1)$$
$$CH_3OOCCH_2OH + 2H_2 \longrightarrow HOCH_2CH_2OH + CH_3OH \qquad (4\text{-}2)$$
$$HOCH_2CH_2OH + H_2 \longrightarrow CH_3CH_2OH + H_2O \qquad (4\text{-}3)$$

除了上述三个典型的加氢反应外，在 DMO 加氢过程中还存在一些其他反应类型的副反应。如 EG 能与前几步 DMO 加氢反应生成的甲醇（MeOH）、EtOH 发生盖尔贝（Guerbet）反应，脱水生成 $C_3 \sim C_4$ 醇，如反应方程式(4-4)和式(4-5) 所示。

$$HOCH_2CH_2OH + CH_3CH_2OH \longrightarrow CH_3CH_2CHOHCH_2OH + H_2O \qquad (4\text{-}4)$$
$$HOCH_2CH_2OH + CH_3OH \longrightarrow CH_3OCH_2CH_2OH + H_2O \qquad (4\text{-}5)$$

在较高温度下，较强碱性位点上这些醇类更容易通过盖尔贝（Guerbet）反应产生[1,2]。醇是比较活泼的分子，在酸性催化剂作用下极易发生分子内或分子间脱水生成双键或醚键[3]，如反应方程式（4-6）所示。

$$HOCH_2CH_2OH + CH_3OH \longrightarrow CH_3CHOHCH_2OH + H_2O \qquad (4-6)$$

此外，DMO 在较高温度下易受热分解，生成 CO、CO_2 和 CH_3OH。Hegde 等[4]，通过光谱研究发现气相草酸二甲酯在 200℃ 的温度下开始分解。姚元根等编著的《煤制乙二醇》一书对相关化学过程做了详细的总结[5]。

4.1.2　反应机理

从化学反应来看，草酸酯加氢催化剂研究的目的就是使反应物分子 H_2 和 DMO 在催化剂的作用下高效生成 EG，因此草酸酯加氢催化剂的研究重点就是明确催化剂的活性中心的组成和结构以及这些活性中心如何高效活化氢分子和酯中的 C＝O/C—O 键。这些年来众多研究先后提出了各种活性中心模型并解释了相应活性中心的作用。

随着催化剂制备方法的改进和研究的深入，对活性中心模型的认识也发生了较为深刻的变化。草酸酯加氢早期的研究较为粗浅，借鉴了其他酯加氢体系研究成果[6,7]，分别提出了 Cu^0 或 Cu^+ 为主要活性中心的单中心模型[8,9]。如以浸渍法为主要制备方法的铜硅催化剂中，随着金属铜比表面积的增加，其酯加氢性能显著提升，因此认为 Cu^0 活性位是酯加氢的活性中心。李竹霞等[8]结合 XRD 和 Auger 电子能谱结果发现 DMO 加氢活性与 Cu^+/Cu^0 的比例呈正相关，认为 Cu^+ 活性中心是 DMO 加氢的主要活性位。铜基催化剂制备方法的改进和研究的深入，使对活性物种的辨认及作用有更全面更深刻的认识。戴维林等[10]在对 Cu/HMS 催化剂进行研究时发现催化剂活性的提高归因于 Cu^0 和 Cu^+ 活性位的协同作用。这个观点也得到其他研究者认同，马新宾等[11,12]从实验和理论计算上阐明了 Cu^0 与 Cu^+ 活性位在酯加氢反应中的协同催化作用机制。在草酸二甲酯催化加氢反应中，铜基催化剂上的 Cu^0-Cu^+ 双中心模型得到较多人认可。有人在非硅基载体的研究中发现载体酸碱位也是活性中心，在双中心模型的基础上提出 Cu^0-载体酸碱位的界面三中心模型[13,14]。

经过实验和理论计算的相互验证，对于不同活性中心的作用，现在也有比较清晰的认识。普遍认为 Cu^0 活性位起到活化解离 H_2 的作用[15]，Cu^+ 活性位吸附活化羰基，促进中间体的转化，提高草酸二甲酯中酯基加氢反应[16-20]。马新宾等[12]研究发现在 Cu（111）晶面上，DMO 分子均未有化学键被明显削弱，而在 $(Cu)_x^{\delta+}/SiO_2$ 结构上，酰基中的碳氧键被明显削弱，且易形成甲氧基物种，这说明 Cu^0 物种对草酸二甲酯几乎没有活化作用，Cu^+ 可显著促进酰基或甲氧基的吸附活化。H_2 在 Cu（111）晶面上的解离反应能垒远小于 $(Cu)_x^{\delta+}/SiO_2$ 结构，这说明在 Cu^0 物种上更易发生氢气解离反应。卫敏等[13]认为载体上的酸碱位能活化 DMO 分子中的 C—O 键，促进 DMO 低温高效加氢。袁友珠等[21]指出，催化剂中 Cu-O-SiO_x 界面对酯加氢反应具有重要的促进作用。在硅酸铜纳米管外包覆多孔 SiO_2 后，可显著提升其草酸酯加氢活性，结合理论计算，指出氢气在金属-载体界面处解离为 Cu-$H^{\delta-}$ 和 SiO-$H^{\delta+}$ 物种，大大提升了其催化效率。

惠胜国[22]采用红外光谱研究了 DMO、MG、EG 和 MeOH 在载体二氧化硅及催化剂上的吸附-脱附过程，结果表明，DMO、MG、EG 和 MeOH 均会与载体二氧化硅通过羰基或羟基形成氢键，并且在吸附稳定后较难脱除，DMO 在催化剂作用下发生解离吸附，断裂的是分子中的 C—O 键。基于铜硅催化剂和 Hougen-Watson 经典反应动力学模型的草酸酯加氢反应历程可描述为：H_2 分子在 Cu^0 活性位上解离成 $2H^\#$，同时 DMO 分子在 Cu^+ 位点上吸附解离成 CH_3OOCC^*O 和 CH_3O^*，$H^\#$ 进攻 CH_3OOCC^*O 生成 CH_3OOCCH_2OH（MG）[23,24]。DMO 的吸附解离比它的中间体进一步加氢更慢[22]，因此 DMO 的吸附解离是第一步加氢反应的速控步骤，此后 MG 进一步加氢生成 EG 也与 DMO 加氢生成 MG 类似。由此可见两步加氢的速控步骤均发生在 Cu^+ 活性位上，因此从这方面讲，催化剂具有更大比例的 $Cu^+/(Cu^+ + Cu^0)$ 会表现出更高的催化活性。

4.2 催化剂

4.2.1 研究状况

DMO 加氢合成 EG 工艺从工艺路线上可以分为液相加氢工艺和气相加氢工艺。液相加氢中催化剂与反应物料形成溶液，同处一相，气相加氢中反应物料和催化剂分别为气固两相，因而草酸酯加氢催化剂又可以分为均相加氢催化剂和非均相（或多相）加氢催化剂。液相加氢工艺使用的是以 $Ru^{[25,26]}$ 等贵金属盐为主活性组分的均相加氢催化剂，气相加氢工艺使用的是以 Cu 等非贵金属为主活性组分的多相催化剂。

自 1931 年 Adkins 等[27]将铜铬氧化物作为催化剂，用于羧酸酯加氢转化为醇的反应以来，铜基催化剂因具有良好的 C＝O/C—O 键选择性加氢活性，且成本低廉，被广泛应用于气相酯类加氢反应中。20 世纪 70 年代后期，美国 Arco 公司的 Zehner 等[28]研究发现铜铬催化剂在草酸二乙酯加氢制 EG 反应中具有较高的活性。1982 年，Tahara 等[29]开发了草酸二乙酯通过铜铬催化剂气相加氢制 EG 的路线。黄当睦等[30]采用铜铬催化剂进行了 200mL 催化剂的模试研究，所研制的铜铬催化剂在草酸二乙酯液相空速为 $0.27h^{-1}$ 的条件下运行了 1134h，草酸二乙酯平均转化率为 99.8%，平均选择性为 95.3%。不过由于高价铬具有很强的毒性，即使是微量铬也会对人体造成危害，因此发展更加环境友好的无铬铜基催化剂成为草酸酯加氢催化剂的主要方向。

Bartley[31]分别以 SiO_2、ZrO_2 和 Al_2O_3 为载体，研究不同载体的铜基催化剂对 DMO 加氢性能的影响，由于 SiO_2 是较为中性的载体，副产物较少，因而表现出较高的催化性能，DMO 转化率为 98%，EG 选择性为 87%。陈红梅等[32]对以 SiO_2、Al_2O_3 和 ZnO 为载体制备的催化剂性能进行了比较，研究发现以 SiO_2 为载体的催化剂 Cu 物种能更好地分散，催化剂性能相对较好。赵玉军等[33]介绍了在 DMO 加氢反应中，铜基催化剂的载体的酸性位和碱性位可能生成的副产物。与其他载体制备的铜基催化剂相比，铜硅催化剂在草酸酯加氢中表现最好，成为草酸酯加氢催化剂主要研究方向。很长一段时间以来，人们把目光聚焦在铜硅催化剂的研究上，分别在催化剂制备方法、负载量、活性位及其作用等方面开展大量工作。日本 UBE 公司 Miyazaki 等[34]采用蒸干溶剂的方法制备了铜硅催化剂。李竹霞等[8,35]研究了系列铜硅催化剂，认为以硅溶胶为硅源，以氨水为沉淀剂制得的具有硅孔雀石结构的催化剂前体能克服铜基催化剂易烧结失活的缺点，表现出了较好的活性和高温稳定性。许根慧等[36,37]对溶胶-凝胶法制备的铜硅催化剂进行研究，发现催化剂最佳的组成比例为 $Cu/SiO_2 = 0.67$，而且催化剂最佳的还原温度为 350℃。Chen 等[38]研究发现在蒸氨沉淀法制备催化剂过程中，较高的蒸氨温度有助于铜与硅溶胶形成类硅孔雀石结构，并且随着蒸氨温度的升高此结构含量呈现增加的趋势并在 90℃ 达最大值。具有硅孔雀石结构、类硅孔雀石结构的铜基催化剂前体又称为层状硅酸铜或者页硅酸铜，后文统一称为页硅酸铜，具有这种结构的铜硅催化剂表现出优秀的稳定性和效率，并形成了规模化制备技术，已成功用于煤制乙二醇工业生产。

近年来又有人提出硅材料的热稳定性较差，在催化剂长期运行中会出现硅流失，因此提出减少载体中硅的含量甚至用其他载体代替，发展无硅体系的铜基催化剂，例如以非硅的分子筛为载体制备铜基催化剂。

4.2.2 活性组分

因制备方法、铜源的不同或者助剂的引入，在催化剂的制备过程中会形成不同类型的铜物种，在 H_2 气氛中还原后会形成不同的活性中心，另外同一种活性中心也可能来自于不同的铜物种，这些铜物种本文称为活性铜物种的前驱体。

Toupance 等[39]研究发现 Cu/SiO_2 催化剂制备过程中存在两种不同的铜（Ⅱ）物种，一种是铜离子通过吸附嫁接在 SiO_2 的表面形成嫁接的 Cu-O-Si 单元 [≡SiOCu（Ⅱ）]，另一种是铜离子与硅酸反应形成页硅酸铜 [CuPS 或（≡SiO）$_2$Cu(Ⅱ) 层]，并指出具有桥连羟基的中性 $Cu(OH)_2(H_2O)_4$ 复合物是形成页硅酸铜的中间体，它的浓度大小影响了页硅酸铜的形成程度。碱性条件下 $Cu(OH)_2(H_2O)_4$ 化合物会形成氢氧化铜颗粒，这些颗粒会沉积在层状结构上[40]。常见的活性铜物种的前驱体有氢氧化铜 [$Cu(OH)_2$]、铜氨盐（[$Cu(OH)(NH_3)_4$]$^+$、[$Cu(NH_3)_4$]$^{2+}$）、页硅酸铜 [CuPS 或（≡SiO）$_2$Cu(Ⅱ) 层]、嫁接形成的 Cu-O-Si 单元 [≡SiOCu（Ⅱ）] 等[39-41]。一般认为页硅酸铜和嫁接形成的 Cu-O-Si 单元，主要是被还原成 Cu^+ 物种[19,42]。丁杰等[19]认为页硅酸铜主要是被还原成 Cu^+-O-Si 单元和少量 Cu_2O，而嫁接的 Cu-O-Si 单元主要被还原成 Cu_2O。

叶闰平等[43]对铜硅催化剂中的铜物种及其在加氢反应中相应形成的活性中心进行了较为详细的归纳（见表 4-1）。当采用蒸氨法制备铜硅催化剂时，硅胶表面会吸附大量铜氨离子，这些铜氨离子经焙烧后大多形成高分散的 CuO 物种，经 H_2 还原后形成 Cu^0 物种，为催化加氢提供 Cu^0 活性中心。蒸氨法制备形成的页硅酸铜前驱体经还原后大多形成 Cu^+-O-Si 单元，少量形成 Cu_2O，为催化加氢提供 Cu^+ 活性中心。还有少量页硅酸铜在焙烧过程中会分解成高分散的 CuO 物种，经 H_2 还原后形成 Cu^0 物种，为催化加氢提供 Cu^0 活性中心。

表 4-1　草酸酯加氢催化剂中的铜物种及其演变[43]

前驱体物	焙烧后	反应中（活性位）		参考资料
		Cu^0	Cu^+	
Cu 盐	CuO	Cu^0	Cu_2O（很少）	[38]
Cu 盐-M 盐	CuO-MO 复合物	Cu^0/MO	几乎没有 Cu^+	[13]
		Cu^0@MO	Cu_2O@MO	[44]
		Cu-M 合金	Cu_2O，Cu^+-O-M	[45]，[46]
Cu 盐-B_2O_3	CuO-B_2O_3 CuPS-B_2O_3	Cu^0/B_2O_3（很少）	Cu^+/B_2O_3	[47]，[48]

前驱体物	焙烧后	反应中（活性位）		参考资料
		Cu^0	Cu^+	
CuPS	CuO（很少）	Cu^0		[38]
	CuPS		Cu^+-O-Si，Cu_2O	[49]，[50]
Cu-O-Si 单元	Cu-O-Si 单元		Cu_2O	[38]
纯 Cu 靶	—	Cu^0	无 Cu^+	[51]

注：CuPS 表示页硅酸铜；M 表示 Cu 以外的其他金属元素；MO 表示金属氧化物。

4.2.3 载体

铜基催化剂载体的选择和改进也是研究的一个重点。研究表明载体的酸性位会促进分子间的脱水形成醚类，载体的碱性位会促进盖贝尔反应的进行生成醇。SiO_2 载体本身的酸性和碱性都较弱，与其他载体相比，能较为有效地抑制副反应的发生，因而草酸酯加氢的铜基催化剂多采用 SiO_2 载体。不含硅的氧化物载体负载的铜基催化剂也有所发展，此外碳材料负载的铜基催化剂在草酸酯加氢中的应用也在开展研究。

（1）硅氧化物载体

目前 DMO 加氢催化剂的载体均集中在含有 SiO_2 的复合氧化物上，包括研究较多的硅溶胶、分子筛以及其他含硅氧化物，含硅氧化物载体的研究是本研究领域的热点并取得了一定的进展[16,17,36,52-54]。从硅源上可以分为有机硅源（如正硅酸四乙酯）与无机硅源（硅酸钠、单质硅等），从使用时的状态又可以分为固态硅胶、硅溶胶，从晶形上又可以分为无定形二氧化硅（如气相二氧化硅、硅胶、硅溶胶等）和晶形二氧化硅（如石英等），从孔的结构又可以无序多孔二氧化硅（如气相二氧化硅、硅胶）和硅基有序分子筛，常见的是有序介孔分子筛（如 HMS、SBA-15、MCM 等）。无序多孔硅胶根据孔径的大小不同又可以分为大孔硅胶（大于 50nm）、粗孔硅胶（又称 C 型硅胶，5～10nm）、B 型硅胶（4～7nm）和细孔硅胶（又称 A 型硅胶，2～4nm）。

早期铜硅催化剂多以无定形二氧化硅为载体浸渍铜盐，Thomas 等[55]以 Aeriosil-200 气相二氧化硅（白炭黑的一种），采用离子交换法和浸渍法制备了铜硅催化剂，研究发现离子交换法制备的催化剂具有较好的分散度和较高的稳定性。无定形二氧化硅的种类多样，以之为载体得到的铜基催化剂的活性差异明显。杨锦霞[56]以不同硅胶为载体通过离子交换法制备铜硅催化剂时发现，硅胶载体的比表面积和载体表面的硅烷醇 SiOH 的数目越大，其负载的 Cu 含量越高，进而使得催化剂表面活性铜表面积增大，在 DMO 催化加氢中表现出更高的加氢活性和 EG 选择性。李竹霞等[8]分别以硅溶胶、粗孔硅胶和气相二氧化硅为载体，采用沉淀沉积法制备了铜含量为 20% 的铜硅催化剂，发现以硅溶胶为硅源制备的铜硅催化剂其氧化态呈无定形分布，没有 CuO 晶相，而另外两种含硅载体制备的铜硅催化剂中有明显的 CuO 晶相。在还原后的催化剂中以硅溶胶为硅源制备的铜硅催化剂中 Cu^+/Cu^0 值最高，且活性最好。目前以硅溶胶为硅源以蒸氨法制备的铜硅催化剂成为主要的草酸酯加氢催化剂。

含氧化硅的介孔分子筛由于具有规则孔结构，有利于活性物种分散在孔道起到限域作用抑制活性物种的团聚，人们也尝试以介孔分子筛为载体制备草酸酯加氢催化剂并对其构效关系进行较为深入的研究。尹安远等[57]利用等量浸渍法制备的 Cu/HMS 催化剂活性远高于采用工业二氧化硅为载体的铜基催化剂，认为是 HMS 具有较高的比表面积和规整的孔道，有利于反应物和产物的扩散。郭晓洋等[58]发现蒸氨沉淀法制备的 50%（质量分数）铜负载量的 Cu/SBA-15 催化剂在液相空速为 $0.6h^{-1}$ 时，DMO 转化率和 EG 选择性都接近 100%。马新宾等[59]认为 MCM-41 规整有序的孔道结构来分散活性组分铜物种，可抑制活性金属的烧结和晶粒团聚，制备了高性能的 Cu/MCM-41 催化剂。尹安远等[60]还比较了采用不同分子筛（SBA-15、HMS、MCM-41、MCM-48 和 MCF）载体制备的催化剂性能，指出分子筛载体的织构效应影响催化剂性能，其中 SBA-15 载体能有效提高活性铜的比表面积和铜物种的分散度，同时还能利用其规则孔道的限域效应，提高 EG 的选择性。

针对二氧化硅载体本身机械强度差，易流失等问题，为了进一步提高催化剂的活性特别是催化剂的稳定性，有人考虑引入新的成分（或助剂）对载体进行修饰，集成不同载体的优点，克服主载体的缺陷并最大限度地抑制新加成分（或助剂）的不利方面。二元复合载体的性能研究内容就是考察铜硅催化剂中的 SiO_2 载体中添加适当辅助载体或金属元素进行改性合成新的含硅复合载体所制备的催化剂的催化性能表现[61-63]。温超等[64]采用蒸氨法合成了以 Si-Ti 二元氧化物为载体的铜基催化剂，最佳反应条件下，DMO 转化率和 EG 选择性分别达到 100% 和 90%。

（2）非硅氧化物载体

为了避免铜硅催化剂在反应体系中存在的硅流失问题，近年在非铜硅系催化剂的开发方面也开展了一些工作，如以 ZnO、ZrO_2、TiO_2、水滑石为载体负载铜。

温超等[65]以羟基磷灰石为载体，采用蒸氨法制备铜基催化剂，不同反应温度下可以实现 MG 或 EG 的高选择性合成。孔祥鹏等[66]以 ZnO 为载体，研究了 Cu 负载量对 Mg^{2+} 掺杂纳米 Cu-Mg/ZnO 催化剂的结构演变和 DMO 选择性加氢性能的影响，在 LHSV 为 $3.5h^{-1}$ 的高空速条件下，30Cu-Mg/ZnO 催化剂的 DMO 转化率为 100.0%，EG 收率仍可达到 98.0%，这主要应归功于 Cu-ZnO 界面区域的增强提高了 Cu-Zn 协同效应和对表面强碱性位点的抑制。

朱义峰等[67]发现，在原料溶剂为 1,4-二噁烷时，在催化剂 Cu/ZrO_2 上获得的主要产品是 EG，在 Cu/Al_2O_3 催化剂上获得的主要产品是乙醇。胡琪等[68]采用均相共沉淀法制备了 $Cu/Al-ZrO_2$ 催化剂，发现掺杂的 Al 可与 ZrO_2 骨架形成四面体配位，改善了金属的分散度，形成了更多表面路易斯酸位点，这是草酸酯加氢制 EG 催化剂性能提高的主要原因。丁健等[69]制备 La 掺杂的 $CuO-La_2O_3/ZrO_2$ 催化剂，经过 700℃ 高温焙烧后增强了 Cu 物种和单斜晶相 ZrO_2 之间的表面协同作用，增强了 H_2 的表面吸附和活化，降低了催化剂表面酸碱度，可以有效抑制副产物的形成，因此该催化剂在 DMO 加氢中 EG 的选择性为 98%，TOF 值达到 $66.9h^{-1}$。杜中南等[70]以 ZrO_2 为载体，通过添加亲氧铼修饰铜纳米颗粒得到的 Re_2Cu_5/ZrO_2 催化剂具有很高的 DMO 加氢活性和乙醇收率（约 93%），原位红外光谱表征的 CO 吸附行为表明，强烈的金属-载体相互作用创造了铜纳米颗粒的缺电子环境，导致较低的 Cu^0/Cu^+ 比，从而增强了 DMO 分子中 C═O 键的活化。朱义锋等[71]采用一锅沉淀沉积法制备的 $Cu-ZnO/ZrO_2$ 三元催化剂，EG 收率为 92%，催化剂稳定反应 300h 以上，催化剂中分散良好的 Cu-ZnO 物种和 $m-ZrO_2$ 双功能位点的协同效应是催化剂性能提高的关键。

王滨等[72]以 P25 型纳米 TiO_2 为载体，采用蒸氨法合成了一系列 Cu/P25 催化剂用于 DMO 选择性加氢制 EG，发现低温焙烧的催化剂表现出相对较弱的金属-载体相互作用，而高温

（650℃）处理导致二氧化钛载体的微观结构坍塌和晶相转变，进而导致铜的分散度低、金属团聚，加氢活性差。其中20Cu/P25-823催化剂载铜量为20%（质量分数），在550℃下焙烧，显示出优异的催化性能和96h以上的长期稳定性，DMO转化率为100%，EG选择性为99%。

近年来，铜基类水滑石催化剂在草酸酯加氢中的应用也为无硅铜基催化剂的发展开出了一条新路。卫敏等[13]的研究认为铜基类水滑石催化剂可以使草酸酯加氢反应在较低的反应温度下进行（165℃），但关于催化剂放大规模没有进一步放大的报道，可能还停留在实验室研究的阶段。崔国庆等[73]经过优化设计得到了Zr修饰的类水滑石Cu(Zr)MgAl-LDHs催化剂，在草酸酯加氢反应中EG的TOF值高达$42.4h^{-1}$，研究显示ZrO_{2-x}修饰得到的Cu-O-Zr^{3+}-Vö界面结构有利于促进C＝O/C—O基团的吸附和活化以及H_2的解离，这种界面协同效应降低了活化能，从而获得了优异的催化性能。

（3）碳材料载体

除了上述氧化物载体，近些年一些以活性炭（AC）、石墨烯（GO）、碳纳米管（CNTs）等碳载体（见图4-1）负载的铜基催化剂也被报道应用于酯加氢反应中。

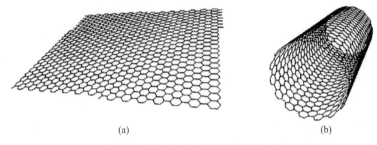

(a)   (b)

图4-1 石墨烯（a)和碳纳米管（b)

Dandekar等[74]对铜物种在活性炭、石墨化碳纤维、金刚石粉等不同碳材料上的吸附和催化性能进行了研究。鲁小东等[75]采用经过硼（B）修饰的碳气凝胶（B-CA）作为载体，通过浸渍法得到了Cu/B-CA催化剂。含25%（质量分数）铜的Cu/xB-CA催化剂显示出100%的DMO转化率，在230℃下，EG的选择性达到70%，催化剂稳定性超过150h。表征结果揭示，硼掺杂量可以有效地影响铜和碳载体（CA）之间的相互关系、催化剂的酸碱度以及铜的分散性。

陈建刚等[76]使用绿色原位超声化学方法在水介质中合成了包裹在还原氧化石墨烯（RGO）纳米片上的无贵金属铜纳米颗粒，由于铜纳米颗粒的高分散，缺陷边缘的存在，RGO提供电子转移等因素使得催化剂在DMO加氢制乙醇酸甲酯或者乙醇反应中表现出优越的催化活性和长期稳定性。

艾培培等[77]采用碳纳米管（CNTs）作为载体把铜纳米颗粒封装在碳纳米管的孔道中制备了Cu@CNTs自还原催化剂，该催化剂无须预还原表现出极佳的草酸酯加氢催化性能。郑建伟等[78]以碳纳米管为载体，将Ag NPs限定在碳纳米管内，在DMO加氢生成MG的反应中，MG的收率可以长达200h维持在97%以上。

4.2.4 助剂

为了提高铜基催化剂的物理和化学性能，引入助剂是最常见的Cu基催化剂改进策略。引入金属元素与铜物种形成Cu-M双金属合金相可调控活性物种电荷状态与分布，如微量金属元素与铜形成双金属物种，不仅有助于得到适宜的 Cu^+/Cu^0 比例，还能促进其对酯类分子中 $C=O/C-O$ 键的吸附活化，并可有效阻止金属铜纳米颗粒（Cu NPs）的聚集，显著提升催化剂的酯加氢性能。引入非金属元素对催化剂中的活性组分铜物种的分散度或价态分布进行调变，以提高催化剂的稳定性。

（1）金属元素

李竹霞等[79]研究发现，ZnO 的存在降低铜硅催化剂比表面积，同时促使氧化态铜更易还原为 Cu^0，并使催化剂晶粒长大，抑制加氢反应。王悦等[80]用蒸氨法制备得到 Zn 修饰的 x-Zn-Cu/SiO$_2$ 催化剂，发现 Cu-Zn 界面的构筑有利于在加氢反应中保持铜纳米颗粒稳定存在。王琪等[81]等用沉淀法将 Zn 助剂引入 Cu/SiO$_2$ 催化剂中，发现适量 Zn 物种的引入有利于提高催化剂表面 Cu^+ 物种含量及催化剂中铜的分散度，并且展示出优异的抗烧结性能，能够在稳定性评价中维持 99% 以上的 DMO 转化率和 95.2% 以上的 EG 选择性。马新宾等[80,82]发现少量 Zn 物种的引入大大抑制了铜物种与载体 SBA-15 表面 Cu-O-Si 物种的生成，而生成了较多的 Cu-ZnO$_x$ 物种，其还原后成为催化剂表面 Cu^+ 物种的主要来源，而且 Cu-ZnO$_x$ 物种相比于 Cu-O-Si 物种更有利于酯类分子的吸附和活化。温超等[83]研究发现掺杂 1%Co 时，Co 物种不仅会活化 H$_2$ 还会和 Cu 物种形成协同作用从而大幅度提高 Cu/HMS 催化剂的催化活性。尹安远等[84]通过调控 Ni 物种可以调控 DMO 加氢产物的生成，在温度 200℃ 和液时空速为 $1.0h^{-1}$ 条件下，DMO 完全转化，Ni 助剂改性的 Cu$_3$Ni/HMS 催化剂中 EG 收率达到 98%。研究者还发现助剂 Ni 的量要适宜，当 Ni 含量过高时，Ni 物种本身容易团聚，铜物种又趋于长大[85]。赵玉军等[20]发现引入 1%Ni 有助于 H$_2$ 在 Cu/SiO$_2$ 催化剂表面的解离吸附，铜镍双金属纳米颗粒使得 DMO 更容易过度加氢生成乙醇（选择性达到 90%）。赵玉军等[86]采用水解共沉淀法制备了 ZrO$_2$ 掺杂的 Cu/SiO$_2$ 催化剂并用于草酸酯加氢制 EG 的反应中，ZrO$_2$ 的引入增强了 Cu 物种和助剂 Zr 之间的相互作用，有效抑制了 Cu 颗粒的聚集，同时 ZrO$_2$ 和 Cu 颗粒界面处形成了 Cu^+ 物种，提高了催化剂中 Cu^+ 物种的含量。进一步研究发现 ZrO$_2$ 掺杂的铜硅催化剂增强了铜硅催化剂中 Cu^0 和 Cu^+ 位点的协同催化作用，降低了酯加氢反应的活化能，明显提升了催化剂性能。

张传彩等[18,87]研究了助剂 Pd 和 Sn 修饰的铜硅催化剂并用于草酸酯加氢制 EG 反应中，研究发现 Pd/Sn 的引入可调变催化剂中 Cu^+/Cu^0 的比值，可有效阻隔反应中 Cu 物种的团聚，明显增强了铜硅催化剂的活性和稳定性。黄莹等[88]发现采用蒸氨法制备的 Cu-Ag/SiO$_2$ 催化剂中 Cu NPs 包含 Ag 纳米簇，形成了 Cu-Ag 合金负载在 SiO$_2$ 上，Cu-Ag 双金属的相互作用使得催化剂具有合适的 Cu^+/Cu^0 比例并能抑制 Cu NPs 的团聚，该催化剂可以提高 190℃ 时 EG 的收率和稳定性。王亚楠等[89]研究发现 Cu-Au/SBA-15 催化剂表面形成了 Cu-Au 合金后有助于稳定 Cu^0 和 Cu^+ 的比例并抑制铜物种在反应过程中发生迁移，能够表现出较高的活性和稳定性，在 180℃ 时 EG 的收率也可以达到 99.1%（Au/Cu=0.1）。Williams 等[90]研究发现将氧化铟助剂用浸渍法引入用尿素辅助凝胶法制备得到的铜硅催化剂中，表征结果证实形成了 Cu-In 双金属催化剂，该催化剂可明显提升对 H$_2$ 的活化能力。

郑鑫磊等[91]采用尿素辅助法制备了氧化镧修饰的铜硅催化剂，发现 La 与 Cu 的相互作用增强改变了催化剂的还原性，提高了铜物种的分散度和表面 Cu^+ 物种的含量，改善了活化 H$_2$ 的能力，增强催化剂的稳定性。艾培培等[92]发现在铜基催化剂中引入氧化铈有助于提高 Cu 的分散性，延缓了 Cu 物种的烧结，铈物种与铜物种强烈的相互作用能使 Cu^{2+} 物种容易被还原，活化 H_2 物种的能力显著提高。陈冲冲等[93]进一步研究发现铈物种的引入时机会影响铈物种与铜物种的相互作用。

此外，金属助剂的引入还可能改变草酸酯加氢的进程。王保伟等[94]采用均相沉积沉淀法制备了 Ag 助剂改性的 Cu-Ag/SiO$_2$ 催化剂，发现该催化剂在 195～205℃时对 MG 具有较高的选择性。对于金助剂的研究，尹安远等[46]先构筑了 Cu-Au/HMS 催化剂，发现 Au 的改性有利于促进生成 MG，在 180℃时 MG 的收率达到 90%（Cu/Au=3∶2）。

（2）非金属元素

研究者们尝试在铜基催化剂引入硼（B）元素（氧化硼或硼酸），改善铜物种的分散度和价态分布，提高催化性能方面做了不少工作。何喆等[48]和尹安远等[95]分别以不同硅载体制备铜硅催化剂，掺杂适量氧化硼提高了铜硅催化剂中活性组分铜的分散度并且抑制了反应过程中铜晶粒的增长。研究者认为适宜并稳定的 Cu^+/Cu^0 比是催化剂寿命提高的原因，而氧化硼较高的亲电能力能够降低 Cu^+ 的还原性从而使催化剂中铜的价态分布更加稳定。赵硕等[47]在草酸酯选择性加氢制乙醇铜硅催化剂研究中也发现 B 助剂的掺杂显著提高了铜的分散度并抑制了高温条件下铜晶粒的增长，将这一现象归功于 B 和 Cu 之间较强的相互作用。艾培培等[96]在使用碳纳米管（CNTs）负载铜制备 Cu/CNTs 催化剂中发现，掺杂适量硼酸的铜碳纳米管催化剂对乙醇的选择性更高，是由于适当硼酸的引入可以提高催化剂表面的酸性，使得 DMO 进一步加氢生成 EtOH。

林海强等[62,63]往铜硅催化剂中掺杂少量 HZSM-5 或者碳纳米管（CNTs），改变了页硅酸铜的层状结构，提高了铜的分散度和铜与载体的相互作用，从而提高了催化剂表面 Cu^+ 的含量，最终提升了催化剂的机械强度、催化活性和稳定性。袁友珠等[97]在铜硅催化剂的制备过程中引入富勒烯（C$_{60}$），发展了富勒烯-铜-二氧化硅催化剂（C$_{60}$-Cu/SiO$_2$）催化剂，使铜与富勒烯之间形成可逆转移，利用铜与富勒烯之间的可逆电子转移（图 4-2），发挥富勒烯的电子缓冲效应，稳定了催化剂中的亚铜成分，实现了 DMO 常压催化加氢制乙二醇，并克服了副反应较多且催化剂易失活等问题。

4.2.5 制备

为了满足工业生产的需要，研究采用了多种方法制备铜基催化剂以期获得高效长寿命的草酸酯加氢催化剂。早期采用浸渍法实现铜物种的负载，后来采用沉淀沉积法制备页硅酸铜催化剂（也称为层状硅酸铜催化剂），为了进一步提高铜基催化剂的性能，又采用水热法制备更加高效的管状、球管状页硅酸铜催化剂。为了解决硅载体的机械性能差和硅流失等问题，有研究又提出采用共沉淀法制备铜基类水滑石催化剂。近年又有一些新铜基催化剂制备方法得到运用，如采用磁控溅射法制备"冷冻"铜原子催化剂，及溶胶-凝胶法等方法制备具有限域结构的核壳和镶嵌结构的铜基催化剂。在这里，我们着重介绍页硅酸铜类等几种在草酸二甲酯加氢中常用的铜基催化剂的制备及应用。

（1）页硅酸铜类催化剂

自 Van Der Grift 采用沉淀沉积法用尿素辅助沉淀制备类孔雀石（也称为页硅酸铜、层状硅酸铜，结构见图 4-3）催化剂后，具有不同类型页硅酸铜结构的铜基催化剂渐渐成为草酸酯加氢的主流催化剂。采用不同的制备方法可以得到层状、管状、球状、球管状的页硅酸铜催化剂。

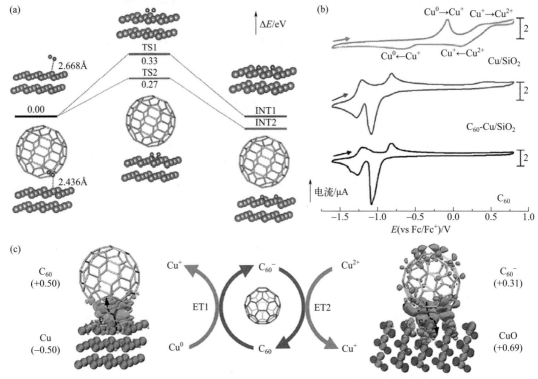

图 4-2　铜基催化剂以 C_{60} 为媒介进行电子转移图[97]

(a) C_{60}-Cu/SiO$_2$ 和 Cu/SiO$_2$ 上 H$_2$ 活化比较（TS 和 INT 分别代表过渡状态和中间体，小圆球和
大圆球分别代表 H 和 Cu，当引入 C_{60} 后，Cu 表面和 H$_2$ 之间的距离从 2.668Å 降至 2.436Å）；
(b) Cu/SiO$_2$（上）、C_{60}-Cu/SiO$_2$（中）和 C_{60}（下）的循环伏安图；
(c) C_{60}-Cu 和 C_{60}-CuO 表面相互作用计算分析（黑色和灰色球分别代表 O 和 Cu 原子，ET 代表电子传输）

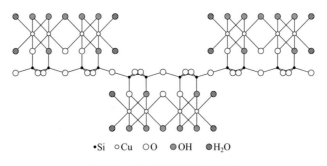

•Si　○Cu　○O　●OH　◉H$_2$O

图 4-3　页硅酸铜结构示意图

　　层状的页硅酸铜催化剂主要采用沉淀沉积法制备，常用的方法就是在含有沉淀剂的铜盐溶液中滴加硅载体（主要是硅溶胶），形成混合均匀的悬浮液，在充分搅拌的条件下，控制一定的温度和 pH 值，形成页硅酸铜从而将铜负载到载体上，随后进行过滤、洗涤、干燥、焙烧等处理，得到层状的页硅酸铜催化剂。前驱体溶液的浓度[98,99]、沉淀剂的种类和用量[35,100-102]、蒸氨温度[38,103]与压力[103]、老化时间[104]等制备条件都会影响页硅酸铜的形成及催化剂性能。在沉淀沉积法制备页硅酸铜类催化剂的过程中对制备条件的优化与细化中逐渐形成新的制备技术，如在制备过程中控制氨的蒸出的方法称为蒸氨沉淀沉积法，也简称为蒸

氨法，这种方法已成为制备页硅酸铜催化剂的主要方法。姚元根等[104-108]又在蒸氨法制备过程中引入有机物进一步调控铜物种的比例，提高催化剂的性能，降低反应温度，还发现在惰性气氛中处理过的催化剂不经 H_2 预还原就能直接进行 DMO 加氢反应。

页硅酸铜是由硅氧四面体和铜氧八面体构成，在空间上可以发生一定程度的扭曲，因此通过水热法可以制备出一系列页硅酸铜管催化剂。袁友珠等[109]先将硝酸铜和氯化铵加水溶解，再加氨水混合搅拌形成铜氨溶液，然后逐滴加入硅溶胶，再将混合物转移到不锈钢水热罐中并放入烘箱在一定温度下加热一段时间，过滤收集滤出物，并用去离子水洗涤数次，滤出物在真空条件下干燥后再焙烧得到页硅酸铜管催化剂，表现出比层状页硅酸铜催化剂更优越的性能。王惠等[110]制备了一种 Cu/Si＝1∶1 的页硅酸铜纳米管，用于苯酚加氢合成环己酸。Ren 等[111]设计了一种新型 La 修饰的层状硅酸铜纳米管（Cu-PSNT），用于醋酸甲酯（MA）加氢制乙醇。Sheng 等[112]采用辅助离子交换法可将页硅酸铜管中高达 80％的铜替换成其他金属元素，并保持原有的管状结构。许潮发等[21]运用原位还原页硅酸铜和限制生长的策略，用介孔二氧化硅包覆页硅酸铜纳米管并进行氢还原，制备具有丰富 Cu-O-SiO$_x$ 界面的催化剂，该催化剂表现出极其优异的催化性能。

药大卫等[113]通过水热法将 SiO$_2$ 空心球和页硅酸铜纳米管结合起来，制备了一种 Cu-PSNTs 升级版结构——球管交联结构（NAHS），升级后的 Cu-NAHS 催化剂可以将氢酯比由常用的 80～200 降低到 20，并且 EG 的收率可在 300h 内稳定在 95％左右。同一反应温度下空心球和纳米管结构均表现出 H_2 富集能力。虽然这种特殊曲面形貌催化剂实现了反应所需氢酯比的降低，但其制备周期较长，成本较高，距离实现工业化应用仍存在一定差距[114]。

（2）铜基水滑石催化剂

由于水滑石和类水滑石的板层上含有碱性位，加之活性金属被均匀锚定在水滑石层状结构中，颗粒间不易聚集，可使活性金属的分散性和稳定性得到提高，也有人尝试制备铜基类水滑石催化剂用于草酸酯加氢并进行改进。铜基类水滑石催化剂通常采用共沉淀法制备。共沉淀法合成水滑石工艺流程包括配液除杂工序、成核晶化工序、压滤洗涤工序、干燥工序[115]。

唐博合金等[116]采用共沉淀法制备了 Cu-Al、Cu-Mg-Al、Cu-Zn-Al 水滑石催化剂，认为 Cu-Mg-Al 水滑石具有最好的催化活性。张绍岩等[117]采用共沉淀法制备铜物种高度分散的 Cu-Zn-Al 水滑石催化剂，在压力为 2.5MPa、H_2 与 DMO 摩尔比为 160、220℃的条件下，DMO 转化率达到 100％，EG 收率达到 94.7％。胡琪等[118]利用层状类水滑石衍生的 MnO$_x$ 基载体，实现了铜物种的高度分散与金属-载体强相互作用。Shi 等[119]报道了一种简便的共沉淀方法来限制铜的活性位点在层状双氢氧化物加氢生成乙醇的 Cu-Mg-Al 水滑石催化剂，系统考察了 Mg/Al 摩尔比对催化剂催化性能的影响，探讨了催化剂的构效关系，结果表明这种催化剂具有规则的片层结构、高度分散的 Cu 活性位点和适度的酸性位点，在 280℃、3MPa 条件下，DMO 转化率约为 100％，乙醇选择性超过 83％。

（3）"冷冻"铜基催化剂

大连化物所孙剑等[51]采用磁控溅射法成功冷冻 Cu 原子，使 Cu 基催化剂不仅能够在草酸酯加氢反应中始终保持 Cu^0 状态，而且在较高的反应温度（240～280℃）下 Cu^0 难以被氧化成 Cu$^+$。该方法通过高能等离子轰击使电子重排从而使 Cu 具有类贵金属的性质。由于没有 Cu$^+$ 活化酯基，MG 继续加氢的活化能高，从使得草酸酯加氢反应停留在第一步加氢生成 MG。这突破了传统的草酸酯加氢催化剂的制备技术，此技术虽然未形成大规模的制备水平，但为提高草酸酯加氢催化剂的稳定性开辟了一条更为宽广的道路。

磁控溅射（sputtering，SP）是物理气相沉积（physical vapor deposition，PVD）的一种。磁控溅射的工作原理是指电子在电场 E 的作用下，在飞向基片过程中与氩原子发生碰撞，使其电离产生 Ar 正离子和新的电子；新电子飞向基片，Ar 离子在电场作用下加速飞向阴极靶，并以高能量轰击靶表面，使靶材发生溅射，溅射下来的金属原子分散落在靶材下方的粉末载体表面，形成负载型催化剂。

（4）核壳和镶嵌结构铜基催化剂

核壳结构或者芯鞘结构能将 Cu 颗粒锚定在特定的限域空间，这些具有特殊结构的铜基催化剂应用于 DMO 加氢反应，不仅可以提高催化剂的活性和选择性，还可以明显提高催化剂的稳定性。此外，将 Cu 颗粒嵌入载体中也能起到限域作用，抑制 Cu 颗粒的长大。这些都利于解决 Cu 颗粒在高温下容易烧结团聚这个技术难题[120]。

常见的核壳结构是由金属、金属氧化物或分子筛为壳包覆活性金属纳米颗粒的核，使活性金属很难发生氧化和聚集，有利于提高催化剂的活性和稳定性。核壳结构的构建方法是多种的。黄莹等[88]采用沉淀-凝胶法制备了一种具有核壳结构的高稳定性 Cu/SiO$_2$ 催化剂，并考察铜颗粒在乙酸甲酯加氢过程中的结构演变，催化剂在反应前后铜纳米颗粒尺寸和核壳结构保持不变。李孟蓉等[121]采用浸渍法将具有核（Ni）壳（Ag）结构的 Ni@Ag NPs 包裹在 SBA-15 分子筛上，Ni 和 Ag 的几何和电子相互作用在 DMO 加氢反应中表现出协同作用，通过调变反应温度可以调控加氢产物，并且稳定催化活性。王悦等[122]采用溶胶-凝胶法制备了 Cu@CeO$_2$ 核壳型催化剂，该催化剂在乙酸甲酯加氢反应中表现出良好的活性和稳定性。

鞘状结构纳米管（鞘）包覆金属纳米颗粒（核），从而使金属纳米颗粒具有较高的活性并可抑制金属颗粒的团聚，这样的结构称为核鞘结构，也有人称之为芯鞘结构。岳海荣等[123,124]提出了一种简便易行的方法，用热稳定的层状硅酸盐纳米管护套限制铜纳米颗粒核，制备出新型的核鞘 Cu@Cu PSNT 纳米反应器，纳米尺度的孔道对铜纳米颗粒具有空间限制作用，在反应条件下可抑制其团聚，提高其催化稳定性，特别适用于 DMO 更高温度下加氢生成乙醇的反应，280℃下乙醇的收率维持在 91%（>300h）。王丁等[125]通过超声辅助浸渍法制备了 CNTs 包覆的直径可变的铜纳米颗粒，CNTs 的直径和微观结构对被包覆的铜纳米颗粒具有限制作用，对于管径较小的 CNTs 随着退火温度的升高，CNTs 的自还原能力逐渐减弱，包覆在 CNTs 管内的 Cu 纳米颗粒具有更高的催化活性。

具有镶嵌结构的铜基催化剂也能起到抑制铜纳米颗粒团聚的作用。朱义峰等[126]将 Cu NPs 镶嵌在介孔 Al$_2$O$_3$ 结构中，可以有效防止铜颗粒的烧结从而提高催化剂的稳定性（270℃，>200h）和获得较高的乙醇收率（约 94.9%）。叶闰平等[127]在工作中也发现，铜源中直接引入有机框架金属化合物（MOF），再采用溶胶-凝胶法将铜基 MOF 负载到 SiO$_2$ 上，利用铜基 MOF 分子的巨型网络结构不易被 SiO$_2$ 包裹的特点构建了具有高度协同作用的 Cu^0 和 Cu$^+$（见图 4-4），从而在草酸酯加氢反应中表现出优异的活性和稳定性。而直接使用硝酸铜为铜源制备的低铜负载量的 Cu/SiO$_2$-CN 催化剂几乎没有活性，归因于不同的铜物种被载体包裹结实，使得表面能协同作用的 Cu^0 和 Cu$^+$ 明显减少。

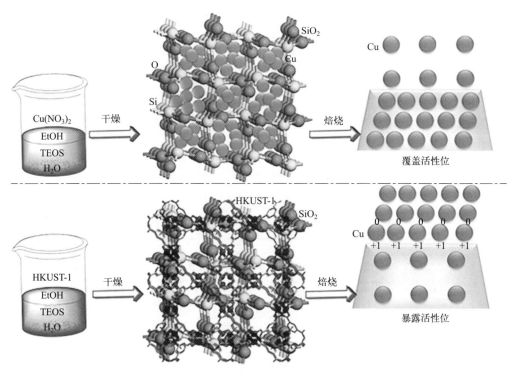

图 4-4　Cu/SiO₂-MOF 和 Cu/SiO₂-CN 催化剂的结构 [127]

[Cu(NO₃)₂：硝酸铜；HKUST-1：金属有机框架材料；TEOS：正硅酸四乙酯；H₂O：水]

4.3　工艺条件

4.3.1　还原工艺

铜基催化剂的还原温度和升温速率，还原时 H_2 的压力和浓度都会影响催化剂的活性、强度和寿命。铜基催化剂前驱体的还原反应为放热反应，还原温度过高会增大微晶尺寸，降低催化剂的比表面积；温度过低，还原速率慢，会影响生产周期，延长已还原催化剂暴露在水汽中的时间（还原中伴有水分产生），增加氧化-还原的反复机会，降低催化剂活性。肖二飞等[128]认为还原压力和空速影响气流在催化剂床层横截面上的分布，对还原温度有直接的调控作用，如果气流线速过低，气体可能产生偏流现象，部分催化剂不能及时被还原，而在还原末期，增大 H_2 浓度或切换工艺气，可能产生局部过热烧结催化剂等事故。从理论上看，催化剂还原空速愈大愈好，空速增加，单位时间活性组分脱除氧的数目增多，还原后活性 Cu 晶粒减小，从而增大表面积，相应提高催化剂活性。

钱海林[129]基于河南龙宇煤化工乙二醇装置草酸二甲酯加氢催化剂的还原实践经验介绍了高氢环境下催化剂的还原情况，提出了煤制乙二醇草酸酯加氢催化剂的升温方案（见表 4-2），防止了温度大幅度波动。

表 4-2　催化剂还原升温速率表[129]

温度区间/℃	升温速率/(℃/h)	时间/h	压力/MPa	气相空速/h⁻¹
常温～70	15	4	2.0	
70～90	2	10	2.0	根据床层温度确定
90～120	10	3	2.0	
120	恒温	4	2.0	
120～150	10	3	2.0	4000～5000
150～180	15	2	2.0	
180	恒温	5	2.5	5000～6000
180～220	10	4	2.5	5000～6000
220	恒温	20	2.5	

李伍成等[130]报道了一种草酸二甲酯加氢制备乙二醇的催化剂的活化还原方法：还原过程中加入还原剂的比例要根据反应情况及时调节，还原反应温度为 120～350℃，还原反应压力为 0.01～1.6MPa，当反应温度突然迅速上升时，应立即用氮气或者氦气、氩气代替还原剂，利用这种还原方法催化剂寿命大大延长，达到 1 年，具有很好的工业化前景。

王群等[131]公开了一种草酸二甲酯气相加氢制乙二醇中催化剂的还原方法。在还原气氛下经四段升温：①第一阶段，升温至 70℃，升温速率小于 10℃/h；②第二阶段，升温至 120℃，升温速率小于 5℃/h，然后恒温；③第三阶段，升温至 180℃，升温速率小于 3℃/h，然后恒温；④第四阶段，升温至 210℃，升温速率小于 5℃/h，然后恒温。其中，还原气氛中还原气体积分数为 10%～30%。这种还原方法较好地解决了还原过程中催化剂床层容易飞温，还原后床层压降升高，反应时催化剂活性差，目标产物选择性差等技术问题。

铜基草酸酯加氢催化剂的还原工艺不仅仅是催化剂使用前的重要环节，还会影响煤制乙二醇工艺中 DMO 加氢催化剂的运行效果，进而影响装置安全稳定运行及乙二醇产品的质量。在生产中还原技术要结合催化剂本身的结构和组成进行选择，不同企业选用的催化剂组成和结构形式不尽相同，还原工艺因此有差异。随着草酸酯加氢催化剂的发展和工业应用深入，还原工艺也在不断优化和进步。

4.3.2　反应温度

尹安远等[132]进行热力学计算与分析后认为在 185～225℃内，DMO 加氢生成 EG 是可逆放热反应，$\Delta_r H_T$ 随反应温度的升高而增加；生成乙醇的副反应为不可逆放热反应，$\Delta_f H_T$ 随反应温度的升高而下降。因此，升高反应温度可在一定程度上提高 DMO 的转化率，但对生成副产物亦有利；降低反应温度对生成乙醇的副反应起到一定程度的抑制作用，但对 DMO 加氢生成 EG 的反应达到平衡所需时间（延长）及 DMO 转化率（下降）不利。张启云等[133]用铜硅催化体系研究反应温度对 DMO 加氢反应的影响时发现，在 190～210℃内，DMO 转化率随反应温度升高明显增加，DMO 转化率在 210℃已接近 100%；EG 选择性随反应温度升高明显减小，但当温度高于 210℃时，有副产物 EtOH 生成，如图 4-5 所示。李竹霞等[134]认为铜硅催化体系的 DMO 加氢反应的适宜温度为 195～205℃。

河南濮阳永金 200kt/a 的煤制乙二醇项目于 2012 年试投产，DMO 加氢的反应温度在

180~200℃。刘华伟等[135]在300t/a煤制聚合级乙二醇中试装置上考察了新型DMO加氢催化剂的性能，认为加氢反应器进口温度为185℃，在热点温度193.5~194℃时催化剂能表现出最佳性能和稳定性。高化学催化剂工厂提供的DMO加氢合成EG催化剂的使用温度为180~185℃。陈伟建[136]报道，中国五环工程有限公司、华烁科技股份有限公司（原湖北省化学研究院）和鹤壁宝马实业有限公司联合开发的铜硅催化剂在阳煤深州220kt/a

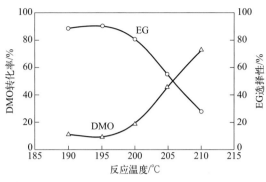

图4-5 反应温度对DMO加氢反应的影响[133]

乙二醇装置前期运行时的反应温度约为215℃，经过整改，DMO加氢反应温度降至约180℃，DMO加氢催化剂未发现结焦或失活，催化性能良好。

根据热力学的计算，在185~225℃范围内，DMO加氢的总反应平衡转化率较高，工业生产实践也表明草酸酯催化剂的使用温度大致在这个温度范围内。DMO加氢催化剂本身的性能和催化剂实际使用中可能出现的一些状况，如催化剂积炭结焦，副产物含量控制等方面的因素也会影响最佳反应温度的选择。一般而言，越低的反应温度越有利于减少积炭结焦和提高EG的收率，因此草酸酯加氢催化剂的性能越高就越有利于在更低的反应温度下进行DMO加氢。近年随着草酸酯加氢催化剂性能的提高，DMO加氢合成EG反应的使用温度进一步下降，现在大多数煤制乙二醇技术中所提供的加氢催化剂使用温度一般在180℃左右，最低的反应温度可达165℃，催化剂末期最高反应温度不超过240℃。

4.3.3 反应压力

从化学反应式看，DMO加氢反应中生成物的计量系数小于反应物，根据平衡移动原理，增加压力有利于平衡向生成物方向移动，因而反应压力对EG选择性的影响明显。王海京等[137]的研究显示在一定温度下，当反应压力超过3.5MPa后，DMO的转化率随着反应压力的变化就不显著了。一些研究工作[134,138]也显示MG的选择性会随着压力增加而减小，如图4-6所示。李振花等[36]认为，为避免乙醇酸酯的生成，反应压力要在1.0MPa以上，氢酯比大于30。刘华伟等[135]在300t/a煤制聚合级乙二醇中试考察中发现压力从0.8MPa（G）提高至3.0MPa（G），DMO转化率和EG选择性升高，MG选择性降低，但压力升高至3.5MPa（G），EG选择性降低，此时过度加氢副反应增加。

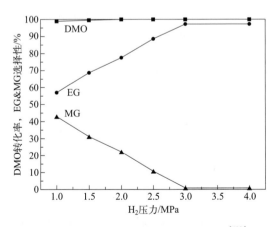

图4-6 反应压力对DMO加氢的影响[138]

其他反应条件不变时，当反应压力大于3.0MPa后，反应物的转化率和产物的选择性趋于平缓，从设备投资费用和操作费用的角度来看，反应压力应控制在2.0~3.0MPa的范围。目前，煤制乙二醇技术中DMO催化加氢的操作压力大多选择在3.0MPa左右。

4.3.4　氢酯比

氢酯比（hydrogen to dimethyl oxalate ratio，H_2/DMO）指临氢工艺中 H_2 和 DMO 的摩尔比，即 n（H_2）：n（DMO）。由热力学分析可知，当反应压力大于 1.0MPa，氢酯比大于 30 后，主反应可近似认为是一个不可逆反应。尹安远等[132]认为氢酯比大于 40 时，对 EG 的收率无太大影响，如图 4-7 所示。李竹霞等[134]认为当氢酯比大于 100 时，有生成副产物的迹象。李振花等[36]认为氢酯比小于 70 时，随着氢酯比增大，反应物 DMO 的转化率和 EG 选择性增大，但当氢酯比大于 70 时，反应的转化率和选择性变化趋于平缓。宋颖韬等[139]认为氢酯比较小时，在不考虑流速的变化时，单位时间进入反应器的原料 DMO 的量越大，反应就越充分。

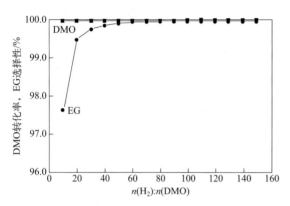

图 4-7　氢酯比对 DMO 转化率和 EG 选择性的影响[132]

张向凯[140]在濮阳永金 200kt/a 煤制乙二醇的生产中发现，在高负荷条件下，H_2 和 DMO 的摩尔比严重偏低，仅能维持在 70 左右，易生成乙醇酸甲酯、碳酸乙烯酯、二乙二醇等杂质，其中乙醇酸甲酯熔点高，易于吸附在催化剂表面及孔道中，会发生酰基聚合，形成多聚物，造成催化剂结焦、堵塞、失活。如适当提高氢酯比，有利于中间产物 MG 进一步加氢生成 EG，从而抑制催化剂结焦、失活的发生。在 DMO 进料量不变的条件下，提高氢酯比，不仅能增加参与反应的 H_2 量，还可增大反应器管内气体流速，增加传热系数，降低反应温度及轴向温差。阳煤深州 220kt/a 乙二醇装置调整氢酯比为 80 后，装置运行稳定，未见催化剂结焦现象，与此同时，加氢反应操作温度明显降低了 15～20℃。虽然提高氢酯比在一定程度上有助于增强催化剂的催化性能，但是由于气速增大，对催化剂的机械强度提出更高的要求，也造成催化剂床层阻力大幅增加，因此氢酯比的提高是有限的。此外，过高的氢酯比也对 H_2 循环压缩机提出更高的要求，这可能使设备成本增加。

由此可见，氢酯比的选择不能单纯从热力学角度来确定，还要考虑实际生产的情况，综合经济性与合理性，目前多数煤制乙二醇技术提供商选择的氢酯比合理范围在 60～80 之间。当然随着催化剂制备技术的提高和反应器的进一步优化，氢酯比有下降空间，甚至可降到 20。

4.3.5　液时空速

液时空速（liquid hourly space velocity，LHSV）是空速的一种表示方式，指的是单位反应体积（对于采用固体催化剂的反应，则为单位体积催化剂）每小时处理液相反应物的体积。只要进入反应体系的反应物为液相，不管实际反应条件下是否以液相存在，均可用液时空速来表示反应器的生产强度。若反应物之一为液相，而另一反应物不为液相，同样可以前者的体积来计算液时空速。如 DMO 加氢反应，用 DMO 的体积计算液时空速，并不计入气

相反应物 H_2。停留时间（residence time），指的是原料进入催化剂床层到离开所用的时间，它与液时空速互为倒数。一般来说，液时空速越大，反应物料在催化剂床层的停留时间越短，反之越长。

林凌[138]的研究显示在反应温度、H_2 压力、氢酯比一定时，DMO 的转化率随着液时空速的增加，呈现单调递减的趋势，EG 的选择性也呈现不断减小的趋势。这是因为液时空速增大时，反应物料在催化剂床层的停留时间在减少，导致反应物料与催化剂表面的活性位接触不够充分，因而较高的液时空速下 DMO 的加氢程度较低，反应一般只能进行到第一步加氢。如要提高 DMO 的加氢程度和 EG 的选择性必须使反应物料在催化剂床层有足够的停留时间，当然停留时间也不是越长越好，这会使得单位时间合成 EG 的效率下降，也会使过度加氢的副产物有所增加。李竹霞等[134]研究发现，随着液时空速的增加，EG 的选择性呈现先增大后减小的趋势，MG 的选择性却在不断增加，EG 的选择性达到最高的液时空速被称为最佳液时空速，他们认为最佳液时空速为 1.0h^{-1}，如图 4-8 所示。

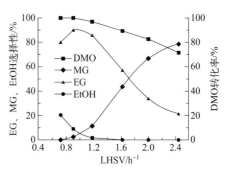

图 4-8 液时空速的影响

在煤制乙二醇的工业生产中，考虑到设备投资等多种因素，DMO 加氢反应的液时空速一般选择在 $0.3 \sim 0.5\text{h}^{-1}$。

4.4 化学热力学与动力学

DMO 加氢反应过程的化学热力学和动力学分析，是深入认识 DMO 加氢反应的基础，也能为加氢工艺工业化提供参考。优化 DMO 催化加氢反应的工艺条件（如温度、压力、进料配比）等，需要先对反应系统进行详细的化学热力学分析和讨论。有不少学者对草酸二甲酯催化加氢合成 EG 的过程进行了较为详尽的热力学和动力学计算与分析，并结合实验结果讨论了反应条件对加氢反应的影响，本节内容将介绍相关研究结果。

4.4.1 化学热力学

化学热力学（chemical thermodynamics）是物理化学和热力学的一个分支学科，它主要研究物质系统在各种条件下的物理和化学变化中所伴随的能量变化，从而对化学反应的方向和进行的程度做出准确的判断。化学热力学分析中所需要的多种物质的热力学数据绝大部分可以从相关手册中查得，有些物质的基础热力学数据不齐全可以采用基团贡献法等方法估算。以下介绍相关文献中关于草酸二甲酯加氢的三个反应 [见 4.1.1 节反应式（4-1）~式（4-3）]的热力学分析方法及结果。

尹安远等[132]采用 Benson 基团贡献法估算 DMO 和 MG 在 25℃（298.15K）标准状态下的标准生成焓，按式（4-7）计算。Benson 基团贡献值见表 4-3[141]。由式（4-7）计算得到 DMO 和 EG 在 25℃（298.15K）标准状态下、理想气体状态时的标准生成焓分别为 -738.64kJ/mol、-561.79kJ/mol。

$$\Delta_f H_{298}^{\ominus} = \sum N_K \Delta_f H_{298,g}^{\ominus} \tag{4-7}$$

标准吉布斯自由能采用式(4-8)计算。

$$\Delta_f G_{298}^{\ominus} = \Delta_f H_{298,g}^{\ominus} - T \Delta_f S_{298}^{\ominus} \tag{4-8}$$

表 4-3　Benson 基团贡献值[141]

基团	N_K（DMO）	N_K（MG）	$\Delta_f H_{298}^{\ominus}$/(kJ/mol)
$CH_3-(C)$①	2	1	-42.19
$CH_2-(CO)$②	0	1	-33.91
$OH-(C)$③	0	1	-158.56
$CO-(C,O)$④	2	1	-146.72
$O-(C,CO)$⑤	2	1	-180.41

① 与 C 相连的甲基。② 与羰基相连的亚甲基。③ 与碳相连的羟基。④ 与碳或氧连接的羰基。⑤ 与碳或羰基相连的氧。
注：N_K 表示 K 型基团数；DMO 表示草酸二甲酯；MG 表示乙醇酸甲酯。

DMO 加氢合成 EG 的三步反应所涉及物质的基本热力学数据见表 4-4，其中 DMO 和 MG 的热力学数据采用 Benson 法估算。

表 4-4　DMO 加氢合成 EG 的三步反应所涉及物质的基本热力学数据[142]

物质	$\Delta_f H_{298}^{\ominus}$ /(kJ/mol)	$\Delta_f G_{298}^{\ominus}$ /(kJ/mol)	$C_P = A + BT + CT^2 + DT^3$			
			A	B	C	D
H_2	0	0	29.06	-8.20×10^{-3}	1.99×10^{-6}	0
H_2O	-241.82	-236.96	30.21	9.93×10^{-2}	1.12×10^{-6}	0
CH_3OH	-201.94	-163.13	21.24	7.08×10^{-2}	2.59×10^{-6}	-2.85×0^{-8}
C_2H_5OH	-234.43	-167.90	6.30	0.23	-1.19×10^{-4}	2.22×0^{-8}
$CH_3OOCCOOCH_3$	-738.64	-604.86	28.02	0.27	-1.55×10^{-5}	1.78×0^{-7}
$HOCH_2COOCH_3$	-561.79	-472.81	42.95	0.22	-4.05×10^{-5}	1.30×0^{-8}
$HOCH_2CH_2OH$	-397.56	-323.21	29.23	0.29	-2.25×10^{-4}	7.38×0^{-8}

根据参与反应的各物质的热力学数据计算了不同温度下的反应热和平衡常数，进而分析反应的平衡组成。DMO 加氢合成 EG 反应的焓变（$\Delta_r H_T$）、熵变（$\Delta_r S_T$）吉布斯自由能变（$\Delta_r G_T$）和平衡常数（K_p）分别采用式(4-9)~式(4-12)计算，反应结果见表 4-5[135]。

$$\Delta_r H_T = \sum_j \nu_j \Delta H_{298j} + \sum_j \int_{298}^{T} C_p dT \tag{4-9}$$

$$\Delta_r S_T = \sum_j \nu_j \Delta S_{298j} + \sum_j \int_{298}^{T} C_p d\ln T \tag{4-10}$$

$$\Delta_r G_T = \Delta_r H_T - T \Delta_r S_T \tag{4-11}$$

$$\ln K_p = -\frac{\Delta_r G_T}{RT} \tag{4-12}$$

尹安远[132]、李竹霞[134]、李振花[36]等通过上述热力学数据对 DMO 的加氢过程进行了较为详尽的分析，认为温度在 185~225℃（458~498K）范围内，①DMO 加氢各步反应的 K_p 依次增大，且各步反应的平衡常数均大于 10，因此总反应的平衡转化率较高。②DMO 加氢生成 MG [式(4-1)] 和 EG 的反应 [式(4-2)] 为可逆放热反应，反应放热量随温度升高而增加；EG 加氢生成乙醇的反应［式(4-3)］基本上是不可逆反应，反应放热量随着温度升高而降低。③ 较低的反应温度对生成 MG 的反应有利，而较高的反应温度对生成 EG 的反应有利，高温对生成副产物乙醇有利。因此，为了获得产物 EG，反应需要在合适的温度下进行，通过筛选合适的催化剂抑制副反应的发生。

表 4-5　DMO 加氢合成 EG 的 K_p、$\Delta_r H_T$、$\Delta_r G_T$ 数值[132]

反应方程式	反应温度/K							
	298	458	468	478	483	488	493	498
K_p								
式(3-1)	2.11×10^5	1.78×10^4	1.59×10^4	1.43×10^5	1.36×10^4	1.29×10^4	1.23×10^4	1.17×10^4
式(3-2)	177	19.1	17.3	15.8	15.1	14.5	13.9	13.3
式(3-1) + 式(3-2)	3.72×10^7	3.39×10^5	2.76×10^5	2.26×10^5	2.05×10^5	1.87×10^5	1.70×10^5	1.55×10^5
式(3-3)	2.05×10^{14}	8.11×10^8	4.98×10^8	3.12×10^8	2.49×10^8	2.00×10^8	1.61×10^8	1.30×10^8
$\Delta_r H_T /(\mathrm{kJ/mol})$								
式(3-1)	-16.29	-19.45	-19.70	-19.96	-20.09	-20.23	-20.37	-20.51
式(3-2)	-14.78	-16.91	-17.01	-17.10	-17.15	-17.20	-17.24	-17.29
式(3-1) + 式(3-2)	-31.07	-36.35	-36.70	-37.06	-37.24	-37.42	-37.61	-37.80
式(3-3)	-88.69	-87.11	-86.91	-86.71	-86.6	-86.49	-86.38	-86.26
$\Delta_r G_T /(\mathrm{kJ/mol})$								
式(3-1)	-30.37	-37.26	-37.64	-38.03	-38.21	-38.40	-38.59	-38.77
式(3-2)	-12.82	-11.22	-11.10	-10.97	-10.91	-10.84	-10.78	-10.71
式(3-1) + 式(3-2)	-43.19	-48.48	-48.74	-48.10	-49.12	-49.24	-49.36	-49.48
式(3-3)	-81.65	-78.11	-77.92	-77.73	-77.64	-77.54	-77.45	-77.36

4.4.2　化学动力学

化学动力学（chemical kinetics），也称反应动力学、化学反应动力学，是物理化学的一个分支，是研究化学过程进行的速率和反应机理的物理化学分支学科。它的研究对象是性质随时间而变化的非平衡的动态体系。化学动力学与化学热力学不同，不是计算达到反应平衡时反应进行的程度或转化率，而是从一种动态的角度观察化学反应，研究反应系统转变所需要的时间，以及这之中涉及的微观过程。

多相催化反应可分为单位吸附反应及多位吸附反应，H_2 在吸附时又分为解离吸附和不解离吸附，酯加氢的步骤根据不同研究者的结论也可细化为解离吸附[143]和非解离吸附[144-147]，根据不同机理可得到不同的模型。Thomas 等[55]研究草酸二乙酯加氢反应历程认为：酯先解离吸附生成烷氧基和酰氧基中间体，然后再分别加氢，酰氧基的加氢为速率控制步骤，H_2 不解离吸附，得到相应的 Langmuir-Hinshelwood 型吸附反应动力学模型。许茜等[148]通过改变反应压力和温度等条件，得出 DMO 催化加氢反应符合 Langmuir-Hinshelwood 型吸附反应动力学模型，表面反应为速率控制步骤，H_2 不解离吸附，在此基础上建立动力学方程并得到相关参数。尹安远等报道过[149]，通过对 DMO 加氢的固定床反应器进行模拟实验，发现结果符合 Rideal-Eley 机理，气相的氢与吸附态的酯进行表面反应为速率控制步骤，采用遗传算法和单纯行算法相结合，建立动力学模型。

张启云等[133]根据以下 4 个判别准则建立动力学模型：①反应速率常数和吸附平衡常数必须大于 0；②表面反应的活化能必须为正值，吸附热为负值；③反应速率常数和吸附平衡常数分别符合 Arrhenius 方程和 van't Hoff 方程；④模型与动力学实验数据良好吻合。他们结合动力学数据对模型进行了筛选，结果显示，在温度为 463～478K、压力为 1～3MPa、氢酯比为 40～120、DMO 空速为 6.0～25.0mmol/(g·h) 的范围内，对于 DMO 加氢反应，DMO 非解离吸附，表面反应为速率控制步骤，氢不解离吸附，即符合 Langmuir-Hinshelwood 模型（L-H 模型），反应历程如下：

$$DMO + * \rightleftharpoons DMO * \tag{I}$$
$$H_2 + * \rightleftharpoons H_2 * \tag{II}$$
$$DMO * + H_2 * \rightleftharpoons A * + * \tag{III}$$
$$A * + H_2 * \rightleftharpoons MG * + MeOH * \tag{IV}$$
$$MG * \rightleftharpoons MG + * \tag{V}$$
$$MG * + H_2 * \rightleftharpoons B * + * \tag{VI}$$
$$B * + H_2 * \rightleftharpoons EG * + MeOH * \tag{VII}$$
$$EG * \rightleftharpoons EG + * \tag{VIII}$$
$$MeOH * \rightleftharpoons MeOH + * \tag{IX}$$

其中，A 为 $CH_3OCOCHOHOCH_3$；B 为 $CH_3OCHOHCH_2OH$；* 为吸附活性位。反应（IV）和反应（VII）为速率控制步骤，通过稳态近似法进行处理可推出：

$$r_1 = \frac{k_1 K_{DMO} K_H \left(p_{DMO} p_H - \frac{p_{MG} p_{Me}}{K_{p_1} K_H} \right)}{(1 + K_H p_H + K_{DMO} p_{DMO} + K_{Me} p_{Me} + K_{MG} p_{MG} + K_{EG} p_{EG})^2} \tag{4-13}$$

$$r_2 = \frac{k_2 K_{MG} K_H \left(p_{MG} p_H - \frac{p_{EG} p_{Me}}{K_{p_2} K_H} \right)}{(1 + K_H p_H + K_{DMO} p_{DMO} + K_{Me} p_{Me} + K_{MG} p_{MG} + K_{EG} p_{EG})^2} \tag{4-14}$$

由遗传算法结合单纯形[150,151]优化的不同温度下的动力学参数见表 4-6。将表 4-6 中的反应速率常数及吸附平衡常数分别代入 Arrhenius 方程和 van't Hoff 方程，求得活化能、吸附热及相应的指前因子，见表 4-7 和表 4-8。

表 4-6　不同温度下 DMO 加氢反应的反应速率常数和吸附平衡常数计算值

温度/K	反应速率常数/[mol/(g·h)]		吸附平衡常数/MPa^{-1}				
	k_1	k_2	K_H	K_{DMO}	K_{Me}	K_{MG}	K_{EG}
463	363.585	274.077	0.0130	798.876	250.768	282.009	347.910
468	387.722	342.876	0.0091	696.906	151.223	224.771	232.126
473	427.710	442.194	0.0066	607.141	100.320	184.901	187.873
478	468.670	555.088	0.0048	540.994	64.021	145.560	157.903

表 4-7　DMO 加氢反应的活化能和反应指前因子

反应常数	k_1	k_2
活化能/(kJ/mol)	31.651	86.358
指前因子/[mol/(g·h)]	1.337×10^6	1.499×10^{12}

表 4-8　DMO 加氢反应的吸附热和吸附指前因子

吸附平衡常数	K_H	K_{DMO}	K_{Me}	K_{MG}	K_{EG}
吸附热/(kJ/mol)	121.955	48.167	166.024	80.261	95.249
吸附指前因子/MPa^{-1}	2.227×10^{-16}	2.943×10^{-3}	4.648×10^{-17}	2.504×10^{-7}	5.914×10^{-9}

张启云等[133]对 DMO 转化率及 EG 和 MG 选择性的实验值和由模型得到的计算值进行计算比较，发现实验值和计算值的总相对平均偏差为 14.4%。采用适用于非线性模型的统计方法[152]对模型进行了检验，检验结果显示，决定性指标 $P>0.97$，统计量 $F>10F_{0.01}$。

4.5　反应器模拟

DMO 加氢制 EG 一般使用列管式固定床反应器，原料气在通过床层不同位置时工况不同。随着反应的进行，反应产热和管外介质移热的相互作用导致不同床层位置反应温度不同，且不同反应区域的原料、产物浓度各不相同。通过反应器模拟计算，可了解反应器内床层的温度分布、浓度分布和压力情况，有助于后续工业化反应器设计和操作指导。

草酸二甲酯加氢工业生产中主要采用轴向反应器，顾杰[153]对轴向反应器进行了模拟计算，相关模拟工况参数见表 4-9。草酸二甲酯两步加氢的化学反应方程式见 4.1.1 节中的反应式(4-1)、式(4-2)。

采用 Runge-Kutta 法解微分方程组，通过定步长逐步计算求解，可得整个床层的浓度、温度和压力随单管长度的变化关系。计算轴向反应器单管可分析轴向反应器用于 DMO 加氢反应体系中的表现。轴向床层的温度和组分浓度分布的计算结果见表 4-10，反应单管内温度分布曲线见图 4-9，各组分浓度分布曲线见图 4-10。

表 4-9　工况参数表

项目	操作参数	参考值
催化剂参数	催化剂种类	Cu/SiO_2
	催化剂密度 ρ_b/(kg/m³)	500
	催化剂当量直径 d_s/m	0.01
反应器参数	反应管内径 d_t/m	0.03
	床层高度 L/m	10
	进口温度 T/℃	195
	操作压力 p/MPa	2.5
	管外载热体温度 T_a/℃	205
	管外载热体流速 μ_a/(m/s)	3
	管壁厚度 δ/m	0.002

项目	操作参数	参考值
操作参数	进料流量 $N_{in}/(mol/s)$	0.121
	空速（SV）$/h^{-1}$	1381
	轴向组分浓度 y_{DMO}	0.01598
	轴向组分浓度 y_{H_2}	0.95877
	轴向组分浓度 y_{Me}	0.02525
	轴向组分浓度 y_{EG}	0
	轴向组分浓度 y_{MG}	0

表 4-10　轴向温度和组分浓度表

L/m	y_{DMO}	y_{MG}	y_{H_2}	y_{Me}	y_{EG}	$T/℃$	p/MPa
0	0.0159	0	0.9587	0.0252	0	195	2.5000
1	0.0044	0.0099	0.9445	0.0392	0.0018	206.62	2.4785
2	0.0010	0.0100	0.9375	0.0461	0.0051	205.82	2.4569
3	0.0002	0.0081	0.9337	0.0498	0.0079	205.46	2.4352
4	6.72×10^{-5}	0.0062	0.9312	0.0523	0.0100	205.30	2.4134
5	1.68×10^{-5}	0.0046	0.9294	0.0540	0.0117	205.21	2.3914
6	4.25×10^{-6}	0.0035	0.9281	0.0553	0.0129	205.15	2.3692
7	1.09×10^{-7}	0.0026	0.9272	0.0563	0.0138	205.10	2.3468
8	2.79×10^{-7}	0.0019	0.9265	0.0570	0.0145	205.04	2.3242
9	7.23×10^{-8}	0.0014	0.9259	0.0575	0.0150	205.03	2.3014
10	1.92×10^{-8}	0.0011	0.9255	0.0579	0.0153	205.08	2.2784

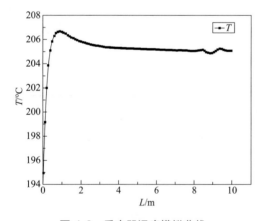

图 4-9　反应器温度模拟曲线

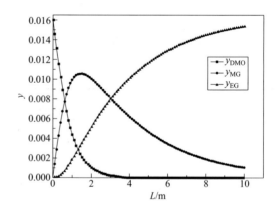

图 4-10　反应器中各组分浓度模拟曲线

综合表 4-9、图 4-9 和图 4-10，根据单管内温度分布和浓度分布情况，将该单管分为两个反应段：第一个反应段距入口 0～2m，第二个反应段距入口 2～10m。

在第一个反应段中，可以看到床层温度先是急剧升高，最高到 206.6℃左右，然后慢慢降低，形成热点。这是因为换热载体的温度高于进料温度，原料气被加热，进料温度较高，在此温度下催化剂活性较高，反应剧烈，放出大量反应热，放热速率较大，换热载体移热速率跟不上热量积累速度形成热点。当反应（4-1）反应速率下降时，放热速率随之降低，管外换热载体不断移热，床层温度逐渐降低至205℃左右。

在第一个反应段，DMO的浓度急剧下降，MG的浓度上升，EG的浓度缓慢上升，可以认为在这一阶段主要发生的反应是反应（4-1），且反应（4-1）的反应速率较大，很快接近反应平衡，加氢反应放出大量热。随着反应（4-2）的进行，EG浓度不断上升，但此时MG的生成速率仍大于消耗速率，MG浓度不断上升，同时反应（4-2）的反应速率随着温度和MG浓度升高而升高。在第二个反应段中，床层温度不断降低至205℃左右，此时反应放热量不大，换热载体的移热速率与反应放热速率相差不大。随着反应（4-1）达到化学平衡，该反应段中DMO接近于完全反应，因而浓度较低。随着反应（4-2）的进行，MG的消耗速率大于生成速率其浓度不断下降，而EG浓度升高，EG生成速率受化学平衡的影响而降低。反应器出口DMO转化率近似可达100%，乙二醇选择性为96.30%。

宋颖韬等[139]也对DMO加氢制乙二醇固定床反应器进行了数值模拟，其计算所需热力学基础数据来自复旦大学，动力学数据来源于华东理工大学，研究原料气入口温度、原料配比（氢酯比）、流体通过床层的流速等因素对反应器内温度和浓度分布的影响规律。

宋颖韬等[139]对处在典型的生产条件下［操作压力 $p=2.5MPa$，反应管内径 $d_t=0.03m$，反应管长度 $L=5m$，原料气入口温度 $T_0=463K$（190℃），氢酯比为50：1，气体流速 $u=0.5m/s$，入口浓度 $C_{DMO}=12mol/m^3$］的反应器进行模拟计算表明：

① 浓度方面，沿着反应器的轴向，反应物DMO的浓度不断下降，而生成物EG的浓度则不断升高；沿着反应器的径向，反应物和生成物浓度的变化均不明显，说明径向扩散对反应过程的影响较小。

② 温度方面，沿着反应器轴向，开始阶段温度升高且幅度较大，从190℃（463K）上升到204℃（477K），之后温度升高不明显，至床层某一位置处，温度开始平缓下降，明显出现热点。这是由于两步反应均为放热反应，且入口附近反应物浓度较大，转化速率也较大，造成总体热效应较大，温度升高较快。随着反应的进行，反应物DMO的浓度不断降低，同时反应管外冷载体不断带走热量，因此在反应器的后半段，温度下降较为平稳。沿着反应器径向，从管壁到管中心处，温度不断上升，且幅度较大，说明径向导热对温度分布的影响较大。

研究还考察了原料气入口温度在182~198℃（455~471K）范围内的影响。随着入口温度的升高，反应物的转化速率和产物的生成速率都在加快，但入口温度较高时，浓度的变化更加明显地表现出由快到慢的特点，这是由于温度越高，反应速率越快；另外，由于反应放热，温度升高不利于正向反应的进行，故计算结果反映了两者的综合影响。因此，选择合适的入口温度将有利于EG的生成。

③ 在氢酯比为（50~90）：1的范围内，随着氢酯比的增加，反应物DMO的转化速率和产物EG的生成速率都变慢，且在氢酯比较小时轴向浓度变化幅度由快变慢更加明显，这是由于氢酯比较小时，如不考虑流速的变化，单位时间进入反应器的原料DMO的量较大，反应就越充分。氢酯比增加反应热点出现的位置并没有明显变化，但热点温度有所下降。这是因为氢酯比越大，单位时间进入反应器的原料DMO的量就越小，反应速率低。计算结果表明，随着氢酯比由50：1增大至90：1，热点温度降低了3℃（或3K），差别不大，但转化率由0.9970降至0.9424，产物收率亦有所降低，说明原料气氢酯比也是影响反应进程的

一个重要因素。

通过对加氢反应器的模拟计算，可以清楚地了解反应床层的浓度分布和温度分布情况，不同的工况下如温度、原料配比等工艺条件的影响。该计算结果对反应器的设计、工程放大或工艺优化有一定的指导意义。

4.6 催化剂的失活与再生

铜基催化剂在酯加氢中有优越的表现，但随着使用时间延长，催化活性逐渐下降。对于工业催化剂来说，稳定性和寿命至关重要。稳定性包括化学稳定性、热稳定性和机械稳定性等方面。随着煤制乙二醇技术工业化进程的推进，草酸酯催化加氢所使用的铜基催化剂的失活机理的研究得到重视，通过实验室的研究和工厂的实践，人们对草酸酯加氢铜基催化剂的失活原理的研究更加全面、深入，并取得了一定成果，介绍如下。

4.6.1 烧结

根据国内多套煤基合成乙二醇工业装置运行情况分析，草酸酯加氢制乙二醇催化剂的稳定性一直是一个技术瓶颈。众多专家对草酸酯加氢催化剂失活机理进行研究和探讨，认为铜基草酸酯加氢催化剂失活包括铜物种的烧结（团聚）、活性中心化学中毒、积炭、机械性能受损等方面。图 4-11 为毛金平[154]报道的铜硅工业催化剂不同使用状态的形貌。

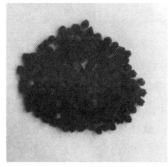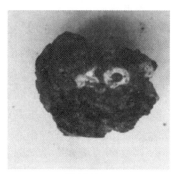

新鲜催化剂　　　　　　　反应后催化剂　　　　　　　失活催化剂

图 4-11　工业催化剂形貌[155]

对于金属催化剂可通过两个重要的温度参数即许蒂希（Hüttig）温度和坦曼（Tamman）温度来推测反应温度对于催化剂稳定性的影响[155]。许蒂希温度表示该温度下缺陷位的金属原子可以移动。坦曼温度表示该温度下体相中的金属原子已开始弥散。在 DMO 加氢反应中，目前的铜硅催化剂体系一般反应温度在 $165\sim200℃$ 左右。DMO 加氢生成 EG 是放热反应，在绝热固定床的一定部位会存在着过热现象[156]，故实际反应温度已经远高于 Cu 和 Cu_2O 的许蒂希温度（许蒂希温度：$Cu=134℃$，$Cu_2O=179℃$），虽然仍低于其坦曼温度（坦曼温度：$Cu=405℃$，$Cu_2O=481℃$），但催化反应一般发生在催化剂表面及缺陷位。因此在远高于许蒂希温度的操作条件下，铜硅催化剂在高温反应一段时间后，活性组分晶粒会有不同程度的长大，导致比表面积缩小，这种现象称为催化剂的烧结。在 DMO 加氢反应中，部分 Cu^+ 与 H_2 或还原性氢物种反应生成 Cu^0，而 Cu^0 与 Cu^+ 相比热稳定性差、更易烧结，而且 Cu^+ 与 H_2 或还原性氢物种反应生成 Cu^0 的过程是不可逆的。何喆等[157]指出，Cu 分散度的降低与催化剂表面 Cu^0 与 Cu^+ 比例失调是 DMO 加氢铜硅催化剂失活的主要原因。王亚楠等[89]认为铜基催化剂中 Cu 粒子的聚集长大是催化剂失活的重要原因。由此可见，草酸酯加氢铜硅催化剂失活的首要原因是在还原和反应过程中 Cu 颗粒的长大、团聚或者说是发生烧结。

4.6.2 中毒

20 世纪 80 年代，美国 UCC 公司[158-160]对铜基催化剂进行了研究，提出可能导致催化剂中毒失活的物种：①原料中可能存在的含硫和氯的有机物或无机物；②原料中的草酸和乙醇酸；③载体和反应器管壁上过剩的金属离子如 Fe^{2+} 和 Fe^{3+} 等；④反应过程中生成的二乙二醇聚合物和聚酯等。

张博等[161]首先对草酸酯加氢催化剂的硫中毒进行研究，发现硫的存在导致 Cu/SiO_2 催化剂快速失活且不可逆，提高反应温度并不能维持催化剂活性。他们用含硫的原料反应 90h 后，催化剂中硫累积质量分数可达 0.93%，EG 收率降至 5.67%。张素华等[162]研究发现，系统中通入一定 CO 后，EG 收率从 95.6% 下降至 25.4%，但 CO 对该过程的影响可逆，停止进料液，用 H_2 吹扫 20h 后，催化剂活性可恢复至未通 CO 时的水平。郑鑫磊[163]研究发现反应气氛中包含的 CO 和 CO_2 气体均能够在一定程度上抑制铜硅催化剂上 DMO 加氢反应的性能，CO_2 的抑制作用尤为明显。

Thomas 等[55]和温超[64]等的研究也发现随着反应体系中 MG 和草酸酯的含量增加，催化剂失活的速度加快，由此他们认为中间产物 MG 的酰基占据了催化剂的活性中心，从而引起催化剂失活。

在煤制乙二醇工业生产中也发现，当循环 H_2 中 CO 含量较高时，大量 CO 占据铜硅催化剂活性组分中心，导致催化剂表面吸附 H_2 量减少，氢解能力下降，催化活性降低[164]。此外，催化剂上若含有二价和三价铁离子对催化剂的活性也表现出较为严重的影响，反应过程中生成的副产物草酸等也有某种程度的毒化作用，如草酸会与铜物种反应生成草酸铜从而使活性铜物种减少。

4.6.3 积炭

康文国等[165]对铜硅催化剂失活过程进行研究发现，DMO 的转化率和 EG 的选择性在反应 500h 后都大幅度下降，通过进一步的热重等表征发现，EG 聚合成高聚物以至积炭，这些积炭物质覆盖活性位点，导致催化剂失活。张博等[161]认为，MG 与其他反应物、产物在催化剂表面与孔道内发生连续的低聚反应形成积炭物质，这些积炭物质覆盖活性位导致活性下降。毛金平等[155]发现新催化剂运行一段时间后装置都将面临系统阻力升高，负荷降低，减产维持运行的局面。经过检查发现，催化剂在运行过程中容易发生结焦、积炭现象，造成反应器内管束严重堵塞，迫使装置停车清理，更换催化剂。图 4-12 是河南能源化工集团濮阳永金化工有限工司的煤制乙二醇项目提取出来的结焦的 DMO 加氢催化剂样品[140]。

图 4-12 工业草酸二甲酯加氢催化剂结焦块状物[140]

4.6.4 粉化

铜硅催化剂属于脆性材料，成型难度较大，催化剂的粉化是在工业化应用中最常见的问题之一。马新宾等[166]研究铜基催化剂的成型方法时得出，催化剂的强度与铜载量相关，高铜含量的催化剂不利于增强机械强度。美国 UCC 公司[167]认为带有中心孔结构的环形催化剂的机械强度要高于负载型催化剂的机械强度。铜硅催化剂的粉化原因主要有催化剂本身的机械强度差，催化剂装填过程中出现破碎，DMO 原料的含水量高，DMO 加氢系统压力的波动和 DMO 加氢反应器升、降温过快产生的热冲击，气流的变化引起催化剂颗粒间的摩擦导致粉碎。这些都会使催化剂结构发生变化，机械强度降低。时鹏等[164]报道，河南龙宇煤化工 200kt/a 乙二醇装置运行中也发现铜硅催化剂在使用过程中发生粉化的现象。陈伟建[136]根据阳煤深州 220kt/a 乙二醇装置加氢系统实际运行情况，对加氢催化剂粉化的原因进行分析，得出原料 DMO 中水含量过高是导致加氢催化剂粉化的要因的结论，认为控制原料 DMO 中水含量可有效避免催化剂粉化。

4.6.5 载体流失

温超等[168]分别以 MeOH 和 EtOH 为溶剂，研究了 DMO 气相加氢反应中 Cu/SiO_2 催化剂的稳定性，研究表明以 MeOH 为 DMO 溶剂时，催化剂的稳定性较差，其原因是 MeOH 和 SiO_2 反应生成四甲氧基硅烷，引起催化剂载体的硅流失，从而导致 Cu 比表面积降低和铜颗粒的团聚，进而导致催化剂活性下降，甚至失活。

4.6.6 再生

铜的工业价格与贵金属相比相对低廉，工业上的铜催化剂失活后由于处理后的效果以及成本性价比较低，因此失活的工业用铜基催化剂往往被废弃换上新鲜催化剂。虽然工业用铜基催化剂失活再生方面的研究工作相比贵金属催化剂做得较少，但也有研究者做了些工作，鉴于铜基催化剂的失活原因多样，有些失活情况可能通过后期处理使其活性恢复到可接受的程度。

栾友顺等[169]提出使用氧化还原循环的再生方法能够使 Cu 晶粒发生再分散，并使失活的 CuO-ZnO-Al$_2$O$_3$/γ-Al$_2$O$_3$-HZSM-5 复合催化剂恢复了 75% 以上的活性。杨成敏等[170]公开了一种加氢催化剂再生和复活方法，采用有机物——含硫化合物硫醇和/或硫醚处理经烧硫和烧炭处理后的失活催化剂，最后进行焙烧处理，减弱金属与载体的相互作用从而获得恢复程度较高的催化剂，特别适合于硫化型加氢精制催化剂的再生。积炭是可逆性失活，主要由积炭引起失活的铜基催化剂可通过氧化再生基本恢复活性。杨占林等[171]报道，在含氧气体作用下，除去失活催化剂的积炭，然后与含碱性物质的溶液和含有机添加剂的溶液接触，最后经热处理得到活性恢复的催化剂。

随着铜基催化剂失活研究的不断深入，应根据不同失活原因采取更多抑制失活的措施延长催化剂寿命，不断提升其在工业催化中的经济效益。铜基催化剂的失活再生研究将极大地减少失活催化剂的废弃，提升催化剂的有效利用，也更适应日益严苛的环保要求。

参考文献

[1] Carlini C，Girolamo M D，Macinai A，et al. Selective synthesis of isobutanol by means of the Guerbet reaction [J]. Journal of Molecular Catalysis A-Chemical，2003，200：137-146.

[2] Koda K，Matsu-Ura T，Obora Y，et al. Guerbet reaction of ethanol ton-butanol catalyzed by iridium complexes [J]. Chemistry Letters，2009，38：838-839.

[3] 吴良泉，李俊岭.影响煤基乙二醇 UV 值的杂质分析及其提高方法 [J].天然气化工，2011，36：66-70.

[4] Hegde S，Tharpa K，Akuri S R，et al. In situ spectroscopic studies on vapor phase catalytic decomposition of dimethyl oxalate [J]. Physica Chemistry Chemical Physics，2017，19：8034-8045.

[5] 姚元根，等.煤制乙二醇 [M].厦门：厦门大学出版社，2021.

[6] Klier K. Methanol Synthesis [J]. Advances in Catalysis，1982，31：243-313.

[7] Gao LZ，Au CT. CO$_2$ Hydrogenation to Methanol on a YBa$_2$Cu$_3$O$_7$ Catalyst [J]. Journal of Catalysis，2000，189 (1)：1-15.

[8] 李竹霞，钱志刚，赵秀阁，等.载体对草酸二甲酯加氢铜基催化剂的影响 [J].华东理工大学学报，2005，31 (1)：21-30.

[9] Zhang X，Wang B W，Guo Y Y，et al. Deactivation behavior of SiO$_2$ supported copper catalyst in hydrogenation of diethyl oxalate [J]. Journal of Fuel Chemistry and Technology，2011，39 (9)：702-705.

[10] Yin AY，Guo XY，Dai WL，et al. The Nature of Active Copper Species in Cu-HMS Catalyst for Hydrogenation of DimethylOxalate to Ethylene Glycol：New Insights on the Synergetic Effect between Cu^0 and Cu$^+$ [J]. Journal of Physical Chemistry C，2009，113 (25)：11003-11013.

[11] Gong J L，Yue H L，Zhao Y J，et al. Synthesis of ethanol via syngas on Cu/SiO$_2$ catalysts with balanced Cu^0-Cu$^+$ sites [J]. Journal of the American Chemical Society，2012，134：13922-13925.

[12] Wang Y，Shen Y L，Zhao Y J，et al. Insight into the Balancing Effect of Active Cu Species forHydrogenation of Carbon-Oxygen Bonds [J]. ACS Catalysis，2015，5：6200-6208.

[13] Cui G Q，Meng X Y，Zhang X，et al. Low-temperature hydrogenation of dimethyl oxalate to ethylene glycol via ternary synergistic catalysis of Cu and acid-base sites [J]. Applied Catalysis B：Environmental，2019，248：394-404.

[14] Hu Q，Fan G L，Yang L，et al. Aluminum-doped zirconia-supported copper nanocatalysts：surface synergistic catalytic effects in the gas-phase hydrogenation of esters [J]. ChemCatChem，2014，6 (12)：3501-3510.

[15] Van Der Grifi C J G，Elberse P A，Mulder A，et al. Preparation of silica-suppoaed copper catalysts by means of deposition-precipitation [J]. Applied catalysis，1990，59 (1)：275-289.

[16] Zhao Y J，Li S M，Wang Y，et al. Efficient tuning of surface copper species of Cu/SiO$_2$ catalyst for hydrogenation of dimethyl oxalate to ethylene glycol [J]. Chemical Engineering Journal，2017，313：759-768.

[17] Zhang C C，Wang D H，Zhu M Y，et al. Effect of different nano-sized silica sols as supports on the structure and properties of Cu/SiO$_2$ for hydrogenation of dimethyl oxalate [J]. Catalysts，2017，7（3）：75-87.

[18] Zhang C C，Wang D H，Dai B. Promotive effect of Sn^{2+} on Cu^0/Cu$^+$ ratio and stability evolution of Cu/SiO$_2$ catalyst in the hydrogenation of dimethyl oxalate [J]. Catalysts，2017，7（4）：122.

[19] Ding J，Popa T，Tang J K，et al. Highly selective and stable Cu/SiO$_2$ catalysts prepared with a green method for hydrogenation of diethyl oxalate into ethylene glycol [J]. Applied Catalysis B：Environmental，2017，209：530-542.

[20] Zhao Y J，Zhao S，Geng Y C，et al. Ni-containing Cu/SiO$_2$ catalyst for the chemoselective synthesis of ethanol via hydrogenation of dimethyl oxalate [J]. Catalysis Today，2016，276：28-35.

[21] Xu C F，Chen G X，Zhao Y，et al. Interfacing with silica boosts the catalysis of copper [J]. Nature Communications，2018，9：3367.

[22] 惠胜国. 草酸二甲酯催化加氢制乙二醇反应机理的研究 [D]. 上海：华东理工大学，2012.

[23] Li S M，Wang Y，Zhang J，et al. Kinetics study of hydrogenation of dimethyl oxalate over Cu/SiO$_2$ catalyst [J]. Industrial & Engineering Chemistry Research，2015，54（4）：1243-1250.

[24] Popa T，Zhang Y L，Jin E L，et al. An environmentally benign and low-cost approach to synthesis of thermally stable industrial catalyst Cu/SiO$_2$ for the hydrogenation of dimethyl oxalate to ethylene glycol [J]. Applied Catalysis A：General，2015，505：52-61.

[25] Matteoli U，Menchi G，Bianchi M，et al. Selective reduction of dimethyl oxalate by ruthenium carbonyl carboxylates in homogeneous phase Part IV [J]. Journal of Molecular Catalysis，1991，64（3）：257-267.

[26] Teunissen H T，Elsevier C J. Ruthenium catalysed hydrogenation of dimethyl oxalate to ethylene glycol [J]. Chemical Communications，1997，7：667-668.

[27] Adkins T，Folkers K. The catalytic hydrogenation of esters to alcohols [J]. Journal of the American Chemical Society. 1931，53（3）：1095-1097.

[28] Zehner L R，Lenton R W. Atlantic richfield company，process for the preparation of ethylene glycol：US 4112245 [P]. 1978.

[29] Tahara S，Fujii K，Nishihira K，et al. Process for continuously preparing ethylene glycol：EP 46983 [P]. 1982.

[30] 黄当睦，陈彭明，陈福星，等. 草酸二乙酯催化加氢制乙二醇模试研究 [J]. 工业催化，1996（4）：24-29.

[31] Bartley W J. Process for ethylene glycol：US 4677234 [P]. 1987-07-30.

[32] 陈红梅，朱玉雷，郑洪岩，等. 铜基催化剂上草酸二甲酯催化加氢合成乙二醇的研究 [J]. 天然气化工，2010，35（3）：1-6.

[33] 赵玉军，赵硕，王博，等. 草酸酯加氢铜基催化剂关键技术与理论研究进展 [J]. 化工进展，2013，32（4）：721-731.

[34] Miyazaki H，Uda T，Hirai K，et al. Process for producing of the ethylene glycol and/or glycolic acid ester，catalyst composition used thereof，and process for production thereof：US 4585890 [P]. 1986.

[35] 李竹霞，钱志刚，赵秀阁，等. 草酸二甲酯加氢 Cu/SiO$_2$ 催化剂前体的研究 [J]. 华东理工大学学报，2004，30（6）：613-617.

[36] 李振花，许根慧，王海京，等. 铜基催化剂的制备方法对草酸二乙酯加氢反应的影响 [J]. 催化学报，1995，16（1）：9-14.

[37] 李振花，李延春，许根慧. 草酸二乙酯气相催化加氢合成乙二醇的研究 [J]. 化学工业与工程，1993，10（4）：27-33.

[38] Chen L F，Guo P J，Qiao M H，et al. Cu/SiO$_2$ catalysts prepared by the ammonia-evaporation method：Texture，structure，and catalytic performance in hydrogenation of dimethyl oxalate to ethylene glycol [J]. Journal of catalysis，2008，257：172-180.

[39] Toupance T，Kermarec M，Lambert J F，et al. Conditions of formationof copper phyllosilicates in silica-supported copper catalysts prepared by selective adsorption [J]. Journal of Physical Chemistry B，2002，106（9）：2277-2286.

[40] Burattin P，Che M，Louis C. Molecular approach to the mechanism of deposition precipitation of the Ni(II) phase on silica [J]. Journal of Physical Chemistry B，1998，102（15）：2722 2732.

[41] 陈梁峰，朱渊，刘晓饪，等. Cu/SiO$_2$ 催化剂制备方法对其草酸二甲酯催化氢解活性的影响 [J]. 化学学报，2009，

67（23）：2739-2744.

［42］岳海荣．铜基催化剂的可控制备及在草酸酯加氢反应中的构效关系［D］.天津：天津大学，2012.

［43］Ye R P，Lin L，Wang L C，et al，Perspectives on the active sites and catalyst design for the hydrogenation of dimethyl oxalate［J］. ACS catalysis，2020，10：4465-4490.

［44］WangY，ZhaoY J，Lv J，et al. Facile synthesis of Cu@CeO₂ and its catalytic behavior for the hydrogenation of methyl acetate to ethanol［J］. ChemCatChem，2017，9：2085-2090.

［45］Huang Y，Ariga H，Zheng X L，et al. Silver-modulated SiO₂-supported copper catalysts for selective hydrogenation of dimethyl oxalate to ethylene glycol［J］. Journal of Catalysis，2013，307：74-83.

［46］Yin A Y，Wen C，Dai W L，et al. Nanocasting of CuAu alloy nanoparticles for methyl glycolate synthesis［J］. Journal of Materials Chemistry，2011，21（25）：8997-8999.

［47］Zhao S，Yue H R，Zhao Y J，et al. Chemoselective synthesis of ethanol via hydrogenation of dimethyl oxalate on Cu/SiO₂：Enhanced stability with boron dopant［J］. Journal of Catalysis，2013，297：142-150.

［48］He Z，Lin H Q，He P，Yuan Y Z，et al. Effect of boric oxide doping on the stability and activity of a Cu-SiO₂ catalyst for vapor-phase hydrogenation of dimethyl oxalate to ethylene glycol［J］. Journal of Catalysis，2011，277：54-63.

［49］Ye R P，Lin L，Liu C Q，et al. One-pot synthesis of cyclodextrin doped Cu-SiO₂ catalysts for efficient hydrogenation of dimethyl oxalate to ethylene glycol［J］. ChemCatChem，2017，9（24）：4587-4597.

［50］Wang Q，Qiu L，Ding D，Chen Y Z，et al. Performance enhancement of Cu/SiO₂ catalyst for hydrogenation of dimethyl oxalate to ethylene glycol through zinc incorporation［J］. Catalysis Communications，2018，108：68-72.

［51］Sun J，Yu J F，Ma Q X，et al. Freezing copper as a noble metal-like catalyst for preliminary hydrogenation［J］. Science Advances，2019，4（12）：eaau3275.

［52］Zhao Y J，Zhang Y Q，Wang Y，et al. Structure evolution of mesoporous silica supported copper catalyst for dimethyl oxalate hydrogenation［J］. Applied Catalysis A：General，2017，539：59-69.

［53］Zhao Y J，Guo Z Y，Zhang H J，et al. Hydrogenation of diesters on copper catalyst anchored on ordered hierarchical porous silica：Pore size effect［J］. Journal of Catalysis，2018，357：223-237.

［54］宋美月．蒸氨法制备的铜基催化剂在草酸二甲酯中的应用［D］.北京：中国科学院研究生院，2014.

［55］Thomas D J，Wehrli J T，Wainwright M S，et al. Hydrogenolysis of diethyl oxalate over copper-based catalysts［J］. Applied Catalysis A：General，1992，86（2）：101-114.

［56］杨锦霞．DMO 加氢制乙二醇铜基催化剂的制备研究［D］.北京：中国科学院研究生院，2012.

［57］Yin A Y，Guo X Y，Dai W L，et al. Highly active and selective copper-containing HMS catalyst in the hydrogenation of dimethyl oxalate to ethylene glycol［J］. Applied catalysis A：general，2008，349（1-2）：91-99.

［58］Guo X Y，Yin A Y，Dai W L，et al. One pot synthesis of ultra-high copper contented Cu/SBA-15 material as excellent catalyst in the hydrogenation of dimethyl oxalate to ethylene glycol［J］. Catalysis Letters，2009，132（1-2）：22-27.

［59］Ma X B，Chi H W，Yue H R，et al. Hydrogenation of dimethyl oxalate to ethylene glycol over mesoporous Cu-MCM-41 catalysts［J］. AICHE Journal，2013，59（7）：2530-2539.

［60］尹安远，郭晓洋，戴维林，等．介孔氧化硅织构效应对铜基催化剂在草酸二甲酯催化加氢合成乙二醇反应中的影响［J］.化学学报，2010，68（13）：1285-1290.

［61］Wang D H，Zhang C C，Zhu M Y，et al. Highly active and stable ZrO₂-SiO₂-supported Cu-catalysts for the hydrogenation of dimethyl oxalate to methyl glycolate［J］. Chemistry Select，2017，2（17）：4823-4829.

［62］Lin H Q，Zheng X L，He Z，et al. Cu/SiO₂ hybrid catalysts containing HZSM-5 with enhanced activity and stability for selective hydrogenation of dimethyl oxalate to ethylene glycol［J］. Applied catalysis A：general，2012，445：287-296.

［63］Lin H Q，Duan X P，Zheng J W，et al. Vapor-phase hydrogenation of dimethyl oxalate over a CNTs-Cu-SiO₂ hybrid catalyst with enhanced activity and stability［J］. RSC Advances，2013，3（29）：11782-11789.

［64］Wen C，Yin A Y，Cui Y Y，et al. Enhanced catalytic performance for SiO₂-TiO₂ binary oxide supported Cu-basedcatalyst in the hydrogenation of dimethyloxalate［J］. Applied Catalysis A：General，2013，458（10）：82-89.

［65］Wen C，Cui Y Y，Chen X，et al. Reaction temperature controlled selective hydrogenation of dimethyl oxalate to methyl glycolate and ethylene glycol over copper-hydroxyapatite catalysts［J］. Applied Catalysis B：Environmental，

2015，162：483-493.

［66］Kong X P，Wu Y H，Chen J G，et al. Effect of Cu loading on the structure evolution and catalytic activity of the CuMg/ZnO catalysts for dimethyl oxalate hydrogenation ［J］. New Journal of Chemistry，2020，44 （11）：4486-4493.

［67］Zhu Y，Zhu Y，Ding G，et al. Highly selective synthesis of ethylene glycol and ethanol via hydrogenation of dimethyloxalate on Cu catalysts：Influence of support ［J］. Applied Catalysis A：General，2013，468 （12）：296-304.

［68］Hu Q，Fan GL，Yang L，Li F，et al. Aluminum-doped zirconia-supported copper nanocatalysts：surface synergistic catalytic effects in the gas-phase hydrogenation of esters ［J］. Chem Cat Chem，2014，6 （12）：3501-3510.

［69］Ding J，Liu H M，Wang M H，et al. Enhanced ethylene glycol selectivity of CuO-La$_2$O$_3$/ZrO$_2$ catalyst：The role of calcination temperatures ［J］. ACS Omega，2020，5 （43）：28212-28223.

［70］Du Z N，Li Z，Wang S Y，et al. Stable ethanol synthesis via dimethyl oxalate hydrogenation over the bifunctional rhenium-copper nanostructures：Influence of support ［J］. Journal of Catalysis，2022，407：241-252.

［71］Zhu Y F，Kong X，Zheng H Y，et al. Strong metal-oxide interactions induce bifunctional and structural effects for Cu catalysts ［J］. Molecular Catalysis，2018，458：73-82.

［72］Wang B，Cui Y Y，Dai W，et al. Role of copper content and calcination temperature in the structural evolution and catalytic performance of Cu/P25 catalysts in the selective hydrogenation of dimethyl oxalate ［J］. Applied Catalysis A：General，2016，509：66-74.

［73］Cui G Q，Zhang X，Wang H，et al. ZrO$_{2-x}$ modified Cu nanocatalysts with synergistic catalysis towards carbon-oxygen bond hydrogenation ［J］. Applied Catalysis B：Environmental，2021，280：119406.

［74］Dandekar A，Baker R T K，Vannice M A. Carbon-supported copper catalysts Ⅱ. Crotonaldehyde hydrogenation ［J］. Journal of Catalysis，1999，184 （2）：421-439.

［75］Lu X D，Wang G F，Yang Y，et al. A boron-doped carbon aerogels supported Cu catalyst for selective hydrogenation of dimethyl oxalate ［J］. New Journal of Chemistry，2020，44 （8）：3232-3240.

［76］Abbas M，Chen Z，Chen J，et al. Shape-and size-controlled synthesis of Cu nanoparticles wrapped on RGO nanosheet catalyst and their outstanding stability and catalytic performance in the hydrogenation reaction of dimethyl oxalate ［J］. Journal of Materials Chemistry A，2018，6：19133-19142.

［77］Ai P P，Tan M H，Tsubaki N，et al. Designing auto-reduced Cu@CNTs catalysts to realize the precisely selective hydrogenation of dimethyl oxalate ［J］. Chemcatchem，2017，9 （6）：1067-1075.

［78］Zheng J W，Duan X P，Lin H Q，et al. Silver nanoparticles confined in carbon nanotubes：on the understanding of the confinement effect and promotional catalysis for the selective hydrogenation of dimethyl oxalate ［J］. Nanoscale，2016，8 （11）：5959-5967.

［79］李竹霞，钱志刚，赵秀阁，等. ZnO 对草酸二甲酯加氢 Cu/SiO$_2$ 催化剂的抑制效应 ［J］. 石油化工，2004，33 （z1）：744-746.

［80］Wang Y，Liao J Y，Zhang J，et al. Hydrogenation of methyl acetate to ethanol by Cu/ZnO catalyst encapsulated in SBA-15 ［J］. AICHE Journal，2017，63：2839-2849.

［81］Wang Q，Qiu L，Ding D，et al. Performance enhancement of Cu/SiO$_2$，catalyst for hydrogenation of dimethyl oxalate to ethylene glycol through zinc incorporation ［J］. Catalysis Communications，2018，108：68-72.

［82］Zhao Y J，Shan B，Wang Y，et al. An effective CuZn-SiO$_2$ bimetallic catalyst prepared by hydrolysis precipitation method for the hydrogenation of methyl acetate to ethanol ［J］. Industrial & Engineering Chemistry Research，2018，57 （13）：4526-4534.

［83］Wen C，Cui Y Y，Yin A Y，et al. Remarkable improvement of catalytic performance for a new cobalt-decorated Cu/HMS catalyst in the hydrogenation of dimethyloxalate ［J］. Chem Cat Chem，2013，5 （1）：138-141.

［84］Yin A Y，Wen C，Guo X Y，et al. Influence of Ni species on the structural evolution of Cu/SiO$_2$ catalyst for the chemoselective hydrogenation of dimethyl oxalate ［J］. Journal of Catalysis，2011，280 （1）：77-88.

［85］Zhu J H，Ye Y C，Tang Y，et al. Efficient hydrogenation of dimethyl oxalate to ethylene glycol via nickel stabilized copper catalysts ［J］. RSC Advances，2016，6 （112）：111415-111420.

[86] Zhao Y J，Zhang H H，Xu Y X，et al. Interface tuning of Cu$^+$/Cu^0 by zirconia for dimethyl oxalate hydrogenation to ethylene glycol over Cu/SiO$_2$ catalyst [J]. Journal of Energy Chemistry，2020，49：248-256.

[87] Zhang C C，Wang D H，Zhu M Y，et al. Effect of Pd doping on the Cu^0/Cu$^+$ ratio of Cu-Pd/SiO$_2$ catalysts for ethylene glycol synthesis from dimethyl oxalate [J]. Chemistry Select，2016，1（11）：2857-2863.

[88] Huang Y，Ariga H，Zheng X L，et al. Silver-modulated SiO$_2$-supported copper catalysts for selective hydrogenation of dimethyl oxalate to ethylene glycol [J]. Journal of catalysis，2013，307：74-83.

[89] Wang Y N，Duan X P，Zheng J W，et al. Remarkable enhancement of Cu catalyst activity in hydrogenation of dimethyl oxalate to ethylene glycol using gold [J]. Catalysis Science & Technology，2012，2（8）：1637-1639.

[90] Yu X B，Vest T A，Gleason-Boure N，et al. Enhanced hydrogenation of dimethyl oxalate to ethylene glycol over indium promoted Cu/SiO$_2$ [J]. Journal of Catalysis，2019，380：289-296.

[91] Zheng X L，Lin H Q，Zheng J W，et al. Lanthanum oxide-modified Cu/SiO$_2$ as a high-performance catalyst for chemoselective hydrogenation of dimethyl oxalate to ethylene glycol [J]. ACS Catalysis，2013，3（12）：2738-2749.

[92] Ai P P，Tan M H，Reubroycharoen P，et al. Probing the promotional roles of cerium in the structure and performance of Cu/SiO$_2$ catalysts for ethanol production [J]. CatalysisScience & Technology，2018，8（24）：6441-6451.

[93] Chen C C，Lin L，Ye R P，et al. Construction of Cu-Ce composite oxides by simultaneous ammonia evaporation method to enhance catalytic performance of Ce-Cu/SiO$_2$ catalysts for dimethyl oxalate hydrogenation [J]. Fuel，2021，290：120083.

[94] Wang B W，Xu Q，Song H，et al. Synthesis of Methyl Glycolate by Hydrogenation of Dimethyl Oxalate over Cu-Ag/SiO$_2$ Catalyst [J]. Jouranl of Nature Gas Chemistry，2007，1（1）6：78-80.

[95] Yin A Y，Qu J W，Guo X Y，et al. The influence of B-doping on the catalytic performance of Cu/HMS catalyst for the hydrogenation of dimethyloxalate [J]. Applied Catalysis A：General，2011，400（1-2）：39-47.

[96] Ai P P，Tan M H，Yamane N，et al. Synergistic effect of a boron-doped carbon-nanotube-supported Cu catalyst for selective hydrogenation of dimethyl oxalate to ethanol [J]. Chemistry-A European Journal，2017，23（34）：8252-8261.

[97] Zheng J W，Huang L L，Cui C H，et al. Ambient-pressure synthesis of ethylene glycol catalyzed by C$_{60}$-buffered Cu/SiO$_2$ [J]. Science，2022，376：288-292.

[98] 黄维捷，文峰，康文国，等. 草酸二甲酯加氢制乙二醇 Cu/SiO$_2$ 催化剂的制备与改性 [J]. 工业催化，2008，16（6）：13-17.

[99] 梁方毅，顾顺超，肖文德. 前驱液浓度对制备的草酸二甲酯加氢催化剂性能的影响 [J]. 化学反应工程与工艺，2011，27（1）：54-58.

[100] 杨亚玲，张博，李伟，等. 焙烧温度对草酸二甲酯加氢制乙二醇催化剂 Cu/SiO$_2$ 的影响 [J]. 工业催化，2010，18（16）：28-31.

[101] Wang S R，Li X B，Yin Q Q，et al. Highly active and selective Cu/SiO$_2$ catalysts prepared by the urea hydrolysis method in dimethyl oxalate hydrogenation [J]. Catalysis Communications，2011，12（13）：1246-1250.

[102] 陈宗杰，王泽，金建涛，等. 草酸二甲酯加氢制乙二醇催化剂性能研究 [J]. 当代化工，2020，49（8）：1675-1678.

[103] Yin A Y，Guo X Y，Dai W L，et al. Effect of initial precipitation temperature on the structural evolution and catalytic behavior of Cu/SiO$_2$ catalyst in the hydrogenation of dimethyloxalate [J]. Catalysis Communications，2011，12（6）：412-416.

[104] 丁丁，王琪，金方，等. 蒸氨压力对 Cu/SiO$_2$ 催化剂的影响及其草酸二甲酯加氢性能 [J]. 应用化学，2016，33（4）：466-472.

[105] 文峰，黄维捷，肖文德. 草酸二甲酯加氢催化剂 Cu/SiO$_2$ 的制备研究 [J]. 广东化工，2008，35（4）：5-8.

[106] Ye R P，Lin L，Yang J X，et al. A new low-cost and effective method for enhancing the catalytic performance of Cu-SiO$_2$ catalysts for the synthesis of ethylene glycol via the vapor-phase hydrogenation of dimethyl oxalate by coating the catalysts with dextrin [J]. Journal of Catalysis，2017，350：122-132.

[107] Chen C C，Lin L，Ye R P，et al. Mannitol as a novel dopant for Cu/SiO$_2$：A low-cost，environmental and highly stable catalyst for dimethyl oxalate hydrogenation without hydrogen prereduction [J]. Journal of Catalysis，2020，389：421-431.

[108] 姚元根，林凌，叶闰平，等.草酸酯加氢合成乙二醇催化剂及其制备方法和开车方法：CN 106563449B [P].2019-4-16.

[109] Gong X X，Wang M L，Fang H H，et al. Copper nanoparticles socketed in situ into copper phyllosilicate nanotubes with enhanced performance for chemoselective hydrogenation of esters [J]. Chemical Communications，2017，53 (51)：6933-6936.

[110] Wang H，Zhao W R，Rehman M U，et al. Copper phyllosilicate nanotube catalysts for the chemosynthesis of cyclohexane via hydrodeoxygenation of phenol br [J]. ACS Catalysisys，2022，12 (8)：4724-4736.

[111] Ren Z H，Younis M N，Wang G Y，et al. Design and synthesis of La-modified copper phyllosilicate nanotubes for hydrogenation of methyl acetate to ethanol [J]. Catalysis Letters，2021，151 (10)：3089-3102.

[112] Sheng Y，Zeng H C. Structured assemblages of single-walled 3d transition metal silicate nanotubes as precursors for composition-tailorable catalysts [J]. Chemistry of Materials，2015，27 (3)：658-667.

[113] Yao D W，Wang Y，Li Y，et al. A High-performance nanoreactor for carbon-oxygen bond hydrogenation reactions achieved by the morphology of nanotube-assembled hollow spheres [J]. ACS catalysisys，2018，8 (2)：1218-1226.

[114] 王悦，吕静，赵玉军，等.酯加氢制乙二醇/乙醇高效铜基催化剂的构筑 [J]. 中国科学：化学，2020，50 (2)：183-191.

[115] 冯凯，吴秀敏.共沉淀法合成水滑石工艺控制研究 [J]. 山东工业技术，2015 (6)：42-43.

[116] 唐博合金，朱明，陆颖音，等.铜-水滑石型催化剂在草酸二甲酯加氢反应中的应用 [J]. 精细石油化工，2009，26 (2)：15-17.

[117] Zhang S Y，Liu Q Y，Fan G L，et al. Highly-dispersed copper-based catalysts from Cu-Zn-Al layered double hydroxide precursor for gas-phase hydrogenation of dimethyl oxalate to ethylene glycol [J]. Catalysis Letters，2012，142 (9)：1121-1127.

[118] Hu Q，Yang L，Li F，et al. Hydrogenation of biomass-derived compounds containing a carbonyl group over a copper-based nanocatalyst：Insight into the origin and influence of surface oxygen vacancies [J]. Journal of Catalysis，2016，340：184-195.

[119] Shi J Z，He Y，Ma K，et al. Cu active sites confined in MgAl layered double hydroxide for hydrogenation of dimethyl oxalate to ethanol [J]. Catalysis Today，2021，365：318-326.

[120] Yu J F，Sun X T，Tong X，et al. Ultra-high thermal stability of sputtering reconstructed Cu-based catalysts [J]. Nature Communications，2021，12 (1)：7209.

[121] Li M R，Ye L M，Zheng J W，et al. Surfactant-free nickel-silver core@shell nanoparticles in mesoporous SBA-15 for chemoselective hydrogenation of dimethyl oxalate [J]. Chemical Communications，2016，52 (12)：2569-2572.

[122] Wang Y，Zhao Y，Lv J，et al. Facile synthesis of Cu@CeO$_2$ and its catalytic behavior for hydrogenation of methyl acetate to ethanol [J]. Chem Cat Chem，2017，9 (12)：2085-2090.

[123] Yue H R，Zhao Y J，Zhao S，et al. A copper-phyllosilicate core-sheath nanoreactor for carbon-oxygen hydrogenolysis reactions [J]. Nature Communications，2013，4 (1)：2339-2346.

[124] Yue H R，Ma X B，Gong J L. An alternative synthetic approach for efficient catalytic conversion of syngas to ethanol [J]. Accounts of Chemical Research，2014，47 (5)：1483-1492.

[125] Wang D，Yang G，Ma Q，et al. Confinement effect of carbon nanotubes：Copper nanoparticles filled carbonnanotubes for hydrogenation of methyl acetate [J]. ACS catalysis，2012，2 (9)：1958-1966.

[126] Zhu Y F，Kong X，Li X Q，et al. Cu nanoparticles inlaid mesoporous Al$_2$O$_3$ as a high-performance bifunctional catalyst for ethanol synthesis via dimethyl oxalate hydrogenation [J]. ACS catalysis，2014，4：3612-3620.

[127] Ye R P，Lin L，Chen C C，et al. Synthesis of robust MOF-derived Cu/SiO$_2$ catalyst with low copper loading via sol-gel method for the dimethyl oxalate hydrogenation reaction [J]. ACS catalysis，2018，8：3382-3394.

[128] 肖二飞，刘华伟，钱胜涛，等.铜基催化剂还原过程研究综述 [J]. 工业催化，2016，24 (3)：35-41.

[129] 钱海林.煤制乙二醇加氢催化剂高氢还原总结 [J]. 河南化工，2020，37 (9)：34-36.

[130] 李伍成，王占修，蒋元力，等.一种草酸二甲酯加氢制备乙二醇的催化剂的活化还原方法：CN201010263010.6 [P].2012-11-28.

[131] 王群，施春辉，肖本端，等.一种草酸二甲酯气相加氢制乙二醇中催化剂的还原方法：CN201811564218.4［P］. 2018-12-20.

[132] 尹安远，戴维林，范康年.草酸二甲酯催化加氢合成乙二醇过程的热力学计算与分析［J］.石油化工，2008，37（1）：62-66.

[133] 张启云，黄维捷，文峰，等.草酸二甲酯加氢合成乙二醇反应的研究［J］.石油化工，2007，36（4）：340-344.

[134] 李竹霞，钱志刚，赵秀阁，等.Cu/SiO$_2$催化剂上草酸二甲酯加氢反应的研究［J］.化学反应工程与工艺，2004，20（3）：121-128.

[135] 刘华伟，钱胜涛，刘应杰，等.HEG-1草酸二甲酯加氢催化剂的中试报告［J］.化肥设计，2015，53（4）：11-13，17.

[136] 陈伟建.WHB煤制乙二醇技术加氢催化剂粉化和结焦原因分析［J］.化肥设计，2020，56（1）：27-29.

[137] 王海京，许根慧.乙二酸二乙酯加氢制乙二醇铜基催化剂反应性能研究［J］.精细石油化工，1997（4）：42-44.

[138] 林凌.草酸二甲酯加氢催化剂的制备与研究［D］.北京：中国科学院研究生院，2011.

[139] 宋颖韬，党明岩，李华伟.草酸二甲酯加氢制乙二醇固定床反应器的数值模拟［J］.沈阳理工大学学报，2018，37（1）：33-38.

[140] 张向凯.煤制乙二醇加氢催化剂压差问题的探讨与分析［J］.化肥设计，2021，59（3）：43-45.

[141] Poling B E，Prausnitz J M，Connell J P O. The Properties of Gases and Liquids. 5th ed［M］. New York：Mc Graw-Hill Book Company，2001：3.14-3.50.

[142] 时钧，汪家鼎，余国琮，等.化学工程手册（上）［M］.北京：化学工业出版社，1996：164-188.

[143] Agarwal A K，Cant N W，Wainwright M S，et al. Catalytic hydrogenolysis of esters：A comparative study of the reactions of simple formates and acetates over copper on silica［J］. Journal of Molecular Catalysis，1987，43（1）：79-92.

[144] Monti D M，Wainwright M S，Trimm D L. Kinetics of the vapor-phase hydrogenolysis of methyl formate over copper on silica catalysts［J］. Industrial & Engineering Chemistry Product Research and Development，1985，24（3）：397-401.

[145] Monti D M，Cant N W，Trimm D L，et al. Hydrogenolysis of methyl form ate over copper on silica Ⅰ. Stady of surface speciesby in situ infrared spectroscopy［J］. Journal of Catalysis，1986，100（1）：17-27.

[146] Monfi D M，Cant N W，Trimm D L，et al. Hydrogenolysis of methyl form ate over copper on silica Ⅱ. Study of the mechanism using labeled compounds［J］. Journal of Catalysis，1986，100（1）：28-38.

[147] San tiago M A N，San chez-Castillo M A，Cortright R D，et al. Catalytic reduction of acetic acid，methyl acetate，and ethylacetate over silica-supported copper［J］. Journal of Catalysis，2000，193（1）：16-28.

[148] 许茜.草酸二乙酯气相加氢制乙二醇催化剂研究［D］.天津：天津大学，2007.

[149] 尹安远，陈梁锋，戴维林，等.草酸酯催化加氢制备乙二醇研究进展［J］.化学世界，2008，6：369-373.

[150] 粟塔山.最优化计算原理与算法程序设计［M］.长沙：国防科技大学出版社，2001：90-97.

[151] 王沫然.MATLAB与科学计算（第二版）［M］.北京：电子工业出版社，2005：313-330.

[152] 刘建平.数理统计方法与概率论［M］.上海：华东理工大学出版社，2000：174-180.

[153] 顾杰.草酸二甲酯加氢径向反应器数学模拟和工艺条件优化［D］.上海：华东理工大学，2019.

[154] 毛金平.煤制乙二醇加氢催化剂稳定运行研究［J］.安徽化工，2008，46（4）：74-76.

[155] Charles N S. Heterogeneous catalysis in industrial practice. 2nd ed［M］. New York：McGraw-Hill，1996.

[156] Yue H R，Zhao Y J，Zhao L，et al. Hydrogenation of dimethyloxalate to ethylene glycol on a Cu/SiO$_2$ cordierite monolithic catalyst：enhanced internal mass transfer and stability［J］. AICHE Journal，2012，58（9）：2798-2809.

[157] He Z，Lin H Q，He P，et al. Effect of boric oxide doping on the stability and activity of a Cu-SiO catalyst for vapor-phase hydrogenation of dimethyl oxalate to ethylene glycol［J］. Journal of Catalysis，2011，277（1）：54-63.

[158] Bartley W J. Process for the preparation of ethylene glycol：US 4677234［P］. 1987-07-30.

[159] Hartley W J. Process for the preparation of ethylene glycol：US 4628129［P］. 1986-11-09.

[160] Poppelsdorf R，Smith C A. Hydrogenation of alkyl oxalates：US 4649226［P］. 1987-03-10.

[161] 张博，计扬，骆念军，等.草酸二甲酯加氢制乙二醇催化剂失活研究：硫中毒［J］.天然气化工，2012，37（2）：39-43.

4　草酸酯加氢制备乙二醇　　　109

[162] 张素华，张博，惠胜国，等.一氧化碳和乙醇酸甲酯对草酸二甲酯加氢制备乙二醇 Cu/SiO₂ 催化剂的影响 [J].天然气化工，2012，37（3）：5-9，13.

[163] 郑鑫磊.稀土氧化物修饰和双金属铜基催化剂在草酸二甲酯选择加氢制乙二醇反应中的研究 [D].厦门：厦门大学，2014.

[164] 时鹏，张彦民，王静静，等.草酸二甲酯加氢制乙二醇 Cu/SiO₂ 催化剂工业常见问题及分析 [J].煤化工，2020，48（4）：69-75.

[165] 康文国，李伟，肖文德.草酸二甲酯加氢制乙二醇 Cu/SiO₂ 催化剂失活研究 [J].工业催化，2009，17（6）：70-74.

[166] Zhao L，Zhao Y J，Wang S P，et al. Hydrogenation of dimethyl oxalate using extruded Cu/SiO₂ catalysts：mechanical strength and catalytic performance [J]. Industrial & Engineering Chemistry Research，2012，51：13935-13943.

[167] Fedor P，Charleston W V，Charles A S，et al. Hydrogenation of alkyl oxalate：US 4649226 [P]. 1987-3-27.

[168] Wen C，Cui Y Y，Dai W L，et al. Solvent feedstock effect：the insights into the deactivation mechanism of Cu/SiO₂ catalysts for hydrogenation of dimethyl oxalate to ethylene glycol [J]. Chemical Communications，2013，49（45）：5195-5197.

[169] 栾友顺，徐恒泳，等.一步合成二甲醚催化剂烧结失活和原位再生的研究 [J].燃料化学学报，2008，36（1）：70-73.

[170] 杨成敏，郭蓉，姚运海，等.一种加氢催化剂的再生和复活方法：CN101618354A [P].2010-01-06.

[171] 杨占林，姜虹，彭绍忠，等.一种积炭失活催化剂的再生复活方法：CN102463153A [P].2014-07-23.

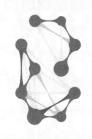

5

乙二醇产品与中间体的精制

本章主要概述了终端产品乙二醇的精制以及草酸二甲酯（DMO）、碳酸二甲酯（DMC）等中间体的精制分离，探讨了适用于煤制乙二醇生产路线的分离方法和节能技术。乙二醇作为一种重要的大宗化学品，主要应用在聚酯纤维行业，而聚酯产品的质量对乙二醇品质要求非常高，所以在煤制乙二醇工艺中，乙二醇粗产品的精制显得尤为重要，确保精制后的乙二醇产品能够达到下游企业的产品质量要求。同时，作为乙二醇前驱体的草酸二甲酯，还可作为缓释放化肥草酰胺的前驱体，无论草酸二甲酯是作为单独的产品销售还是作为原料生产新的化学品，都必须对它进行精制分离。碳酸二甲酯作为草酸二甲酯合成工段的主要副产物，它可以作为新能源电池的电解液添加剂，发展前景广阔，碳酸二甲酯和甲醇会形成共沸物，给分离带来困难，目前已发展了很多成熟的工艺技术解决碳酸二甲酯的分离提纯问题。其他中间产物，如甲酸甲酯（MF）、乙醇、丁二醇（BDO）等也可通过顺序分离工艺实现分离，实现多联产；整个工艺中的甲醇溶液可以回收循环使用。乙二醇和中间产品精制单元的关键是实现高效分离的同时达到节能降耗和降低成本的目标。

5.1 草酸二甲酯的精制

草酸二甲酯作为乙二醇加氢反应的主要原料，其纯度及品质不仅影响加氢催化剂的活性和寿命，而且还会影响后续加氢反应的副产物组成，进而影响乙二醇精制单元产品与杂质的分离。此外，草酸二甲酯与水极容易发生水解反应生成草酸，如方程式(5-1)所示，而草酸不仅会使加氢催化剂中毒，而且对工艺流程中普通不锈钢材质的管道、阀门以及各种设备具有很强的腐蚀能力。

$$CH_3OC(O)C(O)OCH_3 + 2H_2O \longrightarrow HOOCCOOH + 2CH_3OH \tag{5-1}$$

CO与亚硝酸甲酯羰化反应制备草酸二甲酯的反应过程中，由于受各种反应条件（包括温度、压力、空速、催化剂、CO气体组成等因素）的综合影响，在氧化偶联生成草酸二甲酯的过程中还伴随其他副产物的生成。因此，进入加氢反应单元以前，需要对羰化反应生成的草酸二甲酯粗产物进行严格的精制，分离其中的杂质，以获得纯度较高的草酸二甲酯。避免对后续的加氢反应产生干扰，甚至是破坏性的影响。

5.1.1　产品指标

草酸二甲酯作为煤制乙二醇的中间产品，它是下一个工艺单元加氢反应的原料。为了减少加氢过程的副反应，同时为了保护加氢催化剂，对精制后的草酸二甲酯有一定的要求。与乙二醇不同，我们国家还没有专门针对煤制乙二醇技术生产的草酸二甲酯做出特殊规定。所以经精馏提纯后的草酸二甲酯质量未按照国家或行业标准执行，不同专利技术商对草酸二甲酯的纯度要求也不同，一般要求为：

纯度：$\geqslant 99.5\%$（质量分数）

碳酸二甲酯：$\leqslant 0.1\%$（质量分数）

酸度：$\leqslant 0.1\%$（质量分数）

5.1.2　产物分析与进料组成

5.1.2.1　DMO合成产物分析

DMO合成反应中，在钯基催化剂的作用下，反应产物除了主产物DMO［式(5-2)］外，主要还有DMC［式(5-3)］、MF［式(5-4)、式(5-5)］、二甲氧基甲烷［式(5-6)］、甲醇［式(5-7)］、甲醛［式(5-8)］以及少量水等副产物。从上述的副反应方程式可以看出，所有的副反应都跟亚硝酸甲酯有关联，说明了亚硝酸甲酯是非常活泼的中间体。反应方程式(5-2)、式(5-3)和式(5-5)是三个竞争反应，是由钯催化剂的选择性决定，可以通过调控钯催化剂获得高选择性和高收率的主产物，从而提高终端产品乙二醇的收率。

$$2CO + 2CH_3ONO \longrightarrow CH_3OC(O)C(O)OCH_3 + 2NO \tag{5-2}$$

$$CO + 2CH_3ONO \longrightarrow CH_3OCOOCH_3 + 2NO \tag{5-3}$$

$$4CH_3ONO \longrightarrow HCOOCH_3 + 2CH_3OH + 4NO \tag{5-4}$$

$$2CO + H_2 + 2CH_3ONO \longrightarrow 2HCOOCH_3 + 2NO \tag{5-5}$$

$$CH_3OH + 2CH_3ONO \longrightarrow CH_3OCH_2OCH_3 + 2NO + H_2O \tag{5-6}$$

$$CO + 2CH_3ONO + H_2O \longrightarrow CO_2 + 2CH_3OH + 2NO \tag{5-7}$$

$$2CH_3ONO \longrightarrow 2CH_2O + N_2O + H_2O \tag{5-8}$$

5.1.2.2　进料组成

DMO精制的目标是由前工序送来的粗草酸二甲酯在该工段经精馏提纯至99.5%，满足加氢反应单元的原料要求。由于从合成反应器以及产物吸收塔来的粗草酸二甲酯产物的主要成分为草酸二甲酯、甲醇、碳酸二甲酯、甲酸甲酯等，根据其沸点及其他物性，可采用多个步骤的精馏工艺得以分离。合成单元DMO粗产品的组分见表5-1。

(1) DMO粗产品组成

粗草酸二甲酯中碳酸二甲酯的含量主要由催化剂选择性在初期末期的不同所影响决定，其中甲酸甲酯的生成量与CO原料气中的H_2含量密切相关，因此前端H_2/CO分离工艺中对CO原料气中H_2的含量应严格把控。另外，合成的反应温度对甲酸甲酯、二甲氧基甲烷等的生成也有直接影响。为便于描述，将甲醇、甲酸甲酯、亚硝酸甲酯、二甲氧基甲烷统称为轻组分。

表 5-1　合成单元 DMO 粗产品的主要组分

组分	英文名	英文缩写	CAS 号
甲酸甲酯	methyl formate	MF	107-31-3
甲醇	methanol	MeOH	67-56-1
碳酸二甲酯	dimethyl carbonate	DMC	616-38-6
草酸二甲酯	dimethyl oxalate	DMO	553-90-2

　　工艺技术及催化剂的不同导致粗草酸二甲酯中杂质含量也不尽相同，目前国内在运行装置常见的粗草酸二甲酯中各杂质含量和它们的物性指标如表 5-2 和表 5-3 所示。

表 5-2　DMO 粗产品组成

组成	含量（质量分数）/%	组成	含量（质量分数）/%
草酸二甲酯	92～94	二甲氧基甲烷	0.1～0.3
碳酸二甲酯	1.9～2.2	甲醇	3.5～5
亚硝酸甲酯	0.2～0.4	水	微量
甲酸甲酯	1～2		

表 5-3　DMO 粗产品中各物质的物性指标

名称	沸点/℃	自燃点/℃	闪点/℃	饱和蒸气压/kPa	密度/(kg/m³)
甲醇	64.8	385	11	12.3/20℃	790
碳酸二甲酯	90	—	17	6.27/20℃	1069
草酸二甲酯	164.5	480	75	0.13/20℃	1150
甲酸甲酯	32	420	−32	53/16℃	974
二甲氧基甲烷	42	237	−18	44/20℃	856
亚硝酸甲酯	−12	—	—	220/25℃	—

（2）醇水混合物的组成

　　草酸二甲酯装置内的醇水混合物主要来源于三股物料：一是草酸二甲酯提纯单元脱轻塔顶部采出的轻组分，二是 DMO 合成酯化塔及还原塔的塔釜液，三是各压缩机的分液罐所输送物料的累积液。除了轻组分中的甲醇、甲酸甲酯、二甲氧基甲烷、亚硝酸甲酯等，还原塔的醇水混合物最显著的特征是还有硝酸还原反应未完全反应的硝酸。DMO 提纯轻组分的组成和还原塔的醇水混合物组成详见表 5-4 和表 5-5。

表 5-4　DMO 轻组分的组成

组成	含量（质量分数）/%
甲醇	90～92
甲酯甲酯	5～8
亚硝酸甲酯	2～3
二甲氧基甲烷	1～2
水	微量
碳酸二甲酯	微量
草酸二甲酯	微量

表 5-5　还原塔醇水混合物的组成

组成	含量（质量分数）/%
甲醇	54～58
水	39～42
碳酸二甲酯	1.5～3
甲酸甲酯	1～1.5
亚硝酸甲酯	2～3
二甲氧基甲烷	1～2
硝酸	0.2～2

5.1.3 DMO 精馏

一般根据沸点组成，DMO 精制工艺分为以下步骤：①在 DMO 脱轻塔实现甲醇、甲酸甲酯等低沸物与草酸二甲酯、碳酸二甲酯分离；②在 DMC 分离塔中完成 DMC 与甲醇共沸物及草酸二甲酯的分离；③在 DMO 蒸发分离塔中，塔顶得到高纯度草酸二甲酯。其中，DMO 脱轻塔塔顶馏出物的主要组分为甲醇、甲酸甲酯及少量不凝气，可送往加氢产物精馏单元中的甲醇精馏塔合并进一步分离；DMC 分离塔塔顶馏出物的主要组分为 DMC 及甲醇，一般送往 DMC 精制单元以回收副产物 DMC；DMO 精馏塔的塔釜组分为含较多高沸点杂质的 DMO，可作为粗产品。

5.1.3.1 两塔精馏和蒸馏 DMO 提纯工艺

传统的 DMO 提纯通常采用两塔精馏＋蒸馏的工艺流程，即先经过脱轻塔分离轻组分，碳酸二甲酯分离塔回收碳酸二甲酯和甲醇，再进入 DMO 蒸发塔分离重组分后得到 DMO 产品。详细工艺流程如图 5-1 所示。

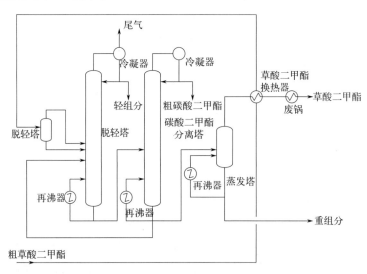

图 5-1　两塔精馏＋蒸馏草酸二甲酯提纯工艺流程图

来自 DMO 合成工段的草酸二甲酯粗产品经草酸二甲酯换热器预热后，首先进入草酸二甲酯脱轻塔。该塔的作用在于初步分离粗草酸二甲酯中的甲醇、亚硝酸甲酯和甲酸甲酯等轻组分。塔顶的轻组分经水冷器冷凝后，不凝气中含有较多的亚硝酸甲酯，需要进入下游亚硝酸甲酯回收单元回收亚硝酸甲酯至草酸二甲酯合成，为防止亚硝酸甲酯在回流罐内聚集，需要向回流罐持续通小流量氮气以减小亚硝酸甲酯的分压；冷凝液部分回流提供冷量建立塔内的气液平衡，部分采出送至甲醇回收单元进一步分离甲酸甲酯等轻组分后回收其中的甲醇供草酸二甲酯合成循环使用。

该塔在操作过程中应尽量将粗草酸二甲酯中的碳酸二甲酯控制在塔釜，因为碳酸二甲酯从脱轻塔顶部采出最终会溶解到回收甲醇中导致碳酸二甲酯会在合成循环圈累积，碳酸二甲酯作为发泡剂含量过多会影响草酸二甲酯合成单元酯化塔的正常操作。由于碳酸二甲酯和甲醇形成的共沸物与甲醇的沸点非常接近，常规的精馏方法难以将碳酸二甲酯和甲醇分离，加压精馏和萃取精馏都可以改变碳酸二甲酯和甲醇共沸物的组成，而草酸二甲酯本身就是很好的碳酸二甲酯萃取剂，因此可将碳酸二甲酯分离塔塔釜的草酸二甲酯部分回流至脱轻塔中部，将碳酸二甲酯萃取至塔釜。

草酸二甲酯脱轻塔塔釜液经塔釜泵加压后送至碳酸二甲酯分离塔。该塔的作用是进一步分离粗草酸二甲酯中的残余甲醇和碳酸二甲酯。塔顶的碳酸二甲酯和甲醇共沸物经水冷器冷凝后，部分回流至塔内建立精馏气液平衡，部分采出作为粗碳酸二甲酯送往碳酸二甲酯提纯装置副产工业级碳酸二甲酯产品并回收甲醇。塔釜草酸二甲酯部分经冷却后返回脱轻塔作萃取剂使用，其余草酸二甲酯送草酸二甲酯蒸发塔分离重组分。

在草酸二甲酯蒸发塔中，采用一次蒸馏的方式通过蒸发塔将产品草酸二甲酯完全蒸发，随草酸二甲酯合成催化剂流出的重金属、草酸单甲酯以及高温下形成的草酸二甲酯的低聚产物从罐底采出。为回收利用草酸二甲酯蒸气冷凝的潜热，塔顶气相设置草酸二甲酯废锅副产低压蒸汽 $[0.3\sim0.5\text{MPa(G)}]$ 供草酸二甲酯装置伴热或草酸二甲酯合成反应预热器使用。

该工艺技术应用成熟，轻、重组分及碳酸二甲酯都得到有效的分离，获得高纯度的草酸二甲酯产品，草酸二甲酯纯度可达 99.95% 以上，碳酸二甲酯含量小于 10^{-3}，酸度小于 10^{-3}。

但实际工业运行过程中碳酸二甲酯分离塔塔釜的草酸二甲酯已满足加氢产品的原料要求，通过草酸二甲酯蒸发塔虽然能有效地控制产品中的重组分，但也有观点认为草酸二甲酯在高温环境中停留时间过长，反而容易发生低聚反应生成重组分。同时其附属设置草酸二甲酯蒸发塔、换热器和草酸二甲酯废锅投资高，流程长，操作复杂。因此，有专利商对该工艺进行了改进，采用两塔精馏，碳酸二甲酯分离塔侧采草酸二甲酯，底采重组分的工艺。

5.1.3.2 两塔精馏 DMO 提纯工艺

该工艺与 5.1.3.1 的工艺流程相似，但取消了草酸二甲酯蒸馏的相关设备。在碳酸二甲酯分离塔提馏段增设一段填料。由于草酸二甲酯仅在碳酸二甲酯分离塔内通过再沸器加热，停留时间短，难以形成低聚物。产品 DMC 在中下部侧采，通过侧采罐缓冲后产品草酸二甲酯部分经水冷器冷却后返回脱轻塔作萃取剂，其余送乙二醇加氢装置。详细工艺流程如图 5-2 所示。在装置运行初期，草酸二甲酯合成所用的催化剂粉末和重金属在塔釜内富集与少量草酸二甲酯作为重组分采出。

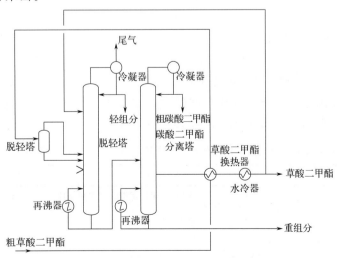

图 5-2　两塔精馏草酸二甲酯提纯工艺流程图

5.2　乙二醇的精制

目前，无论是石油乙烯法、煤合成气法还是生物质制乙二醇法，产品的精制分离主要是通过精馏方法实现的。煤制乙二醇精制单元主要分离草酸二甲酯加氢产生的副产物，得到合格的乙二醇产品，并回收甲醇循环使用，同时还分离出合适的副产品，实现多联产。通过对煤制乙二醇加氢产物的分析以及与其他工艺路线副产物的对比，发现煤制乙二醇由于其自身的工艺特点，副产物种类较多，主副产物沸点接近，且形成共沸物，分离难度较大。使用传统和单一的精馏工艺能耗高、效率低，且难以满足下游聚酯产业对产品质量的要求，尤其是特种纤维和高品质纤维产品对上游乙二醇原料的要求非常高。这十年来，伴随着煤制乙二醇技术路线的蓬勃发展和技术创新，集成多种分离手段的煤制乙二醇精制技术（包括精馏、树脂吸附和液相加氢等）已经日趋成熟，实现了分离过程节能降耗和品质提升，现阶段煤制乙二醇产品质量已趋稳定，精制后的高品质乙二醇产品可满足下游聚酯生产的要求。

5.2.1　产品指标

5.2.1.1　乙二醇国标概述

我国在 2008 年颁布了工业乙二醇国家标准 GB/T 4649—2008（主要指标详见表 5-6）。随后在 2018 年又颁布了新的工业乙二醇国家标准 GB/T 4649—2018（主要指标详见表 5-7）。工业乙二醇国家标准的演进发展从侧面反映了煤制乙二醇技术路线从无到有、从发展到壮大的历程。2008 版的国标主要是用来评价石油乙烯路线获得的乙二醇产品。而煤制乙二醇与石油路线乙二醇产品的杂质有极大的不同，GB/T 4649—2008 已无法全面评价煤制乙二醇的品质，难以平抑下游聚酯行业和期货中间商对新出笼的煤制乙二醇的质疑。在此背景下，2018 年新版国家标准 GB/T 4649—2018 正式颁布。

对比 GB/T 4649—2008 与 GB/T 4649—2018，新的国标中多个指标要求更趋严格，如聚酯级乙二醇质量分数从原优等品的 99.8% 提高到 99.9%；水含量从低于 0.10% 改为低于 0.08%；二乙二醇含量从低于 0.10% 改为低于 0.05%。当然，GB/T 4649—2018 最主要的还是针对煤制乙二醇产品做了特殊的规定，要求提供 1,2-丁二醇、1,4-丁二醇、1,2-己二醇和碳酸乙烯酯等煤制乙二醇路线所特有的副产物含量实测值。在紫外透光率方面，GB/T 4649—2018 额外要求报告 250nm 处的紫外透光率实测值。

表 5-6　GB/T 4649—2008 聚酯级乙二醇和工业级乙二醇标准

指标名称		聚酯级	工业级
外观		无色透明，无机械杂质	无色透明，无机械杂质
乙二醇（质量分数）/%	≥	99.8	99.0
二乙二醇（质量分数）/%	≤	0.100	0.600
色度（铂-钴）/号		≤5	≤10

指标名称		聚酯级	工业级
密度（20℃）/(g/cm³)		1.1128～1.1138	1.1125～1.1140
沸程/℃		196.0～199.0	195.0～200.0
水分（质量分数）/%		≤0.1	≤0.20
酸度（以乙酸计）/(mg/kg)		≤10	≤30
铁含量/(mg/kg)		≤10	≤30
灰分/(mg/kg)	≤	10	20
醛含量（以甲醛计）/(mg/kg)	≤	8.0	—
紫外透光率/%			
220nm	≥	75	
275nm	≥	92	
350nm	≥	99	
氯离子/(mg/kg)	≤	0.5	—

表 5-7　GB/T 4649—2018 聚酯级乙二醇和工业级乙二醇标准

指标名称		聚酯级	工业级
外观		无色透明，无机械杂质	无色透明，无机械杂质
乙二醇（质量分数）/%	≥	99.9	99.0
二乙二醇（质量分数）/%	≤	0.050	0.600
1,4-丁二醇（质量分数）/%		报告	报告
1,2-丁二醇（质量分数）/%		报告	报告
1,2-己二醇（质量分数）/%		报告	报告
碳酸乙烯酯（质量分数）/%		报告	报告
色度（铂-钴）/号		≤5	≤10
密度（20℃）/(g/cm³)		1.1128～1.1138	1.1125～1.1140
沸程/℃		196.0～199.0	195.0～200.0
水分（质量分数）/%		≤0.08	≤0.20
酸度（以乙酸计）/(mg/kg)		≤10	≤30
铁含量/(mg/kg)		≤10	≤30
灰分/(mg/kg)	≤	10	20
醛含量（以甲醛计）/(mg/kg)	≤	8.0	—
紫外透光率/%			
220nm	≥	75	
250nm		报告	—
275nm	≥	92	
350nm	≥	99	
氯离子/(mg/kg)	≤	0.5	—

注：上述要求为国标对乙二醇产品的要求。根据客户的不同，其中的部分数据，特别是要求"报告"的数据，会有不同要求。

5.2.1.2 影响产品指标的主要因素

紫外透光率（UV 值）是衡量乙二醇质量的一个关键性指标，国际上广泛应用 UV 值来判定 EG 产品质量，这是基于乙二醇的 UV 值对很多影响下游聚酯品质的杂质反应灵敏，特别是含不饱和官能团（如 C═O 或 C═C）的有机物。国内外的许多研究都表明，含 C═O（羰基）结构的化合物对 220nm 处的紫外透光率有非常大的影响。实验表明，即便极微量的羰基化合物，如含量为 5~10mg/kg 的羰基类化合物便会使 220nm 处的 UV 值快速下降到 20% 以下。翟吉全[2]发现六种杂质对乙二醇 220nm 处的 UV 值的影响顺序：γ-丁内酯＞乙醇酸甲酯＞乙二醇甲醚＞1,2-戊二醇＞1,2-丁二醇＞1,2-丙二醇。煤制乙二醇产品的杂质主要有醛类、酮类、醇类、环氧类、酯类等。其中，醛类及酮类杂质中均含有 C═O 结构，已有研究表明不饱和碳氧双键在紫外光的照射下发生 $n-\pi^*$ 跃迁是造成煤制乙二醇产品在 275nm 以下透光率较低的原因之一[1]。因此，GB/T 4649—2008 和 GB/T 4649—2018 都对 UV 值有严格的规定，要求聚酯级乙二醇产品中醛含量应小于 8mg/kg。

除了杂质影响外，乙二醇还受到保存条件的影响，比如密封状况、保存时间等。主要原因是乙二醇和空气中的氧气相互作用，形成溶解氧，从而导致紫外透光率降低[2,3]。翟吉全[2]通过监测一周内乙二醇的紫外透光率揭示了 UV 值随时间的变化规律；张育红等[4]通过对不同试样温度、采样瓶材质、试样密封条件下 UV 值的检测，发现试样温度没有影响，试样长时间暴露于空气中会导致 220nm 处的 UV 值永久性降低；康卫东[5]及孙明立[6]在工艺操作中发现系统发生泄漏及 EG 精制塔釜温过高时会使产品的 UV 值降低，推测泄漏时空气中的氧气与 EG 反应生成乙醇酸和乙二酸，而精制塔塔釜温度过高则使 EG 和 MG 发生自缩聚反应生成低聚物，随着低聚物增多，物料黏度变大，流动性变差，导致物料在再沸器中停留时间过长，受热时间过长，从而导致再沸器结焦。

5.2.2 产物分析与进料组成

5.2.2.1 产物分析

加氢反应由于受温度、压力、氢酯比等多个反应条件的影响，主反应进行的同时伴随着许多副反应，所以整个产物组成非常复杂，包含醇、醚、酸、酯等多种有机物（如表 5-8 和表 5-9 所示），多个副产物与产品乙二醇的沸点极为接近，且主副产物之间有很强的相互作用，形成共沸体系，不仅提高了后期产品精制分离的难度，而且增加了分离过程的能耗和物耗。

表 5-8 主要加氢产物

组分	英文名称	英文缩写	CAS 号
二甲醚	dimethyl ether	DME	115-10-6
甲酸甲酯	methyl formate	MF	107-31-3
甲醇	methanol	MeOH	67-56-1
乙醇	ethanol	EtOH	64-17-5
碳酸二甲酯	dimethyl carbonate	DMC	616-38-6

组分	英文名称	英文缩写	CAS 号
正丙醇	*n*-propyl alcohol	NPA	71-32-8
仲丁醇	secondary butyl alcohol	SBA	78-92-2
正丁醇	*n*-butyl alcohol	NBA	71-36-3
2-戊醇	2-pentanol	2-PT	6032-29-7
乙二醇单甲醚	ethylene glycol monomethyl ether	EGMME	109-86-4
乙醇酸甲酯	methyl glycolate	MG	96-35-5
草酸二甲酯	dimethyl oxalate	DMO	553-90-2
2,3-丁二醇	2,3-butanediol	2,3-BDO	513-85-9
1,2-丙二醇	1,2-propylene glycol	1,2-PG	57-55-6
乙二醇	ethylene glycol	EG	107-21-1
1,2-丁二醇	1,2-butanediol	1,2-BDO	584-03-2
γ-丁内酯	gamma-butyrolactone	GBL	96-48-0
1,4-丁二醇	1,4-butanediol	1,4-BDO	110-63-4
二乙二醇	diethylene glycol	DEG	111-46-6

表 5-9 主要加氢产物物性指标

组分	闪点/℃	沸点/℃	饱和蒸气压/kPa
二甲醚	−41	−23.7	533.20/20℃
甲酸甲酯	−32	32	53.00/16℃
甲醇	11	64.7	12.30/20℃
乙醇	12	78.3	5.33/19℃
碳酸二甲酯	17	90.0	1.33/14.7℃
正丙醇	15	97.2	1.33/20℃
仲丁醇	24	99.5	1.33/20℃
正丁醇	29	117.3	0.74/20℃
2-戊醇	34	119.3	0.53/20℃
乙二醇单甲醚	39	124.5	0.83/20℃
乙醇酸甲酯	67	149.8	187.30/60℃
草酸二甲酯	75	163.5	0.13/20℃
2,3-丁二醇	85	182.0	0.02/20℃
1,2-丙二醇	99	188.2	0.02/25℃
乙二醇	110	197.5	6.21/20℃
1,2-丁二醇	93	194.0	17.00/60℃
γ-丁内酯	98	204.5	2.00/20℃
1,4-丁二醇	121	228.0	—
二乙二醇	124	246.0	0.13/92℃

其中对乙二醇收率和产品质量有重要影响的几个副反应：

（1）加氢脱水反应

煤制乙二醇技术路线非常典型的一个特征就是终端产品乙二醇（EG）过度加氢生成乙醇［如反应方程式(5-9)所示］[7,8]，它的含量明显高于其他副产物，温度高有利于乙二醇的过度加氢，乙醇多了，终端乙二醇产品收率必然降低。所以加氢过程温度的控制对 EG 产品收率至关重要。

$$HOCH_2CH_2OH + H_2 \longrightarrow CH_3CH_2OH + H_2O \tag{5-9}$$

（2）盖尔贝（Guerbet）反应

煤制乙二醇技术路线非常典型的另一个特征是发生 Guerbet 反应，生成了很多碳链增长的一元醇和二元醇，由于一元醇沸点相对较低，对后期的分离并没有太大的影响；但是二元杂醇，如 1,2-丙二醇、2,3-丁二醇、1,2-丁二醇，由于它们的沸点与乙二醇接近，特别是 1,2-丁二醇与乙二醇沸点最为接近（相差约 4℃），在减压精馏条件下形成摩尔比为 1∶1 的共沸物[9]，因此原料中的 1,2-丁二醇会与乙二醇以共沸物的形式从塔顶蒸出，导致乙二醇收率下降；而共沸温度只比乙二醇沸点低 7～8℃，塔顶组成不可避免地带有未形成共沸物的乙二醇蒸气，从而使乙二醇产品收率进一步降低。所以控制加氢产物中二元杂醇（特别是 1,2-丁二醇）的含量以及高效节能地将 1,2-丁二醇从乙二醇产品中分离出去对煤制乙二醇技术路线的发展具有非常重要的意义。

Guerbet 反应的实质是两个醇分子之间发生 C-C 偶联同时缩合脱水的反应，从而形成碳链增长的醇[9,10]。与乙二醇过度加氢脱水生成乙醇的反应类似，高温有利于促进反应。下面举几个对后续精馏过程影响比较大的 Guerbet 反应实例，如乙二醇与乙醇反应生成 1,2-丁二醇，见反应方程式(5-10)；乙二醇与甲醇反应生成 1,2-丙二醇和 2,3-丁二醇，见反应方程式(5-11)、式(5-12)；两个乙二醇自缩合生成 1,4-丁二醇，见反应方程式(5-13)。

$$HOCH_2CH_2OH + CH_3CH_2OH \longrightarrow CH_3CH_2CHOHCH_2OH + H_2O \tag{5-10}$$

$$HOCH_2CH_2OH + CH_3OH \longrightarrow CH_3CHOHCH_2OH + H_2O \tag{5-11}$$

$$HOCH_2CH_2OH + 2CH_3OH \longrightarrow CH_3CHOHCHOHCH_3 + 2H_2O \tag{5-12}$$

$$2HOCH_2CH_2OH + H_2 \longrightarrow HOCH_2CH_2CH_2CH_2OH + 2H_2O \tag{5-13}$$

（3）环化反应

由于分子结构的限制，有些醇倾向于发生分子间脱水，但是有的结构在分子内脱水后会形成较为稳定的五元环和六元环，这种情况不仅限于加氢过程，在精馏单元高温减压有助于脱水的情况下，也可能产生含有五元环或者六元环的杂环化合物。

① 乙醇和 MG 发生了特殊类型的 Guerbet 反应，即在有酯基作为保护基的时候，得到 4-羟基-丁酸甲酯，脱去一分子甲醇分子后关环生成 γ-丁内酯（也可理解为先水解得到 4-羟基丁酸，然后脱水关环生成内酯），如反应方程式(5-14)所示。

$$\tag{5-14}$$

② 高温下，乙二醇除了会发生链式聚合外，还可能发生二聚关环［反应方程式(5-15)］得

到 1,4-二噁烷。

$$2 \ \text{HO}\diagdown\diagup\text{OH} \xrightarrow{-2H_2O} \text{(1,4-二噁烷结构)} \tag{5-15}$$

③ 乙醇酸甲酯水解后生成乙醇酸，然后二聚成环生成乙交酯［反应方程式(5-16)］。

$$\text{(乙醇酸甲酯)} \xrightarrow[-CH_3OH]{+H_2O} \text{(乙醇酸)} \xrightarrow{-2H_2O} \text{(乙交酯)} \tag{5-16}$$

环氧类有机物是以煤制乙二醇的一级副产物为前驱体得到的二级产物，实验表明虽然含量可能很低，但是会明显降低产品乙二醇 220nm 处的 UV 值。

5.2.2.2 进料组成

在乙二醇合成工段，加氢反应后的物料经进出料换热器会初步冷凝，产生乙二醇含量较高甲醇含量低的粗乙二醇，后续物料经进一步水冷，会产生含甲醇较高乙二醇含量低的粗甲醇。产能规模较小时，为方便操作，粗乙二醇和粗甲醇一般合并为一股进入乙二醇精馏装置。但在大规模生产装置中，两股物料的合并意味着已初步分离的物料重新混合，不利于节能降耗。因此，随着乙二醇生产装置大型化，粗乙二醇和粗甲醇通过不同的冷凝分液设备单独进料。表 5-10 列举了粗乙二醇产品合并前后主要组分的具体组成。

表 5-10 加氢产品组分组成

组分	混合乙二醇	粗甲醇	粗乙二醇
二甲醚	0.02%	0.00%	0.03%
甲酸甲酯	0.02%	0.00%	0.03%
甲醇	50.43%	94.00%	16.42%
乙醇	0.50%	0.94%	0.16%
正丙醇	0.00%	0.00%	0.01%
仲丁醇	0.01%	0.00%	0.01%
正丁醇	0.02%	0.00%	0.04%
2-戊醇	0.08%	0.02%	0.13%
乙二醇单甲醚	0.01%	0.00%	0.01%
乙醇酸甲酯	0.24%	0.12%	0.33%
草酸二甲酯	0.15%	0.15%	0.15%
2,3-丁二醇	0.03%	0.00%	0.05%
1,2-丙二醇	0.16%	0.00%	0.28%
1,2-丁二醇	0.30%	0.04%	0.50%
乙二醇	47.22%	3.99%	80.98%
二乙二醇	0.01%	0.00%	0.03%
水	0.42%	0.60%	0.28%
杂质	0.37%	0.12%	0.56%

针对目前煤制气草酸二甲酯加氢工艺生产乙二醇，该生产工艺会伴生一定量的碱性物质和有机杂质，虽然经多步精制提纯，但是乙二醇最终产品中仍含有微量的碱性物质、含碳基的有机杂质，从而影响产品的 UV 值。醛含量和 UV 值是乙二醇产品的两项重要质量指标。煤制乙二醇工艺在原石油乙烯路线生产乙二醇脱醛树脂基础上，发展了适用于净化碱性物质和有机杂质的脱醛树脂（煤制乙二醇专用）产品，目前已在河南永金化工、新疆天智辰业、湖北化肥厂、阳煤深州等煤化工企业生产应用，具有明显的净化效果。针对 UV 值较低时，在催化脱醛塔前加设二台吸附交换塔，利用吸附交换树脂，去除大部分有机杂质和醛类物质，降低脱醛催化剂负荷，提高脱醛催化剂使用寿命。

5.2.3　乙二醇精馏

5.2.3.1　顺序分离流程

乙二醇精馏采用真空精馏，经甲醇回收塔、脱水塔、脱醇塔、乙二醇产品塔、乙二醇回收塔、甲醇分离塔、乙醇产品塔的工艺流程，最终得到聚酯级乙二醇产品，并副产乙醇、轻质二元醇和重质二元醇。

从乙二醇合成工段来的混合乙二醇进入甲醇回收塔，塔顶气相为二甲醚、甲酸甲酯、甲醇、微量乙醇等蒸气，经甲醇回收塔一冷、甲醇回收塔二冷和甲醇回收塔深冷器冷凝后，冷凝液部分回流，部分采出去甲醇分离塔分离乙醇，不凝气由甲醇回收塔真空系统抽出以维持所需真空度。塔上部侧线采出精甲醇产品经泵提压后送至回收甲醇罐。塔釜液通过脱水塔进料泵提压后进入脱水塔。

在脱水塔中，塔顶气相为 $C_2 \sim C_5$ 醇类、乙醇酸甲酯、草酸二甲酯等轻组分的蒸气，经过脱水塔冷凝器和脱水塔深冷器冷凝后，液相部分回流，部分采出与甲醇回收塔塔顶采出物料一同进入甲醇分离塔，不凝气经由脱水塔真空系统抽出以维持脱水塔真空度。脱水塔釜出料由脱醇塔进料泵提升压力后送至脱醇塔。

在脱醇塔中，塔顶气相主要为轻于乙二醇的二醇类（如 2,3-丁二醇、1,2-丙二醇、1,2-丁二醇）蒸气，经过脱醇塔冷凝器和脱醇塔深冷器冷凝后，液相部分回流，部分采出经冷却后送罐区轻质二元醇储罐。脱醇塔釜出料由乙二醇产品塔进料泵打入乙二醇产品塔。

在乙二醇产品塔中，塔顶蒸气经乙二醇产品塔废锅和乙二醇产品塔二冷以及乙二醇产品塔深冷器冷凝后，液相部分回流，部分作为 98% 乙二醇采出送液相加氢单元，不凝气经由乙二醇产品塔真空系统抽出，以维持乙二醇产品塔真空度。乙二醇产品塔上部侧线采出聚酯级乙二醇产品送至罐区。乙二醇产品塔釜出料由乙二醇回收塔进料泵打入乙二醇回收塔。

在乙二醇回收塔中，塔顶蒸气经乙二醇回收塔冷凝器和乙二醇回收塔深冷器冷凝后，液相部分回流，部分采出与乙二醇产品塔顶部的 98% 乙二醇送液相加氢单元，不凝气经由乙二醇回收塔真空系统抽出，以维持乙二醇回收塔真空度。釜液经重组分输出泵送至罐区重质二元醇储罐。

在甲醇分离塔中，塔顶蒸气经甲醇分离塔冷凝器冷凝后，液相进入甲醇分离塔回流罐部分回流，其余作为塔顶产品采出经冷却后送至回收甲醇罐。釜液经乙醇产品塔进料泵送至乙醇产品塔。

在乙醇产品塔中，塔顶蒸气经乙醇产品塔冷凝器和乙醇产品塔深冷器冷凝后，液相进入乙醇产品塔回流罐，部分回流，其余作为塔顶产品采出经冷却后送至乙醇产品罐。乙醇产品塔侧线采出多碳醇产品经冷却后送甲醇罐区杂醇油储罐。

各真空泵尾气中含有甲醇等，不能直接排放入空气，因此需要将相应尾气送至真空泵尾气洗涤塔进行处理，采用新鲜水洗涤其中的甲醇、甲酸甲酯等，处理后的气体可直接排放到大气，而塔釜的含甲醇废水由真空泵尾气洗涤污水输送泵送至污水处理工段进行处理。详细顺序工艺流程简图见图 5-3。

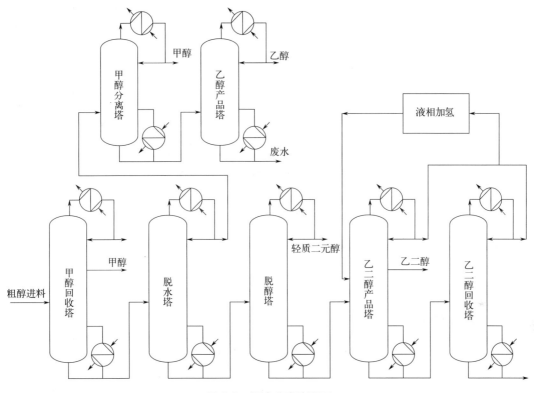

图 5-3　顺序分离流程图

5.2.3.2　产物粗分和产品塔蒸气回收流程

在顺序分离流程的基础上，为了降低能耗，从乙二醇合成工段来的进料先在乙二醇合成工段粗分为两股，即粗甲醇和粗乙二醇。粗甲醇进入甲醇回收塔，甲醇回收塔塔釜为甲醇和乙二醇的混合物，沸点在 85℃ 左右，可以采用乙二醇产品塔塔顶副产的低压蒸汽。甲醇回收塔的塔体侧线采出合格甲醇，塔釜含部分甲醇的乙二醇进入脱甲醇塔，从乙二醇合成工段来的粗乙二醇也进入脱甲醇塔。在脱甲醇塔中，经分离，塔顶甲醇含量高的物料进入甲醇回收塔，塔釜脱除甲醇的乙二醇进入后续塔系统。

此流程的优点在于可以利用乙二醇产品塔副产的蒸汽，降低了整个工段的能耗，缺点在于增加了一套塔系统，增加了投资。对应流程简图见图 5-4。

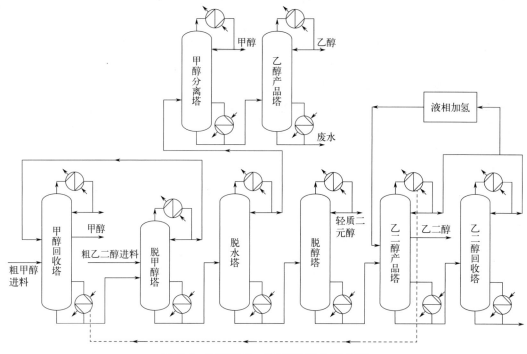

图 5-4 产物粗分+ 产品塔蒸汽回收流程

5.2.3.3 中间再沸器和产品塔蒸汽回收流程

在产物粗分流程的基础上，将甲醇回收塔和脱甲醇塔合并，中部塔体隔开，使用中间再沸器利用乙二醇产品塔的副产蒸汽。本流程在利用蒸汽的同时，能够减少塔系统投资，所以是一种更为优化的流程。相关流程见图 5-5。

5.2.3.4 影响因素

精馏工艺中有三个重要的工艺指标：①操作压力和操作温度；②回流比。它们对精馏装置的顺利运转至关重要。

（1）温度和压力

在减压精馏时，操作压力和操作温度是互相对应的，压力低，则表明真空度高，沸点低，即所需的加热温度低。具体对煤制乙二醇精馏工艺来讲，选择合适的操作温度和压力尤为重要，并不是真空度越高沸点越低越好。真空度要求太高，虽然沸点降低有利采出，但同时各组分的沸程都相应地压缩，导致 1,2-丁二醇等副产物与乙二醇的沸点更加接近，可能会影响分离精度，需要更高的理论塔板数，对抽真空设备要求也更高。反之，真空度太低，沸点升高，在停留时间过长的情况下，不仅各组分之间可能在精馏塔内发生缩合反应和酯交换反应等各种副反应，乙二醇本身也会发生聚合反应［如方程式（5-17）所示］，导致乙二醇收率降低，同时还会使塔釜液越来越黏稠，造成结焦等不利影响。此外，乙醇酸甲酯在精馏过程中也可能先水解再聚合，最后生成微量的聚乙醇酸［如反应方程式（5-18）所示］。在精馏过程中，如发现塔釜的液体越来越黏稠，表明乙二醇聚合的程度在加剧，特别是在后面几个温度较高的减压精馏塔里，温度高易触发聚合反应，聚合反应生成的水作为轻组分很容易通

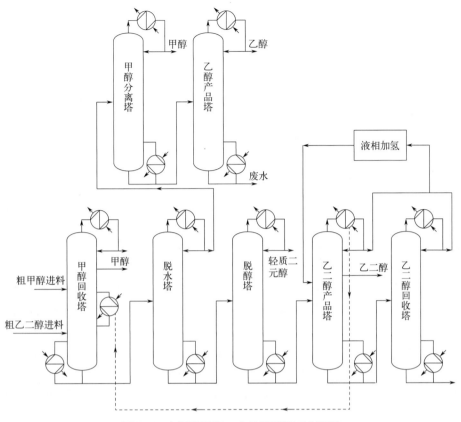

图 5-5 中间再沸器+产品塔蒸汽回收流程

过抽真空系统排到体系外,从而使化学平衡不断向聚合反应的方向移动,当聚合比较严重时,产品大量转化成二聚物或者多聚物,大大降低了产品收率。所以选择合适的加热温度和真空度,对精馏塔是至关重要的,尤其对后面三个精馏塔更显重要。

$$n \ \text{HO} \diagup \text{OH} \xrightarrow{-(n-1)\text{H}_2\text{O}} \left[\text{O} \diagup \text{O} \right]_n \tag{5-17}$$

$$\xrightarrow[\text{--CH}_3\text{OH}]{+\text{H}_2\text{O}} \xrightarrow{-(n-1)\text{H}_2\text{O}} \tag{5-18}$$

(2) 回流比

脱甲醇塔主要是脱去大量沸点较低的轻组分,因此选择较低的回流比有利于提高精馏效率,节省能耗。随着沸点的升高,塔顶乙二醇的含量增大,故脱水塔和脱醇塔的回流比比脱甲醇塔略高,到了脱丙二醇和丁二醇塔的时候,为了降低塔顶组分中乙二醇含量,回流比比前几个精馏塔明显要高很多。在煤制乙二醇产物中,乙二醇与丙二醇和丁二醇会形成共沸体系,当加氢产物中丙二醇和丁二醇含量越高时,共沸所需消耗的乙二醇量越大,需要提高回流比减少塔顶流股的乙二醇含量,保证收率。但是,这样无形中降低了精馏效率和增加了精馏能耗。产品塔的回流比要根据工艺流程的实际需要来调,主要目标就是收集到合格的乙二醇产品。

5.2.4 其他分离技术

煤制乙二醇通过单一的精馏工艺通常无法满足高品质乙二醇的指标要求，可通过集成物理或化学的方法除去乙二醇中的微量杂质，以提高乙二醇在 $220\sim350nm$ 波长的紫外透光率，提高产品质量，使其达到聚酯级乙二醇的产品要求。目前，煤制乙二醇产品的精制工艺主要从以下两个方面进行改进和优化：

（1）吸附分离

在精制过程中添加吸附剂除去影响乙二醇紫外透光率的杂质（阴阳离子、羰基类有机物、共轭双键有机物）是最有效的方法，常用吸附剂有离子交换树脂、活性炭、沸石、分子筛、氧化铝瓷球等。同时通过酸碱改性、结构改性等方式可增强稳定性、提升吸附效率，提高煤制乙二醇产品的紫外透光率。

（2）不饱和键再加氢反应

煤制乙二醇产品中的含有羰基、共轭双键的复杂有机化合物以及杂环化合物对乙二醇紫外透光率和聚酯反应过程具有较大影响，可通过皂化反应、再加氢反应进行去除。在煤制乙二醇粗产品中加入碱性物质溶液进行皂化反应，皂化反应产物进入第一、第二脱醇塔精馏回收甲醇，甲醇回收后的溶液在加氢催化剂的作用下促使溶液中的溶解氢与羰基、共轭双键等不饱和键发生再加氢反应，再加氢反应产物进入后续分馏塔分离。

目前，国内运行的煤制乙二醇精制优化提纯工艺主要分为树脂吸附和液相加氢两种工艺。

5.2.4.1 树脂吸附工艺

目前离子交换树脂是乙二醇工艺路线中提高乙二醇紫外透光率的常用吸附剂。使用的阴离子交换树脂包括含季铵基团的强碱型和含叔胺基团的弱碱型离子交换树脂，使用的阳离子交换树脂主要为苯乙烯系高分子聚合物交换树脂。通过监测特定波长处的透光率的变化，可以对离子交换树脂及时进行更换和再生。研究发现，经处理后乙二醇（EG）产品在 220nm、275nm 处的紫外透光率可分别大于 90% 和 97%。不同的树脂处理结果如表 5-11 所示。

表 5-11 经过不同树脂处理后的紫外透光率

树脂处理	紫外透光率/%		
	220nm	275nm	350nm
未经过树脂吸附	82.2	93.4	99.4
罗门哈斯 Amberjet 4400（OH⁻）	87.0	97.4	99.6
朗盛 Lewatit M500KR（OH⁻）	90.3	98.4	100.1
罗门哈斯 Amberlyst 15（H⁺）	86.5	95.7	100.0
罗门哈斯 Amberjet 1500H（H⁺）	91.2	98.6	99.5
罗门哈斯 Amberjet 4400＋Amberlyst 15	91.2	98.3	99.7
朗盛 Lewatit M500KR＋罗门哈斯 Amberlyst 15	90.4	98.4	99.7
朗盛 Lewatit M500KR＋罗门哈斯 Amberjet 1500H	93.3	99.0	100.2

（1）工艺流程简介

现有的树脂吸附装置如图 5-6 所示，主要包括 1 号树脂塔和 2 号树脂塔。其中 1 号树脂塔填装提高紫外树脂，主要用来提高乙二醇产品的紫外透光率，2 号树脂塔填装脱醛树脂，主要用来脱除乙二醇产品中的醛类。通过本装置的处理，乙二醇产品能达到 GB/T 4649—2018 的聚酯级指标。

当装置因开停车、精馏负荷波动较大、操作不当、晃电、真空泵跳车、循环水中断、蒸汽中断、设备腐蚀等原因导致侧线产出的乙二醇紫外透光率未达标时，将不合格乙二醇泵入 1 号树脂塔，经提高紫外树脂吸附，取样分析合格后，送入罐区产品槽。

当装置发生泄漏或其他异常情况时，由于精馏塔负压操作，会使少量空气漏入塔内，致使塔内部分醇氧化生成醛，造成乙二醇产品中醛含量超标，此时需将不合格乙二醇泵入 2 号树脂塔，经脱醛树脂吸附，取样分析合格后，送入罐区产品槽。

提高紫外树脂为可再生树脂，流程为可再生流程，再生周期正常工况下 1～3 个月，极端工况下为 1 周。再生剂为 4% NaOH 溶液和脱盐水。脱醛树脂为不可再生树脂。以一套 60 万吨/年乙二醇规模项目为例，1 号树脂塔需设三台并联，两开一备，2 号树脂塔设两台并联；1 号树脂塔和 2 号树脂塔可串联使用，也可根据需要单独切换使用。

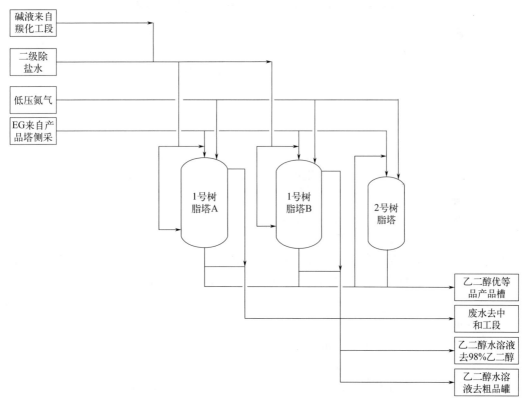

图 5-6　某 60 万吨/年乙二醇项目脱醛装置工艺流程图

（2）树脂类型及装填数量

以一套 60 万吨/年乙二醇规模项目为例，提高紫外树脂单台塔装填量为 30m³（湿基），三台总量为 90m³；脱醛树脂单台塔装填量为 18m³（湿基），两台总装填量为 36m³（湿基），两种树脂的堆积密度分别为 590～650g/L 和 530～590g/L。

（3）核心控制指标

① 吸附温度：实验结果表明，吸附温度应控制在 25～50℃ 之间，提高紫外树脂和脱醛树脂的效果最佳（如图 5-7 和图 5-8 所示）。

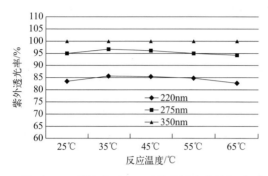

图 5-7　吸附温度对乙二醇紫外透光率的影响

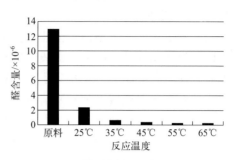

图 5-8　吸附温度对脱醛效果的影响

② 吸附压力：压力过高有可能会造成树脂破碎从而影响吸附效果，正常操作过程中尽量保证微正压操作，床层压降需控制在 0.15MPa 以下。如压降大于 0.15MPa 可通过反洗除去破碎的树脂颗粒，同时补充一定量新树脂。提高紫外树脂年补充量约为 5％～15％。

③ 操作要求：整个脱醛装置应避免接触空气、氧气等氧化性物质，最好在氮气保护下进行，以防止脱醛的同时，醇类物质不断氧化以及脱醛后的产品溶解部分氧，从而导致乙二醇产品 220nm 处的紫外透光率迅速下降。取样分析时，同样需要避免接触空气。树脂应避免接触油脂类、金属离子等有害物质，脱醛树脂还应避免接触碱性物质、水等，否则可能会造成树脂永久失活。

④ 树脂更换指标：提高 UV 树脂单次处理紫外透光率不合格的乙二醇处理量降至正常值的 75％ 左右时，需对 1 号树脂全部进行更换；1 号树脂期望使用寿命为 5 年。2 号树脂脱醛效率降至 50％ 以下时，需对 2 号树脂进行更换；2 号树脂期望使用寿命为 2 年。

（4）提质效果

① 紫外透光率

处理前乙二醇紫外透光率：220nm，≥68％；275nm，≥82％；350nm，≥98％。

处理后乙二醇紫外透光率：220nm，≥80％；275nm，≥95％；350nm，≥99％。

在年运转 8000h 的前提下，提高 UV 树脂的效果为提升紫外透光率（275nm）不低于 12％。

② 醛含量

处理前乙二醇醛含量≤20mg/kg。

处理后乙二醇醛含量≤8mg/kg。

在年运转 8000h 的前提下，脱醛树脂的脱醛量≥12mg/kg 乙二醇。

（5）工艺技术特点

① 精制反应不需要对物料进行加热，基本没有额外能耗，运行成本低。

② 精制效率高，操作灵活方便；提高紫外树脂塔和脱醛树脂塔可串联，也可单独切换使用。

③ 投资小，设备占地少。

离子交换树脂交换吸附法对提高乙二醇紫外透光率非常有效，但不可否认，树脂交换存在一些固有的缺点，如交换容量有限，对于大规模乙二醇生产装置，不仅需要大量的离子交换树脂，还需要经常对树脂进行再生，且再生会产生较多的酸碱废液、中间物料等。

5.2.4.2 液相加氢工艺

乙二醇液相加氢工艺原理是乙二醇在液相加氢催化剂作用下进行催化加氢，使乙二醇中对紫外线有吸收的不饱和键—C＝C—、—C＝O、—C＝C—C＝O 与 H₂ 发生加成反应[方程式(5-19) 和式(5-20)]，转变为对紫外线无吸收的饱和键，从而提高乙二醇产品的紫外透光率，同时也降低乙二醇产品的醛含量，达到提高乙二醇产品品质的效果，主要反应方程式如下：

$$R^1 \underset{O}{\overset{}{\diagdown}} R^2 \xrightarrow{H_2} R^1 \underset{OH}{\overset{}{\diagdown}} R^2 \tag{5-19}$$

$$R \underset{O}{\overset{}{\diagdown}} H \xrightarrow{H_2} R \underset{OH}{\overset{}{\diagdown}} H \tag{5-20}$$

（1）工艺流程简介

如图 5-9 所示，来自乙二醇产品塔塔顶的物料和来自乙二醇回收塔塔顶的物料在界区外混合后进入进料缓冲罐缓冲，以确保进入液相加氢反应器的乙二醇能够稳定供料，保证加氢效果。进料缓冲罐采用氮气进行密封，通过分程调节维持罐内压力在 0.1MPa（G）左右。罐底合格品乙二醇经加氢进料泵提压至 0.7MPa（G）左右送至进料预热器，将乙二醇溶液加热至 85℃左右，热源采用 0.5MPa（G）饱和蒸汽。

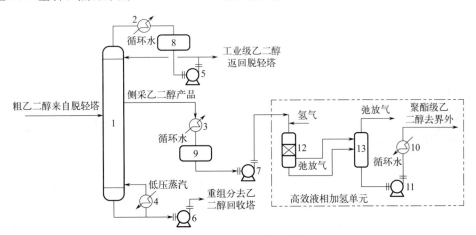

图 5-9 液相加氢工艺流程简图

1—乙二醇产品塔；2—乙二醇产品塔冷凝器；3—乙二醇产品冷却器；4—乙二醇产品塔再沸器；
5—乙二醇产品塔回流泵；6—乙二醇产品塔塔釜泵；7—乙二醇产品泵；8—乙二醇产品塔回流罐；
9—乙二醇产品罐；10—加氢产品冷却器；11—加氢产品泵；12—液相加氢反应器；13—闪蒸罐

来自界区的氢气加热后与乙二醇混合，气液两相自上而下通过反应器催化剂床层。加氢反应器为滴流床反应器，乙二醇溶液与氢气并流向下，氢气为连续相，乙二醇溶液为分散相。加氢后的乙二醇溶液从反应器底出料，通过物料自身的压力和液位控制系统送至气液分离罐。加氢反应开始后，随着氢气的消耗，反应器气相中惰性组分的浓度会逐渐升高，因此在开车初期需要定期分析反应器下段的气体组成。当氢气浓度小于 90％时，打开反应器下段放空管线上的放空阀，并调节放空气体的流量，将未反应的氢气和惰性气排放至火炬系统，为防止弛放气夹带乙二醇液体，也可以选择将放空气送至气液分离罐。当装置稳定后，可以通过加氢反应器下部出口的压力调节阀来控制反应压力。

加氢后的乙二醇在气液分离罐中闪蒸，将乙二醇中溶解的氢气闪蒸出去，以免这部分溶解的氢气进入精馏系统，对精馏系统造成安全风险。闪蒸出的氢气送至火炬系统。闪蒸后的乙二醇通过产品泵送至界外。

（2）提质效果

以某典型 60 万吨/年煤制乙二醇项目为例，乙二醇产品加氢前的 UV 值和醛含量数据见表 5-12。

表 5-12　乙二醇产品加氢前的 UV 值和醛含量

序号	紫外透光率/%				醛含量/(mg/kg)
	220nm	250nm	275nm	350nm	
1	56.63	83.58	88.48	99.80	43.58
2	55.82	83.34	88.02	99.07	43.34
3	56.28	83.13	87.81	99.09	44.17
4	55.26	83.08	88.58	100.05	42.43
平均值	56.00	83.28	88.22	99.50	43.38

由表 5-12 可见，接触空气后的乙二醇产品在 220nm、250nm、275nm 和 350nm 处的 UV 值分别为 56.00%、83.28%、88.22%、99.50%，前 3 个 UV 值均未达到国标要求；醛质量分数为 43.38mg/kg，也远未达到聚酯级的要求。通过上述液相加氢技术，可将乙二醇产品塔侧采产品质量直接提高至聚酯级指标，220nm、275nm 处的 UV 值分别≥75%、≥92%，醛含量≤8mg/kg，同时将聚酯级乙二醇产品的收率从 90% 提高至 100%，洗塔周期从 2 个月提高至 6 个月以上。此技术可从根本上解决乙二醇产品质量问题。

（3）核心控制指标

① 温度。在反应压力 0.8MPa（G）、乙二醇体积空速 8h^{-1} 的条件下，考察不同反应温度对乙二醇产品高效液相加氢的影响[11]，结果如图 5-10 所示。

从图 5-10 可以看出，在反应温度 120～150℃条件下，加氢后乙二醇的 UV 值随反应温度升高先升高后降低，从提高 UV 值角度来看，最佳反应温度为 130℃；醛含量随反应温度升高而升高，从降低醛含量角度来看，最佳反应温度为 120℃。主要原因是温度升高提高了催化剂的反应活性，即提高了单位时间内的反应速率，有利于杂质的去除，但同时会增加副反应。综合考虑，反应温度选择 120～130℃较适宜。

②压力。在反应温度为 130℃、乙二醇体积空速为 8h^{-1}条件下，考察不同反应压力对乙二醇产品高效液相加氢效果的影响[11]，结果如图 5-11 所示。

从图 5-11 可以看出，在反应压力 0.2～0.8MPa（G）条件下，加氢后乙二醇的 UV 值随反应压力升高而升高，醛含量随反应压力升高而降低。主要原因是反应压力升高增加了催化剂表面吸附的 H$_2$ 浓度，有利于乙二醇杂质的加氢反应，但是反应压力升高会增加固定投资。综上所述，优选的反应压力为 0.8MPa（G）。

③ 体积空速。在反应压力为 0.8MPa（G）、反应温度为 130℃的条件下，考察不同体积空速对乙二醇产品高效液相加氢的影响[11]，结果如图 5-12 所示。

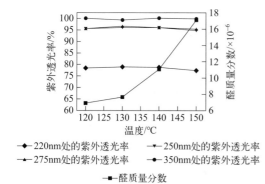

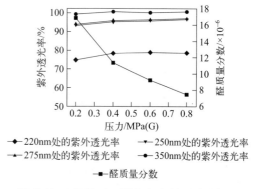

图 5-10 不同反应温度对液相加氢的影响分析图　图 5-11 不同压力对液相加氢的影响分析图

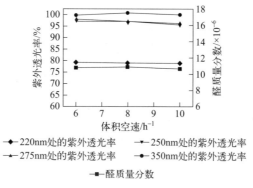

图 5-12　不同体积空速对液相加氢的影响分析图

在体积空速 $6\sim10h^{-1}$ 条件下，加氢后乙二醇的 UV 值随体积空速的增加而降低，醛含量随体积空速的增加基本无变化。体积空速反映了乙二醇及其杂质在催化剂表面的停留时间，体积空速的增加使得停留时间降低，乙二醇中的杂质得不到充分反应，从而 UV 值下降。降低体积空速意味着催化剂用量增加，最终空速的选择还取决于对于加氢效果的要求，如要求加氢效果好且稳定，可以选择低空速的操作条件，建议体积空速优选 $6\sim8h^{-1}$。

（4）工艺技术特点

可直接对乙二醇产品塔侧采产品进行处理来提高产品质量，同时延长了洗塔周期，解决了乙二醇精馏长周期运行杂质积累和乙二醇聚酯级产品收率低的问题，并在多个煤制乙二醇项目中得到了工业化应用。通过液相加氢技术，乙二醇的聚酯级收率从 90% 提高至 100%。

5.2.4.3　液相加氢与树脂吸附工艺相结合

随着煤或合成气制乙二醇技术的不断发展，提高乙二醇产品质量的技术越来越多，乙二醇产品质量也越来越好，越来越稳定。最开始使用树脂吸附法来提高乙二醇产品的 UV 值和降低醛含量。但由于使用树脂法有以下几个问题：树脂成本较高，其使用寿命一般在 $1\sim3$ 年，需要定期更换，成本高；树脂需要定期再生，再生时会产生大量有机废水和含盐废水，环保压力大；不能解决乙二醇精馏长周期运行精馏塔内杂质累积的问题，一般 $2\sim3$ 个月需要洗塔；不能解决聚酯级乙二醇收率低的问题，一般乙二醇产品聚酯级收率在 90% 左右。为了进一步提高聚酯级产品的收率，同时降低树脂再生频率，延长洗塔周期，目前工业化应用最多的传统合格品液相加氢与树脂吸附结合来提高乙二醇产品质量的工艺，可以使乙二醇的聚酯级收率达到 100%，同时洗塔周期从 2 个月提高到 6 个月以上。同时液相加氢技术的引入，也可降低树脂再生的频率，从而延长树脂使用寿命，使操作更加稳定。

5.3 碳酸二甲酯(DMC)的分离与回收

在草酸二甲酯的合成反应中，产生一定比例的碳酸二甲酯（DMC）副产物，比例约占 2%~5%。现阶段煤制乙二醇产能逐步增大，相应的 DMC 副产物也已经达到了较大产量。随着下游应用的拓展，DMC 的重要性逐步提高。碳酸二甲酯是一种应用前景广阔的绿色环保化工原料，它的结构式为 $CH_3OC(O)OCH_3$，因其分子中含有甲氧基和羰基，具有多种反应活性。1992 年 DMC 在欧洲通过了非毒性化学品的注册登记，因而在医药、农药、合成材料、染料、食品添加剂等许多领域有望全面替代剧毒的光气、硫酸二甲酯、氯甲烷及氯甲酸甲酯等。此外，DMC 具有高氧量、高辛烷值、低挥发性以及生物可降解性，可替代甲基叔丁基醚（MTBE）用作燃油添加剂，可以提高燃烧效率，降低污染物排放。DMC 具有良好的相溶性、高介电常数、低黏度等特性，被广泛应作锂电池电解液的主溶剂，使电池的电流密度、抗氧化还原性能、导电性能得到提高，电池使用寿命也得以提高。DMC 还可以作为合成聚碳酸酯（PC）的原料，DMC 的大规模生产就是伴随着聚碳酸酯的非光气合成工艺而发展起来的。

5.3.1 产品指标

《工业用碳酸二甲酯》（GB/T 33107—2016）中碳酸二甲酯的质量指标见表 5-13，为了得到不同级别的 DMC 产品，需要采取不同的精制方案。

表 5-13 碳酸二甲酯质量指标

分析项目	质量指标		
	电子级	优级	一级
碳酸二甲酯（质量分数）/%	≥99.99	≥99.9	≥99.5
甲醇（质量分数）/%	≤0.002	≤0.020	≤0.050
水分（质量分数）/%	≤0.003	≤0.020	≤0.10
密度/(g/cm³)	1.071±0.005		
钠/(μg/mL)	1.0	—	—
钾/(μg/mL)	1.0	—	—
铜/(μg/mL)	1.0	—	—
铁/(μg/mL)	1.0	—	—
铅/(μg/mL)	1.0	—	—
锌/(μg/mL)	1.0	—	—
铬/(μg/mL)	1.0	—	—
镍/(μg/mL)	1.0	—	—

5.3.2 工业级 DMC 的精制

煤制乙二醇工艺副产 DMC 的分离难点在于 DMC 与甲醇形成共沸物，常压下 DMC-MeOH 的共沸温度为 63.7℃，共沸组成为 MeOH 70%（质量分数，下同）、DMC 30%。普通精馏分离工艺难以得到高纯度产品。

目前，DMC-MeOH 的分离手段主要有萃取精馏工艺、变压精馏工艺、低温结晶工艺以及膜分离工艺。为了得到工业级 DMC（一级品），工业上主要采用萃取精馏工艺和变压精馏工艺。

萃取精馏的原理是通过向体系中加入高沸点溶剂来改变原组分之间的相对挥发度以实现组分分离的目的。萃取精馏的流程简图如图 5-13 所示。物流 1 DMC 与 MeOH 的共沸物和物流 2 萃取剂共同进入萃取精馏塔 T-01，塔顶的物流 4 为高纯度甲醇，而塔底物流 3 则是 DMC 与萃取剂的混合物。物流 3 进入溶剂回收塔 T-02，通过简单精馏分离 DMC 与萃取剂，分离后的萃取剂（物流 6）则循环利用。

常见的萃取剂有草酸二甲酯、乙二醇、苯酚、二甲苯等，针对煤制乙二醇的组成特点，为了不引入新的溶剂杂质，采用草酸二甲酯作为萃取剂是非常合适的。天津大学马新宾等[12-14]对甲醇-碳酸二甲酯-草酸二甲酯体系的气液相平衡开展了大量试验测定工作，得到了热力学相平衡数据，并试验了草酸二甲酯作为萃取剂对甲醇-DMC 的气液相平衡的影响。试验发现，加入 DMO 的质量分数为 35% 和 50% 时，可使甲醇-DMC 物系的共沸物组成由 $x_1=0.8711$ 分别上移至 $x_1=0.9153$ 和 $x_1=0.9534$，加入 DMO 的质量分数为 70% 时，可使甲醇-DMC 物系的共沸点消失。因此，DMO 的萃取精馏效果与 DMO 在原料液中的含量有关。

上海石油化工研究院杨卫胜等[15]提出了草酸二甲酯萃取精馏分离 DMC 的发明专利，并对萃取剂中草酸二甲酯的浓度对甲醇及碳酸二甲酯相对挥发度的影响进行了研究。发现萃取段液相中草酸二甲酯物质的量浓度优选≥20%。这样甲醇和碳酸二甲酯能够避开共沸点，从而较容易地被分开。该发明实施例中可以实现草酸二甲酯回收率大于达 99.99%，碳酸二甲酯脱除率达 99.5%，碳酸二甲酯质量含量大于 99.9%。

变压精馏法利用 DMC-MeOH 共沸体系在不同压力条件下对拉乌尔定律产生偏差的特性，生产过程中使用两个操作压力不同的精馏塔实现 DMC-MeOH 共沸体系的分离（如图 5-14 所示），具有不需加入其他杂质、节省能耗、工艺简单等优点。

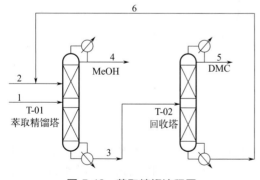

图 5-13 萃取精馏流程图

1—DMC 与甲醇的共沸物；2—萃取剂；
3—DMC 与萃取剂的混合物；4—高纯度甲醇；
5—DMC；6—萃取剂

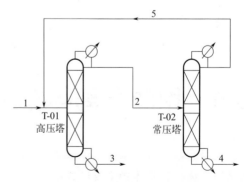

图 5-14 变压精馏流程图

1—常压甲醇与 DMC 的共沸物；2—高压下的共沸物；
3—DMC 产品；4—甲醇产品；5—常压下的共沸物

由表 5-14 可知，DMC-MeOH 形成的低沸点共沸物，随着压力的提高，共沸组成中 DMC 含量逐渐减少，当压力增至 1.5MPa 左右时，共沸物中 DMC 含量只有 7％，因此利用改变压力的方法可以分离 DMC-MeOH 共沸物。加压精馏可以使用惰性气体提供压力。

表 5-14　不同压力下 DMC-甲醇共沸物的共沸组成与共沸温度的关系

项目	指标						
压力/MPa	0.098	0.196	0.392	0.588	0.785	0.981	1.471
甲醇共沸组成/％	70	73.4	79.3	82.5	85.2	87.6	93.0
DMC 共沸组成/％	30	26.6	20.7	17.5	14.8	12.4	7.0
共沸温度/℃	64	82	104	118	129	138	155

熊国玺等[16]报道 DMC 和 MeOH 共沸物在 1.0MPa 氮气下进行蒸馏，塔底及塔顶温度分别为 150℃和 142℃，蒸馏后塔顶得到的馏出液为质量分数为 95％的甲醇和 5％的 DMC，塔釜为 DMC 产品。除使用惰性气体外，梅支舵等[17]直接利用 DMC-MeOH 共沸体系自身蒸气压，依赖物料的压力变化来分离 DMC-MeOH 共沸物，产品纯度可达 99.5％以上，水分含量低于 0.1％，DMC 收率在 95％以上。

刘建军等[18]介绍了河南某企业变压精馏工业化的运行结果，该企业采用碳酸二甲酯、甲醇常压-加压-常压三塔精馏工艺，运行效果良好，完全可以分离甲醇与 DMC 共沸物，而且在 DMC 加压精馏塔塔釜可以得到 99.5％以上的 DMC 产品，达到了一级品，并且有较高的 DMC 回收率。

5.3.3　电子级 DMC 的精制

从 DMC-MeOH 共沸物中分离得到的工业级 DMC，纯度一般为 99.5％，含有少量的水分、低碳链脂肪醇和低碳链烃类等杂质，需进一步提纯，使其纯度达到 99.99％（电子级）以上，才能满足锂离子电池电解液的要求。

目前工业上电子级 DMC 提纯一般采用结晶法。燕增伟等[19]提出了熔融结晶方式，将纯度达到工业级的碳酸二甲酯产品送入熔融结晶器，原料预冷至 6.0℃后，进行程序降温，降温速率为 0.50℃/h，降温终温为 3℃，程序降温结束时间为 6h，程序升温至 5℃进行发汗，升温速率为 2℃/h，排发汗液，升温至 10℃使结晶熔化后得到纯度达 99.996％的电子级碳酸二甲酯，单程收率为 75％，该纯化方法的总收率为 97％。

5.4　甲醇分离与循环

在煤制乙二醇技术中，甲醇既是 CO 氧化偶联合成草酸二甲酯的原料，也是草酸二甲酯加氢的产物。在整体的主反应式中，甲醇的消耗量与产量相当，因此只将甲醇作为一种中间产品。但是在实际生产中，因反应和分离中存在损耗，需要补入甲醇以平衡此损耗。此处将对甲醇的分离与循环作详细的说明。

甲醇作为循环原料用于草酸二甲酯合成时，回收的甲醇通过酯化塔补入，最终进入循环气中，为防止草酸二甲酯合成催化剂中毒以及水与草酸二甲酯发生水解反应生成草酸，需要严格控制甲醇中的水含量；同时由于碳酸二甲酯有发泡作用，为减少其对酯化塔的操作影响，也应尽量控制其含量。

5.4.1 草酸二甲酯精制中的甲醇分离与循环

甲醇作为未反应物进入草酸二甲酯提纯工序。本工序甲醇分离的难点在于甲醇易与反应副产物碳酸二甲酯共沸。

甲醇脱水单元采用常-高压双效精馏，负责回收系统中的甲醇并对甲醇中的轻组分进行分离，同时排放 DMO 装置的废水送到污水处理工序。来自 DMO 合成工序硝酸还原塔的甲醇水溶液及 MN 回收工序的尾气凝液经泵提压后送入常压甲醇脱水塔，塔顶分离的甲醇中含有浓度较高的 MF 等轻组分，送 MF 回收塔进一步分离。塔釜甲醇水溶液经碱处理罐中和硝酸后进入高压甲醇脱水塔继续深度分离，塔顶甲醇去回收甲醇罐，塔釜废水去污水处理工序。常压甲醇脱水塔和高压甲醇脱水塔热耦合操作。常压甲醇脱水塔塔顶甲醇溶液与 DMO 脱轻塔塔顶液相轻组分混合后进入 MF 回收塔，塔釜甲醇送入回收甲醇罐。塔顶回收 MF 送尾气焚烧装置，塔顶不凝气送 MN 回收工序处理。

硝酸还原未反应完全的醇水混合物以及脱轻塔轻组分中的甲醇需要通过精馏回收返回合成系统循环利用，同时其中的亚硝酸甲酯、甲酸甲酯、碳酸二甲酯等物质由于极易溶于甲醇，为防止其在合成系统中累积，需要通过物理或化学方法进行分离。前置碱处理和甲醇回收工艺采用化学方法将醇水混合物中的杂质进行碱解生成相应的盐和甲醇，再通过精馏进行回收。详细工艺流程如图 5-15 所示。

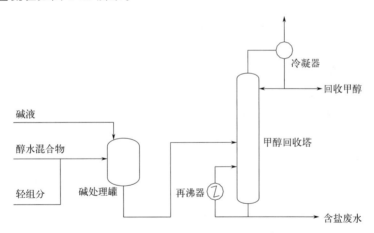

图 5-15　前置碱处理和甲醇回收工艺流程图

早期的煤制乙二醇技术中，由于硝酸还原反应器的性能相对较低，硝酸还原排出的醇水混合物中硝酸浓度较高，通常在 1.5%～2% 左右，而高浓度的硝酸会与甲醇在高温下生成与亚硝酸甲酯性质相近的爆炸性产物硝酸甲酯，增大系统风险。因此，在进入甲醇脱水塔之前，需设置碱处理罐，通过夹套伴热控制反应温度在 60℃ 左右，并采用搅拌的形式，通往 NaOH 水溶液，将醇水混合物中的硝酸完全中和。同时轻组分及醇水混合物中的各种酯，包括亚硝酸甲酯、甲酸甲酯、草酸二甲酯、碳酸二甲酯等均发生碱解反应，生成相应的盐和甲醇，如式(5-21)～式(5-25)所示。

$$HNO_3 + NaOH \longrightarrow NaNO_3 + H_2O \tag{5-21}$$

$$CH_3OCOOCH_3 + 2NaOH \longrightarrow 2CH_3OH + Na_2CO_3 \tag{5-22}$$

$$CH_3OOCCOOCH_3 + 2NaOH \longrightarrow 2CH_3OH + (COONa)_2 \tag{5-23}$$

$$HCOOCH_3 + NaOH \longrightarrow CH_3OH + HCOONa \tag{5-24}$$

$$CH_3ONO + NaOH \longrightarrow CH_3OH + NaNO_2 \tag{5-25}$$

碱处理罐都在 pH=8.0 的条件下操作。硝酸在 pH=8.0 条件下容易中和,但是碳酸二甲酯水解反应较弱,只有约 30% 的碳酸二甲酯在 pH=8.0 条件下水解。各种酯水解的反应速率快慢分别为:甲酸甲酯>亚硝酸甲酯>草酸二甲酯>碳酸二甲酯。

当碳酸二甲酯/草酸二甲酯浓度较高时,中和的盐容易析出,碱处理罐周围的管线容易被盐类堵塞。尤其要注意的是,草酸二甲酯水解产生的草酸钠非常难溶解,因此草酸二甲酯浓度需要特别控制。当有中和盐析出时,增加脱盐水的流量是溶解和稀释盐类最有效的方法。尤其在开、停车阶段,含有碳酸二甲酯/草酸二甲酯的废水的中和风险较高,所以可能需要大量的脱盐水。

中和以后的含盐醇水混合物通过泵送入甲醇脱水塔,塔顶甲醇及残余碳酸二甲酯通过水冷器冷凝后部分回流,部分采出供草酸二甲酯合成循环使用,塔釜废水经冷却后送至污水处理工序。

前置碱处理工艺在中和硝酸的同时各种酯碱解生成了大量的硝酸钠、亚硝酸钠、碳酸钠、甲酸钠、草酸钠等,虽然碱解也能生成少量甲醇并回收,但盐的总含量较高(3%~4%),而且盐的种类复杂,后续的废水处理成本高,难度大。因此,该方案随着工艺技术的不断改进也逐渐被替代。

5.4.2 硝酸浓缩和甲醇回收工艺

基于前置碱处理带来的高浓盐废水的问题,高化学/东华开发了硝酸浓缩工艺,将硝酸还原系统排出的含硝酸醇水混合物通过硝酸浓缩塔采用负压精馏进行初步分离轻组分和硝酸,严格控制提馏段的分离程度,使得少量的水和硝酸在塔底浓缩,大量的水、甲醇及其他轻组分送至甲醇回收塔,仅对部分稀硝酸进行中和,可以有效地避免杂盐的生成,大幅降低废水处理的难度。详细工艺流程如图 5-16 所示。

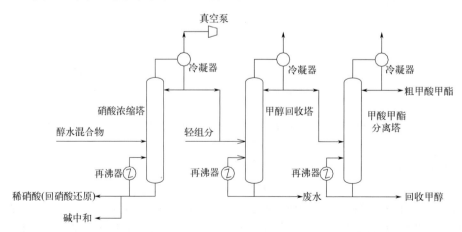

图 5-16 硝酸浓缩和甲醇回收工艺流程

来自硝酸还原的含硝酸醇水混合物经泵加压后送至硝缩浓缩塔，塔釜采用草酸二甲酯合成汽包副产的低压蒸汽进行加热，通过真空精馏控制塔釜温度，避免硝酸与甲醇生成硝酸甲酯。塔釜大部分硝酸送至硝酸还原系统循环使用。由于硝酸还原的醇水混合物中会夹带微量的草酸二甲酯，它最终水解生成草酸，草酸腐蚀性极强，为防止草酸在整个系统循环富集，塔釜的硝酸需要小流量产出送碱处理罐进行中和处理。产生的含硝酸和微量草酸的少量废水可通过多效蒸发或用全厂其他工业废水稀释后生物反硝化等方式进行处理。塔顶的醇水混合物中硝酸含量<10^{-4}，进甲醇回收塔前可通过少量加碱的方式控制其腐蚀性。通过甲醇回收塔分离残余的水分后，由于甲酸甲酯未经水解，会随着甲醇在循环系统富集，因此甲醇回收塔塔顶采出的甲醇还需要再经过一个甲酸甲酯分离塔，通过精馏分离甲醇中的甲酸甲酯。

该工艺流程有效地解决了杂盐的生成问题，并大幅度降低了废水的总量及含盐量，使废水处理的难度和运行成本都有效降低，但硝酸浓缩装置投资较高、真空功耗较大，并且与甲醇回收形成二次精馏，消耗大量蒸汽，运行能耗较高。

5.4.3 后置碱处理和甲醇回收工艺

随着硝酸还原技术的不断改进，硝酸还原外排的醇水混合物中的硝酸浓度可控制在0.2%（质量分数）以下，大大提升了硝酸与甲醇在精馏塔中的安全温度区间。最新的工艺流程通过将甲醇回收塔改为常-高压双效精馏的方式，高压塔塔顶气相作为低压塔再沸器热源，形成能量热耦合，可有效降低蒸汽消耗。先常压精馏再加碱，又可以避免轻组分碱解生成杂盐。工艺流程见图5-17。

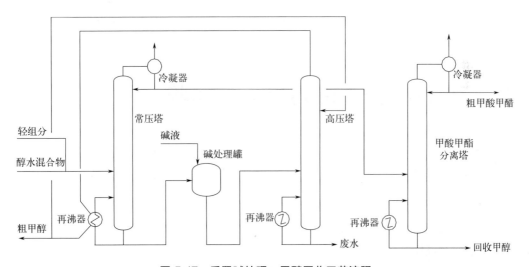

图 5-17　后置碱处理+ 甲醇回收工艺流程

硝酸还原排出的含硝酸醇水混合物直接送至甲醇回收的常压塔，控制常压塔塔釜的甲醇含量以将常压塔塔釜温度限制在80℃以内，以抑制硝酸甲酯的生成。在常压塔中，各轻组分甲酸甲酯、二甲氧基甲烷及大量的碳酸二甲酯从塔顶馏出，塔釜主要是甲醇、水、硝酸、少量的碳酸二甲酯和微量的草酸二甲酯，此时，在塔釜设置碱处理罐，完全中和硝酸，伴有少量的碳酸钠和微量的草酸钠生成，再送入高压塔分离残余的甲醇和碳酸二甲酯。

与前置碱处理方案相比，废水及盐的总量大幅度降低，总盐含量可降到 $0.6\%\sim0.8\%$（质量分数），总废水量同比下降 60% 以上，该工艺与硝酸浓缩相当，其杂盐种类也最少，但由于不需要额外的装置投资及能耗，同时双效精馏本身也是有效的节能降耗手段，是目前最先进的甲醇回收工艺。

5.4.4　乙二醇精制中的甲醇分离与循环

在草酸二甲酯加氢制乙二醇的过程中，甲醇作为产物同乙二醇一起进入乙二醇精制工序。在乙二醇精制工序的甲醇回收塔中，经过精馏分离，绝大部分甲醇由甲醇回收塔侧线采出。因草酸二甲酯加氢产物中，甲醇含量高，且能与甲醇形成共沸物的物质少，因此甲醇的分离较简单。草酸二甲酯加氢产物中剩余甲醇进入脱水塔，经脱水塔分离，由塔顶作为杂醇油采出。杂醇油在乙醇分离系统分离后，其中的甲醇作为产品，同甲醇回收塔侧线采出的甲醇合并，进入回收甲醇罐，作为 CO 氧化偶联制草酸二甲酯的原料。

5.4.5　碳酸二甲酯回收中的甲醇分离与循环

草酸二甲酯提纯中的 DMC 分离塔塔顶采出的粗 DMC 中含有部分甲醇。随着煤制乙二醇项目的大型化，DMC 作为一种副产品提纯的经济性逐步增加。虽然 DMC 和甲醇存在共沸，但是在不同的压力下，DMC 和甲醇的共沸物组成有所区别，在高压下，DMC/甲醇共沸物中甲醇的含量更高。利用此原理，可设置高低压精馏塔或萃取精馏塔，完成 DMC 和甲醇的分离，并可实现能量耦合，降低整个工序能耗。分离后的甲醇进入回收甲醇罐，作为 CO 氧化偶联制草酸二甲酯的原料。

5.5　其他副产物的分离与回收

在草酸二甲酯的合成和乙二醇的合成反应中，存在较多的副产物。现阶段煤制乙二醇产能逐步增大，相应的副产物也已经达到了比较可观的产量。为提高经济效益，部分副产物也开始进行回收。副产物的生成反应在草酸二甲酯和乙二醇的制备中已有提及，此处不再赘述，仅针对副产物的分离与精制过程做细节说明。

5.5.1　甲酸甲酯

甲酸甲酯（methyformate，MF）又名蚁酸甲酯，分子式为 $C_2H_4O_2$，结构式为 HCOOCH$_3$，分子量为 60.5。甲酸甲酯化学是当前 C_1 化学发展的热点之一，作为 C_1 化学的中间纽带越来越受到重视。从甲酸甲酯出发，可以制备甲酸、醋酸、乙二醇、醋酐、丙酸甲酯、丙烯酸甲酯、乙醇酸甲酯、N,N-二甲基甲酰胺（DMF）、碳酸二甲酯、甲醇、DL-甘氨酸等一系列下游产品，几乎包括了 C_1 化工的全部内容。在农业上，其可用作杀虫剂、杀菌剂、烟草处理剂、果品干燥剂等。20 世纪 90 年代以来，科研人员又发现 MF 可以取代石化产品 MTBE，作汽油高辛烷值添加剂。甲酸甲酯（MF）可经济有效地大规模生产，随着下游产品增多，发展前景广阔。煤制乙二醇中的甲酸甲酯主要为草酸二甲酯合成过程中的副产物。具体的分离工艺流程及产品指标如下。

5.5.1.1 产品指标

产品甲酸甲酯规格应满足《工业用甲酸甲酯》（GB/T 33105—2016）优等品的技术要求，具体见表 5-15。

表 5-15　甲酸甲酯质量指标

项目	指标	
	优等品	合格品
甲酸甲酯（质量分数）/%	≥96.0	≥94.0
甲醇（质量分数）/%	≤4.0	≤6.0
色度/Hazen 单位（铂-钴色号）	≤10	—
水（质量分数）/%	≤0.01	≤0.02
蒸发残渣/(mg/100mL)	≤1.0	—

5.5.1.2 工艺流程

由 DMO 精馏工序来的含亚硝酸甲酯的轻组分进入 MN 脱除塔顶部，由公用工程来的 CO 进入 MN 脱除塔底部，经 CO 气提后，大部分的亚硝酸甲酯进入气相，经管道送入 DMO 合成工序亚硝酸甲酯再生塔中，底部以甲醇为主、含部分甲酸甲酯的塔釜液进入 MF 分离塔。

将 MF 分离塔顶部的含甲酸甲酯、亚硝酸甲酯的甲醇溶液送入亚硝酸甲酯分离塔，经精馏塔分离后，塔釜为含甲酸甲酯的甲醇溶液，进入甲酸甲酯精制塔；塔顶含亚硝酸甲酯的甲醇进入亚硝酸甲酯回收塔。

原料粗甲酸甲酯由罐区或亚硝酸甲酯分离塔塔釜打入原料耦合器管程预热后，进入甲酸甲酯精馏塔中部，塔顶产生的合格的甲酸甲酯由原料耦合器壳程换热部分冷凝，冷凝液进入甲酸甲酯精馏塔回流罐，未冷凝的气相进入甲酸甲酯精馏塔冷凝器冷凝后进入甲酸甲酯精馏塔回流罐，由甲酸甲酯精馏塔回流泵送至甲酸甲酯产品暂存罐，合格品由甲酸甲酯产品外送泵送至界外产品储存罐，不合格品由甲酸甲酯产品外送泵送至界外原料储存罐。塔釜采出甲缩醛、甲醇及碳酸二甲酯，塔釜液经过甲酸甲酯塔釜采出泵直接打入 MF 回收塔中部，塔顶采出的甲缩醛经 MF 回收塔冷凝器冷凝后进入 MF 回收塔回流罐，由回流泵送至界外。塔釜剩余甲醇及碳酸二甲酯送至 MF 分离塔。

5.5.2 乙醇

乙醇分离装置一般包含在乙二醇精馏装置中。乙二醇精馏装置中的甲醇回收塔和脱水塔塔顶采出的杂醇油中主要组分为甲醇、乙醇和水，由于产量小且不稳定、分离难度较大，现阶段仅大型项目中会做乙醇分离。

5.5.2.1 产品指标

由于分离来源杂醇油中有水分存在，会和乙醇形成共沸物，现阶段精馏设计乙醇产品指标仅满足《工业用乙醇》（GB/T 6820—2016）95%乙醇一等品要求：纯度 ≥95%（质量分数）；甲醇≤150mg/L；酸度 ≤20mg/L。

5.5.2.2 乙醇分离进料组成

副反应所产生的乙醇可以随乙二醇精馏装置中的甲醇回收塔、脱水塔塔顶采出物采出。由于工艺技术及催化剂的不同导致粗乙二醇中乙醇含量也不尽相同，目前国内在运行装置常见的甲醇回收塔、脱水塔塔顶采出杂醇油组成见表5-16。

表 5-16 杂醇油组成

组成	含量（质量分数）/%	组成	含量（质量分数）/%
MeOH	37.19	EGMME+MG	1.02
EtOH	24.55	水	29.59
NPA+SBA+NBA+2-PT	7.65		

5.5.2.3 工艺流程

乙醇分离装置主要包括以下两个塔。甲醇分离塔：塔顶操作压力为常压，塔釜温度约为86℃。乙醇产品塔：塔顶操作压力为235kPa（A），塔釜温度约为116℃。甲醇分离塔和乙醇产品塔的主要目的是分离甲醇回收塔和脱水塔塔顶采出的杂醇油组分，回收甲醇和乙醇产品。在甲醇分离塔中，来自甲醇回收塔和脱水塔的杂醇油经分离后，塔顶工艺气为甲醇产品，塔釜为粗乙醇。甲醇分离塔塔顶蒸气经甲醇分离塔冷凝器冷凝后，液相进入甲醇分离塔回流罐；回流罐液体经甲醇分离塔回流泵提升压力后，大部分返回甲醇分离塔回流，其余作为塔顶产品采出，经甲醇分离冷却器冷却后送至罐区。塔釜液与乙醇产品塔塔顶工艺气进行热量耦合，甲醇分离塔再沸器由乙醇产品塔塔顶工艺气供热；甲醇分离塔釜液经乙醇产品塔进料泵送至乙醇产品塔。

在乙醇产品塔中，来自甲醇分离塔的粗乙醇经分离后，塔顶工艺气为乙醇产品，塔釜为含醇废水。塔顶工艺气冷凝的潜热通过甲醇回收塔塔釜再沸器回收利用，冷凝液进入乙醇产品塔回流罐；回流罐液体经乙醇产品塔回流泵提升压力后，大部分返回乙醇产品塔回流，其余作为塔顶产品采出，经乙醇产品冷却器冷却后送至罐区。塔釜采用0.5MPa(G)饱和蒸汽作为热源供热；釜液经废水输送泵送至废水处理工序。

该流程能耗较低，流程简单，甲醇、乙醇和水都得到了有效的分离，获得了高纯度的甲醇和乙醇产品，甲醇纯度可达99%以上，乙醇纯度可达95%以上。

5.5.3 丁二醇

丁二醇（BDO）分子式为 $C_4H_{10}O_2$，分子量为 90.12，它有多种同分异构体：1,2-BDO、1,3-BDO、2,3-BDO 和 1,4-BDO。其中 1,4-BDO 是一种非常重要的精细化工产品，是生产聚对苯二甲酸丁二醇酯（PBT）工程塑料和纤维、四氢呋喃（THF）、γ-丁内酯

（GBL）、聚氨酯人造革、聚氨酯弹性体以及聚氨酯鞋底胶的重要原料。常温常压下为无色、有刺激性气味的黏稠油状液体，能与水混溶，易溶于乙醇、丙酮及乙二醇醚等，微溶于乙醚，几乎不溶于脂肪烃、芳烃、氯代烃等溶剂，有较强的吸湿性，可燃。

乙二醇精馏装置中脱醇塔塔顶采出的副产品轻馏分是含有丁二醇、乙二醇的二元醇类混合物。由于产量小、分离难度较大，1,4-丁二醇一般不作为一种副产品单独采出，往往与1,3-丁二醇、2,3-丁二醇、1,2-丁二醇一起同乙二醇采出，作为混合二元醇外卖。单独将1,4-丁二醇作为一种产品并不具备经济性。由于丁二醇和乙二醇的沸点相近，较难分离，混合二元醇中约含有60%（质量分数）的乙二醇，丁二醇与乙二醇的比例为1∶2，通常直接作为副产品外卖，一定程度上造成了乙二醇的浪费。近两年乙二醇精馏装置增设了 EG 浓缩塔，进一步分离丁二醇和乙二醇，可提高乙二醇的收率。

5.5.3.1　工艺流程

EG 浓缩塔精馏为真空操作，操作压力塔顶16kPa（A），塔釜22kPa（A），操作温度塔顶119.2℃，塔釜152.2℃；EG 浓缩塔的主要目的是进一步分离脱醇塔塔顶采出的混合二元醇，回收乙二醇和 BDO 产品。在 EG 浓缩塔中，来自脱醇塔塔顶的混合二元醇经分离后，塔顶工艺气中的乙二醇含量（质量分数）大大降低，由进料中的83%（质量分数，下同）降低到23%，同时丁二醇含量由12%升高到45%；塔釜为浓缩后的乙二醇，含量约为98%。塔顶工艺气经过水冷器和深冷器冷凝，大部分回流，其余作为混合二元醇产品外卖。塔釜回收的乙二醇可以送往液相加氢工序进一步加氢精制成聚酯级乙二醇产品。塔中补入连续的脱盐水，可减小乙二醇在气相中的分压，有助于乙二醇和丁二醇的分离。塔釜采用1.5MPa（G）饱和蒸汽作为热源供热。经过 EG 浓缩塔精馏回收后，整个乙二醇精馏装置的乙二醇收率可以从95%提高到99%以上，同时浓缩后的混合二元醇产品作为副产品外卖，具有较高的经济效益。

5.5.3.2　分离效果

EG 浓缩塔进料组成（质量分数）：一元醇0.55%，醚酯2.48%，BDO（1,4-BDO、2,3-BDO、1,3-BDO）5.06%，1,2-BDO 7.78%，乙二醇83.47%，1,2-己二醇0.27%，水0.39%。

分离后塔顶采出混合二元醇组成（质量分数）：醚酯9.27%，BDO（1,4-BDO、2,3-BDO、1,3-BDO）+1,2-PG（1,2-丙二醇）18.25%，1,2-BDO 26.54%，乙二醇24.02%，γ-丁内酯+1,2-己二醇0.88%，水21.04%。

塔釜回收乙二醇组成（质量分数）：BDO（1,4-BDO、2,3-BDO、1,3-BDO）0.23%，1,2-BDO 0.89%，乙二醇98.83%，1,2-己二醇0.05%。

参考文献

[1] 徐涛，刘小勤，刘定华，等.吸附剂的改性及脱除乙二醇中微量杂质 [J].化学进展，2006，25（10）：1158-1161.

[2] 翟吉全.煤制乙二醇产物及分离技术的研究 [D].福州：福州大学，2016.

[3] 陈红.对乙二醇成品 UV 值影响因素的探讨 [J].金山油化纤，1997（03）：30-32.

[4] 张育红，王川，李诚炜，等.乙二醇紫外透光率测定方法的研究 [J].石油化工，2015（5）：635-639.

[5] 康卫东.影响独山子乙二醇产品质量长期稳定的原因及对策//全国环氧乙烷/乙二醇第五届行业年会论文集.1998：28-29.

［6］孙明立.乙二醇产品 UV 值不合格分析及措施［J］.当代化工，2013（1）：111-115.

［7］Carlini C，Girolamo M D，Macinai A，et al. Selective synthesis of isobutanol by means of the Guerbet reaction［J］. Journal of Molecular Catalysis A-Chemical，2003，200：137-146.

［8］Koda K，Matsu-ura T，Obora Y，et al. Guerbet Reaction of Ethanol ton Butanol Catalyzed by Iridium Complexes［J］. Chemistry Letters，2009，38：838-839.

［9］陈军航，陈卫航，蒋元力，等.真空下 1,2-丁二醇-乙二醇二元体系气液平衡数据的测定及关联［J］.天然气化工，2013，38：55-59.

［10］Veibel S，Nielsen J. On the mechanism of the Guerbet reaction［J］. Tetrahedron，1967（23）：1723-1726.

［11］闫卫林，窦守花，李先旺，等.高效液相加氢直接提高煤或合成气制乙二醇产品质量的工艺研发［J］.煤化工，2021，49（3）：38-42.

［12］马新宾，李振花，夏清，等.草酸二甲酯对甲醇-碳酸二甲酯二元物系气液平衡的影响［J］.石油化工，2001，30（9）：699-702.

［13］马新宾，李振花，王宝伟，等.碳酸二甲酯-草酸二甲酯二元常压气液相平衡［J］.高校化学工程学报，2001，15（3）：254-258.

［14］李振花，刘新刚，马新宾，等.甲醇、碳酸二甲酯、草酸二甲酯二元体系气液平衡测定与关联［J］.化学工程，2006，34（2）：48-55.

［15］杨山胜，贺来宾，施德，等.生产草酸二甲酯并副产碳酸二甲酯的方法：CN 106518675 B［P］.2019-01-01.

［16］熊国玺，李光兴.碳酸二甲酯-甲醇二元共沸物的分离方法［J］.化工进展，2002（1）：26-28.

［17］梅支舵，殷芳喜.加压分离甲醇与碳酸二甲酯共沸物的新技术研究［J］.安徽化工，2001（1）：2-4.

［18］刘建军，李成科，马鹏飞，等.碳酸二甲酯与甲醇共沸物分离研究进展［J］.化工管理，2021：58-60.

［19］燕增伟，张生安，林海，等.电子级碳酸二甲酯的制备方法及其制备装置：CN 111454152 B［P］.2020-06-22.

6

煤制乙二醇工艺系统设计

6.1　煤制乙二醇工艺系统

典型的煤制乙二醇项目通常由煤气化装置、变换装置、净化装置（脱硫脱碳、硫回收）、H_2/CO 分离装置、草酸二甲酯装置、乙二醇装置、空分装置、热电装置、水处理、其他公用工程和辅助设施等组成。其中气化装置负责将原料煤转化为合成气，合成气经过变换调整氢碳比、脱硫脱碳脱除酸性气、H_2/CO 分离后得到 H_2 和 CO，CO 送至草酸二甲酯装置用于合成草酸二甲酯，H_2 送至乙二醇装置与草酸二甲酯一起制取乙二醇。硫回收、气化装置、草酸二甲酯装置所需要的氧气来自空分装置。热电装置则负责将燃料煤转化为全厂生产所需要的蒸汽和电力。工艺流程框图如图 6-1 所示。

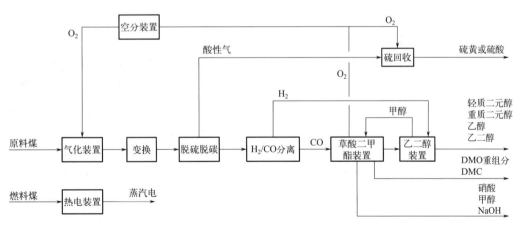

图 6-1　典型的煤制乙二醇项目工艺流程框图

6.1.1　合成气的制取与净化分离

6.1.1.1　煤气化

煤气化产生的合成气是煤制乙二醇路线的最重要原料来源。所有煤气化技术都有一个共同的特征，即气化炉内煤炭在高温条件下与气化剂反应，使固体煤炭转化为气体原料，剩下的含灰残渣排出炉外。气化剂主要为水/蒸汽和氧（纯氧或空气），粗煤气的成分主要是CO、H_2、CO_2、CH_4、N_2、H_2O，还有少量硫化物等其他微量成分。

（1）气化技术简介

按煤与气化剂在气化炉内的运动状态，可将煤气化工艺分为固定床（移动床）、流化床和气流床三类，各种气化方法均有其各自的优缺点，对原料煤的品质均有一定的要求，其工艺的先进性、技术成熟程度互有差异。

① AP（air products）粉煤加压（原 Shell）气化技术。该气化技术采用特殊的水冷壁气化炉，使用寿命长。采用废锅流程，可副产高压蒸汽。废锅流程气化系统结构复杂庞大；设备费较高，对此 AP 气化也开发出了激冷流程，降低了约 30% 的设备投资。

② 神宁炉粉煤气化技术。神宁炉粉煤气化工艺采用水冷壁气化炉，无耐火材料衬里，使用寿命较长。正常使用时维护量少，运行周期长。气化炉可不需备用炉。

③ 航天炉（HT-L）粉煤加压气化技术。中国航天科技集团公司利用航天特种技术优势与航天石化装备的研发成果，吸收国外先进煤气化技术的优点，自主研发了 HT-L 气化炉、气化燃烧器等煤气化关键设备，采用成熟的化工工艺，形成了具有自主知识产权的航天煤气化成套技术。目前航天炉运行业绩在主流粉煤气化工艺中数量最多。

④ 科林粉煤加压气化工艺。科林干粉煤加压气化属于先进的气流床煤气化工艺技术，但其在国内的业绩较少。

⑤ GE 水煤浆气化技术。GE 水煤浆气化压力范围宽，在 4.0～8.7MPa(G) 范围内均有运行业绩，技术成熟，国产化率高。

⑥ 多喷嘴对置式水煤浆气化技术。华东理工大学和兖矿集团有限公司共同开发的"新型多喷嘴水煤浆气化技术"。目前单炉日处理煤量最大的 3000t/d 超大型气化炉也已于 2014 年 6 月 24 日投入运行。气化黑水热回收与除渣单元核心设备有蒸发热水塔工艺，整个工艺具有蒸汽利用充分、耐堵渣、节能、长周期运行的优势。

⑦ 晋华炉三代气化技术（水煤浆水冷壁直连废锅技术）。晋华炉三代技术是具有自主知识产权的煤气化技术。该技术能更好地回收系统能量，提高能量利用率，能更好地节能增效。该技术主要是针对灰熔点较高的煤种研究开发的气化技术，煤种适应性较好，通过辐射废锅回收高温合成气的热能并转化为高压饱和蒸汽，提高煤的利用率，降低生产成本。该技术在煤制乙二醇领域应用较多。

⑧ 流化床气化技术。流化床气化工艺目前主要包括灰熔聚、HTW、KBR 和 U-gas，该技术的优点在于可以以低成本劣质煤作为原料，但主要缺点是气化碳转化率低、含尘高、消耗高、压力低，合成气需加压以满足乙二醇生产所需的压力，能耗高。此外，气流床造气单元排放物对环境有一定污染，因此不在国家政策鼓励的范围内。

（2）气流床气化技术比较

目前，国内用于煤制乙二醇的气化技术主要是气流床煤气化，流化床和固定床基本不采用。下面以气流床气化技术为主进行技术比较。

四种先进的气流床粉煤气化技术的比较如表 6-1 所示。

三种先进的水煤浆气化技术比较如表 6-2 所示。

表 6-1　四种先进的气流床粉煤气化技术比较

	项目	AP 粉煤气化	神宁炉	航天炉	科林炉
工艺技术参数	气化压力	最高 4.2MPa（G）	最高 4.2MPa（G）	最高 4.2MPa（G）	最高 4.2MPa（G）
	碳转化率	99%	99%	99%	99%
	有效气含量（CO+H_2）	90%～92%	90%～92%	90%～92%	90%～93%
	水气比	0.7～0.85	0.7～0.9	0.7～1.0	0.7～0.9
	水冷壁系统	1. 副产蒸汽规格5.4MPa； 2. 副产蒸汽量≤3t/h（单炉）	1. 副产蒸汽规格0.5MPa； 2. 副产蒸汽量≤7t/h（单炉）	1. 副产蒸汽规格5.4MPa； 2. 副产蒸汽量≤3t/h（单炉）	1. 副产蒸汽规格0.5MPa； 2. 副产蒸汽量≤7t/h（单炉）
环保性比较	废气	1.磨煤单元有一股较大排量的热气放空； 2.煤粉输送有一股需要处理的含甲醇放空气； 3.有一股去硫回收的酸性气	1.磨煤单元有一股较大排量的热气放空； 2.煤粉输送有一股需要处理的含甲醇放空气； 3.有一股去硫回收的酸性气	1.磨煤单元有一股较大排量的热气放空； 2.煤粉输送有一股需要处理的含甲醇放空气； 3.有一股去硫回收的酸性气	1.磨煤单元有一股较大排量的热气放空； 2.煤粉输送有一股需要处理的含甲醇放空气； 3.有一股去硫回收的酸性气
	废水	废水中COD、氨氮含量低，可直接排入生化处理	废水中COD、氨氮含量低，可直接排入生化处理	废水中COD、氨氮含量低，可直接排入生化处理	废水中COD、氨氮含量低，可直接排入生化处理
	废渣	渣易于处理	渣易于处理	渣易于处理	渣易于处理
原料适应性	煤种适应性	灰熔点≤1500℃煤种，8%≤灰分≤20%，煤种适应范围较广	灰熔点≤1500℃煤种，8%≤灰分≤20%，煤种适应范围较广	灰熔点≤1500℃煤种，8%≤灰分≤20%，煤种适应范围较广	灰熔点≤1500℃煤种，8%≤灰分≤20%，煤种适应范围较广

表 6-2　三种气流床水煤浆气化技术比较

	项目	晋华炉	多喷嘴对置式	AP 水煤浆气化
工艺技术参数	气化压力	最高 6.5MPa（G）	最高 6.5MPa（G）	最高 8.7MPa（G）
	碳转化率	96%～98%	98%～99%	97%～98%
	有效气含量（CO+H_2）	78%～84%	78%～84%	约80%
	水气比	0.7～1.0	1.0～1.3	1.0～1.3
	水冷壁系统	1.副产蒸汽规格≥7.0MPa； 2.副产蒸汽量≤3t/h（单炉）	无水冷壁	无水冷壁
环保性比较	废气	有一股去硫回收的酸性气	有一股去硫回收的酸性气	有一股去硫回收的酸性气
	废水	可利用有机污水制浆	可利用有机污水制浆	可利用有机污水制浆
	废渣	渣易于处理	渣易于处理	渣易于处理
原料适应性	煤种适应性	煤种适应性相比其他水煤浆更广，特别是"三高煤"，但对于煤质的成浆性有一定的要求	灰熔点≤1350℃，灰分≤20%，要求成浆性好，煤浆浓度宜大于58%；目前大部分厂家使用的是神木、榆林的煤种	灰熔点≤1350℃煤种，灰分≤20%，要求成浆性好，煤浆浓度宜大于58%；目前大部分厂家使用的是神木、榆林的煤种

项目		晋华炉	多喷嘴对置式	AP水煤浆气化
节能性比较	热量回收利用	半废锅流程，回收出气化室高温合成气的大部分热量，1000m³（CO+H₂）副产约0.7吨10.0MPa（G）的饱和蒸汽	激冷流程，无副产蒸汽	激冷流程，无副产蒸汽

（3）煤制乙二醇项目气化技术的选择

从煤种的角度考虑，各种煤气化技术对原料煤质都有一定的要求。对于水煤浆气化来说，对灰分含量、灰熔点、成浆性等有一定的要求，不过水冷壁型水煤浆气化，一定程度上放宽了灰分含量和灰熔点的限制；干粉气流床气化技术理论上相对来说适用煤种则较宽，但实践证明对灰分含量、灰熔点也有要求；因此，要根据原料煤条件，选用适宜的煤气化技术。

从能耗的角度考虑，恩德气化炉和灰熔聚气化炉两种流化床煤气化工艺，气化压力低（目前<1.0MPa），单炉生产能力小，气化效率低，煤气中尘含量高，渣中残碳高，碳转化率低，目前应用很少。对于下游主要产品为乙二醇的项目，其合成压力在2.8～3.5MPa之间，因此选择较高的压力，可节省后续合成系统的压缩功，可以减少能耗，降低装置运行费用。因此，采用流化床煤气化技术在能耗方面不占优势。气流床气化技术在这方面体现了其优势，无论是6.5MPa的水煤浆气化还是4.0MPa粉煤气化均有应用业绩。如果煤制乙二醇项目有配套甲醇装置，则选用6.5MPa的水煤浆气化可以节省甲醇合成压缩功；如果没有配套甲醇装置，则选用4.0MPa的水煤浆气化或者粉煤气化均合适。

从环境保护方面考虑，固定床气化技术由于气化温度低，产生大量含高浓度有机杂质、酚和氰等毒害物质的废水，其回收及处理成本很高，且难以达到环保要求。因此采用固定床煤气化技术在环保方面不占优势。如采用水煤浆气化技术，则可将废水加入煤浆中入炉进行气化处理，可以满足越来越高的环保要求。

从工艺流程的角度考虑，固定床和流化床气化技术生成的粗煤气中含有较多的甲烷，用于生产城市煤气比较合适。用于合成乙二醇，需将大量甲烷分离或转化后才能作为原料气使用，流程复杂。在气流床方面，水煤浆和干粉煤气化经过多年的发展，拥有了大量的业绩，其技术成熟可靠。

由于煤制乙二醇对粗煤气水气比要求比较宽，水气比在0.7～1.3（摩尔比）的范围内均合适，因此，目前主流的气流床煤气化技术均可应用于煤制乙二醇。

近年来，带辐射废锅的气流床气化炉在煤制乙二醇项目中备受青睐，一方面是煤制乙二醇后续装置蒸汽需求量大，带废锅的气化炉能副产一定量的蒸汽，回收气化余热。另外，带废锅的气化炉能副产高等级的蒸汽，经过热后可用作驱动蒸汽，降低锅炉动力煤消耗，达到节能降耗、降低碳排放量的目的。

（4）典型案例

以某典型的60万吨/年煤制乙二醇项目为例，该项目采用4台公称投煤量1500t/d，直径3800mm的晋华炉，由于配套了甲醇装置，气化压力采用6.5MPa（G），气化温度约1450℃，单台气化炉辐射废锅副产9.8MPa（G）高压蒸汽50～60t/h，经过热后用作驱动蒸汽驱动汽轮机发电，出气化装置的合成气水气比0.7～0.8（摩尔比），由于乙二醇对变换深度要求不高，0.7～0.8（摩尔比）的水气比基本满足下游变换的要求。

典型的晋华炉水煤浆气化技术流程见图 6-2。

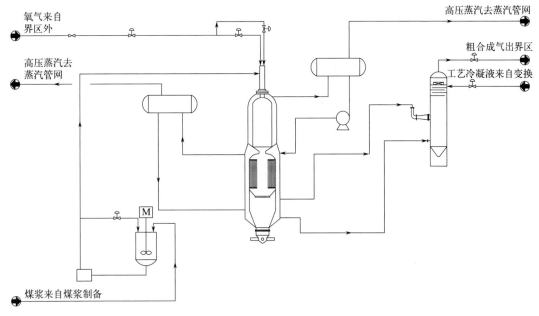

图 6-2　晋华炉水煤浆气化技术流程图

典型煤制乙二醇项目气化技术选择情况见表 6-3。

表 6-3　典型煤制乙二醇项目气化技术选择情况

项目	选择技术
通辽金煤 20 万吨/年乙二醇项目	恩德炉
新疆天业 60 万吨/年乙二醇项目	晋华炉
湖北三宁 60 万吨/年乙二醇项目	多喷嘴
中盐红四方 30 万吨/年煤制乙二醇项目	多喷嘴
神华榆林 40 万吨/年乙二醇项目	AP 水煤浆气化
陕西彬州渭河 30 万吨/年煤制乙二醇项目	AP 水煤浆气化
内蒙古久泰新材料有限公司 100 万吨/年乙二醇项目	AP 粉煤气化
贵州黔希 30 万吨/年煤制乙二醇项目	航天炉
安徽昊源化工 30 万吨/年乙二醇项目	航天炉
宁夏鲲鹏清洁能源有限公司 40 万吨/年乙二醇项目	神宁炉
陕煤集团榆林化学 180 万吨/年乙二醇项目	科林炉
新杭能源 30 万吨/年乙二醇项目	航天炉
安徽淮化 10 万吨/年乙二醇项目	德士古（AP）水煤浆气化
阳泉平定 20 万吨/年乙二醇项目	晋华炉
易高煤化 12 万吨/年乙二醇项目	德士古（AP）水煤浆气化

6.1.1.2　变换

由于气化出口粗煤气的氢碳比（H_2/CO，体积比）不能满足乙二醇合成反应对于 $H_2/$

CO 比的要求，需要设置变换单元，将原料气中 H_2/CO 的比例调整至 1.9～2.0 之间。同时，变换反应也可以将粗煤气中的有机硫转化为无机硫，以利于下游吸收脱除，进而保护乙二醇合成催化剂。

（1）变换技术简介

变换反应是水蒸气与 CO 反应生成 H_2 和 CO_2 的过程，反应方程式如下：

$$CO + H_2O(g) \xrightarrow{\text{催化剂}} CO_2 + H_2 \qquad \Delta H_{298}^{\ominus} = -41.4\text{kJ/mol} \qquad (6\text{-}1)$$

变换反应通常在固体催化剂[1-3]上进行。根据所选用的催化剂对粗煤气中硫含量的要求，可将变换工艺分为耐硫变换工艺和非耐硫变换工艺。变换反应的顺利进行主要取决于两方面的因素——催化剂和变换炉，催化剂是实现先进工艺的关键因素之一，而反应器的选型对发挥催化剂的活性和寿命有很大的影响，只有将二者有机结合，才能节能降耗和实现最佳工艺指标。

（2）变换技术比较

决定变换技术选择的两大因素为催化剂和变换炉炉型，以下将分别介绍两大影响因素。

① 催化剂。通常使用的催化剂有高温变换催化剂、低温变换催化剂和宽温耐硫变换催化剂，三种催化剂的对比如表 6-4 所示。

表 6-4 三种系列催化剂的性能比较表

组成	变换工艺	操作温度	抗硫毒能力	蒸汽消耗	水气比
Fe-Cr 系	高温变换	320～500℃	$\leqslant 0.068\text{g/m}^3$	高	最低
Cu-Zn 系	低温变换	190～280℃	小于 $0.1\mu\text{L/L}$	低	低
Co-Mo 系	耐硫宽温	240～480℃	无上限要求	低	无要求

目前大部分采用气流床煤气化工艺的乙二醇装置，一般均采用 Co-Mo 系宽温耐硫变换催化剂。

② 变换炉。煤制乙二醇同时需要 CO 和 H_2 两种原料气，考虑长期运行的经济性，一般全厂主工艺流程优先采用变换线和非变换线分开的"双线"流程，具体"双线"流程比较见后续章节。其中针对变换线的方案有两种：等温变换和绝热变换，采用哪种方案一般取决于上游气化出口粗煤气的组成和全厂系统配置的需要。

等温变换和绝热变换的区别在于变换炉炉型，因此变换炉是变换系统的核心，变换炉的设计，要求做到催化剂利用率高，CO 的变换率高低可调，温度操作控制手段简单有效，流程结构简单，系统阻力小，自热利用合理，热损失少。变换炉内 CO 反应热的移出方式，取决于变换炉的结构形式，从这个角度来看变换炉分为绝热型变换炉和等温型变换炉两类。其比较如表 6-5 所示。

表 6-5 两种不同形式的变换炉比较表

项目	等温型变换炉	绝热型变换炉
优点	催化剂不超温，控制简单 轴径向反应器，压降较小 催化剂在低温下操作，有利于催化剂寿命的延长 流程简单，所需设备较少	可以副产 4.0MPa、390℃的过热蒸汽用于驱动蒸汽 技术成熟，业绩多

项目	等温型变换炉	绝热型变换炉
缺点	催化剂装卸较困难 换热管一旦发生泄漏检修困难 大型装置业绩少	催化剂易超温，控制复杂 流程复杂，投资高 反应温度高，催化剂寿命较短

由于气化技术的不同，会造成送至变换的粗煤气水气比在 0.7～1.3 之间，CO 干基浓度在 40%～70%（干基，摩尔分数）之间波动，为适应不同气化技术下的粗煤气，变换需要选择不同变换方案去匹配。

（3）煤制乙二醇项目变换技术的选择

对于粉煤气化，由于原料气（干基）中 CO 含量在 60% 以上、水气比在 0.7～1.0 之间，属于高浓度 CO 气体。如果采用绝热变换，流程比较复杂，至少需要设置三段或四段变换，同时在每段变换炉入口都需要补充中压过热蒸汽来保证变换炉不超温；从操作安全与可控考虑，等温型变换更适用于高 CO 含量原料气的变换。变换过程产生的热量通过副产蒸汽带走，催化剂床层温差较小，等温变换炉外壁温度低，炉壁薄，设备轻，而且流程简单，相比绝热型变换工艺设备和阀门台数少，副产的蒸汽多。基于以上原因可优先考虑等温变换。

对于水煤浆气化，由于原料气（干基）中 CO 含量在 40% 左右、水气比在 1.0～1.3 之间，CO 浓度中等，变换反应超温的风险不高，可根据实际情况选择绝热变换或者等温变换。

（4）典型案例

煤制乙二醇绝热变换的主要工艺流程如图 6-3 所示。从气化过来的粗煤气，在煤气分离器中除灰、除水后，经过煤气过滤器再一次除灰、脱毒后一分为二，一部分气体进入 1 号变换炉（绝热炉）进行变换反应，初步调节粗煤气中的 H/C 比，变换后的煤气进入煤气预热器降温后进入中压废锅调节温度后进入 2 号变换炉（绝热炉）进一步反应，达到煤制乙二醇要求的 H/C 比后，从 2 号变换炉出来的变换气进入变换线余热回收线回收热量后，经循环水冷却至 40℃分液后送至下游低温甲醇洗单元进一步处理。另外一部分气体进入非变换线余热回收线回收热量后，经循环水冷却至 40℃分液后送至下游低温甲醇洗单元进一步处理。在某典型的 20 万吨/年煤制乙二醇项目中采用绝热变换工艺，1 号变换炉尺寸为 $\phi3800mm\times5600mm$（T/T），2 号变换炉尺寸为 $\phi3100mm\times4500mm$（T/T）。

煤制乙二醇等温变换的主要流程如图 6-4 所示。从气化过来的粗煤气，在煤气分离器中除灰、除水后，经过煤气过滤器再一次除灰、脱毒杂后一分为二，一部分气体进入 1 号变换炉（等温炉）进行变换反应，初步调节粗煤气中的 H/C 比，变换气进入煤气预热器降温后进入 2 号变换炉（等温炉）进一步反应达到煤制乙二醇要求的 H/C 比后，从 2 号变换炉出来的变换气进入变换线余热回收线回收热量后，经循环水冷却至 40℃分液后送至下游低温甲醇洗单元进一步处理。另外一部分气体进入非变换线余热回收线回收热量后，经循环水冷却至 40℃分液后送至下游低温甲醇洗单元进一步处理。某典型的 60 万吨/年煤制乙二醇项目，采用等温变换工艺，1 号变换炉尺寸为 $\phi4200mm\times6700mm$（T/T），2 号变换炉尺寸为 $\phi3800mm\times12000mm$（T/T）。

典型煤制乙二醇项目变换技术选择情况见表 6-6。

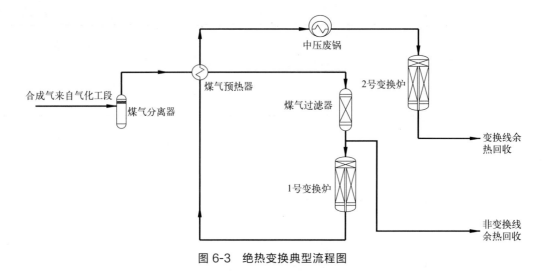

图 6-3 绝热变换典型流程图

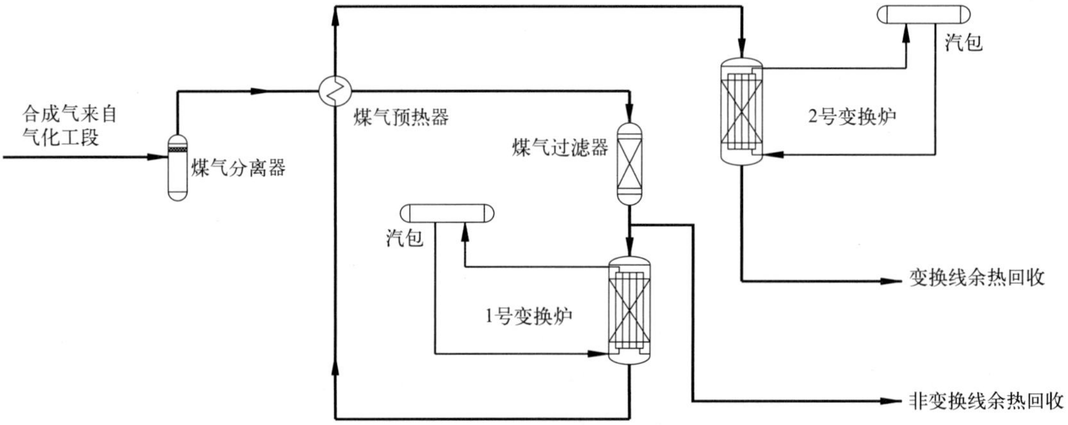

图 6-4 等温变换典型流程图

表 6-6 典型煤制乙二醇项目变换技术选择情况

项目	选择技术
通辽金煤 20 万吨/年乙二醇项目	等温变换
新疆天业 20 万吨/年乙二醇项目	绝热变换
神华榆林 40 万吨/年乙二醇项目	绝热变换
阳煤寿阳 20 万吨/年乙二醇项目	绝热变换
内蒙古久泰新材料有限公司 100 万吨/年乙二醇项目	绝热变换
黔希煤化贵州 30 万吨/年乙二醇项目	绝热变换
宁夏鲲鹏清洁能源有限公司 40 万吨/年乙二醇项目	等温变换
陕煤集团榆林化学 180 万吨/年乙二醇项目	等温变换
新疆天业 60 万吨/年乙二醇项目	等温变换
湖北三宁 60 万吨/年乙二醇项目	等温变换
安徽昊源化工 30 万吨/年乙二醇项目	等温变换
新杭能源 30 万吨/年乙二醇项目	绝热变换

项目	选择技术
安徽淮化 10 万吨/年乙二醇项目	绝热变换
阳泉平定 20 万吨/年乙二醇项目	绝热变换
延长石油 10 万吨/年乙二醇项目	绝热变换
易高煤化 12 万吨/年乙二醇项目	绝热变换

6.1.1.3 净化

净化单元的任务是脱除来自上游变换工段的气体中的几乎全部的 H_2O、H_2S、NH_3、CH_4、Ar 等杂质，以及大部分的 CO_2，以确保净化后的气体能够满足 H_2/CO 分离装置的要求。与气化、变换等单元的流程及方案受原料影响较大不同，无论前端采用粉煤或水煤浆气流床煤气化技术（如前所述，固定床和流化床气化技术不适合用于煤制乙二醇项目），经过变换工段后，进入净化单元的变换气及未变换气的规格都较为稳定，原料组成基本为：变换气中，H_2S 含量在 0.4%～1.2%（摩尔分数），CO_2 含量在 44%～45%（摩尔分数），以及少量的 CH_4、Ar、NH_3 等；未变换气中，H_2S 含量在 0.4%～1.2%（摩尔分数），CO_2 含量在 18%～20%（摩尔分数），以及少量的 CH_4、Ar、NH_3 等。净化后的气体的要求都是 $H_2S < 0.1\mu L/L$，$CO_2 < 20\mu L/L$，整个净化的工艺流程也变化不大。

（1）净化技术简介

通常情况下，H_2S 和 CO_2 的脱除分化学吸收法和物理吸收法。化学吸收法有 MDEA 法，物理吸收法有 NHD 法和低温甲醇洗[3]。

（2）净化技术比较

① 化学吸收法。严格来讲，甲基二乙醇胺（MDEA）对于 CO_2 的吸收属于化学＋物理吸收，对于 H_2S 的吸收属于化学吸收。MDEA 法的优点是净化度较高，H_2S 可脱除至 $1\mu L/L$，CO_2 可脱除至 $20\mu L/L$，同时工艺流程相对简单，设备少，投资少，缺点是 H_2S 和 CO_2 在热再生的过程中同时从 MDEA 溶液中解析出来，尾气处理存在问题。以某 20 万吨/年煤制乙二醇项目为例，若选用 MDEA 法脱硫脱碳，排出的尾气中 H_2S 流量为 $378m^3/h$，CO_2 流量为 $39190m^3/h$，H_2S 含量约 0.95%（摩尔分数），不满足直接排大气的要求（该项目要求 H_2S 含量 $\leqslant 5\mu L/L$）；若设硫回收工段回收其中的硫，需要配入大量的燃料气，经济上不可行。因此，MDEA 法在煤制乙二醇项目中的应用受到了限制。但对于焦炉气或天然气制乙二醇，由于原料中的硫含量很低，通常在进转化单元前先用固体脱硫剂脱除其中的 H_2S，净化单元只需要脱除其中的 CO_2。MDEA 法流程简单、投资少、操作方便等优势在这类项目中就凸显出来。山西美锦焦炉气制乙二醇项目，山西沃能焦炉气制乙二醇项目中均采用的是 MDEA 法脱 CO_2。

② 物理吸收法。聚乙二醇二甲醚（NHD）法和低温甲醇洗对于 CO_2 和 H_2S 的吸收属于物理吸收[4]，两种技术共同的优点是都能分离出高浓度的 H_2S 酸性气去硫回收工序，即能选择性脱硫、单独脱碳、回收纯 CO_2。但 NHD 法只能将 CO_2 脱除至 $1000\mu L/L$ 左右，将 H_2S 脱除至 $1\mu L/L$ 左右，如果下游装置对 CO_2 和 H_2S 的净化度要求不高，可以考虑选择 NHD 法。低温甲醇洗最大的优点是气体净化度高。相比 NHD 法，低温甲醇洗对 CO_2 的净化度可到 $20\mu L/L$，对 H_2S 的净化度可达到 $0.1\mu L/L$ 以下，更有利于后续 DMO 合成催化剂

的使用寿命，因此低温甲醇洗是三种技术中净化度最好的技术。但低温甲醇洗的缺点是流程较复杂，设备多，投资较高[5,6]。

表 6-7 是三种净化工艺的技术对比。

表 6-7　三种净化工艺的技术对比

项目	活化 MDEA 法	NHD 法	低温甲醇洗
CO_2 吸收能力	一般，化学+物理吸收	较高，物理吸收	高，物理吸收
H_2S 吸收能力	低	较高，物理吸收	高，物理吸收
净化度	$CO_2<20\mu L/L$　$H_2S<1\mu L/L$	$CO_2<1000\mu L/L$　$H_2S<1\mu L/L$	$CO_2<20\mu L/L$　$H_2S<0.1\mu L/L$
H_2 损失	0.6%	0.4%	0.12%
溶剂选择性	低	较高	高
溶剂循环量	大	较大	低
溶剂再生方法	减压闪蒸+热再生	多级闪蒸+N_2 气提+热再生	减压闪蒸+N_2 气提+热再生
溶剂输送能耗	高	较高	低
溶剂再生能耗	高	较低	低
溶剂损失量	低	低	较高
溶剂价格	高	高	低
流程复杂度	简单	较复杂	复杂
装置投资	低	较高	高
操作费用	较高	高	低
大型化业绩	少	少	多

（3）煤制乙二醇项目净化技术的选择

在煤制乙二醇工艺中，净化工序的下游为 H_2/CO 分离装置，综合考虑投资和运行费用，该装置对进料气中 CO_2 含量要求通常在 $20\sim100\mu L/L$ 范围内，因为进料气中的 CO_2 含量越高，冷箱前端吸附器的分子筛装填量越多，设备、分子筛投资增加，分子筛再生的能耗也会增加。因此，低温甲醇洗是目前煤制乙二醇工艺中最合适的净化技术。

（4）典型案例

以某典型的 60 万吨/年煤制乙二醇项目为例，其低温甲醇洗单元的主要流程为：

来自上游变换单元的变换气，先在管道中被喷入少量甲醇防止结冰后换热至零下 17℃ 左右，分离出其中的水后，进入变换气吸收塔中用甲醇进行吸收，变换气吸收塔共四段，最下段为脱硫段，上三段为脱碳段，出塔顶的变换净化气中 H_2S 含量＜$0.1\mu L/L$，CO_2 含量＜$20\mu L/L$。

来自上游变换单元的未变换气，先在管道中被喷少量甲醇防止结冰后换热至 $-20℃$，分离出其中的水后，进入未变换气吸收塔中用甲醇进行吸收，未变换气吸收塔共三段，最下段为脱硫段，上两段为脱碳段，出塔顶的未变换净化气中 H_2S 含量＜$0.1\mu L/L$，CO_2 含量＜$20\mu L/L$。

合格的变换净化气和未变换净化气送往下游 H_2/CO 分离装置。吸收了 H_2S、CO_2 的富甲醇通过中压闪蒸将溶解的 H_2 和 CO 解析出来，闪蒸气经循环气压缩机加压后返回低温甲醇洗入口原料气中以提高 H_2 和 CO 的回收率。中压闪蒸后的富甲醇接着送往 CO_2 解析塔，该塔的操作压力约 0.2MPa（G），此时溶解的部分 CO_2 解析出来，该 CO_2 的纯度很高，通常可达 98.5% 以上，对于粉煤气化来说，此 CO_2 加压后可用于煤粉的气力输送。解析了部分 CO_2 的富甲醇接着被送往 H_2S 浓缩塔和氮气气提塔，通过氮气气提，将溶解的 CO_2 进一步解析出来，解析出来的 CO_2 和 N_2 作为尾气，在尾气洗涤塔中用脱盐水洗去气体中的甲醇后，经高点排放至大气。出氮气气提塔的富甲醇在热再生塔中被加热，解析出溶解的 H_2S 后变成贫甲醇，再通过系统的换热网络降温至 $-50\sim-60℃$ 后返回吸收塔循环吸收。热再生塔塔顶解析出来的含 H_2S 酸性气送往下游硫回收工序回收其中的硫。

该项目中关键设备变换气吸收塔尺寸为 $\phi3400/3800mm\times77590mm$（T/T），未变换气吸收塔尺寸为 $\phi3000mm\times61040mm$（T/T）。典型的工艺流程图见图 6-5。

国内煤制乙二醇项目净化技术选择情况见表 6-8。

表 6-8   煤制乙二醇项目净化技术一览表

项目	净化技术
通辽金煤 20 万吨/年乙二醇项目	PDS 湿法脱硫工艺＋变压吸附脱除 CO_2 工艺
新疆天业 60 万吨/年乙二醇项目	低温甲醇洗
湖北三宁 60 万吨/年乙二醇项目	低温甲醇洗
内蒙古荣信 40 万吨/年乙二醇项目	低温甲醇洗
陕西渭河彬州化工 30 万吨/年乙二醇项目	低温甲醇洗
黔希煤化贵州 30 万吨/年乙二醇项目	低温甲醇洗
阳煤寿阳 20 万吨/年乙二醇项目	低温甲醇洗
宁夏鲲鹏清洁能源有限公司 40 万吨/年乙二醇项目	低温甲醇洗
内蒙古康乃尔 30 万吨/年乙二醇项目	低温甲醇洗
陕煤集团榆林化学 180 万吨/年乙二醇项目	低温甲醇洗
神华榆林 40 万吨/年乙二醇项目	低温甲醇洗
新杭能源 30 万吨/年乙二醇项目	低温甲醇洗
安徽淮化 10 万吨/年乙二醇项目	低温甲醇洗
阳泉平定 20 万吨/年乙二醇项目	低温甲醇洗
易高煤化 12 万吨/年乙二醇项目	NHD 吸收
建元煤化 24 万吨/年乙二醇项目	MDEA 吸收

6.1.1.4 H_2/CO 分离

针对煤制乙二醇分为羰化和加氢两步反应的特点，为了分别给草酸二甲酯和乙二醇合成提供反应所需的 CO 和 H_2，煤制乙二醇项目需要设置 H_2/CO 分离装置。表 6-9 列出了国内典型的乙二醇技术中 H_2 和 CO 的指标要求。

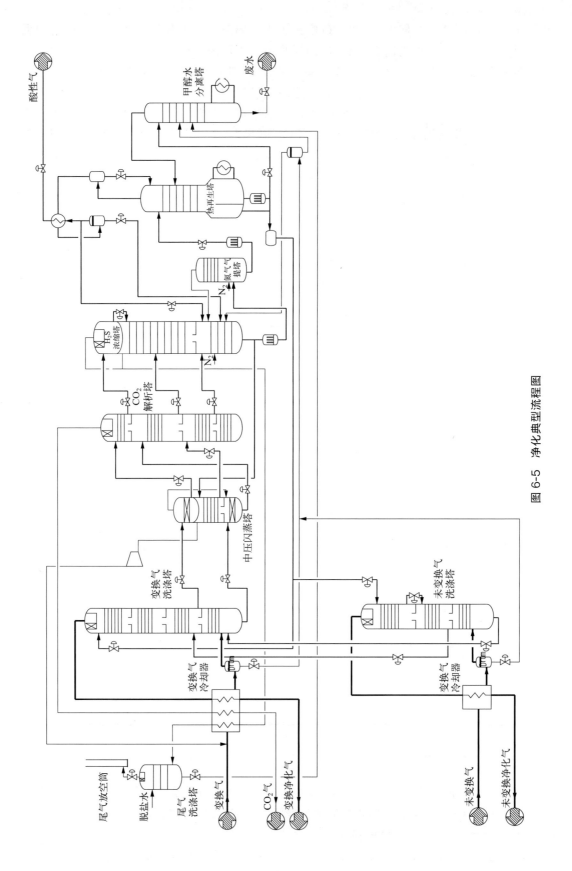

图 6-5　净化典型流程图

煤制乙二醇技术与工程

表 6-9　典型乙二醇技术中 H_2 和 CO 的指标要求

指标要求	H_2	CO
H_2（体积分数）/%	$\geqslant 99.9$	$\leqslant 500\mu L/L$
CO（体积分数）/%	$\leqslant 30\times 10^{-6}$	$\geqslant 98.5$
N_2+Ar（体积分数）/%	平衡	平衡
$CH_4/(\mu L/L)$	平衡	$\leqslant 300$
$CO_2/(\mu L/L)$	$\leqslant 30$	$\leqslant 100$
$O_2/(\mu L/L)$	$\leqslant 10$	$\leqslant 30$
$H_2O/(\mu L/L)$	$\leqslant 100$	$\leqslant 100$
总硫/$(\mu L/L)$	$\leqslant 0.1$	$\leqslant 0.1$
温度/℃	$\leqslant 40$	$\geqslant 30$
压力/MPa	$\geqslant 3.1$	$\geqslant 0.6$

（1） H_2/CO 分离技术简介

氢气分离技术主要有膜分离法、深冷分离法和变压吸附法[7]。膜分离法一般用于中小规模且对纯度要求不高的场合。变压吸附法提纯氢气因其工艺简单，技术成熟可靠，自动化程度高，操作和维修方便等优点，在大规模高纯氢气中得到广泛应用。考虑到煤制乙二醇项目中氢气用量大，且纯度要求高，因此本书中讨论的工业氢气分离技术仅针对其中的变压吸附法提纯氢气。

目前，已工业化的从混合气体中提纯 CO 的技术有铜氨液法、COSORB 法、膜分离法、变压吸附法和深冷分离法。铜氨液法、COSORB 法因存在能耗高、环境污染和腐蚀等缺点[8,9]，基本已被淘汰，因此本书不再讨论这两种方法。本书中将重点说明膜分离法、变压吸附法和深冷分离法。

① 膜分离法[9,10]。膜分离技术是利用气体中不同组分的渗透速率的差异实现分离，在非渗透侧得到 CO 产品。膜渗透法虽具有建设周期短、投资低、流程简单可靠、能耗低等优点，但要求较高的合成气压力作为推动力，产品纯度低，所以要求较高 CO 纯度时，该法不甚合理。

② 变压吸附法（PSA 法）[8,9]。变压吸附（PSA）是利用气体组分在吸附剂上吸附特性的差异以及吸附量随着压力变化而变化的特性来实现气体的分离或提纯。

变压吸附技术具有工艺简单、建设周期短、自动化程度高、开停车灵活、易于操作和维修方便等优点，近年来在气体分离纯化领域得到了广泛应用。

③ 深冷分离法[11~13]。深冷分离法又称低温精馏法，其原理为利用气体中各组分（主要是 H_2、CO、N_2、CH_4）挥发度不同的特性进行低温精馏，使不同的组分得到分离。深冷分离法在低温状态下运行，分离所需的冷量是利用焦-汤效应原理由制冷压缩机来提供。系统不足的冷量则由液氮蒸发或低温膨胀机提供。

深冷分离法具有工艺成熟、处理量大、回收率高等优点，但也有如下不足之处：由于 N_2 和 CO 的沸点相近，当原料气中含 N_2 量较高时，制冷循环动力消耗较大；原料气中的 H_2O、CO_2 等组分在低温下会冻堵，进冷箱前需清除；冷箱基本采用不锈钢或铝合金材质，投资高，只有在中大型规模装置上使用才有经济性；深冷分离法工艺流程较为复杂，操作维护要求更高。

（2）CO 提纯工艺技术比较

针对上述几种不同 CO 提纯工艺技术的比较见表 6-10。

表 6-10 几种不同的 CO 提纯工艺比较表

项目	膜分离法	变压吸附法	深冷分离法
工艺特点	工艺流程简单，能耗低	工艺流程简单，能耗低	工艺流程较复杂，能耗根据原料组分情况确定
操作特点	操作和检维修简单	操作和检维修简单	操作复杂，开停车程序较为复杂，检维修周期长
原料气要求	无特殊要求	无特殊要求	要求氮气含量低
设备腐蚀	低	低	低
操作温度	常温	常温	超低温
操作稳定性	好	好	好
自动化程度	高	高	高
占地	小	大	小
总投资	低	较高	高
CO 纯度	低	高	高
CO 收率	约 70%	90%～98%	95%～99%
建设周期	供货周期短	供货周期短	供货周期长
工业化业绩	中小规模，业绩相对较少	中小规模生产，尤其适用于氮气含量高的场合	一般用于大规模生产

（3）H_2/CO 分离技术选择

针对煤制乙二醇项目 H_2/CO 分离技术，一般采用变压吸附法或深冷分离＋变压吸附的方法。

① 变压吸附法流程如下：来自脱硫脱碳的合成气先经过 PSA-H_2 吸附塔提纯得到 H_2，其解吸气经压缩后送 PSA-CO 单元。PSA-CO 吸附塔中吸附剂所吸附下来的 CO，经过真空解吸进入缓冲罐，一部分 CO 气经置换气压缩用于置换吸附塔内残存杂质组分；其余经 CO 压缩机压缩后送至下游装置。相关流程框图见图 6-6。

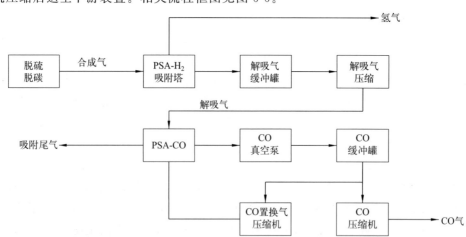

图 6-6 变压吸附法气体分离流程框图

② 深冷分离＋变压吸附法流程如下：来自脱硫脱碳的合成气经过分子筛净化脱除其中的 CO_2、甲醇等后进入冷箱，在冷箱中经过冷却冷凝后进入氢气分离罐，分离出的富氢气去往变压吸附装置；闪蒸后的液态合成气依次经过气提塔、脱氮塔和脱甲烷塔依次脱除 H_2、N_2 和 CH_4，以得到满足要求的 CO 产品气。深冷分离得到的富氢气浓度一般在 80％～97％（体积分数），该富氢气再利用变压吸附技术提纯得到 H_2 产品气。PSA 解吸气经压缩后返至冷箱进口或其他装置继续利用，以提高有效气的收率。

在选择深冷分离＋变压吸附法时要考虑工艺流程、制冷循环和原料气组分对装置的影响。

a. 部分变换工艺和全变换工艺。根据上游变换的流程，H_2/CO 分离流程又可分为全变换工艺和部分变换工艺。全变换工艺即来自气化的粗煤气全部经过变换炉，而部分变换工艺中仅部分粗煤气经过变换炉，其余仅作热回收不参与变换反应。相关流程见图 6-7 和图 6-8。

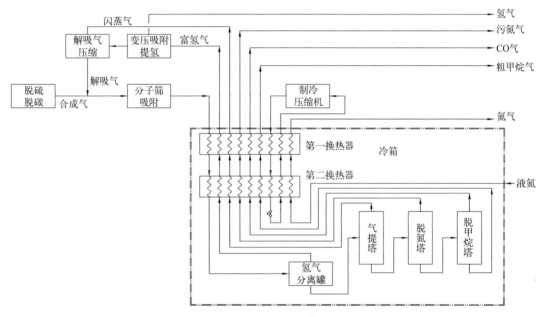

图 6-7　深冷分离＋变压吸附法气体分离流程框图（全变换工艺）

尽管部分变换工艺流程更长，操作更为复杂，相应的变换和脱硫脱碳部分的投资也会增加，但冷箱部分的设备投资减小。以某 20 万吨/年煤制乙二醇项目为例，部分变换工艺比全变换工艺压缩机消耗小约 20％[14]。

因此用户在选择工艺流程方案时要综合考虑项目投资和装置能耗。

b. 制冷循环。根据制冷循环介质的不同，深冷分离可分为氮气循环和 CO 循环。

采用氮气循环时，CO 产品从冷箱内分离塔抽出，经过换热后作为产品气，以氮气作为制冷循环介质为冷箱内的换热器提供分离所需的冷量。而采用 CO 循环时，低压 CO 换热后经 CO 压缩机压缩后部分循环返回冷箱，为冷箱内的换热器提供分离所需的冷量，其余作为产品气外送。

与氮气循环相比，采用 CO 循环时，分离塔操作压力更低，对应循环量更小，同时压缩机的压比更大，因此在确定制冷循环时应综合考虑循环量和压比两方面的因素。在具体项目中如何选择制冷循环，应根据两种循环制冷的能耗上的差异，做出经济比较后再做出选择。

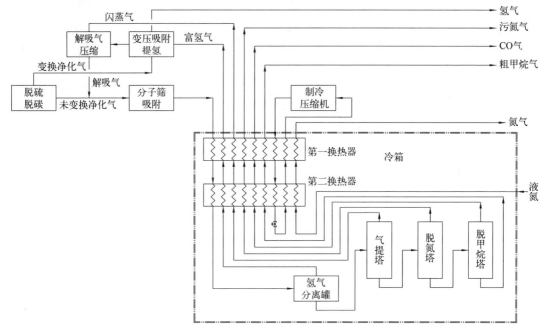

图 6-8　深冷分离+变压吸附法气体分离流程框图（部分变换工艺）

c.进料组成。这里探讨进料中的杂质 N_2 和 CH_4，对深冷分离的消耗和流程选择的影响。

（a）氮气的影响。因 N_2 和 CO 的沸点比较接近，当原料气中 N_2 含量较高时，制冷剂循环量大，压缩机功耗高。因此，在采用深冷分离工艺时，需关注原料气中 N_2 含量的影响。

表 6-11 列出了两个 60 万吨/年乙二醇项目中（折 CO 能力约 60000m^3/h），于同样进料压力和氢碳比的条件下，进冷箱的合成气中氮含量对制冷压缩机轴功率的影响。从表中可以看出，当进料中氮含量越高时，制冷压缩机对应的功耗越高。

表 6-11　进气中氮含量对制冷压缩机功率的影响

序号	进冷箱合成气中氮含量（体积分数）/%	压缩机估计功率/kW
1	0.4	2000~2500
2	0.6	3500~4500
3	1.0	5000~6000

注：以上基于 CO 产品气纯度 99%（体积分数），因不同深冷专利商其分离和换热器流程设计的差异，能耗有所差异，此处的功率为估计值，供作参考。

（b）CH_4 的影响。由于下游羰化反应对 CO 气中 CH_4 的含量有要求，深冷分离一般需设脱甲烷塔。甲烷是由气化粗煤气带入，在经过变换炉时可能会发生甲烷化副反应，随后进入冷箱。

由于 CO 和 CH_4 的沸点差异较大，分离相对较容易，对制冷压缩机功耗影响小。但在设计过程中也应考虑高甲烷工况，否则甲烷不能及时排出系统，会造成 CO 产品气的品质下降，如操作不当也存在甲烷低温冻堵的风险。

在 CH_4 含量超过 2%（体积分数）时（如采用天然气、焦炉气等作为原料时）可考虑甲烷洗工艺，将脱甲烷塔釜液经甲烷泵增压后去甲烷洗涤塔，经过洗涤后的富氢气中 H_2 含量可达 $90\%\sim98\%$（体积分数），CO 含量可控制在 $\leqslant0.2\%$（体积分数）。若进气中 CH_4 含量较高，全厂的燃料气有富余时，也可另设置 MRC 压缩机制冷以联产得到 LNG 产品。如山西美锦项目中采用焦炉气为原料，原料气中 CH_4 高达 20%（体积分数），该项目中采用甲烷洗工艺，同时联产 LNG 产品。

在工程项目中应结合项目具体的情况，考虑以上因素做出优化的流程方案。

（4）典型案例

以上两种 H_2/CO 分离方法在现有已建和在建的乙二醇项目中均有应用，表 6-12 列出了目前国内主要的乙二醇项目中 H_2/CO 分离的技术应用情况。

表 6-12　国内乙二醇项目中 H_2/CO 分离技术的应用情况一览表

项目	选择技术
通辽金煤 22 万吨/年乙二醇联产 8 万吨/年草酸项目	变压吸附法
黔希煤化贵州 30 万吨/年乙二醇项目	深冷分离＋变压吸附法
阳煤寿阳 20 万吨/年乙二醇项目	深冷分离＋变压吸附法
阳煤平定 20 万吨/年乙二醇项目	深冷分离＋变压吸附法
陕西渭河彬州化工 30 万吨/年乙二醇项目	深冷分离＋变压吸附法
华鲁恒升 60 万吨/年乙二醇项目	深冷分离＋变压吸附法
内蒙古荣信 40 万吨/年乙二醇项目	深冷分离＋变压吸附法
新疆天业 60 万吨/年乙二醇项目	深冷分离＋变压吸附法
神华榆林 40 万吨/年乙二醇项目	深冷分离＋变压吸附法
安徽昊源化工 30 万吨/年乙二醇项目	变压吸附法
湖北三宁 60 万吨/年乙二醇项目	深冷分离＋变压吸附法
陕煤集团榆林化学 180 万吨/年乙二醇项目	深冷分离＋变压吸附法
新杭能源 30 万吨/年乙二醇项目	深冷分离＋变压吸附法
安徽淮化 10 万吨/年乙二醇项目	深冷分离＋变压吸附法
阳泉平定 20 万吨/年乙二醇项目	深冷分离＋变压吸附法
延长石油 10 万吨/年乙二醇项目	深冷分离＋变压吸附法
易高煤化 12 万吨/年乙二醇项目	深冷分离＋变压吸附法
建元煤化 24 万吨/年乙二醇项目	变压吸附法

但是针对以上两种方法，具体该如何选择，应结合具体项目规模、原料气条件、产品收率、消耗、占地、投资等众多因素综合考虑予以确定。

6.1.2　DMO 装置

DMO 装置的流程各家技术略不同，但总体来说包括以下基本单元，主要由 DMO 合成、DMO 洗涤、MN 再生、MN 回收、硝酸还原、DMO 精制、甲醇回收和 NO_x 发生八个系统构成，主要工艺流程详见 DMO 装置工艺流程图 6-9。

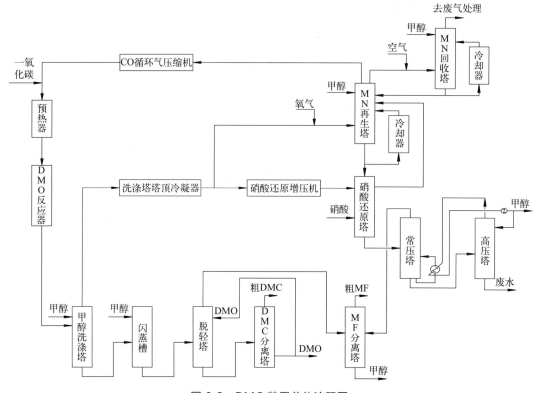

图 6-9　DMO 装置总体流程图

DMO 合成系统是 DMO 装置最核心的工艺单元之一。来自循环气压缩机的循环气经预热器加热后进入 DMO 反应器，CO 和 MN 在 Pt 系催化剂的作用下反应生成 DMO，反应产物粗 DMO 随反应气进入甲醇洗涤塔，所消耗的新鲜 CO 在循环气压缩机出口补充。

DMO 洗涤系统负责将反应气中的粗 DMO 在甲醇洗涤塔中通过甲醇循环冷凝、洗涤至塔釜，塔釜粗 DMO 再经过闪蒸后进入 DMO 精制系统分离提纯，洗涤塔塔顶未被冷凝的循环气与氧气混合后进入 MN 再生塔。

MN 再生系统是生成 MN 反应的核心单元。甲醇从 MN 再生塔顶部进入，与循环气反应生成 MN，同时将循环气中的水分洗涤下来，塔顶循环气经 CO 循环气压缩机压缩后返回 DMO 合成系统，完成循环。少量弛放气进入 MN 回收塔。

MN 回收系统负责将弛放气中的 NO 与 MN 进行回收利用。弛放气与空气按适当比例混合后进入 MN 回收塔下部，与回收塔顶部进来的低温甲醇逆流接触，NO 与甲醇、氧气反应生成 MN 的同时，低温甲醇还可以将弛放气中的 MN 洗涤下来，塔底富含 MN 的釜液返回 MN 再生塔回收利用，塔顶气相送废气处理工序。

硝酸还原系统，MN 再生塔含硝酸的釜液和部分循环气进入硝酸还原塔，与外补硝酸反应生成 MN，富含 MN 的气相返回再生塔，硝酸还原塔釜液进入甲醇回收系统。

DMO 精制系统负责将粗 DMO 中的 DMO 精馏至满足加氢反应的纯度要求。DMO 精馏一般设置脱轻塔和 DMC 分离塔两级精馏，脱轻塔负责将粗 DMO 中的轻组分如甲醇、MF 等进行分离，DMC 分离塔负责将粗 DMO 中的 DMC 和残余甲醇，以及少量重组分进行分离，精 DMO 侧采送乙二醇加氢单元。

甲醇回收系统。硝酸还原塔釜液中未反应的甲醇以及 DMO 精制轻组分中的大量甲醇，都需要通过精馏进行循环利用。由于硝酸塔釜液还原中还含有少量的硝酸，进入精馏之前或是在低温精馏区（80℃以下）需通过加碱中和处理至中性，以防止硝酸与甲醇在高温环境下生成爆炸性产物硝酸甲酯。甲醇回收塔顶部采出的含有少量 DMC 的甲醇循环至 MN 再生系统，塔釜含盐废水进污水处理工序。甲醇回收塔可采用高低压精馏的方式进行能量耦合，以降低精馏能耗。

某典型 60 万吨/年乙二醇项目配套的 DMO 装置配置见表 6-13。

表 6-13　某典型 60 万吨/年乙二醇项目配套的 DMO 装置配置表

子系统	系列数	主要设备台数
DMO 合成系统	3 系列	6 台 DMO 反应器、3 台 CO 循环气压缩机
DMO 洗涤系统	3 系列	3 台甲醇洗涤塔
MN 再生系统	3 系列	3 台 MN 再生塔
MN 回收系统	1 系列	1 台 MN 回收塔
硝酸还原系统	3 系列	6 台硝酸还原塔
DMO 精制系统	1 系列	1 台脱轻塔、1 台 DMC 分离塔
甲醇回收系统	1 系列	1 台常压塔、1 台高压塔、1 台 MF 分离塔

6.1.2.1　DMO 合成

DMO 合成装置的核心任务是亚硝酸甲酯和一氧化碳在钯系催化剂的作用下，反应生成 DMO，然后送至 DMO 精馏工段获得精 DMO。

（1）DMO 合成单元流程简介

DMO 合成总反应为一氧化碳、氧气与甲醇反应生成草酸二甲酯，生成的粗品经过精馏获得精 DMO 送 EG 合成。总反应由 DMO 合成和 MN 再生两个反应构成，中间反应物亚硝酸甲酯（MN）和氮氧化物（NO）互相转化，系统损失的氮元素由硝酸还原反应补充，DMO 合成系统弛放气送 MN 回收系统回收弛放气中的 NO 和 MN，开车需要的氮氧化物由 NO 发生装置提供。

（2）核心控制指标

DMO 反应器床层温度、循环气流量和反应器入口循环气组成是 DMO 合成反应的核心控制指标，另外循环气中的杂质以及原料气一氧化碳中的杂质含量会影响副产品的选择性。

① DMO 合成温度。DMO 合成反应对于温度较为敏感，且反应热较大，因此反应热的移除和温度的控制非常重要。反应温度升高，MN 转化率上升，DMO 选择性下降，MN 迅速热分解，副反应产物 MF 明显增多。另外，温度急剧上升还可能导致反应系统"飞温"，引发 MN 剧烈热分解产生爆炸。因此，需要通过严格控制 DMO 反应器进口循环气温度和反应器汽包温度来调节 DMO 反应器催化剂床层温度，一般控制在 106～146℃。

随着催化剂活性降低，为保证产能，需要同步提高 DMO 反应器进口气体温度和反应器汽包温度，以维持催化剂活性，通常两者温度控制为同一值，也可适当提高反应器入口温度。

② 气体循环量（空速）。空速越高，气体循环量越大，越有利于催化反应的进行，同时 DMO 反应器中传热系数增大，气体移热量增大，也有利于催化剂床层温度控制。但空速过高，合成系统阻力降也随之增大，导致循环气压缩机的能耗增加，经济性下降。另外，气体循环量的增加，还会导致甲醇洗涤塔和 MN 再生塔发生液泛。甲醇洗涤塔液泛会导致 DMO

洗涤不完全，随气相夹带至 MN 再生系统水解生成草酸，严重腐蚀设备，MN 再生塔液泛严重时可能导致水洗涤不完全进入 DMO 合成系统，导致催化剂失活。空速过低，气体循环气量减少，DMO 反应器中传热系数减小，不利于催化剂床层温度控制。同时 MN 再生塔的塔板可能会出现漏液，同样引发循环气带水进 DMO 合成系统。气体循环量通过循环气压缩机转速控制，一般控制空速在 $2800 \sim 4400 h^{-1}$ 之间。

③ DMO 反应器入口循环气组成。DMO 反应器中 MN 的单程转化率约为 55%，CO 的单程转化率约为 30%，因此循环气中的 CO 和 MN 均控制在过量状态。提高 DMO 反应器进口气体中的 MN 浓度，反应活性增强，MN 转化率上升，但 MN 热分解为 MF 的副反应也增多，DMO 选择性降低。

CO 的浓度较低时，副反应 DMC 的选择性略微增加，但特性不明显；浓度过高，CO 占据催化剂活性位反而不利于反应的进行。

NO 浓度过低会使 MN 再生中未反应的 O_2 积聚的风险增高，DMO 反应器进口气体中 O_2 含量增大，影响催化剂活性，另外在 O_2 存在的氛围下，MN 爆炸范围变宽，爆炸可能性增大；NO 浓度过高，从反应动力学上会抑制 DMO 的平衡。

因此，基于反应活性和安全控制的平衡性，CO、MN、NO 的浓度需控制在一个合理区间，分别为 16%～30%、10%～16%、3%～10%。

④ 循环气中的气体杂质。循环气中 H_2O 含量增加，会导致副产物 CO_2 和甲醇选择性上升，DMO 选择性下降，MN 和 CO 的消耗增加。同时 H_2O 占据催化剂活性位，催化剂活性降低。H_2O 允许含量一般控制在 $150 \mu L/L$ 以下。

循环气中 O_2 含量增加，副产物 CO_2 选择性上升，导致催化剂失活，催化剂寿命缩短。O_2 过量时还可能导致 MN 强氧化分解引起爆炸。O_2 允许含量控制在 $30 \mu L/L$ 以下。

⑤ 一氧化碳中的杂质含量。一氧化碳中 H_2 含量增加，副产物 MF 选择性上升，DMO 选择性下降，因此 H_2 浓度越低越好。但 H_2 浓度进一步降低，前端 H_2/CO 分离的能耗显著增大。从系统经济性考虑，一般建议 H_2 允许含量控制在 $500 \mu L/L$ 以下。

一氧化碳中的 S、As 等有害杂质会导致催化剂中毒失活，允许含量需严格控制在 $0.1 \mu L/L$ 以下。

一氧化碳中 CH_4 含量增加，虽然不会导致催化剂活性降低，但 CH_4 在甲醇中溶解度较高且很难移除，会逐渐在循环气中积累。另外，CH_4 本身易燃易爆，浓度升高，会引起事故时的爆炸当量增大。从系统安全角度出发，需将其控制在一个较低的浓度范围，同样基于 H_2/CO 分离的能耗经济性考虑，一般建议 CH_4 允许含量控制在 $300 \mu L/L$ 以下，一般在深冷分离工段设置脱甲烷塔脱除一氧化碳中的 CH_4。

某典型 60 万吨/年煤制乙二醇项目 DMO 装置关键控制指标见表 6-14。

表 6-14　某典型 60 万吨/年煤制乙二醇项目 DMO 装置关键控制指标

参数	单位	控制指标
DMO 反应器热点温度	℃	106～135
循环气操作压力	MPa（G）	0.25～0.55
DMO 合成气体循环量（单系列）	m^3/h	285000～320000
空速	h^{-1}	2800～4400
DMO 反应器入口组成	%（摩尔分数）	CO：22；MN：14；NO：4

（3）重要控制回路

对于核心控制指标 DMO 反应器床层温度和反应器入口循环气组成，通过设置合理的控制回路确保操作参数可控，设置合理的安全联锁确保安全可控。

① DMO 合成反应温度控制。以固定床式 DMO 反应器为例，管程介质为工艺气，壳程介质为冷却水，冷却水采用泵强制循环至汽包移除反应热。通过调节反应器冷却水泵出口阀门，将反应冷却水维持在恒定流量，DMO 反应器床层温度串级调节汽包压力，控制 DMO 反应速率，以达到控制催化剂床层温度的目的。同时，控制预热器出口温度与汽包温度基本一致，汽包液位由补水液位调节阀单独控制，常见的控制方式如图 6-10 所示。当反应器床层温度高高或者反应冷却水流量低低时，为防止反应器飞温，触发 DMO 反应器停车联锁，汽包快速泄压，切断 DMO 反应器进料，氮气快速置换 DMO 反应器内残留物料。

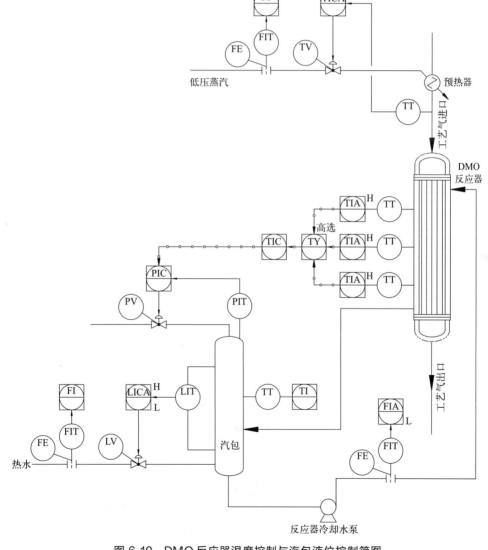

图 6-10　DMO 反应器温度控制与汽包液位控制简图

② 循环气 CO 浓度。通过调节新鲜 CO 在循环气系统的补入量可以将 CO 浓度控制在一定范围。一般采用 DMO 反应器入口循环气 CO 浓度串级 CO 流量计调节新鲜 CO 流量，常见的控制方式如图 6-11 所示。当入口循环气 CO 浓度高高时，触发联锁，关闭 CO 进料。

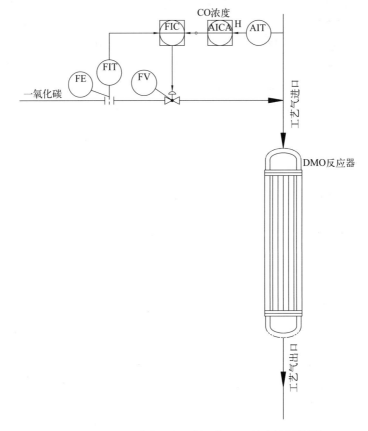

图 6-11　DMO 反应器入口循环气 CO 浓度控制简图

③ 循环气 NO 浓度。通过调节循环气系统中的 O_2 加入量可以将 NO 浓度控制在一定范围。采用 DMO 反应器入口循环气 NO 浓度串级 O_2 流量计以调节 O_2 流量，常见的控制方式如图 6-12 所示。当入口循环气 NO 浓度低低或者氧气流量高高时，触发联锁，关闭氧气进料。

④ 循环气 MN+NO 浓度。通过调节硝酸还原鼓泡线气量可以将系统中的总氮（MN+NO）浓度控制在一定范围。采用 DMO 反应器入口循环气 MN+NO 浓度串级调节硝酸还原系统鼓泡线气相流量，常见的控制方式如图 6-13 所示。当入口循环气 MN+NO 浓度高高时，触发联锁，关闭硝酸还原系统进料。

（4）核心设备 [草酸二甲酯（DMO）反应器]

DMO 合成反应器是 DMO 装置的核心设备。DMO 合成反应是一个可逆的放热反应，为使反应热量及时移除，传统 DMO 合成反应器一般设计为方便换热的固定床列管式反应器，结构如图 6-14 所示，壳程一侧介质是水，管程一侧介质是载有加氢催化剂的合成气。该设备结构与固定管板热交换器的结构类似，包括壳程筒体，壳程筒体顶部设有上管板，底部设有下管板，壳程筒体顶部安装有上筒节和封头，底部安装有下筒节和封头，上封头上安

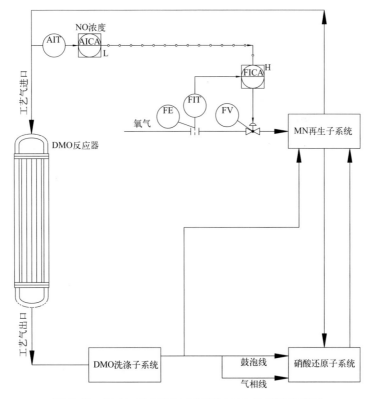

图 6-12　DMO 反应器入口循环气 NO 浓度控制简图

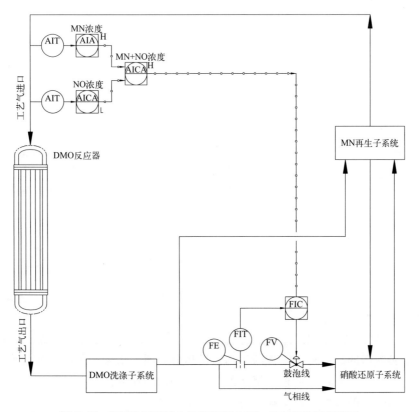

图 6-13　DMO 反应器入口循环气 MN+ NO 浓度控制简图

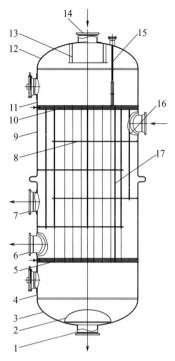

图 6-14　管壳式 DMO 反应器简图

1—工艺气出口；2—气体收集器；3—下管箱封头；
4—下管箱筒节；5—下管板；6—冷却水出口；
7—冷却水旁路口；8—折流板；9—壳程筒体；
10—上管板；11—上管箱筒节；12—上管箱封头；
13—入口防冲挡板；14—工艺气入口；15—远传
温度计组件；16—冷却水入口；17—反应管

装有工艺气入口，上封头内设置有防冲挡板，下封头上安装有工艺气出口，下封头内设置有气体收集器，壳程筒体内还设置有多个不锈钢反应管，反应管内的底部设置有挡住管内催化剂的弹簧支撑，壳程筒体上部侧壁上安装有冷却水入口，下部侧壁上安装有冷却水出口。为保持工艺介质的洁净度，该设备主体材料选用奥氏体不锈钢。

（5）设计要点

① 合成气循环圈阻力降。合成圈循环气阻力影响 CO 循环气压缩机的选型。合成圈阻力降主要来自循环气流经系统中设备、管道和阀门时产生的压力损失。对于采取轴向流的固定床 DMO 反应器，反应器压降占据了循环圈阻力降中的绝大部分，不同规模的 DMO 反应器压降范围为 70～150kPa，催化剂初期末期工况 DMO 反应器压降变化不大，因此 CO 循环气压缩机选型时进出口压差裕量不宜过大。

② 预热器和洗涤塔塔顶冷凝器。催化剂末期工况，反应活性降低，为保证产能，需提高 DMO 反应器进口气体温度和床层热点温度，进入甲醇洗涤塔的气体温度同步升高。因此，预热器和洗涤塔塔顶冷凝器选型设计时要充分考虑催化剂末期工况。

6.1.2.2　DMO 精馏

DMO 精馏单元分为 DMO 精制和甲醇回收两个系统。

DMO 精制负责对 DMO 合成反应生成的粗 DMO 进行分离提纯，获取满足加氢反应要求的高纯度 DMO 的同时对副反应产物 DMC、MF 进行进一步提纯回收以提升产品附加值。

甲醇回收系统主要针对硝酸还原未反应的过量甲醇以及 DMO 精制轻组分中的甲醇进行回收，以返回 DMO 合成单元循环使用。

（1）控制指标

精馏是利用混合物中各组分挥发度不同而将各组分加以分离的一种分离过程，即在同一温度下各组分的蒸气压不同这一性质，使液相中的轻组分（低沸物）转移到气相中，而气相中的重组分（高沸物）转移到液相中，从而实现分离的目的。精馏系统核心控制指标为精馏塔系统的压力、温度和回流量。

① 压力。根据各塔分离物料的物性差别，各精馏塔的操作压力不尽相同。塔体的操作压力对于整个精馏塔的运行有决定性的作用。塔压升高时，塔釜物料的蒸发温度升高，可能导致塔釜物料副反应增多，降低整个精馏的收率；同时塔压升高会使不同组分间相对挥发度降低，不利于组分间的分离。塔压降低时，气相密度减小，会使气相体积流量变大，更容易造成液泛，且容易掀翻填料，造成运行事故。

对于 DMO 脱轻塔，压力过高一方面分离难度增大，可能导致塔釜的 DMC 甚至 DMO 蒸发至塔顶，造成有效组分损失，同时随轻组分进入甲醇回收的 DMC、DMO 碱解后生成的碳酸盐、草酸盐还容易造成甲醇回收管线、塔盘堵塞，过量时如果碱解不充分还可能发生 DMO 水解成草酸腐蚀设备。虽然低压有利于提升相对挥发度，降低分离难度，但 DMO 脱轻塔塔顶轻组分中含有残余的 MN，需要经尾气压缩机增压后送 MN 回收系统回收 MN，因此塔顶压力通常控制在 30～50kPa（G）。

DMC 分离塔的操作压力一般为常压。近年来，也有专利商尝试采用负压精馏的方式，并在工业化装置中进行技改验证。实践表明负压环境下，随着塔釜温度降低，可以有效抑制 DMO 高温脱水析碳，减少重组分的生成，降低 DMO 损耗。同时由于相对挥发度提高，还可以小幅度（10%）降低蒸汽消耗。负压精馏操作压力控制在 -0.035kPa（G）。

甲醇回收目前主流的精馏工艺为高-低压双效精馏，低压塔采用常压操作，高压塔的操作压力取决于低压塔的塔釜蒸发热量与高压塔冷凝热量的平衡，根据进料甲醇浓度不同，压力范围一般为 300～450kPa。

塔压应根据所分离物料的性质等决定，常规各塔操作压力见表 6-15。

② 温度。正常生产条件下，塔的压力波动不明显，压力近乎稳定。塔体各理论板的温度与对应位置的组分有明确的对应关系，因此温度可以作为分离塔内物质组分分布的依据。每层板上的温度可以直观地反映对应板上的气液平衡及组成变化，也是重要的控制指标。

在压力稳定的情况下，温度升高一般表明低沸点物料含量下降，高沸点物料含量上升，温度降低则反之。

DMO 脱轻塔温度过高，与高压工况类似，DMO 上升至塔顶系统造成物料损失，还可能导致甲醇回收设备堵塞或腐蚀。温度过低轻组分下降至塔釜，进而进入 DMC 分离塔，造成 DMC 分离塔粗 DMC 中的 MF、MN 含量升高。

DMC 分离塔塔压不变的情况下，塔顶温度上升至 80℃时，会有大量 DMO 进入塔顶系统中，进而被冷凝后在粗 DMC 回流管道中凝固，造成系统堵塞。如果后续设有 DMC 回收单元，还可能导致在 DMC 脱轻塔塔釜形成大量草酸，腐蚀设备。温度过低，塔顶 DMC 下降至塔釜精制 DMO 中，造成下游加氢反应副反应产物增多。

甲醇回收塔常压塔温度过高，会导致塔釜的水分进入回收甲醇中，从而造成 MN 再生塔塔顶循环气水分超标，DMO 洗涤塔塔底水分超标，DMO 水解腐蚀设备。高压塔温度过高，除水分进入也会进入回收甲醇，还会导致热量平衡被打破，循环水消耗增加。塔体温度过低，甲醇最终进入高压塔塔釜废水中，造成甲醇损失。

温度的调节主要通过再沸器蒸汽量的增减和塔顶回流量的增减完成。相关操作应务求稳定，防止过度调节造成塔内浓度梯度被破坏。必要时可调节进出塔物料的流量来保证塔内物料的总平衡。具体温度指标详见表 6-15。

表 6-15 某 60 万吨/年煤制乙二醇项目 DMO 精馏单元操作参数情况

参数	塔顶压力	塔顶温度	塔釜压力	塔釜温度	回流量
单位	kPa（G）	℃	kPa（G）	℃	m³/h
DMO 脱轻塔	55	74.5	63	147.6	12.4
DMC 分离塔	5/-0.035	67.5	9	166.7	85.9
常压甲醇脱水塔	5	65.2	20	84	66
高压甲醇脱水塔	400	111.5	430	154	77.8

③ 回流量。回流是精馏系统的特征，故回流量的大小影响精馏分离能力的大小。高回流可使物料组分的分离更彻底，但也带来了能耗增加，设备尺寸变大等问题。如何选取合理的回流量取决于物料组分的分离难度和分离要求。如分离甲酸甲酯等轻组分的 DMO 脱轻塔仅需 12.4m³/h 的回流量；而分离沸点较接近的 DMO 和 DMC 则需要 85.9m³/h 的回流量，是 DMO 脱轻塔回流量的近 7 倍。

对运行中的精馏系统，因精馏塔内部存在物料组分和能量的双平衡，故回流量的增减会对其他较多操作参数带来影响。如降低回流量，可能导致塔顶回流罐液位上升，进而导致塔顶物料采出增大；同时降低回流量会导致塔顶温度上升，塔顶重组分含量升高，整塔分离效率下降；同时回流量降低导致塔内液相负荷下降，塔釜液位下降，塔釜温度上升。

（2）控制回路

DMO 精馏系统的控制回路主要分为塔顶的压力-回流系统和塔釜的再沸器-釜温控制系统。

① 塔顶压力-回流控制回路。DMO 精馏系统中绝大部分塔为正压塔，对应的塔顶的压力由弛放气控制阀门调节。为保证后续气体不会反串进精馏系统中，常规需要在弛放气控制阀前保留一股低流量的氮气。

因 DMO 精馏塔的塔体高度较高，回流大多采用强制回流，因此回流量的调节主要通过控制回流管线控制阀完成。

此外，为保证塔顶回流罐液位的稳定，需要使用回流采出流量控制回流罐液位，防止液位波动带来精馏系统的不稳定。

图 6-15 为 DMO 精馏塔塔顶控制回路的简图。

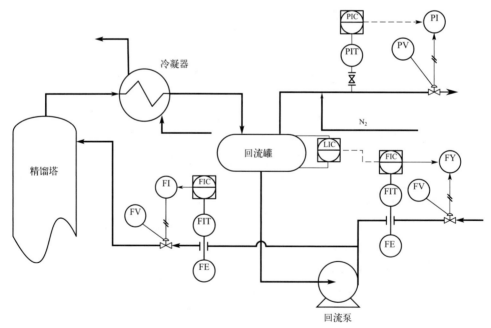

图 6-15　DMO 精馏塔塔顶回流控制简图

② 塔釜再沸器-釜温控制回路。DMO 精馏塔塔釜温度的控制主要通过控制再沸器的热负荷完成，即通过调节进入再沸器的蒸汽流量，控制再沸器的热负荷，进而控制塔釜物料蒸发量，改变塔釜物料组成，完成釜温控制。因在固定压力下，釜温和塔釜物料的组成密切相

关，故此控制回路采用釜温和蒸汽流量串级控制。

另外，塔釜的液位也可通过调节塔釜采出泵的流量进行控制，以便稳定塔釜液位，进而稳定精馏系统。

图 6-16 为 DMO 精馏塔塔釜控制回路的简图。

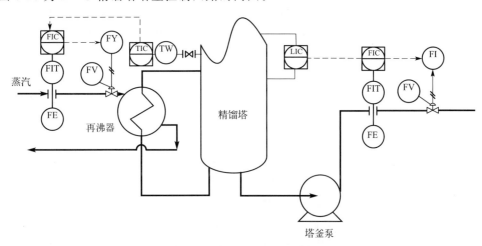

图 6-16　DMO 精馏塔塔釜控制回路简图

（3）主要设备

DMO 精馏的主要设备为精馏塔系统，以筒壁、填料/塔盘、液体收集/部分系统等部件组成的塔体为主体，由再沸器、冷凝器、回流罐、机泵等附属设备共同构成完整功能的塔体系。其主要作用为利用组分相对挥发度的差别，采用回流手段分离对应的塔体组分。以 DMO 脱轻塔为例，该设备包括筒体、两端封头，整个设备固定支撑在裙座上。筒体外部设置伴热盘管，筒体侧壁上设有工艺入口，上封头上设有轻组分出口，下封头上设有 DMO 出口和液相出口（进再沸器）。筒体内设有三段填料和相配套的液体分配器等塔内件。填料提高接触面积，有利于气液充分接触；液体分配器保证液体介质均匀地分布在填料内，使得气液之间的接触面积更大，从而利用不同介质的沸点不同实现分离。为保持工艺介质的洁净度，该设备主体材料选用奥氏体不锈钢。设备简图如图 6-17 所示。

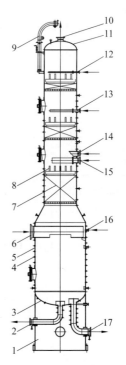

图 6-17　DMO 脱轻塔

1—裙座；2—DMO 出口；3—下封头；4—伴热盘管；
5—筒体；6—气相入口（自再沸器）；7—填料；
8—内件；9—塔顶吊柱；10—轻组分出口；
11—上封头；12—塔顶轻组分回流口；13—循环
DMO 入口；14—粗 DMO 入口（气相）；15—粗 DMO
入口（液相）；16—开车入口；17—液相出口（进再沸器）

6.1.2.3　MN 回收

MN 回收单元的核心任务是回收整个 DMO 装置各种尾气中的 NO 和 MN。该目的通过 NO 与 O₂ 及 MeOH 反应生成 MN，以及低温甲醇吸收 MN 两步实现。

MN 再生反应：　　　　$NO+CH_3OH+1/4O_2 \longrightarrow MN+1/2\ H_2O$　　　　　　(6-2)

本单元需要处理的尾气包括以下几股：

① DMO 合成装置弛放气。DMO 合成是气-气反应，单程转化率低，需要循环反应，因此为防止新鲜气中的 N₂、H₂ 及反应生成的 CO₂ 在循环气中累积，需要通过弛放气排出惰性组分，弛放气会带出有效组分 MN 和 NO。

② DMO 闪蒸槽闪蒸气。反应生成粗 DMO 由于在加压环境下进行，进入罐区前需要进行闪蒸，闪蒸的过程又会带出少量 MN。

③ DMO 精馏不凝气。MN 作为轻组分，沸点只有 −12℃，会在 DMO 脱轻塔顶部以不凝气的形式释放出。

④ 其他排放气。开车阶段，NOₓ 发生器及其附属管道中会有残余的 NO，不能直排火炬也需要进 MN 回收单元回收。

通过反应方程式可知，酯化反应是个体积缩小的放热反应，高压、低温有利于反应的进行，同时也有利于 MN 的吸收溶解。而除 DMO 合成弛放气压力约为 2.6bar 以外，其余各尾气均为微正压（30～50kPa），因此低压尾气需要通过尾气压缩机加压后与合成弛放气混合，再通入工厂空气，一起进入 MN 再生塔进行反应、吸收。塔内下部为 NO 反应区，通过塔釜泵循环管线上设置的冷却器采用冷凝液不断移走反应热，塔上部为洗涤区，通过甲醇冷却器冷却后的低温甲醇吸收尾气中的 MN。塔顶残余的尾气中还含有少量的 CO 和 NOₓ，送废气焚烧装置。塔釜吸收 MN 后的甲醇溶液送回 DMO 合成循环使用。MN 回收单元流程图如图 6-18 所示。

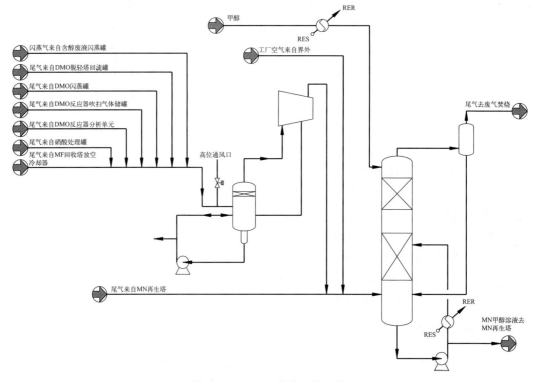

图 6-18　MN 回收单元流程图

（1）控制指标

① MN 回收塔温度。由于反应为放热反应，低温有利于反应的进行，同时低温甲醇可以将 MN 有效洗下来回到 DMO 合成系统中，因此塔的操作温度维持在 $-7.4 \sim -9 ℃$，以保证尾气去废气焚烧的 MN 含量低于 $100 \mu L/L$，NO 低于 $500 \mu L/L$。

② 空气流量。空气进入 MN 回收塔，其中氧气与尾气中的 NO 和进料甲醇反应生成 MN，需要严格控制空气流量，适当过量有利于 NO 完全反应，但浓度不能过高，一旦超过可燃气体如 CO 的临界氧含量，尾气后续进入焚烧系统或者火炬系统会有火灾、爆炸的风险。

（2）重要的控制回路

空气流量控制：进塔混合气管线上设置气体分析仪和流量计，在 DCS 中计算得到 NO 的实际流量，按照反应式，当控制 O_2 过量 0.5% 时，NO 浓度×NO 流量：空气流量 = $1 : 1.6$，依此设置 DCS 比例调节，控制空气补入量。

在 MN 回收塔出口设置 O_2 在线分析仪，实时监测系统中 O_2 的含量；当 O_2 含量达到 0.8% 时报警，达到 1% 时触发主联锁停空气，开 N_2 吹扫。MN 回收单元空气进料控制简图如图 6-19 所示。

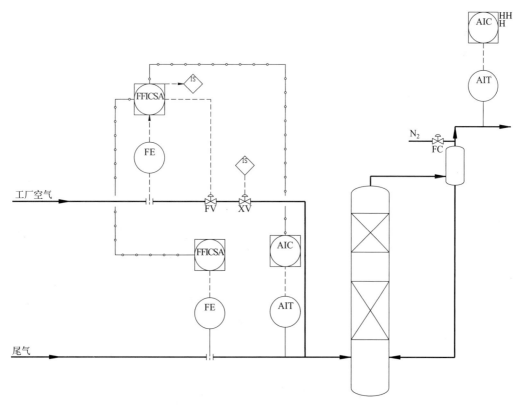

图 6-19 MN 回收单元空气进料控制简图

6.1.2.4 NO$_x$ 发生

NO$_x$ 发生工段核心任务是补充 DMO 合成初始开车阶段需要的 NO$_x$，不同 NO$_x$ 发生工艺介绍如下。

(1) 硝酸与亚硝酸钠制备 NO 工艺

DMO 合成开车需要的 NO 由硝酸和亚硝酸钠在 NO 发生器中反应生成，反应如下：

$$2HNO_3 + 2NaNO_2 \longrightarrow 2NaNO_3 + NO + NO_2 + H_2O \qquad (6\text{-}3)$$

NO 发生器为带搅拌的釜式反应器，釜外设置夹套，夹套通热水控制釜内反应温度。硝酸和亚硝酸钠按一定比例进入 NO 发生器，生成的 NO 从设备顶部送至 DMO 合成工序，釜液进入硝酸处理罐，硝酸处理罐加入氢氧化钠溶液与过量硝酸反应，中和后生成的硝酸钠溶液泵送污水处理工序。

常见的硝酸与亚硝酸钠制备 NO 工艺控制简图如图 6-20 所示。

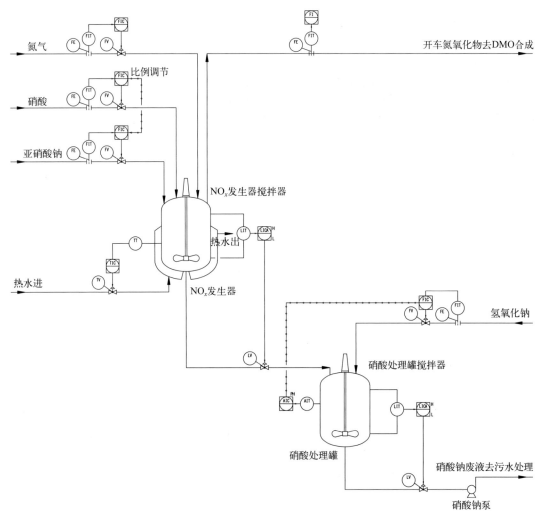

图 6-20　硝酸与亚硝酸钠制备 NO 工艺控制简图

(2) 四氧化二氮制备 MN 工艺

N_2O_4 可作为酯化/羰化单元开车初始阶段制备 NO 的引发剂，储罐中的液相 N_2O_4 通过计量泵升压后与酯化循环气混合并汽化，混合后的气相在酯化塔中与 MeOH 发生反应生成 MN 和硝酸，MN 随酯化塔顶气相进入羰化反应器反应生成 DMO 同时释放出 NO。整个 NO_x 建立过程安全、简单、方便。在酯化塔中发生的 MN 生成方程式如下：

$$N_2O_4 + CH_3OH \longrightarrow CH_3ONO + HNO_3 \qquad (6\text{-}4)$$

N_2O_4 法初始建立 NO_x 工艺流程简图如图 6-21 所示。

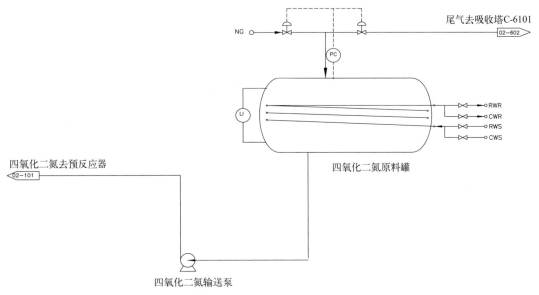

图 6-21　N_2O_4 法初始建立 NO_x 工艺流程简图

6.1.2.5　硝酸还原

硝酸还原的目的是将 MN 再生塔中副反应生成的硝酸与甲醇、循环气中的 NO 进一步反应，生成 MN 返回合成系统循环利用，以减少液相 HNO_3 外排的损耗。同时 DMO 合成循环系统损失的 N 元素也可以通过外补 HNO_3 的形式得以补充。反应方程式如下：

$$HNO_3 + 2NO + 3MeOH \longrightarrow 3MN + 2H_2O \qquad (6\text{-}5)$$

（1）核心控制指标

① 反应温度。硝酸还原是放热反应，反应温度越高，NO 和 HNO_3 转化率越高，液相中 HNO_3 的浓度越低，但高温会导致 NO 在液相中的溶解度降低，从而造成 HNO_3 反应不充分。总体来说，温度对反应速率的促进作用高于反应溶液中 NO 溶解度的降低带来的不利影响。

但是随着反应温度和 HNO_3 浓度的持续升高，副反应产物硝酸甲酯的生成量也随之增大，从安全方面考虑，反应温度存在高限值，不同硝酸浓度对应的反应限定温度不同，初始反应温度建议不超过 80℃。由于硝酸的浓度和反应温度成反比的关系，因此随着反应的不断进行，允许的反应温度高限也随之升高。

② 反应压力。硝酸还原反应是一个体积缩小的反应，压力越高，HNO_3 转化率越高。但是随着压力的升高，亚硝酸甲酯（MN）爆炸范围变得更宽，HNO_3 的允许下限浓度变低，因此硝酸还原的压力一般与循环气一致，控制在 0.4MPa（G）以下。

（2）不同硝酸还原工艺典型控制回路

随着煤制乙二醇技术的不断发展，硝酸还原反应器的形式以及反应方式也在不断变革。由最初的釜式搅拌反应器、填料塔式反应器，逐渐演变为现在的催化酯化还原塔及无须催化剂的鼓泡还原塔。HNO_3 转化率不断提高，HNO_3 的单耗由 40kg HNO_3/tEG 降低至 10kg

HNO$_3$/t EG 以下，相应中和用的碱消耗也由 25kg NaOH/t EG 降低至 5kg NaOH/t EG。同时，硝酸还原反应器外排残液中的 HNO$_3$ 浓度由原来的 2％ 降低至 0.2％ 以下，还降低了硝酸盐的排放总量，使得后续污水处理的技术难度、工艺流程、装置投资及单位处理成本均大幅降低。

① 硝酸还原反应釜工艺。MN 再生塔塔釜含硝酸的溶液和外补硝酸分别进入硝酸还原反应釜，来自洗涤系统的合成气分成气相线和鼓泡线两路进入反应釜，通过三通阀控制参与反应的鼓泡线流量，影响亚硝酸甲酯的生成量，控制系统总氮（MN＋NO）浓度。

硝酸还原反应釜控制回路简图如图 6-22 所示。当合成系统 MN＋NO 浓度高高时，触发联锁，切断硝酸进料和外部热量输入，关闭鼓泡线，合成气全部走气相线。

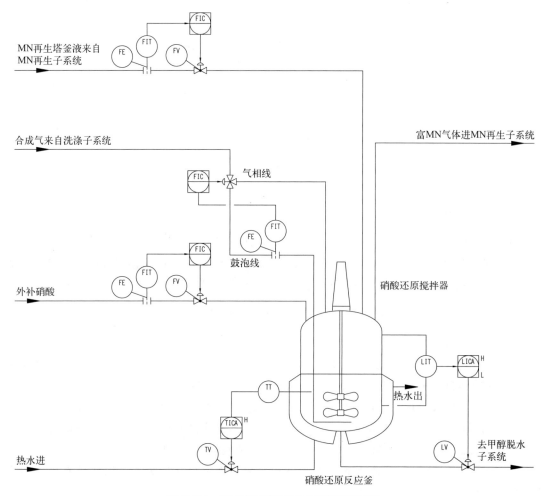

图 6-22　常见的硝酸还原反应釜控制简图

硝酸还原反应釜包括筒体、两端封头、热水夹套及搅拌装置。整个设备固定支撑在耳式支座上。上封头上设有工艺气进口、MN 再生塔釜液进口、硝酸进口以及工艺气出口，下封头上设有反应釜液出口。热水夹套为反应提供所需要的热量。通过内伸管将工艺气送至设备内底部的盖板下方，结合搅拌装置共同保证反应的均匀性和充分性。

为保持工艺介质的洁净度，又因介质中含有微量硝酸，该设备内筒主体材料选用 S30403 奥氏体不锈钢。

② 硝酸鼓泡塔工艺。硝酸鼓泡塔为带加热内盘管的塔式反应器，由若干级反应器串联组成，目的是增加液相停留时间，通过精准控制各级反应器的温度和鼓泡量，逐步降低残液中硝酸的浓度，各级反应器反应温度由内盘管的低压蒸汽加入量控制。MN 再生塔塔釜含硝酸的溶液和外补硝酸混合后进入硝酸鼓泡塔第一级反应器，来自洗涤系统的合成气分成多路鼓泡线分别进入其余各级反应器，同时分出一路气相线进第一级反应器，反应残液依次自流进入下一级反应器，通过控制进入各级反应器的鼓泡线流量，控制系统总氮（MN＋NO）浓度。

硝酸鼓泡塔单级控制回路简图如图 6-23 所示。当合成系统 MN＋NO 浓度高高时，触发联锁，切断硝酸进料和各级反应器热量输入，关闭鼓泡线，气相线阀门全开。

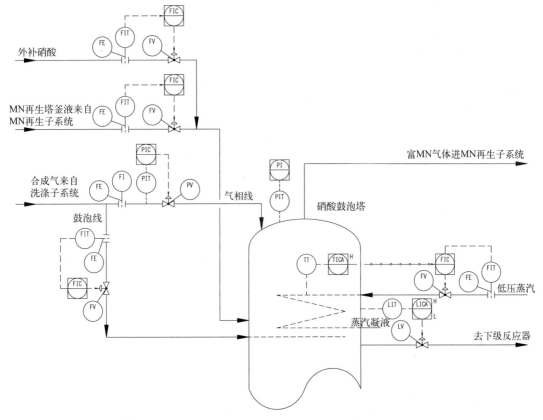

图 6-23　常见的硝酸鼓泡塔单级控制简图

硝酸鼓泡塔外观为裙座支撑的塔器，内部由隔板分成多个腔室，各个腔室独立工作。腔室壳体壁上部安装工艺液进口，下部安装工艺气进口，分室隔板上安装反应产物出口。腔室内安装了为反应提供热量的蒸汽加热盘管以及为增加气液反应时间而设置的迷宫隔板。

为保持工艺介质的洁净度，又因介质中含有微量硝酸，该设备主体材料选用 S30403 奥氏体不锈钢。

（3）硝酸催化还原工艺

硝酸催化还原塔为装载催化剂的塔式反应器，催化还原塔前设置反应器预热器控制液相温度。MN 再生塔塔釜含硝酸的溶液、外补硝酸以及回流液混合后进入反应器预热器，来自洗涤系统的合成气从塔顶进入，气液两相并流进入催化还原塔，通过控制进入催化还原塔的合成气量，控制系统总氮（MN＋NO）浓度。

硝酸催化还原塔控制回路简图如图 6-24 所示。当合成系统 MN＋NO 浓度高高时，触发联锁，切断硝酸进料和反应器预热器热量输入。

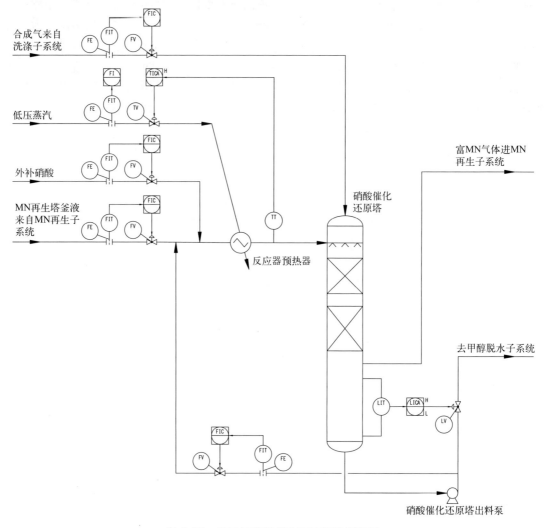

图 6-24　常见的硝酸催化还原塔控制简图

硝酸催化还原塔外观为裙座支撑的塔器。筒体侧壁上设有液体入口、气液出口和回流口，上封头上设有塔顶气体出口，下封头上设有釜液出口。筒体内设有两段催化剂和液体分配器，增大气液相接触面积，利于反应进行。

为保持工艺介质的洁净度，又因介质中含有微量硝酸，该设备内筒主体材料选用 S30403 奥氏体不锈钢。

（4）不同硝酸还原工艺比较

硝酸还原反应釜、硝酸鼓泡塔和硝酸催化还原塔三种硝酸还原工艺的本质相同，其工艺对比见表 6-16。

传统的硝酸还原反应釜由于能耗高，投资占地大，HNO_3 转化率低，已逐渐被淘汰。无论是催化还原塔还是鼓泡塔，均能有效地提高硝酸转化率，降低酸、碱消耗和总盐排放，现已成为 HNO_3 还原工艺的主流选择。催化还原法投资低，占地小，但蒸汽消耗相对较高，且需要持续消耗催化剂；鼓泡法投资高，占地大，但蒸汽消耗相对较低，且无催化剂使用成本，两者各有优势。

表 6-16　不同硝酸还原工艺对比表

项目	硝酸还原反应釜	硝酸鼓泡塔	硝酸催化还原塔
搅拌器	有	无	无
催化剂	无	无	有
单台设备能力	小	中	大
反应温度/℃	60～70	65～85	75～85
硝酸出口浓度（质量分数）/%	1～2	0.12～0.3	0.15～0.3
控制方式	中等	复杂	简单

6.1.3　乙二醇装置

6.1.3.1　乙二醇合成

乙二醇合成装置的核心任务是草酸二甲酯与氢气在催化剂存在下，反应生成乙二醇和甲醇的混合物，然后经过精馏获得乙二醇产品，同时副产甲醇，甲醇返回草酸二甲酯装置循环利用。

（1）乙二醇合成单元流程简介

虽然各乙二醇合成工艺流程略有不同，但这些工艺都有共同的基本步骤。乙二醇合成单元的基本流程见图 6-25。各乙二醇合成工艺原则上都包括图中的各个单元。新鲜氢气与H_2 循环气压缩机出口的循环气混合后进入进出物料换热器，与出乙二醇合成塔的反应气换热后进入加热器Ⅰ，然后进入 DMO 蒸发塔。DMO 通过 DMO 进料泵加压后进入 DMO 蒸发塔上部，在 DMO 蒸发塔中氢气把 DMO 气化，混合气进入加热器Ⅱ预热到催化剂活性温度，随后进入乙二醇合成塔。在乙二醇合成塔内催化剂的作用下，DMO 加氢反应生成乙二醇和甲醇。出合成塔的高温反应气体进入进出料换热器与低温原料气换热后形成气液混合物，进入分离器Ⅰ分离出粗乙二醇。气相进一步在水冷器中冷却，然后在分离器Ⅱ中再次进行气液分离，分离出粗甲醇。粗乙二醇和粗甲醇分别送入乙二醇精馏单元提纯。少量的未反应气体作为弛放气放空，大部分进入 H_2 循环气压缩机加压后返回合成系统循环利用。

受限于乙二醇合成塔及管道尺寸的限制，常常将两台合成塔并联在一个循环气回路上，用一台 H_2 压缩机克服循环圈阻力降，以此来扩大单系列的产能。以某典型的 60 万吨/年煤制乙二醇装置乙二醇合成单元为例，若乙二醇合成塔单台产能为 10 万吨/年，单系列两台合成塔并联，整个装置共 3 个系列。单系列主要设备配置基本如下：乙二醇合成塔 2 台（每台合成塔对应一个汽包），DMO 蒸发塔 2 台，进出物料换热器 2 台，加热器Ⅰ 2 台，加热器Ⅱ 2 台，水冷器 2 台，分离器Ⅰ 1 台，分离器Ⅱ 1 台，H_2 循环气压缩机 1 台。

（2）核心控制指标

乙二醇合成的反应温度、压力、H_2 循环气流量和氢酯比（H_2/DMO，摩尔比）是乙二醇合成的核心控制指标，另外循环气中的惰性气体含量也会影响产品的选择性。

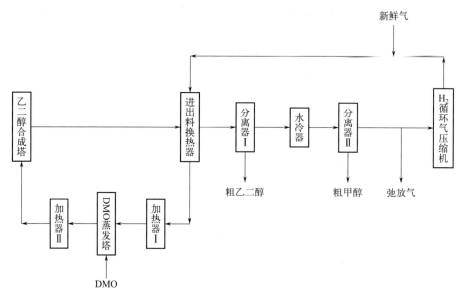

图 6-25　乙二醇合成单元的基本流程

① 温度。温度对过加氢产物乙醇和杂质选择性有很大的影响。反应温度升高，1,2-BDO 和乙醇选择性明显上升，杂质选择性也逐渐上升。反应温度较低时，中间加氢产物 MG 选择性略有上升。加氢催化剂对温度比较敏感，即使有微小的温度变化，其选择性也会明显变化。温度存在最佳值，降低温度或提高温度都会使得 EG 选择性下降。基本来说，乙二醇合成塔进口气体温度最好与反应器热水温度一致。如果催化剂活性减弱、反应性能降低，两者温度均一步步升高。为避免反应过程中出现不正常的温度，通过控制乙二醇合成塔进口气体温度和热水（PIC 控制汽包）来调节反应温度，从而使乙二醇合成塔催化剂床层最大温度保持在一定值。一般来说，反应温度控制在 180～240℃。

② 氢酯比（H_2/DMO 摩尔比）。EG 合成主反应式如下：

$$DMO + 4H_2 \longrightarrow C_2H_6O_2 + 2CH_3OH \tag{6-6}$$

通常氢酯比是指合成气中氢气与草酸二甲酯的摩尔比，在草酸二甲酯进料量不变的条件下，提高氢酯比，能避免催化剂表面因吸附、累积发生酰基聚合形成多聚物，由此导致催化剂结焦、失活。虽然提高氢酯比在一定程度上有助于增强催化剂的催化性能，但是由于气速增大，对催化剂的强度提出更高的要求，同时也造成催化剂床层阻力的大幅增加，增加装置能耗，因此氢酯比的提高是有限的。一般氢酯比取值在 60～80 之间，它能反映出合成系统的经济性与合理性，氢酯比降低，合成系统的能耗就会相应降低。催化剂在诱导期的催化活性非常好，过加氢反应较多，需要在低负荷、高氢酯比条件下运行。

③ 压力。由于是合成反应是体积缩小的反应，在 1～3MPa（G）范围内，随着压力升高，DMO 的转化率和 EG 的选择性略有增加，乙醇酸甲酯的选择性略有降低。压力一般控制在 2.0～4.0MPa（G）。

④ H_2 循环气流量（空速）。大量的氢气在通过反应器之后并没有反应完全，需循环利用，合成气在经过水冷器及高压分离器冷却分离之后大部分进入循环气压缩系统，为了维持氢酯比在一定值，需补充新鲜氢气进入合成系统。H_2 循环气压缩机的能力设计的氢酯比在

约 75（循环气中含 5％惰性气），空速在 $6000 \sim 10000h^{-1}$。

⑤ 循环气中惰性气体含量。由于补充的新鲜气体中含有一定量的不参与反应的惰性组分，为了避免惰性气体在合成系统中的积累，需保持一定的弛放来控制反应气体的组成。为了保证 H_2 的分压，原料气 H_2 浓度为 99.9％，保证循环气中惰性气体的量控制在 5％以内。如果原料气成分发生变化，惰性气体的量增加，循环气中惰性气体成分也会相应变化，循环气中惰性气体含量最大可以到 10％。

表 6-17 是某典型 60 万吨/年乙二醇合成单元的主要工艺操作参数。

表 6-17　某典型 60 万吨/年乙二醇合成单元的主要工艺操作参数

参数	单位	控制指标
乙二醇合成塔热点温度	℃	$180 \sim 230$
循环气操作压力	MPa（G）	$2.8 \sim 3.6$
单系列合成圈循环气流量（共三系列）	m^3/h	$500000 \sim 800000$
氢酯比（H_2/DMO）	摩尔比	$60 \sim 80$
惰性气体组成	％（摩尔分数）	$2 \sim 10$

（3）重要控制回路

乙二醇合成的工艺不同，控制回路也略有差异，但主要的控制回路都基本相同。

① 合成温度控制。乙二醇合成塔是一台放热的反应器，反应器一侧充满水，另一侧是工艺气，水把加氢产生的热量快速移走。通过调节汽包的压力，控制加氢反应温度，以达到控制催化剂床层温度的目的。副产蒸汽汽包的压力同床层的温度密切联系。一般汽包液位可采用给水流量和汽包液位的串级双冲量调节；汽包压力是单独调节的，因为汽包压力与床层温度有关，提高汽包压力，饱和蒸汽的温度也升高，床层的温度也会升高，常见的控制方式如图 6-26 所示。当汽包液位低低或乙二醇合成塔循环气侧温度高高时，为防止反应器飞温，触发联锁，停 H_2 循环气压缩机，关闭 DMO 进料。

② 合成回路的压力控制。可以采用分程控制调节弛放气的量来实现对压力的调控，弛放气一般情况下去燃料气管网或回收提纯，必要时也可将弛放气排至火炬来调节。当防止合成回路压力高高无法控制时，触发联锁，停 H_2 循环气压缩机。

③ 合成气流量控制。进入反应器的合成气流量由补充新鲜氢气和循环气两部分组成，新鲜氢气流量由入口的调节阀控制，循环气量采用防喘振副线调节阀来控制。

④ 产品分离器液位调节。采用液相去闪蒸槽的调节阀来实现对液位的调节，当分离器液位低低时，触发联锁，关闭液相出口切断阀。

（4）核心设备

① 乙二醇合成塔。乙二醇合成塔是乙二醇生产的关键设备。由于乙二醇合成反应是放热反应，为使反应过程适应最佳温度曲线的要求，一般将乙二醇合成塔设计成可以换热的固定床列管式反应器，结构如图 6-27 所示，壳程一侧介质是水，管程一侧介质是载有加氢催化剂的合成气。该设备结构与固定管板热交换器的结构类似，包括壳程筒体，壳程筒体顶部设有上管板，底部设有下管板，壳程筒体顶部安装有上筒节和封头，底部安装有下筒节和封头，上封头上安装有工艺气入口，上封头内设置有入口气体分布器，上管板上方设有盖住催化剂以及实现入口工艺气进一步均匀分布的瓷球，下管板下方设有绝热段催化剂，催化剂下部设有瓷球支撑，下封头上安装有工艺气出口，下封头内设置有气体收集器，壳程筒体内还

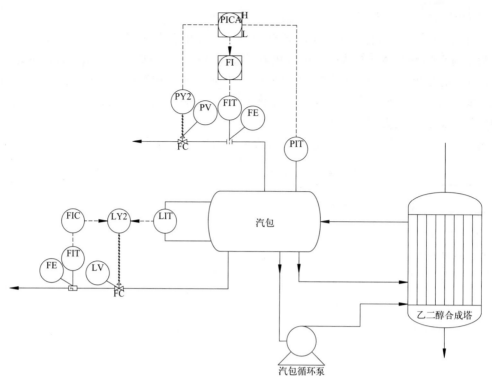

图 6-26 合成温度控制与汽包液位控制简图

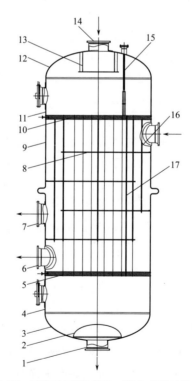

图 6-27 固定床列管式乙二醇合成塔结构简图

1—工艺气出口；2—气体收集器；3—下管箱封头；4—下管箱筒节；5—下管板；6—冷却水出口；
7—冷却水旁路口；8—折流板；9—壳程筒体；10—上管板；11—上管箱筒节；12—上管箱封头；
13—入口防冲挡板；14—工艺气入口；15—远传温度计组件；16—冷却水入口；17—反应管

设置有多个双相钢反应管，反应管内填装催化剂，壳程筒体下部侧壁上安装有锅炉给水入口，上部侧壁上安装有锅炉给水/蒸汽出口，出口管处安装减少换热死区的导流筒。为保持工艺介质的洁净度，结合经济性考虑，该设备管程主体材料选用低合金钢堆焊奥氏体不锈钢，壳程主体材料选用低合金钢，反应管选用双相不锈钢。

固定床列管式反应器具有工艺成熟、造价低的优点，但面对乙二醇需求量的日益增长，固定床列管式反应器逐渐开始暴露其产能不足的问题。若直接在原工艺上增加产能，则需要加长反应管的长度或直径。但增加反应管长度会造成床层阻力过大，循环机功率增加；增加反应管直径，则会导致中心热点温度过高，产生副产物乙醇（EtOH）、碳链增长产物1,2-丙二醇（1,2-PDO）和1,2-丁二醇（1,2-BDO），增加生产成本。针对列管式固定床反应器有效换热面积较小，耗材较多，设备造价较高以及体积较为庞大，安装与维修不方便等问题，近年人们也有了不少新型反应器的研究成果并进行了工业试验[15]，具体内容详见7.2.2节。

② DMO蒸发塔。DMO是乙二醇合成的原料，常压下凝固点为54℃，沸点为163.5℃。为保证DMO以气态形式进入合成塔，需在进入合成塔之前用氢气气提将其完全气化，否则DMO会在蒸发塔下部积累，造成液击，损坏设备。

为了保证蒸发塔中的DMO完全气化，需在蒸发塔前设置加热器，且加热后确保蒸发后的合成气仍在饱和温度以上。在相应的氢酯比条件下对应的饱和温度及分压如表6-18所示。

表 6-18　DMO 蒸发塔的操作条件表

氢酯比	分压/MPa	饱和温度/℃	入口温度/℃	出口温度/℃	出入口温度差/℃	与饱和温度的差/℃
110	0.2176	121	170	152.2	17.8	31.2
100	0.277	123.5	170	150.8	19.2	27.3
90	0.308	126.3	170	149.1	20.9	22.8
80	0.346	129.5	170	147.1	22.9	17.6
70	0.394	133.2	170	144.5	25.5	11.3
60	0.459	137.6	170	141.1	28.9	3.5
50	0.549	142.8	170	136.5	33.5	-6.3
40	0.683	149.5	170	129.3	40.2	-19.7
30	0.903	158.4	170	119.3	50.7	-39.1

注：以上数据表是在10%的惰性气体情况下计算所得。

DMO蒸发塔包括筒体，筒体的上端设有上封头，筒体的下端设有下封头，整个设备固定支撑在裙座上，筒体上部侧壁上设有草酸二甲酯液体入口，筒体下部侧壁上设有氢气入口，上封头上设有出气口，筒体内的中部设有高效填料，填料上方的筒体内自上而下设有丝网除沫器、液体分配器，填料下方筒体内自上至下设有气体分配器、加热装置，液体分配器与草酸二甲酯液体入口连通，气体分配器与氢气入口连通。填料提高接触面积，有利于气液充分传热；在DMO入口处设置槽式液体分配器，保证DMO均匀地分布在填料内，从而使得与氢气的接触面积更大；在氢气入口处设置气体分配器，保证氢气均匀地进入填料内。为保持工艺介质的洁净度，结合经济性考虑，该设备主体材料选用奥氏体不锈钢-低合金钢复合板。其结构简图如图6-28所示。

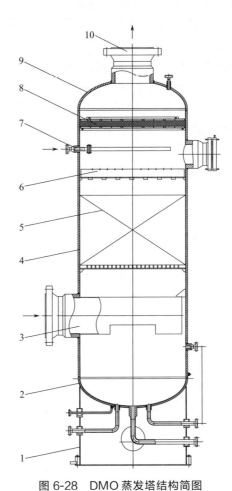

图 6-28 DMO 蒸发塔结构简图

1—裙座；2—下封头；3—工艺气入口；4—筒体；5—填料；6—液体分配器；7—草酸二甲酯入口；

8—丝网除沫器；9—上封头；10—工艺气出口

③ 进出料换热器。进出料换热器是使乙二醇合成塔的进出口气体热量互换，从而使进口气体预热，出口气体冷却的换热设备。它是乙二醇合成单元中一个关键的换热设备，换热效果好坏直接关系到整个单元的能耗和装置的稳定运行。该换热器是气-气换热器，进出口气体温差大，且换热过程中存在冷凝。该设备为改进的填料函式热交换器，包括筒体，筒体的上端设有管程上封头，筒体的下端设有壳程下封头，整个设备固定支撑在裙座上，筒体上部侧壁上设有入塔合成气出口，筒体下部侧壁上设有入塔合成气入口，管程上封头上设有出塔合成气入口，壳程封头上设有出塔合成气出口，整个设备由上固定管板、换热管、下浮动管板、出塔合成气出口处填料函分为管、壳两程。为保持工艺介质的洁净度，结合经济性考虑，该设备主体材料选用奥氏体不锈钢-低合金钢复合板，换热管选用奥氏体不锈钢，其结构简图如图 6-29 所示。

随着装置规模的不断增加，普通管壳式换热器受换热管长度限制已不能满足换热要求。单台产能 7.5 万吨/年的乙二醇合成塔配套的进出料换热器换热管长度已达 15m。高效板式换热器具有传热效率高、尺寸小、压降低等显著优点，逐渐替代普通管壳式换热器，在工业化装置中普遍应用。该设备结构为板壳式，又因其内部的传热元件板片之间的焊点处呈现圆形枕头的形状而称为枕式。设备包括筒体，两端封头，内部传热元件，整个设备固定支撑在裙座上。传热元件的结构为两张板片通过焊接形成一个板对，板对内部为入塔合成气通道，板对与板对之间为出塔合成气通道。传热元件通过其顶部侧面的耳式支座支撑在筒体上。上封头顶部安装有入塔合成气出口，筒体下部侧壁上安装有入塔合成气入口，下封头上安装有出塔合成气出口，筒体上部侧壁上安装有出塔合成气入口。为保持工艺介质的洁净度，该设备壳体材料选用奥氏体不锈钢，传热元件选用奥氏体不锈钢，其结构简图如图6-30所示。

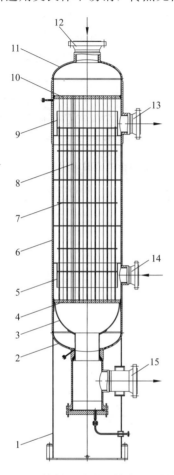

图 6-29 填料函式进出料换热器简图

1—裙座；2—壳程封头；3—管程下封头；4—下浮动管板；
5—入口导流筒；6—筒体；7—圆环-圆盘折流板；
8—换热管；9—出口导流筒；10—上固定管板；
11—管程上封头；12—出塔合成气入口；13—入塔合成
气出口；14—入塔合成气入口；15—出塔合成气出口

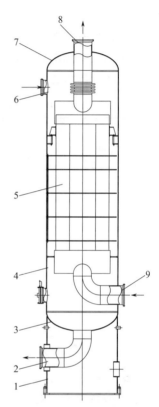

图 6-30 板壳式进出料换热器简图

1—裙座；2—出塔合成气出口；3—下封头；
4—筒体；5—传热元件；6—出塔合成气入口；
7—上封头；8—入塔合成气出口；
9—入塔合成气入口

（5）设计要点

合成气循环圈阻力降主要来自循环气流经系统中设备、管道和阀门时产生的压力损失。乙二醇合成塔的压降占据了循环圈阻力降中的绝大部分，通常乙二醇合成塔为管壳式反应器，采取轴向流，催化剂使用初期正常阻力为 40~70kPa，催化剂末期阻力最大可能达到 100kPa。理论上阻力降与循环气流速的平方成正比，不同生产负荷下阻力降差异较大。此外，合成气循环圈阻力降的大小还会受循环气氢气含量的影响，当循环气氢气含量较高时，平均分子量较小，同样流量下所产生的阻力降也较高。因此，在压缩机选型中要充分考虑不同工况下阻力降的差异，才能保证装置的安全长周期满负荷运行。目前各家技术略有差异，一般情况下循环气的氢气含量在 90%～98%（摩尔分数）之间，乙二醇合成圈阻力降在 120～300kPa 之间。

6.1.3.2　乙二醇精馏

对比石油路线制乙二醇，煤制乙二醇由于其自身的工艺特点，导致其副产物种类较多，整个分离体系较为复杂，存在多种共沸体系，分离难度较大，见表 6-19。经过多年的技术发展，集成多种分离手段的煤制乙二醇分离技术（包括精馏分离、树脂吸附和液相加氢等）已经逐渐成熟，实现了分离过程节能降耗和品质提升。现阶段乙二醇精馏的主要目的为对乙二醇合成产物各组分进行分离，而按照国标 GB/T 4649—2018 的要求，不同类型乙二醇产品除组分要求外，还有醛含量、紫外透光率等多种参数要求，此类要求由乙二醇精制单元完成。现阶段煤制乙二醇产品质量已趋稳定，精制后的高品质乙二醇产品可满足下游聚酯生产的要求。典型的煤制乙二醇与石油路线乙二醇杂质含量对比见表 6-19。

表 6-19　典型的煤制乙二醇与石油路线乙二醇杂质含量对比

杂质成分	煤制乙二醇/（mg/kg）	石油路线乙二醇/（mg/kg）
醛、酮类	<20	≥20
乙醇酸甲酯	<200	0
碳酸乙烯酯	<500	0
碳酸二甲酯	<50	0
1,2-丁二醇	<50	0
1,2-己二醇	<300	0
草酸二乙酯	<100	0
1,4-丁内酯	<100	0
其他	<100	<50

以某典型的 60 万吨/年煤制乙二醇装置乙二醇精馏单元为例，该装置已稳定运行 3 年以上，可以代表国内现行乙二醇精馏技术的较先进水平。

（1）乙二醇精馏单元流程简介

某 60 万吨/年煤制乙二醇项目乙二醇精馏流程见图 6-31。

乙二醇合成单元的产品分为粗甲醇和粗乙二醇两股进入乙二醇精馏单元的甲醇回收塔不同位置。甲醇回收塔上部以后续乙二醇产品塔顶副产蒸汽为热源，经精馏分离后获得合格甲醇，回送至 DMO 合成单元作为原料；甲醇回收塔下部以蒸汽为热源，尽量降低塔釜中的甲醇含量。甲醇回收塔上部和下部气相直连，上部液相通过中部塔釜溢流至下部。含少量甲醇、乙醇和水等物质的粗乙二醇进入后续脱水塔彻底分离出甲醇、乙醇和水。

甲醇回收塔塔釜物料进入脱水塔后，由脱水塔塔顶采出杂醇油，主要成分为甲醇、乙醇和水。杂醇油经甲醇分离塔和乙醇产品塔顺序分离，甲醇回用，乙醇作为副产品采出，废水送污水处理工序。

经脱水塔分离后，脱除水等杂质的粗乙二醇中主要剩余杂质为丁二醇、二乙二醇及其他重沸物等。丁二醇与乙二醇沸点接近且醇类间存在较复杂的共沸，需要通过大回流、多理论板数的脱醇塔进行分离。脱醇塔塔顶产品为含丁二醇和乙二醇的混合二元醇，塔釜产品为乙二醇和二乙二醇等重沸物。混合二元醇与水混合后经乙二醇浓缩塔继续分离可回收部分乙二

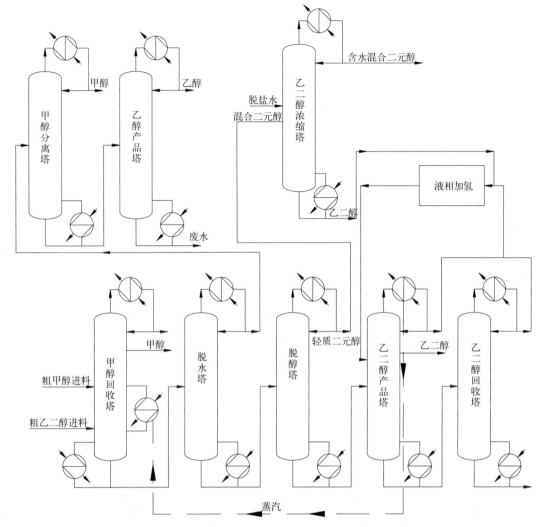

图 6-31 某 60 万吨/年煤制乙二醇项目乙二醇精馏流程图

醇。若在脱醇塔中直接加水，水分的存在会使脱醇塔塔顶冷凝温度下降，无法回收塔顶热量。

脱醇塔塔釜乙二醇和二乙二醇的混合物进乙二醇产品塔后，精制乙二醇由侧线采出。乙二醇产品塔塔顶产品为含部分轻组分的乙二醇，此处的乙二醇紫外透光率较低，需要经过液相加氢单元处理后回用。

乙二醇产品塔塔釜产品经乙二醇回收塔塔顶回收乙二醇，回收的乙二醇送液相加氢处理，乙二醇产品塔塔釜剩余重沸物作为副产品采出。

乙二醇浓缩塔塔釜乙二醇、乙二醇产品塔塔顶乙二醇和乙二醇回收塔塔顶乙二醇中均含有较多的影响产品紫外透光率的含氧环状化合物，需经液相加氢处理后返回乙二醇产品塔。

（2）核心控制指标

① 压力。根据各塔分离物料的物性的差别，各精馏塔的操作压力不尽相同。塔体的操作压力对于整个精馏塔的运行有决定性的作用。塔压升高时，塔釜物料的蒸发温度升高，可能导致塔釜物料副反应增多，降低整个精馏的收率；同时塔压升高会使不同组分间相对挥发

度降低，不利于组分间的分离。塔压降低时，气相密度减小，会使气相体积流量变大，更容易造成液泛，且容易掀翻填料，造成运行事故；同时塔压过低会使真空泵负荷增大，严重时出现机泵汽蚀损坏现象。塔压的确定应根据所分离物料的性质等决定，常规各塔操作压力见表6-20。正常操作情况下，塔压的变化应不超过±1kPa。

以乙二醇产品塔为例，当塔压上升至5kPa时，塔釜压力为27kPa（A），对应塔釜温度上升至163℃，此时塔釜中乙二醇会发生快速缩合，乙二醇总收率会下降0.5%~1%。

② 温度。在稳定的压力条件下，塔体各部分的温度与对应位置的组分有明确的对应关系，因此温度可以作为分离塔内物质组分分布的依据。

在压力稳定的情况下，温度升高一般表明低沸点物料含量下降，高沸点物料含量上升，温度降低反之。如当甲醇回收塔甲醇采出位置的温度由52℃上升为53℃时，甲醇产品中乙醇的含量会高于300mg/kg，超过DMO合成单元甲醇原料中乙醇含量的要求。

温度的调节主要通过再沸器蒸汽量的增减和塔顶回流量的增减完成。相关操作应务求稳定，防止过度调节造成塔内浓度梯度被破坏。必要时可调节进出塔物料的流量来保证塔内物料的总平衡。

③ 回流比。回流是精馏系统的特征，故回流比的大小影响精馏分离能力的大小。高回流可使物料组分的分离更彻底，但也带来了能耗增加，设备尺寸变大等问题。如回流量高于正常流量的20%左右时，整体塔的填料及内件无法满足稳定操作要求，需进行重新设计。如何选取合理的回流比取决于物料组分的分离难度和分离要求。在乙二醇精馏系统中，如水/乙二醇体系为易分离体系，故对应脱水塔的回流比很低；而如丁二醇/乙二醇体系分离难度大，故对应脱醇塔的回流比较高，且塔系理论板数也较高。合理回流比的选择应考虑操作费用和设备费用等多种因素，见图6-32。

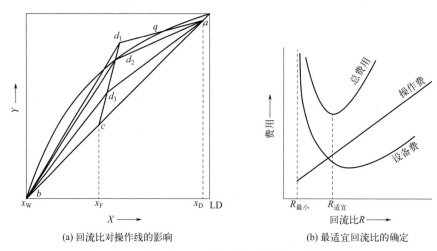

(a) 回流比对操作线的影响　　　　　　(b) 最适宜回流比的确定

图 6-32　回流比对操作线的影响及最适宜回流比的确定

对运行中的精馏系统，因精馏塔内部存在物料组分和能量的双平衡，故回流量的增减会对其他较多操作参数带来影响。如降低回流量，可能导致塔顶回流罐液位上升，进而导致塔顶物料采出增大；同时降低回流量会导致塔顶温度上升，塔顶重组分含量升高，整塔分离效率下降；同时回流量降低导致塔内液相负荷下降，塔釜液位下降，塔釜温度上升。

以某典型的60万吨/年煤制乙二醇项目乙二醇精馏单元为例，对应各塔的稳定操作参数如表6-20所示。

表 6-20 某典型的 60 万吨/年煤制乙二醇项目乙二醇精馏单元操作参数情况

参数	塔顶压力	塔顶温度	塔釜压力	塔釜温度	回流比
单位	kPa（A）	℃	kPa（A）	℃	
甲醇回收塔上部	60	51.8	63	84.2	2.2
甲醇回收塔下部	63	84.2	65	149	
脱水塔	36	53.6	38	158	1.9
甲醇分离塔	105	65.5	110	85.9	5.5
乙醇产品塔	235	101	240	116	11.3
脱醇塔	14	139	22	152	31.6
乙二醇浓缩塔	16	119	22	152.2	4.2
乙二醇产品塔	16	144	22	154	1.4
乙二醇回收塔	5	117	11	140	1.5

乙二醇精馏的能耗主要集中于甲醇回收塔、脱醇塔和乙二醇产品塔，三塔各对应甲醇产品的分离、丁二醇的脱除和乙二醇的精制。如何降低此塔系的能耗，或利用塔系的冷热量将会是未来乙二醇精馏技术发展的主要方向。

（3）重要的控制回路

乙二醇精馏系统的控制回路与普通精馏基本一致，主要分为塔顶的压力-回流控制系统和塔釜的再沸器-釜温控制系统。

① 塔顶压力-回流控制系统。乙二醇精馏系统中绝大部分塔为负压塔，对应的塔顶的压力实际由真空泵系统的入口压力控制，真空泵入口的压力由真空泵气相回流量控制。此种控制方式可保证主气相管线上控制阀尽量少，控制阀压损尽量低，尤其对于许多塔顶压力在 20kPa（A）以下的塔系，此点尤为重要。

因乙二醇精馏塔的塔体高度较高，回流大多采用强制回流，因此回流量的调节主要通过控制回流管线控制阀完成。

此外，为保证塔顶回流罐液位的稳定，需要使用回流采出流量控制回流罐液位，防止液位波动带来精馏系统的不稳定。

图 6-33 为乙二醇精馏塔塔顶控制回路的简图。

② 塔釜再沸器-釜温控制系统。乙二醇精馏塔塔釜温度的控制主要通过控制再沸器的热负荷完成，即通过调节进入再沸器的蒸汽流量，控制再沸器的热负荷，进而控制塔釜物料蒸发量，改变塔釜物料组成，完成釜温控制。因在固定压力下，釜温和塔釜物料的组成密切相关，故此控制回路采用釜温和蒸汽流量串级控制。

另外，塔釜的液位也可通过调节塔釜采出泵的流量进行控制，以便稳定塔釜液位，进而稳定精馏系统。

图 6-34 为乙二醇精馏塔塔釜控制回路的简图。

（4）设计要点

① 高效填料和操作稳定性。乙二醇精馏各塔所需理论板数量较多，如脱醇塔分离所需理论板数接近 400，故大部分塔选用具有较高分离效率的规整填料。表 6-21 是几种乙二醇精馏中常用的填料类型及其对应的分离效率。

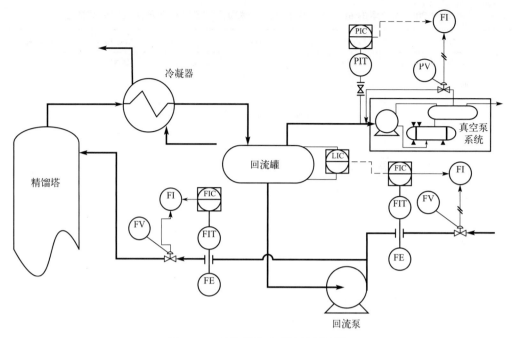

图 6-33　精馏塔塔顶回流控制简图

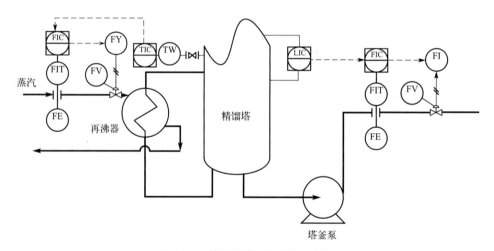

图 6-34　精馏塔塔釜控制回路简图

表 6-21　乙二醇精馏中常用填料数据表

填料种类	填料堆积密度 /(kg/m^3)	填料每米理论 板数	填料每米压降 /kPa	持液量
金属双层丝网	270～380	5～10	0.15～0.25	6%～10%
金属孔板波纹	210～285	3～8	0.15～0.2	3%～5%
散堆填料	186～240	2～3	0.2～0.4	4%～6%

　　双层丝网填料对应的分离效率高，但相应的堆积密度高、造价高，因此主要用于脱醇塔、乙二醇产品塔等需要较高理论板数的位置。孔板波纹填料分离效率也较高，且因其结构造价稍低，且压降较低，主要用于甲醇回收塔等理论板数要求不太高的位置。散堆填料的分离效率较低，但易清理，主要用于乙二醇回收塔等含有较多重组分且需要不定期清理的位置。

图 6-35、图 6-36 是对应填料的实物照片。

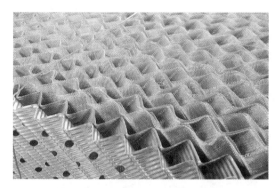

图 6-35　金属双层丝网填料实物

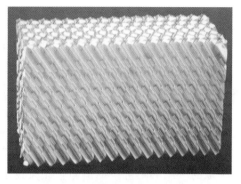

图 6-36　金属孔板波纹填料实物

对于规整填料而言，为达到较好的分离效果，需要气相和液相形成较稳定的传质梯度，且因规整填料持液量较大，正常达到平衡所需时间较长，即当改变回流和蒸汽采出等操作参数时，塔体组分指标的变化有一段较长迟滞时间。因此对于塔体的调节，应该在维持塔内气相液相稳定的前提下逐步调节。塔内气相的稳定主要由塔体再沸器决定，塔内液相的稳定主要由回流量决定。过快过频繁地调节塔的各种参数，容易打破塔内原有的气液相平衡，导致组分波动，进而影响操作人员对于塔内平衡的判断。此项对于刚接触精馏操作的人员尤其重要。

② 真空精馏的设计要点。因乙二醇在高温（160℃以上）时会发生快速的脱水缩合反应，生成聚乙二醇和水，为保证最终产品的收率，降低操作温度，减少因脱水缩合造成的乙二醇物料损失，乙二醇的分离正常采用真空精馏完成。

真空精馏带来两个问题：一是空气会进入塔系统，特别是氧气进入塔系统内会与乙二醇反应生成醛类物质，影响产品紫外透光率；二是真空精馏会使气相密度下降，使气相流速升高，这样就使空塔气速急剧升高，为保证塔整体压降在合理范围之内，需要填料的压损尽可能小。

对于真空漏气，解决方案为对设备进行严格的检漏，并在设备运行后对于全部的人孔及法兰进行热紧，减小真空泄漏的可能性。此外，法兰连接处可采用焊接密封垫片替换普通垫片，减小泄漏的可能性。图 6-37 为几种常见焊接密封垫片的结构。

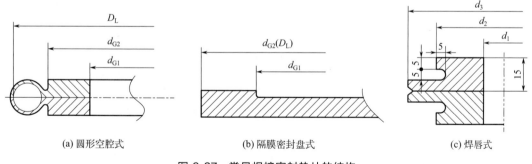

(a) 圆形空腔式　　　　　(b) 隔膜密封盘式　　　　　(c) 焊唇式

图 6-37　常见焊接密封垫片的结构

对于氧化所生成的醛类，解决方案为采用液相加氢还原被氧化的醇类，这样可以提高最终产品收率，其他章节已有详述。

对于塔压降增大，可选用具有倒角的规整填料降低填料的每米压降。已工业化应用的实例有苏尔寿的 Mellapakplus 填料及天津大学的双向金属折峰式填料。

图 6-38 是双向金属折峰式金属波纹填料（板片图）。

6.1.3.3　乙二醇精制

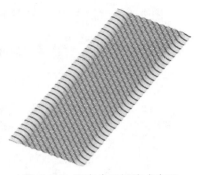

图 6-38　双向金属折峰式金属波纹填料（板片图）

煤制乙二醇产品质量，受工艺参数变化、原料组分变化或催化剂寿命等影响，其副反应较多，中间产物多且复杂，最终乙二醇产物中含有较多杂质组分，其对煤制乙二醇产品质量以及聚酯合成反应过程均会产生负面影响。因此分类除杂、精制，使得煤制乙二醇能满足聚酯级乙二醇的产品质量标准，是当前煤制乙二醇大型工艺化装置都必须采取的一项必不可少的措施，相关技术指标见表 6-22。

表 6-22　GB/T 4649—2018《工业用乙二醇》技术指标[16]

编号	项目		指标	
			聚酯级	工业级
1	外观		透明液体，无机械杂质	
2	乙二醇（质量分数）/%	≥	99.9	99.0
3	二乙二醇（质量分数）/%	≤	0.050	0.600
4	1,4-丁二醇（质量分数）/%		报告	
5	1,2-丁二醇（质量分数）/%		报告	
6	1,2-己二醇（质量分数）/%		报告	
7	碳酸乙烯酯（质量分数）/%		报告	
8	色度（铂-钴）/号 　加热前 　加盐酸加热后	 ≤ ≤	 5 20	 10 —
9	密度（20℃）/(g/cm³)		1.1128～1.1138	1.1125～1.1140
10	沸程（在 0℃，0.10133MPa） 　初馏点/℃ 　干点/℃	 ≥ ≤	 196.0 199.0	 195.0 200.0
11	水分（质量分数）/%	≤	0.08	0.20
12	酸度（以乙酸计）/(mg/kg)	≤	10	30
13	铁含量/(mg/kg)	≤	0.10	5.0
14	灰分/(mg/kg)	≤	10	20
15	醛含量（以甲醛计）/(mg/kg)	≤	8.0	—
16	紫外透光率/% 　220nm 　250nm 　275nm 　350nm	 ≥ ≥ ≥	 75 报告 92 99	 —
17	氯离子/(mg/kg)	≤	0.5	—

注：1. 乙烯氧化/环氧乙烷水合工艺对该项目不作要求。
　　2. 报告是指需测定并提供实图数据。

紫外透光率是国际上通用的衡量乙二醇产品质量能否达到聚酯级的关键指标之一。国内乙二醇生产企业执行的标准是国标《工业用乙二醇》（GB/T 4649—2018），该国标规定聚酯级乙二醇在 220nm、275nm、350nm 处的紫外透光率应不小于 75%、92% 和 99%[16]。由于原料、生产工艺不同，煤制乙二醇产品中的杂质与石油法乙二醇不同。已有研究表明，不饱和碳氧双键在紫外光的照射下发生 n-π* 跃迁是造成煤基乙二醇产品在 275nm 以下透光率较低的原因之一[17]。而国标也要求聚酯级乙二醇产品中醛含量应小于 8mg/kg。因此，提高乙二醇产品紫外透光率，控制醛含量是提高乙二醇产品品质的主要手段。

针对这两方面目前国内现有的煤制乙二醇精制工艺主要分为树脂吸附和液相加氢两种工艺。

树脂吸附工艺

离子交换树脂是乙二醇工艺路线中提高乙二醇紫外透光率的常用吸附剂。使用的阴离子交换树脂包括含季铵基团的强碱型和含叔胺基团的弱碱型离子交换树脂，使用的阳离子交换树脂主要为苯乙烯系高分子聚合物交换树脂。通过监测特定波长处的透光率的变化，可以对离子交换树脂及时进行更换和再生[18]。经处理后乙二醇（EG）产品在 220nm、275nm 处的紫外透光率可分别大于 90% 和 97%。

① 流程简介。虽然各家采用的离子交换树脂有所不同，但是树脂吸附的工艺流程都有共同的步骤。主要分为树脂吸附和树脂再生。树脂吸附的基本流程见图 6-39。

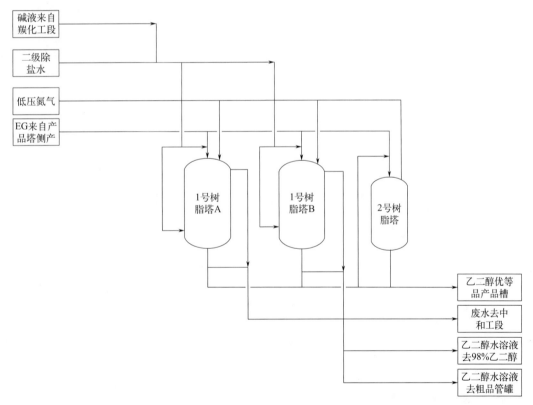

图 6-39 某 60 万吨/年乙二醇项目脱醛装置工艺流程图

整个装置主要包括 1 号树脂塔和 2 号树脂塔。其中 1 号树脂塔填装提高紫外树脂，2 号树脂塔填装脱醛树脂，1 号树脂塔与 2 号树脂塔串联使用。其中 1 号树脂的主要作用为提高乙二醇紫外透光率，略微具有脱醛效果，失活后可再生，仍具备提高乙二醇紫外透光率效果；2号树脂主要降低乙二醇中醛的含量，其脱醛能力在使用过程中会持续缓慢下降，且2号树脂使用过程中不可再生，直至达到更换条件。当乙二醇产品醛含量及紫外透光率都未达标时，可将不合格乙二醇先送入1号树脂塔，经提高紫外树脂处理，再送入2号树脂塔，经脱醛树脂脱醛，取样分析合格后，送入合格产品罐。

在年运转8000h的前提下，1号树脂的效果为提升紫外透光率（275nm）不低于12%；2号树脂的脱醛量≥12mg/kg乙二醇。

以一套60万吨/年乙二醇规模项目为例，1号树脂塔需设三台并联，两开一备，2号树脂塔设两台并联；1号树脂塔和2号树脂塔可串联使用，也可根据需要单独切换使用。

② 核心控制指标

a. 反应温度。反应温度过高可能会造成树脂失活，反应温度过低吸附效果不佳。将反应温度控制在25～50℃之间，提高紫外树脂和脱醛树脂的效果最好。

b. 反应压力。压力过高有可能会造成树脂破碎从而影响吸附效果，正常操作过程中尽量保证微正压操作，床层压降需控制在0.15MPa以下。如压降>0.15MPa可通过反洗除去破碎的树脂颗粒，同时补充一定量树脂。提高紫外树脂年补充量约为5%～15%。

c. 操作要求。整个脱醛装置应避免接触空气、氧气等氧化性物质，否则会导致乙二醇220nm处的紫外透光率迅速下降，分析取样时，同样需要避免接触空气。树脂应避免接触油脂类、金属离子等有害物质，脱醛树脂还应避免接触碱性物质、水等，否则可能会造成树脂永久失活。

d. 树脂更换指标。提高UV树脂单次处理紫外透光率不合格的乙二醇的量降至正常值的75%左右时，需对1号树脂全部进行更换；1号树脂期望使用寿命为5年。2号树脂脱醛效率降至50%以下时，需对2号树脂进行更换；2号树脂期望使用寿命为2年。

③ 核心设备。整个树脂吸附装置核心设备为树脂塔。1号树脂塔和2号树脂塔各装填一段树脂床层。树脂塔内顶部设有液体分配装置，底部设有树脂承托装置。乙二醇介质从塔顶进入树脂塔经过树脂床层吸附后，从底部排出；塔体侧面设视镜，用来观测树脂床层情况。顶部和底部均设有人孔，方便树脂塔装卸。1号树脂塔装填可再生树脂，设有反冲洗口用来对树脂进行反冲洗。为保持产品的洁净度，该设备主体材料选用S30403。塔结构简图见图6-40。

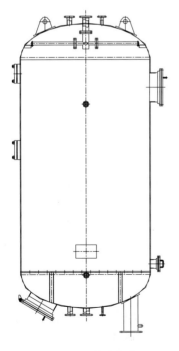

图6-40 塔结构简图

总体来说，树脂塔中的树脂装卸方便，运行安全可靠。尽管各树脂厂家选用的内件形式有所不同，但均可实现流体分布均匀，具有良好的动力学扩散性能，同时塔内采用防浮动结构设计，可最大量减少树脂的流失。

根据乙二醇规模不同，树脂塔的树脂装填量也有所不同，以一套60万吨/年乙二醇规模项目为例，提高紫外树脂单台塔装填量为30m³（湿基），三台总量为90m³；脱醛树脂单台塔装填量为18m³（湿基），两台总装填量为36m³（湿基），两种树脂的堆积密度分别为590～650g/L和530～590g/L。

④ 重要控制回路。本装置为物理吸附，无化学反应和换热过程，因此不需要进行压力和温度控制。但由于单台树脂塔

的树脂装填量和处理能力有限，在大型化装置中，通常需要采用几台树脂塔并联操作，此时流量要求均匀分布。以一套 60 万吨/年乙二醇规模脱醛装置为例，正常操作时是 1 号树脂塔和 2 号树脂塔均为 2 台，同时并联操作，单台树脂塔的处理能力均为 30 万吨/年乙二醇。

⑤ 工艺设计要点

a. 树脂工艺装置流程较为简单，但需考虑如何优化阀门配置，使操作更为便捷。一是根据乙二醇产品提质需要，提高紫外树脂塔和脱醛树脂塔可串联，也可单独切换使用。二是提高紫外树脂塔装填可再生树脂，通常为一开一备或两开一备，每台提高紫外树脂塔均保证可单独切换进行树脂再生过程，同时不影响装置连续运行。

b. 树脂再生时产生的废水量较大，装置内一般设有废水池，收集再生废水，由泵送至污水站处理。

c. 装置乙二醇出口管线需设精密程度较高的树脂捕捉器，用来捕捉乙二醇产品中夹带出的破碎树脂，以免影响乙二醇产品质量。

离子交换树脂交换吸附法对提高乙二醇紫外透光率非常有效，但是树脂的交换容量有限，对于大规模乙二醇生产装置，不仅需要大量的离子交换树脂，还经常需要对树脂进行再生，且再生会产生较多的酸碱废液、中间物料等。由于加氢精制是脱除醛及酮类杂质的重要手段，对煤基乙二醇产品进行加氢精制，脱除醛、酮类杂质，也成为了提升产品质量的关键。

6.2　工艺系统分析

随着煤制乙二醇技术的不断发展，针对乙二醇生产过程中的能耗、水耗，国家出台了包括《现代煤化工产业创新发展布局方案》《取水定额：煤制乙二醇》《乙二醇单位产品能源消耗限额》《高耗能行业重点领域能效标杆水平和基准水平》等一系列的相关标准、规范和文件。本节将结合相关标准、规范和文件内容对乙二醇生产过程中的能耗和技术经济进行分析。

6.2.1　能耗分析

6.2.1.1　原、辅材料的消耗

对于一氧化碳氧化偶联合成草酸酯和草酸酯加氢制乙二醇的反应过程，分别在 2.1 节和 4.1 节中已经进行了表述，通过将两步反应的方程式联立后可得到一氧化碳氧化偶联合成草酸酯和草酸酯加氢制乙二醇的总反应方程式为：

$$2CO + 0.5O_2 + 4H_2 \longrightarrow HOCH_2CH_2OH + H_2O \qquad (6-7)$$

由此方程式可以推算出生产乙二醇的氢气、一氧化碳和氧气的理论消耗值分别为 $1445m^3/t$ 乙二醇、$723m^3/t$ 乙二醇和 $181m^3/t$ 乙二醇，并且在一氧化碳氧化偶联合成草酸酯装置中通过以亚硝酸甲酯为中间介质，实现了草酸酯加氢所生成的甲醇作为生产草酸二甲酯的原料回用以及氮氧化物的内部循环，所以理论上生产乙二醇并不会消耗甲醇，也不需要补充含氮化合物。

但在实际生产过程中，消耗的各种原、辅材料量与理论消耗量相比，会有不同程度的增加，原、辅材料理论消耗量和实际消耗量的对比详见表6-23。

表6-23 原、辅材料消耗量

原、辅材料	单位	理论消耗量	实际消耗量	备注
氢气（H_2）	m^3/t乙二醇	1445	1540～1790	折100%
一氧化碳（CO）	m^3/t乙二醇	723	790～940	折100%
氧气（O_2）	m^3/t乙二醇	181	200～260	折100%
硝酸	kg/t乙二醇	0	7～60	折100%
甲醇	kg/t乙二醇	0	50～90	以GB/T 338—2011工业用甲醇优等品计
氢氧化钠	kg/t乙二醇	0	2～100	折100%

导致原、辅材料实际消耗量大于理论消耗量的原因有很多，主要包括：

① 作为主要原料的氢气、一氧化碳和氧气，在其制取过程中均会含有一定量的杂质，各专利技术商对原料气的纯度要求有所差别，对于氢气、一氧化碳和氧气纯度的常规控制指标详见表6-24。

表6-24 原料气的纯度

原料气	单位	控制指标
氢气（H_2）	%（摩尔分数）	≥99.9
一氧化碳（CO）	%（摩尔分数）	≥98.5
氧气（O_2）	%（摩尔分数）	≥99.6

原料气中的氮气、氩气、甲烷等惰性组分随原料气进入合成系统后，虽然不参与合成反应，但随着时间的推移，会在系统内不断累积，导致循环气中有效组分浓度持续降低。因此，需要对合成气进行弛放以保持合成圈中各惰性组分进出总量达到平衡，从而使合成圈内的有效组分浓度控制在合理范围内。与此同时，弛放气中的有效组分也随之排出系统造成损失。

通常来说，降低有效气损失的主要措施包括：

a. 设置MN回收系统，对DMO合成系统弛放气中的MN组分进行回收。

b. 设置PSA-H_2回收系统，对乙二醇合成系统弛放气中的H_2组分进行回收。

虽然MN回收系统和PSA-H_2回收系统的设置减小了有效气的损失，但由于弛放气的排放所造成的原料消耗量的增加也是不可避免的。

② 在一氧化碳氧化偶联合成草酸酯和草酸酯加氢的过程中，目前所选用的催化剂的选择性均无法达到100%（通常在98%左右），因此除主反应外，还会伴随2.2.2节和3.1.1节所述的副反应，部分原料气通过副反应生成了碳酸二甲酯、乙醇酸甲酯、1,4-丁二醇、乙醇、甲酸甲酯等副产物，从而提高了单位乙二醇产品的原料气消耗。

目前，在催化剂的选择性无法进一步提高的前提下，将副反应生成的碳酸二甲酯、乙醇等进一步提纯，转化为高附加值的副产品，在一定程度上也相当于降低了物耗。

以某典型的60万吨/年煤制乙二醇项目为例，典型的产品方案详见表6-25。

表 6-25　某典型的 60 万吨/年乙二醇装置的产品方案

序号	产品名称	产品规格	产量/(t/a)
1	乙二醇	GB/T 4649—2018《工业用乙二醇》聚酯级	600000
2	碳酸二甲酯	GB/T 33107—2016《工业用碳酸二甲酯》优级品	26000
3	乙醇	≥99.5%	3766
4	轻质二元醇	乙二醇 25%～35%；乙二醇酯类 6%～12%；丙二醇 5%～21%；1,2-丁二醇 21%～31%；水 18%～24%；其他 3%～5%	15000
5	重质二元醇	乙二醇 70%～80%；二乙二醇 8%～18%；三乙二醇 6%～12%；其他 5%～7%	4520

注：产品规格中的分数均为质量分数。

③ 一氧化碳氧化偶联合成草酸酯装置的亚硝酸甲酯再生系统会排出含有硝酸的甲醇水溶液，其中的硝酸会在甲醇脱水系统通过加碱中和的方式转化为硝酸盐外排至废水处理装置，从而造成了整个系统含氮化合物的损失，为了保证合成系统的氮元素平衡，需要补入部分硝酸，同时，对硝酸的中和也会造成氢氧化钠的消耗。

硝酸和氢氧化钠的消耗量与去甲醇脱水系统甲醇水溶液的硝酸含量密切相关，硝酸含量越高，硝酸和氢氧化钠的消耗量也就越大。因此，降低硝酸和氢氧化钠消耗的关键在于降低甲醇水溶液中硝酸的浓度，对于硝酸浓度的降低，可采用的方法包括硝酸还原反应器（釜式带搅拌）、硝酸还原塔、硝酸催化还原等，采用上述方法后，硝酸还原系统出口的硝酸浓度通常在 0.2%～2%（质量分数）。

此外，在 MN 回收、硝酸还原技术的基础上，增设 MN 脱除塔，在 MN 脱除塔中采用 CO 对 DMO 脱轻塔塔顶轻组分中的 MN 进行气提，气提气返回 MN 再生塔，回收 DMO 脱轻塔塔顶轻组分中的 MN，也可以进一步提高氮源的利用率。

④ 甲醇的损耗一方面是由于在反应过程中参与副反应生成了副产物，另一方面是在物料的存储过程中 VOCs 排放导致的消耗。

⑤ 在草酸二甲酯和乙二醇精制的过程中，在精馏塔塔釜会产生部分重组分，也在一定程度上造成了单位乙二醇产品原料气消耗的增加。重组分形成的部分原因是精馏塔塔釜操作温度过高，因此可采用负压精馏的方式，降低塔釜温度，减少重组分的生成，从而减少单位乙二醇产品原料气消耗。

6.2.1.2　能源消耗

乙二醇生产过程中的能源消耗主要包括电力、蒸汽和循环水、冷冻水等耗能工质，单位乙二醇产品能源消耗量详见表 6-26。

表 6-26　单位乙二醇产品能源消耗量

能源消耗	单位	消耗量	备注
蒸汽	t/t 乙二醇	4.8～8.5	净消耗
循环水	m^3/t 乙二醇	500～700	
电	kW·h/t 乙二醇	400～600	压缩机电驱

乙二醇生产过程中的蒸汽消耗主要包括草酸二甲酯精馏单元再沸器用蒸汽、乙二醇精馏单元再沸器用蒸汽、乙二醇合成单元加热用蒸汽、草酸二甲酯合成单元加热用蒸汽、各单元管道及设备伴热用蒸汽等。

乙二醇生产过程中的副产蒸汽主要包括乙二醇合成单元反应副产 0.5~1.0MPa（G）蒸汽（通常送入全厂蒸汽管网供精馏单元使用），草酸二甲酯合成单元反应副产的蒸汽[0.02~0.05MPa（G），由于品位较低，通常直接冷却后对冷凝液进行回收或者送余热回收单元]，乙二醇精馏单元塔顶废锅副产的蒸汽（部分在乙二醇精馏单元内用作再沸器加热蒸汽，多余部分直接冷却后对冷凝液进行回收或者送余热回收单元）。

乙二醇装置内各单元蒸汽消耗占比详见图 6-41。

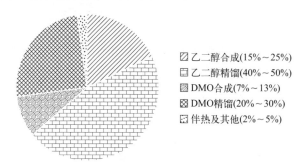

图 6-41　乙二醇装置内各单元蒸汽消耗占比

乙二醇生产过程中的电力消耗，主要是用于合成圈循环气压缩机的驱动以及生产过程中流体输送泵的驱动。其中循环气压缩机用电的占比最大，以典型的 60 万吨/年乙二醇项目为例，羰化单元的 CO 循环气压缩机电机功率通常在 5000~7000kW（按照 3 台压缩机配置），加氢单元的 H_2 循环气压缩机电机功率通常在 2000~3000kW（按照 3 台压缩机配置）。

乙二醇装置内各用途电力消耗占比详见图 6-42。

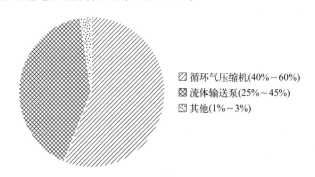

图 6-42　乙二醇装置内各用途电力消耗占比

乙二醇生产过程中所消耗的循环水主要用于精馏系统的塔顶蒸汽冷凝，中间产物及产品冷却；冷冻水则主要用于精馏系统塔顶深冷器冷凝不凝气、MN 回收系统循环甲醇冷却等。

6.2.1.3　消耗定额

随着煤制乙二醇技术的不断发展，针对乙二醇生产过程中的能耗、水耗，国家出台了一系列的相关标准、规范。

① 国家发展改革委、工业和信息化部印发了《现代煤化工产业创新发展布局方案》的

通知（发改产业〔2017〕553号），要求煤制乙二醇装置年生产能力在 20 万吨及以上的企业，单位乙二醇产品综合能耗低于 2.4 吨标煤、耗新鲜水小于 10 吨[19]。

② GB/T 18916.36—2018《取水定额 第 36 部分：煤制乙二醇》对煤制乙二醇、合成气制乙二醇两个类别项目的生产企业取水定额指标进行了规定，详见表 6-27[20]。

表 6-27 乙二醇生产企业取水定额指标

序号	取水定额	煤制乙二醇	合成气制乙二醇	备注
1	现有企业取水定额指标	≤31	≤16	
2	新建或改扩建生产企业取水定额	≤20	≤12	
3	先进生产企业取水定额	≤17	≤10	

③ GB 32048—2015《乙二醇单位产品能源消耗限额》对乙二醇单位产品能耗的限定值、准入值和先进值进行了规定，详见表 6-28[21]。

表 6-28 乙二醇单位产品能耗

序号	消耗限额类别	单位	合成气法	乙烯法	备注
1	乙二醇单位产品能耗限定值	kgce/t	≤1430	≤500	现有装置
2	乙二醇单位产品能耗准入值	kgce/t	≤1120	≤430	新建或改扩建
3	乙二醇单位产品能耗先进值	kgce/t	≤1045	≤230	

目前，现代煤化工行业先进与落后产能并存，企业能效差异显著。用能方面主要存在余热利用不足、过程热集成水平偏低、耗气/耗电设备能效偏低等问题，节能降碳改造升级潜力较大。根据《高耗能行业重点领域能效标杆水平和基准水平（2021 年版）》的要求，煤制乙二醇能效标杆水平为 1000 kgce/t，基准水平为 1350 kgce/t，见表 6-29。

表 6-29 高耗能行业重点领域能效标杆水平和基准水平（2021 年版）

国民经济行业分类及代码			重点领域	指标名称	指标单位	标杆水平	基准水平	参考标准
大类	中类	小类						
石油、煤炭及其他燃料加工业（25）	精炼石油产品制造（251）	原油加工及石油制品制造（2511）	炼油	单位能量因数综合能耗	千克标准油/（吨·能量因数）	7.5	8.5	GB 30251
	煤炭加工（252）	炼焦（2521）	煤制焦炭 顶装焦炉	单位产品能耗	千克标准煤/吨	110	135	GB 21342
			煤制焦炭 捣固焦炉			110	140	
		煤制液体燃料生产（2523）	煤制甲醇 褐煤	单位产品综合能耗	千克标准煤/吨	1550	2000	GB 29436
			煤制甲醇 烟煤			1400	1800	
			煤制甲醇 无烟煤			1250	1600	
			煤制烯烃 乙烯和丙烯	单位产品能耗	千克标准煤/吨	2800	3300	GB 30180
			煤制乙二醇 合成气法	单位产品综合能耗	千克标准煤/吨	1000	1350	GB 32048

截至 2020 年底，煤制乙二醇行业能效优于标杆水平的产能约占 20%，能效低于基准水平的产能约占 40%[22]。

某典型的 60 万吨/年乙二醇项目乙二醇装置界区的能耗计算及各部分占比详见表 6-30。某典型的 60 万吨/年煤制乙二醇项目全流程的能耗计算及各部分占比详见表 6-31。

表 6-30　典型的 60 万吨/年乙二醇项目合成气制乙二醇能耗计算

能源/耗能工质	小时量	单位	单位耗能工质耗能量	单位	选取标准	小时量	单位	占比
锅炉给水	117	t/h	272	MJ/t	GB/T 50441—2016	31841	MJ/h	1.90%
氧气	15000	m³/h	6.28	MJ/m³	GB/T 50441—2016	94203	MJ/h	5.62%
氮气	2250	m³/h	6.28	MJ/m³	GB/T 50441—2016	14130	MJ/h	0.84%
工厂空气	256	m³/h	1.59	MJ/m³	GB 32048—2015	407	MJ/h	0.02%
仪表空气	600	m³/h	1.59	MJ/m³	GB 32048—2015	954	MJ/h	0.06%
电	30000	kW·h/h	9.21	MJ/(kW·h)	GB/T 50441—2016	276329	MJ/h	16.48%
2.8MPa 饱和蒸汽	80	t/h	3559	MJ/t	GB 32048—2015	284720	MJ/h	16.98%
1.7MPa 饱和蒸汽	260	t/h	3349	MJ/t	GB 32048—2015	870740	MJ/h	51.92%
0.5MPa 饱和蒸汽	20	t/h	3014	MJ/t	GB 32048—2015	60280	MJ/h	3.59%
循环水	37500	t/h	4.19	MJ/t	GB 32048—2015	157125	MJ/h	9.37%
−20℃冷冻水	14400	t/h	1	MJ/t	GB/T 50441—2016	14470	MJ/h	0.86%
蒸汽凝液	−400	t/h	320.29	MJ/t	GB 32048—2015	−128116	MJ/h	−7.64%
					合计	760	kgce/t (EG)	

表 6-31　典型的 60 万吨/年煤制乙二醇项目全流程能耗计算

序号	项目	消耗量				单位折能系数		能耗定额/[GJ/t (EG)]	占总能耗百分比
1	新鲜水	1475.9	t/h	19.679	t/t (EG)	6.28	MJ/t	0.124	0.16%
2	电	44220.26	kW·h/h	589.603	kWh/t (EG)	9.21	MJ/(kW·h)	5.430	6.95%
3	原料煤	142	t/h	1.893	t/t (EG)	22600	MJ/t	42.789	54.80%
4	燃料煤	120	t/h	1.600	t/t (EG)	15835	MJ/t	25.337	32.45%
5	硝酸	0.75	t/h	0.010	t/t (EG)	3189	MJ/t	0.032	0.04%
6	氢氧化钠	0.375	t/h	0.005	t/t (EG)	24620	MJ/t	0.123	0.16%
7	石灰石	8	t/h	0.107	t/t (EG)	60920	MJ/t	6.498	8.32%
8	甲醇	5.25	t/h	0.070	t/t (EG)	19678	MJ/t	1.377	1.76%
9	乙二醇副产品	−8.65	t/h	−0.115	t/t (EG)	29309	MJ/t	−3.380	−4.33%
10	硫黄	−1.97	t/h	−0.0263	t/t (EG)	9276	MJ/t	−0.244	−0.31%
	总计							78.08	100.00%
								2660 kgce/t (EG)	

从上述两个表可以看出，该典型项目合成气制乙二醇部分能耗为760kgce/t。已经达到行业能耗标杆水平。煤制乙二醇全流程的能耗为2660kgce/t，可以作为类似项目参考。随着煤炭清洁高效利用水平整体提升和技术的不断进步，煤制乙二醇的能耗还有大幅下降的空间。

6.2.1.4　节能降耗措施

在煤制乙二醇工艺系统的设计过程中，通过对关键工艺参数的合理选择、全厂工艺流程的优化设计、生产过程中的热量耦合以及低位热能的综合利用等措施，可以达到降低乙二醇生成能耗的目的。

（1）气化压力的选择

煤制乙二醇项目中，乙二醇合成压力通常在2.9～3.2MPa（G），采用4.5MPa（G）和6.0MPa（G）气化压力均可以满足要求，气化压力对乙二醇装置内的投资及消耗均无影响，其差别主要体现在气化、净化、H_2/CO分离及空分装置。在6.0MPa（G）和4.5MPa（G）气化压力下，以某典型的60万吨/年煤制乙二醇项目为例，装置的投资和能耗的对比详见表6-32。

表6-32　6.0MPa（G）、4.5MPa（G）气化压力下装置的投资和电耗比较表

项目	投资变化值	电耗变化值	引起电耗变化的设备
空分装置	相差不大	−2400kW	空压机/增压机/液氧泵
气化装置	相差不大	−1060kW	高压煤浆泵/高温灰水泵
低温甲醇洗	相差不大	+1350kW	贫甲醇泵/半贫甲醇泵/循环气压缩机
丙烯制冷	约为1.2倍	+2175kW	低压下甲醇洗所需冷量增多
氢碳分离	相差不大	+800kW	氮气压缩机/PSA尾气压缩机
总计	略高	+850kW	

注：表中以气化压力6.0MPa（G）作为比较基准。

在一定压力范围内，压力越高，虽然设备及管道壁厚随之增加，但设备、管道及阀门口径也会随之减小，装置投资总体相对减小，对于40万吨/年煤制乙二醇项目而言，4.5MPa（G）与6.0MPa（G）方案气化装置投资相当，采用4.5MPa（G）气化的装置总投资略高于采用6.0MPa（G）气化的装置。

另外，如果选择较高的气化压力，空分和气化装置相关泵的扬程会有所增加，电耗也会随之增加。但在高压环境下，低温甲醇洗所需的冷量将会大幅降低，总体来讲，采用4.5MPa（G）气化的电耗略高于采用6.0MPa（G）气化的电耗。

（2）"双线"流程工艺

煤制乙二醇"两步法"的工艺原理要求合成气中的CO和H_2需要在进"羰化"和"加氢"装置之前完成分离。H_2和CO的分离目前主要是通过"冷箱"＋PSA-H_2循环工艺实现，即净化后的合成气先进冷箱采用深冷分离工艺分离出H_2、CH_4、N_2等组分得到符合要求的CO产品气。而冷箱分离出的H_2中还含有少量CO，经PSA-H_2变压吸附，H_2作为原料供"加氢"装置使用，PSA-H_2的解析气再通过压缩机增压后返回深冷分离冷箱的入口，进一步回收CO完成循环。

煤气化产生的粗煤气中的 H_2/CO 的比例无法满足生产乙二醇所需要的 1.9~2.0 的要求，因此需要采用变换对 H_2 和 CO 的比例进行调整。传统的煤制甲醇行业是通过对变换炉设置旁路或调整变换深度来实现 H_2/CO 比例的调节，在变换炉之后汇总为单线经热回收再去净化装置。而利用煤制乙二醇 CO 和 H_2 需要完全分离的特性，设置变换线和非变换线分别进入冷箱和 $PSA-H_2$ 装置可大幅降低冷箱单元装置能耗。

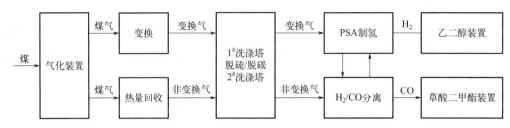

图 6-43   "双线"流程工艺流程图

如图 6-43 所示，气化后的煤气经过煤气过滤器后分为两股，一股经变换炉调整合适的 H_2/CO 比例后再经过废锅、脱盐水预热器、水冷器、分离器后进入净化装置 1# 洗涤塔脱硫脱碳，另一股不经过变换，直接经废锅、脱盐水预热器、水冷器回收热能并经分离器气液分离后进入净化装置 2# 洗涤塔脱硫脱碳。净化装置共用一个贫、富液回收系统。

非变换气中 CO 含量较高，直接进冷箱，闪蒸出来的富氢气与 H_2 含量较高的变换气一起进 $PSA-H_2$ 装置，解析气再经压缩机增压返回冷箱入口，建立循环。

"双线"流程与"单线"流程相比，由于变换需要另设一条热回收单元，净化的单个吸收塔拆分为两台，会导致变换单元和净化单元相应的工程费用增加。但由于非变换气和解析气中 H_2 的总量相对于"单线"工艺大幅下降，冷箱内 H_2 分离装置投资随之降低，更重要的是分离 H_2 所需要的冷量也大幅降低。以 20 万吨/年煤制乙二醇项目为例，"双线"流程装置投资增加约为 700 万元，但制冷压缩机能耗可节约大概 1300kW，从长远运行的角度来看，更为经济合理。

（3）能量热耦合

由于草酸二甲酯装置和乙二醇装置涉及多个中间产品和副产品的精馏，因此蒸汽和循环水的能耗消耗较大，对能量的阶级利用可以很大程度上减少能量消耗。

草酸二甲酯装置甲醇回收塔的功能是将甲醇、水及轻组分进行分离，该塔可以采用高低压双效精馏工艺以进行节能。将原常压的甲醇回收塔改为常压甲醇回收塔和高压甲醇回收塔。常压塔控制甲醇采出量以使塔釜甲醇和水的混合物保持在低沸点状态，高压塔通过控制塔顶不凝气放空量及补入氮气等措施将塔操作压力维持在 0.4~0.6MPa（G），通过压力的提升使高压塔塔顶甲醇对应的饱和温度上升并作为常压塔塔釜再沸器的热源，可大大降低蒸汽和循环水的消耗。通过控制高低压塔采出甲醇的流量及高压塔压力使两塔维持在一个稳定的平衡。由于高压塔操作压力的上升，对应蒸汽热源的压力等级也有所提高，装置的设备投资也随之增大，但双效精馏相比单塔精馏可以降低蒸汽消耗 30%~40%。技术经济分析表明，双效精馏的效益是显著的，随着精馏规模的增大，效益更加明显。

乙二醇精馏装置的脱醇塔和产品塔塔顶组成主要为乙二醇，在操作条件下塔顶蒸气温度均在 130℃ 左右，如果直接通过循环水冷凝将浪费大量的潜热。可利用废锅对两塔塔顶蒸气的热量进行回收，副产 0.1MPa（G）低压蒸汽。该蒸汽可用于低位热能发电，也可以作为乙二醇精馏甲醇回收塔的中间再沸器热源，大幅减少甲醇回收塔的低压蒸汽消耗。

（4）低位热能利用

通常来说，对于一个煤制乙二醇工厂，难以回收利用的低位热能主要包括蒸汽冷凝液、草酸二甲酯合成单元副产的低品位蒸汽、乙二醇精馏富余的低品位蒸汽。对于低位热能的回收利用主要包括低品位蒸汽透平发电、ORC 发电、余热制冷等手段。

以某典型的 60 万吨/年煤制乙二醇项目为例，全厂低位热能利用方案如图 6-44 所示。

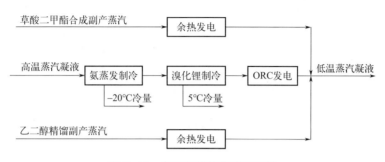

图 6-44　全厂低位热能利用方案

高温蒸汽凝液的温度约 159℃，首先送氨蒸发制冷装置，制取 -20℃ 的低温冷冻液，制冷负荷可替代传统的冷冻站电驱螺杆制冷机组所制取冷量，随后送至溴化锂制冷机组和 ORC 发电机组进一步回收热量。草酸二甲酯合成副产蒸汽压力为 0.024MPa（G），温度为 106℃，流量约为 60t/h，送余热发电装置，净发电量约为 4500kW。乙二醇精馏副产蒸汽的压力为 70kPa，流量约为 45t/h，送余热发电装置，净发电量约为 3500kW。

全厂低位热能的综合利用，在响应国家对碳减排、降低综合能耗要求的同时，也具有较为显著的经济效益。

（5）其他节能降耗措施

在传统的精馏塔塔顶设置废锅副产蒸汽、草酸二甲酯合成与乙二醇合成设置反应汽包副产蒸汽、乙二醇合成设置进出物料换热器回收热量的基础上，随着煤制乙二醇技术的不断发展，也涌现出了部分新的节能降耗措施，例如，乙二醇合成单元设置两级高压分离器系统，对乙二醇和甲醇进行粗分，将粗甲醇和粗乙二醇分别送至乙二醇精馏单元甲醇回收塔的不同位置，从而有效地节省了乙二醇精馏的蒸汽消耗。

此外，随着光伏、光热等新能源技术的发展和储能技术的日臻成熟，煤制乙二醇项目与新能源项目的耦合也将成为节能降耗的重要手段。

6.2.2　技术经济分析

无论是哪种生产乙二醇的技术路线，原辅材料、燃料成本都占据了单位成本的主要部分，典型的 60 万吨/年煤制乙二醇项目完全生产成本构成如图 6-45 所示[23]。

另外，在项目的执行过程中，建设投资的变化、产品销售价格的变化、原辅材料及动力燃料价格的变化、生产能力利用率的变化、建设工期的变化都会在不同程度上影响项目的内部收益率，表 6-33 为对某典型的 60 万吨/年煤制乙二醇项目的敏感性分析，通过分析可以看出，产品销售价格是影响收益率的最敏感因素。

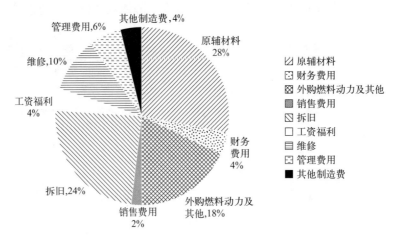

图 6-45 乙二醇项目完全生产成本构成图

表 6-33 某典型的 60 万吨/年煤制乙二醇项目敏感性分析

序号	项目		FIRR/%	增减变化
	基本情况		19.11%	
1	建设投资增加	10.00%	16.93%	−2.18%
	建设投资	−10.00%	21.35%	2.24%
	投资临界点增长幅度	36.66%	12.00%	−7.11%
2	销售价格增加	10.00%	21.83%	2.72%
	销售价格	−10.00%	15.92%	−3.19%
	产品售价临界点下降幅度	−16.87%	12.00%	−7.11%
3	原辅材料及动力燃料价格增加	10.00%	18.27%	−0.84%
	原辅材料及动力燃料价格	−10.00%	19.67%	0.56%
	投入物价价格临界点增长幅度	72.56%	12.00%	−7.11%
4	生产能力利用率增加	10.00%	21.16%	2.05%
	生产能力利用率	−10.00%	16.67%	−2.44%
	生产负荷临界点下降幅度	−24.14%	12.00%	−7.11%
5	建设工期延长一年		16.26%	−2.85%

6.3 安全控制技术

煤制乙二醇生产过程中涉及危险的化工工艺反应，伴随易燃易爆、有毒有害的物料，对煤制乙二醇的风险源进行辨识和分析，并采取有效的控制技术降低安全隐患，提升本质安全水平，对于保障煤制乙二醇工程化、大型化过程中的安全稳定，维护国家实施安全发展战略有重要的意义。

6.3.1 安全风险源分析

6.3.1.1 危险化学品的危险特性

煤制乙二醇涉及的主要危险物料除常见的氢气、一氧化碳、甲醇外，典型的还有亚硝酸甲酯（MN）、甲酸甲酯（MF）、草酸二甲酯（DMO）、二甲氧基甲烷（ML）等。其主要物料的危险特性见表 6-34。

表 6-34　主要物料的危险特性表

物料名称	危险化学品分类	沸点/℃	熔点/℃	闪点/℃	引燃温度/℃	职业接触限值	爆炸极限(体积分数)/% 下限	爆炸极限(体积分数)/% 上限	火灾危险类别
甲醇	易燃液体，类别2 急性毒性-经口，类别3* 急性毒性-经皮，类别3* 急性毒性-吸入，类别3* 特异性靶器官毒性--次接触，类别1	64.7	−97.8	12	464	PC-TWA：25mg/m³，STEL：50mg/m³	6	36.5	甲
氢气	易燃气体，类别1 加压气体	−252.8	−259.2	—	500～571	—	4.1	75	甲
一氧化碳	易燃气体，类别1 加压气体 急性毒性-吸入，类别3* 生殖毒性，类别1A 特异性靶器官毒性-反复接触，类别1	−191.5	−205	<−50	610	PC-TWA：20mg/m³，STEL：30mg/m³	12.5	74.2	乙
氢氧化钠	皮肤腐蚀/刺激，类别1A 严重眼损伤/眼刺激，类别1	1390	318.4	—	—	MAC：2mg/m³	—	—	—
一氧化氮	氧化性气体，类别1 加压气体 急性毒性-吸入，类别3 皮肤腐蚀/刺激，类别1 严重眼损伤/眼刺激，类别1 特异性靶器官毒性--次接触，类别1	−151.8	−163.6	—	—	PC-TWA：15mg/m³	—	—	乙
硝酸	氧化性液体，类别3 皮肤腐蚀/刺激，类别1A 严重眼损伤/眼刺激，类别1	83	−42	—	—	—	—	—	乙
硝酸钠	氧化性固体，类别3 严重眼损伤/眼刺激，类别2B 生殖细胞致突变性，类别2 特异性靶器官毒性--次接触，类别1 特异性靶器官毒性-反复接触，类别1	380	306.8	—	—	—	—	—	乙

物料名称	危险化学品分类	沸点/℃	熔点/℃	闪点/℃	引燃温度/℃	职业接触限值	爆炸极限(体积分数)/%		火灾危险类别
							下限	上限	
亚硝酸钠	氧化性固体，类别3 急性毒性-经口，类别3* 危害水生环境-急性危害，类别1	320(分解)	271	—	—	—	—	—	乙
亚硝酸甲酯	易燃气体，类别2 加压气体 急性毒性-吸入，类别2 特异性靶器官毒性-一次接触，类别1	−12	−17	—	—	—	—	—	甲
草酸二甲酯	皮肤腐蚀/刺激，类别2 严重眼损伤/眼刺激，类别1	163.5	54	75					
碳酸二甲酯	易燃液体，类别2	90~91	0.5	17	—	—	3.1	20.5	甲
甲酸甲酯	易燃液体，类别1 严重眼损伤/眼刺激，类别2 特异性靶器官毒性-一次接触，类别3（呼吸道刺激）	31.5	−99.8	−19	449	—	5.9	20	甲
二甲氧基甲烷	易燃液体，类别2 皮肤腐蚀/刺激，类别2 严重眼损伤/眼刺激，类别2A 特异性靶器官毒性-一次接触，类别3（呼吸道刺激、麻醉效应）	42.3	−105	−17.8	237	—	1.6	17.6	甲
乙醇	易燃液体，类别2	78.3	−114.1	13	363	—	3.3	19.0	甲

6.3.1.2 煤制乙二醇 "两重点一重大"分析

"两重点一重大"即重点监管的危险化工工艺、重点监管的危险化学品、重大危险源。

重点监管的危险化工工艺：原国家安全生产监督管理总局于2009年、2013年分别发布了《首批重点监管的危险化工工艺目录》（安监总管三〔2009〕116号）以及《第二批重点监管危险化工工艺目录和调整首批重点监管危险化工工艺中部分典型工艺》（安监总管三〔2013〕3号）。

重点监管的危险化学品：原国家安全生产监督管理总局于2011年、2013年分别发布了《国家安全监管总局关于公布首批重点监管危险化学品名录的通知》（安监总管三〔2011〕95号）、《国家安全监管总局办公厅关于印发首批重点监管的危险化学品安全措施和应急处置原则的通知》（安监总厅管三〔2011〕142号）以及《国家安全监管总局关于公布第二批重点监管危险化学品名录的通知》（安监总管三〔2013〕12号）。

重大危险源：原国家安全生产监督管理总局于2011年发布了《危险化学品重大危险源监督管理暂行规定》。

以上关于"两重点一重大"的文件发布，有力地提高了化工生产装置和危险化学品储存设施的本质安全水平，提升了危险化学品生产企业的自动化控制水平，进一步加强了危险化学品企业的安全生产工作。

煤制乙二醇涉及的"两重点一重大"内容如下：

① 重点监管的危险化学品：氢气、一氧化碳、甲醇属首批重点监管的危险化学品[24,25]。

② 根据《危险化学品重大危险源辨识》进行重大危险源辨识及分级，本项目的危险化学品的存在量已构成危险化学品重大危险源。

③ 重点监管危险化工工艺辨识[26,27]：前端气化工艺属于第二批重点监管的危险化工工艺中的新型煤化工工艺；一氧化氮、氧气和甲醇制备亚硝酸甲酯工艺属于首批重点监管的危险化工工艺中的氧化工艺；乙二醇合成工艺属于首批重点监管的危险化工工艺中的加氢工艺。

6.3.1.3 工程化过程中的危险有害因素

根据煤制乙二醇的工艺物料危险特性，可能涉及的危险有害因素包括火灾、爆炸、中毒、腐蚀、化学灼伤、静电、高温等。

6.3.2 安全控制方案

煤制乙二醇的特点是高温，高压，涉及的易燃易爆、有毒危险物料较多，因此安全控制极其重要。

工程设计中必须严格执行国家和地方现行的有关安全的法律、法规、规章及规范性文件的要求，按照规范要求，各装置厂房间按规范留有足够的安全距离；建、构筑物耐火等级按不低于二级设计，建、构筑物设计考虑设置必要的泄压面积及防火地坪，选用材料符合防火防爆要求；处于防爆区域的电气设备根据安放场所的防爆区域的不同，配置相应的防爆型或隔爆型电气设备。在工艺装置区及罐区等可能有可燃/有毒气体泄漏和积聚的地方设置可燃气体检测报警仪，以检测设备泄漏及空气中可燃/有毒气体的浓度。一旦浓度超过设定值，将立即报警。设置安全仪表系统对装置的设备和生产过程进行安全联锁保护，实现生产安全、稳定、长期高效运行。

涉及"两重点一重大"（即重点监管的危险化工工艺、重点监管的危险化学品和危险化学品重大危险源）的装置，严格执行安全设计管理的要求，开展 HAZOP 分析及 LOPA 分析，提高工艺装置的可操作性和安全性。

在氧化偶联法合成乙二醇工艺中，一氧化碳、氧气和甲醇制备草酸二甲酯工艺属于氧化工艺；乙二醇合成工艺属于加氢工艺。对这两个工艺的安全控制，工程设计过程需从本质安全角度进行设计，主要安全控制措施见表 6-35 及表 6-36。

表 6-35　一氧化碳、氧气和甲醇制备草酸二甲酯工艺安全控制对照表

氧化工艺	国家安全监督管理总局要求	安全控制措施
重点监控工艺参数	氧化反应釜内温度和压力	反应器及 MN 再生塔设置温度、压力仪表，监控再生塔的温度和压力
	氧化反应釜内搅拌速率	无搅拌器
	氧化剂流量	氧气入口管道设置氧气流量计，监测氧气流量
	反应物料的配比	NO 及 O_2 入口按照比例设置 NO、O_2、甲醇流量计，监控三者流量
	气相氧含量	反应物料中氧含量 99.6%，反应产物中没有氧气
	过氧化物含量	不涉及

氧化工艺		国家安全监督管理总局要求	安全控制措施
安全控制的基本要求		反应釜温度和压力的报警和联锁	塔釜和塔中部设有温度高报警和温度高高联锁
		反应物料的比例控制和联锁及紧急切断动力系统	根据系统中NO的含量控制氧气进料量,从而控制反应物料的比例;氧气进料管线上设有氧气第一切断阀和氧气第二切断阀
		紧急断料系统	氧气进料管线上设有氧气第一切断阀和氧气第二切断阀。混合器出口设有温度高高三选二联锁断料系统
		紧急冷却系统	不涉及
		紧急送入惰性气体的系统	氧气进料管线上设有氮气吹扫管线
		气相氧含量监测、报警和联锁	未设置氧气含量检测系统
		安全泄放系统	塔顶设有安全阀和正常操作的尾气泄放控制流量调节阀
		可燃和有毒气体检测报警装置等	塔体主要管口设置有有毒有害气体检测报警装置
宜采用的控制方式		将氧化反应釜内温度和压力与反应物的配比和流量、氧化反应釜夹套冷却水进水阀、紧急冷却系统形成联锁关系,在氧化反应釜处设立紧急停车系统,当氧化反应釜内温度超标或搅拌系统发生故障时自动停止加料并紧急停车。配备安全阀、爆破片等安全设施	系统中NO浓度串级调节合成塔氧气进料流量,当出现合成塔温度超标、氧气进料高高、混合器出口温度高高、系统中MN浓度高高、NO浓度低低等情况时自动切断进料并紧急停车。合成塔塔顶已设置安全阀,并设置可燃和有毒气体检测报警装置

表6-36 乙二醇合成工艺(加氢工艺)安全控制对照一览表

加氢工艺		国家安全监督管理总局要求	安全控制措施
重点监控工艺参数		加氢反应釜或催化剂床层温度、压力	反应器中催化剂床层设有远传温度计,实时监测不同高度催化剂床层温度,反应器管程进出口管道上均设有温度计、压力表,壳程与汽包相连通,汽包设有压力表、压力调节阀
		加氢反应釜内搅拌速率	无搅拌设备
		氢气流量	循环气流量、循环气中氢气,设置流量计及控制阀实现流量的监控
		反应物质的配料比	严格控制反应器入口处氢气与草酸二甲酯摩尔比
		系统氧含量	正常操作工况下,系统内不存在氧气
		冷却水流量	根据反应热设计
		氢气压缩机运行参数、加氢反应尾气组成等	压缩机气量、进口压力、出口压力、加氢弛放气中氢气含量均严格控制
安全控制的基本要求		温度和压力的报警和联锁	设有合成塔出口合成气温度高报警、联锁,合成回路压力高报警,汽包液位高低报警、低低联锁、低低低联锁等报警和联锁
		反应物料的比例控制和联锁系统	草酸二甲酯进料管线上设置有流量调节阀,氢气与草酸二甲酯摩尔比在DCS画面上实时显示,流量调节阀带有电磁阀,可联锁切断草酸二甲酯进料
		紧急冷却系统	不涉及
		搅拌的稳定控制系统	无搅拌设备
		氢气紧急切断系统	氢气流量调节阀带有电磁阀,当联锁触发后,可关闭氢气流量调节阀,切断氢气进料

加氢工艺	国家安全监督管理总局要求	安全控制措施
安全控制的基本要求	加装安全阀、爆破片等安全设施	在合成回路、压缩机出口、水冷器循环水侧、汽包上均设有安全阀
	循环氢压缩机停机报警和联锁	循环氢压缩机带压缩机控制系统（CCS），CCS与DCS间有信号通信，循环氢压缩机停机报警和联锁通过CCS来实现
	氢气检测报警装置等	设有 H_2 检测报警装置
宜采用的控制方式	将加氢反应釜内温度、压力与釜内搅拌电流、氢气流量、加氢反应釜夹套冷却水进水阀形成联锁关系，设立紧急停车系统。加入急冷氮气或氢气的系统，当加氢反应釜内温度或压力超标或搅拌系统发生故障时自动停止加氢，泄压，并进入紧急状态，安全泄放系统	乙二醇合成塔是一个"管壳式反应器"，壳层介质是水，加氢催化剂在换热管内。合成塔壳程里充满的水把加氢产生的热量快速移走。通过调节水/汽混合物的压力，控制加氢反应器壳程的温度，以达到控制催化剂床层温度的目的

6.3.3 关键控制联锁

6.3.3.1 DMO 反应器温度安全控制

DMO 反应器存在的安全隐患为若反应温度达到 140℃ 以上，反应物亚硝酸甲酯开始自分解，存在爆炸风险。

引发的原因是 MN 和 CO 在 DMO 反应器中发生放热反应，一旦热量移走不及时，会引起反应器温度升高。MN 是一种重要的中间体，同时也是一种极易分解的物质，温度达到 140℃ 时发生分解[28]，根据文献[29] MN 不但会发生热分解，在催化剂存在的情况下还会发生催化分解。MN 分解会产生大量的分解热，导致温度和压力快速升高，造成反应失控。

安全控制联锁设置如下，DMO 反应器床层温度高高，触发床层保护联锁，汽包压力迅速泄压，降低冷却水温度；联锁打开反应器旁路阀和切断反应器入口阀，防止反应物继续进入反应器；联锁打开氮气吹扫管线，将反应器内的反应物置换干净，避免反应器飞温；同时联锁切断合成系统的氧气、一氧化碳和硝酸进料。反应器温度控制安全联锁逻辑简图见图 6-46。

6.3.3.2 DMO 合成系统氧气进料安全控制

DMO 合成系统氧气进料存在的安全隐患为，管道局部过氧，合成气中的亚硝酸甲酯在氧气存在的环境下存在爆炸风险。

引发原因是氧气进入合成圈和合成气中的氮氧化物反应，氧气进料量大、循环气流量小或者循环气中氮氧化物浓度低，造成氧气不能立即反应掉，合成气中氧气含量高。

安全控制联锁设置如下，氧气管线设置流量调节阀及切断阀，当监测到氧气进料量大、循环气流量小或者循环气中氮氧化物浓度低，触发氧气进料联锁，快速切断氧气进料；联锁打开氮气吹扫管线，将系统中残留的氧气吹扫干净。氧气进料安全联锁逻辑简图见图 6-47。

图 6-46 反应器温度控制安全联锁逻辑简图

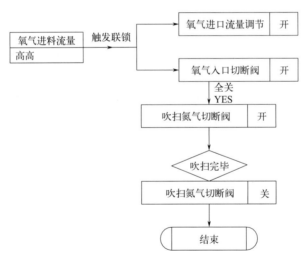

图 6-47 氧气进料安全联锁逻辑简图

6.3.3.3 乙二醇合成汽包液位安全控制联锁

乙二醇合成汽包存在的安全隐患如下，反应器汽包液位过低时，会影响反应热的移出，从而导致催化剂床层的飞温，有火灾爆炸的风险。

引发原因是，乙二醇合成塔是一个"管壳式反应器"，壳层介质是水，加氢催化剂在换热管内。合成塔壳程里充满的水把加氢产生的热量快速移走。通过调节水/汽混合物的压力，控制加氢反应器壳程的温度，以达到控制催化剂床层温度的目的。当反应器汽包液位控制不当造成液位过低时，影响反应热的移出。

安全控制联锁设置如下，汽包液位低低合成圈停车的联锁。汽包液位安全联锁逻辑简图见图 6-48。

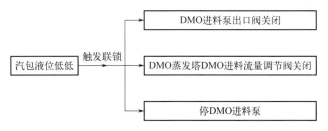

图 6-48　汽包液位安全联锁逻辑简图

6.3.3.4　MN 回收装置空气进料安全控制及联锁

MN 回收装置危险部位为放空尾气中氧气过量后续进入焚烧系统或者火炬系统会有火灾爆炸的风险。

引发原因是空气进入 MN 回收塔，其中氧气与尾气中的 NO 和进料甲醇反应生成 MN，当空气进量过量时，会造成塔顶放空尾气中的氧含量偏高。

安全控制联锁设置如下，设置空气进料量与尾气进料量的比值调节，根据尾气中 NO 的含量调节空气的进量，同时设置塔顶出口尾气氧含量分析，当氧气含量超过 1％时，触发联锁，关闭空气进气切断阀。严格控制放空尾气中氧含量低于 1％，避免形成爆炸性混合物，降低火灾爆炸的风险。空气进料安全联锁逻辑简图见图 6-49。

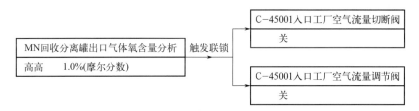

图 6-49　空气进料安全联锁逻辑简图

6.4　环境保护措施

煤制乙二醇生产过程中，产生的废气、废水（液）、固体废弃物都含有有毒物质，对环境造成污染，破坏生态平衡，所以在发展煤制乙二醇的过程中，"三废"治理和环境保护需要作为一个重要的课题来研究。

煤制乙二醇装置带"三废"排放点的工艺流程见图 6-50。

6.4.1　废气污染源与环保措施

6.4.1.1　废气污染源

针对乙二醇装置的废气排放重点介绍：

（1）有组织废气

① DMO 装置。DMO 公用系统硝酸处理罐罐顶弛放气、MN 再生塔弛放气、DMO 闪

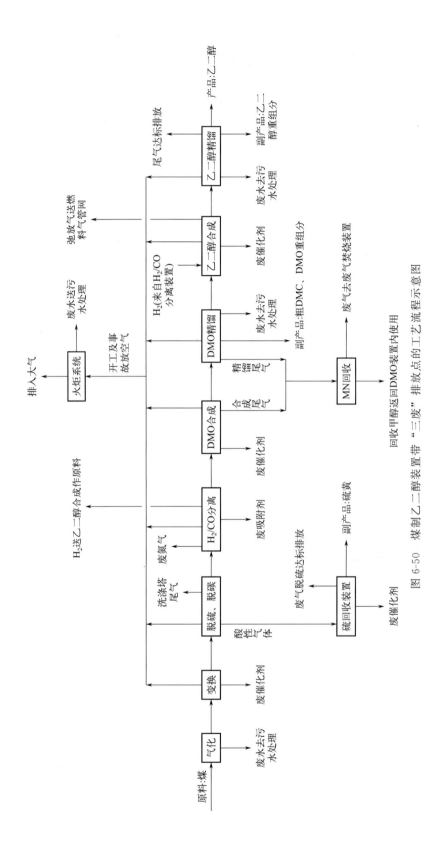

图 6-50 煤制乙二醇装置带"三废"排放点的工艺流程示意图

蒸槽放空气、含醇废液闪蒸罐放空气、MF回收塔放空冷却器放空气、DMO脱轻塔回流罐放空气、MN回收单元MN回收分离罐放空气，以上废气中含有CO、甲醇、氮氧化物等。

② 乙二醇装置。乙二醇合成产生的合成回路弛放气、低压闪蒸槽闪蒸气主要成分为H_2、甲醇等；乙二醇精馏单元真空泵尾气含有微量有机物，如甲醇（约$1mg/m^3$）、二甲醚、甲酸甲酯等。

（2）挥发性有机物无组织排放

挥发性有机物无组织排放主要来自于有机液体储存、设备密封点泄漏。

（3）非正常工况废气

非正常工况废气主要来源于装置生产过程中的安全阀起跳、超压等非正常工况及事故工况下的放空气。

以典型的60万吨/年乙二醇的废气排放数据为例，阐述DMO及乙二醇装置生产过程中的废气情况，见表6-37。

表6-37 DMO及乙二醇装置生产过程中的废气情况表

序号	废气名称及来源	排放量/(m^3/h)	组成及特性数据（摩尔分数）	处理方法
1	DMO公用系统 NO_x 发生器安全阀泄放气	752	N_2 28.3%；NO 69.0%；HNO_3 4.8μL/L；H_2O 2.7%	去MN回收系统处理
2	DMO公用系统 硝酸处理罐罐顶弛放气	10	N_2 1.2%；NO 88%；H_2O 10.8%	去MN回收系统处理
3	DMO合成 MN再生塔塔顶弛放气	510	N_2 56.3%；CO 20.2%；NO 5.2%；CO_2 6.2%；MN 0.4%；MF 0.3%；ML 516μL/L；MeOH 10.13%；DMC 616.5μL/L；H_2O 7.6μL/L；N_2O 0.9%；CH_4 0.2%	去MN回收单元处理
4	DMO合成 DMO闪蒸槽弛放气	3351.9	N_2 44.35%；CO 0.96%；NO 0.99%；CO_2 0.39%；MN 10.54%；MF 3.12%；ML 0.47%；MeOH 38.35%；DMC 0.45%；N_2O 0.29%	去MN回收单元处理
5	DMO精馏 DMO脱轻塔回流罐放空气	848.8	N_2 44.37%；CO 296μL/L；NO 440μL/L；CO_2 786μL/L；MN 16.28%；MF 8.98%；ML 1.64%；MeOH 28.51%；DMC 0.45%；N_2O 0.29%	去MN回收单元处理
6	DMO精馏 MF回收塔放空冷却器放空气	26.5	N_2 26.87%；CO 0.12%；NO 0.12%；CO_2 0.72%；MN 20%；MF 45.69%；ML 2.45%；MeOH 3.9%	去MN回收单元处理
7	MN回收 MN回收分离罐放空气	4290	N_2 79.5%；CO 14.7%；O_2 0.21%；CO_2 3.87%；甲醇 0.79%；N_2O 0.664%	送废气焚烧单元

序号	废气名称及来源	排放量 /(m³/h)	组成及特性数据（摩尔分数）	处理方法
8	废气焚烧尾气	22000	处理后废气： $NO_x<100mg/m^3$；$NH_3<5mg/m^3$；二噁英<0.1ng TEQ/m³；$HCl<30mg/m^3$	废气焚烧采用高效焚烧＋后端尾气净化处理技术，处理后排放气体符合 GB 18484—2020《危险废物焚烧污染控制标准》和 GB 14554—1993《恶臭污染物排放标准》，通过单元内烟囱达标排放
9	乙二醇合成 合成回路弛放气	448	H_2 96.15%；MeOH 1.05%；N_2 2.92%；Ar 0.87%	去燃料气管网
10	乙二醇合成 低压闪蒸槽Ⅰ闪蒸气	200	H_2 63.82%；MeOH 20.78%；EG 0.28%；H_2O 0.17%；N_2 12.23%；ET 0.12%；Ar 2.59%	去燃料气管网
11	乙二醇合成 低压闪蒸槽Ⅱ闪蒸气	200	H_2 65.70%；MeOH 6.83%；H_2O 0.02%；N_2 24.33%；ET 0.03%；Ar 3.1%	去燃料气管网
12	乙二醇精馏单元 真空泵尾气洗涤塔尾气	1065	二甲醚 1.28%；甲酸甲酯 0.07%；甲醇 0.68μL/L；乙醇 0.066μL/L；水 4.45%；空气 94.2%	就地放空

6.4.1.2 废气治理措施

（1）有组织废气治理

DMO（草酸二甲酯）装置来自 DMO 合成和 DMO 精馏单元以及公用系统硝酸处理罐等排放的尾气，送去 MN（亚硝酸甲酯）回收塔用低温甲醇洗涤回收尾气中的 NO_x 及 MN 使其返回系统中。从 MN 回收塔顶部排出的尾气经分离器送去废气焚烧单元，采用高效焚烧＋后端尾气净化技术处理，达标后经烟囱高空排放。

尾气处理流程示意图见图 6-51。

乙二醇合成单元正常生产过程产生的合成回路弛放气、低压闪蒸槽闪蒸气主要成分为

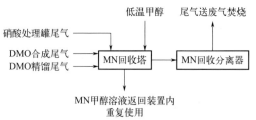

图 6-51 DMO 尾气处理流程简图

H_2、甲醇等，均收集后送燃料气管网作燃料使用，不外排。

乙二醇精馏单元正常生产情况下产生的真空泵尾气含有少量有机物，如甲醇（约 1mg/m³）、二甲醚、甲酸甲酯等，经洗涤塔洗涤后达标排放。

（2）挥发性有机物控制措施

煤制乙二醇装置主要涉及甲醇、乙二醇、DMC、乙醇、混合醇等物质，它们均具有一定的挥发性。根据《重点行业挥发性有机物综合治理方案》的要求及《国务院关于印发打赢

蓝天保卫战三年行动计划的通知》的要求，将无组织排放的废气收集后送 VOCs 处理系统进行处理，然后有组织地排放。排放标准参照石油化工、石油炼制工业污染物排放标准及地方相关排放要求执行。

（3）非正常工况废气处理

装置生产过程中的安全阀起跳、超压等非正常工况及事故工况下的放空气送火炬系统焚烧处理。

6.4.2 废水(液)污染源与环保处理工艺

6.4.2.1 废水污染源

合成气制乙二醇装置的废水主要来自于 DMO 装置甲醇回收系统的含盐废水、DMC 回收废水、乙二醇精馏回收甲醇废水以及乙二醇精馏真空泵洗涤塔废液。其中 DMC 回收、乙二醇精馏中的废水主要由副反应生成，真空泵洗涤塔废液由水洗真空不凝气产生，其总量和浓度受催化剂选择性影响，一般变化不大。甲醇回收系统的含盐废水主要来自于硝酸还原系统外排废液和 DMO 脱轻塔塔顶轻组分，经 NaOH 碱解废液中的 DMO、DMC、MN 并中和残余未反应硝酸后，再通过甲醇回收精馏塔塔釜外排。随着硝酸还原技术的不断进步，反应器形式由最早的硝酸还原釜、填料塔式反应器，逐渐发展为现在的鼓泡塔式反应器及催化还原反应塔，对应硝酸还原废液中的硝酸质量分数由 2% 降低至 0.2%，甲醇回收废水也先后经历了高含盐废水和低含盐废水两个阶段。高含盐废水、低含盐废水的产生原理和流程在 5.4.1 草酸二甲酯精制中的甲醇分离与循环一节中已有详细说明，在此节不再赘述。下面分别对高含盐废水和低含盐废水的处理工艺进行介绍。

6.4.2.2 废水处理工艺

乙二醇装置的废水及处理总体而言，经历了两个阶段，高含盐废水阶段和低含盐废水阶段。下面分别进行介绍。

（1）高含盐废水

以改进技术前某 60 万吨/年乙二醇项目为例，乙二醇装置废水组成见表 6-38。

表 6-38 高含盐废水组成表

序号	单元名称	单位	排水量 （正常/最大）	水质指标 （质量分数）
1	DMO 精馏	m³/h	80/90	总含盐量 4.2% 具体组成： MeOH（甲醇）100mg/kg NaNO₃ 2.3% 氢氧化钠 471.7mg/kg Na₂CO₃ 0.9% NaNO₂ 0.6% COD$_{Cr}$ 4500mg/L
2	DMC 回收	m³/h	0.022/0.030	甲醇 1.3%

序号	单元名称	单位	排水量（正常/最大）	水质指标（质量分数）
3	真空泵尾气洗涤塔废液	m^3/h	6/8	甲酸甲酯 0.03% 甲醇 0.003% 乙醇 0.0002% 乙二醇 0.0007%

从表 6-38 中可以看出，乙二醇生产废水的水质特点如下：

① 生产废水的水质波动变化大。由于生产工艺的特殊性，其各单元排放的生产废水水质差异比较大，污染物质浓度变化幅度大，正常情况下 COD 浓度在 4000～5000mg/L 左右。

② 废水中的毒性物质种类多，浓度高。装置废水中的毒性物质种类比较多，高浓度硝态氮的存在会直接影响活性污泥，并影响出水水质。

③ 盐分浓度高。废水盐分浓度高，一般高达 4.2% 以上，盐分主要以无机盐为主，并含有少量有机盐，盐分的存在会抑制生化污泥的活性，最终影响处理出水的效果。在实际工程中，废水的碱度也很高，甚至能达到 10000mg/L 以上。

综上因素，对该废水进行单独处理，采用 DTRO 高压反渗透浓缩＋蒸发结晶工艺，最终得到以硝酸钠为主的混盐。

根据运行实际情况反馈，由于其中杂盐及有机物含量太高，导致 DTRO 高压反渗透运行效果较差，开车后膜的回收率远低于设计参数，同时由于杂质影响，导致蒸发结晶最终无法出盐。

（2）低含盐废水

为了解决废水含盐量高处理难度大的问题，通过对硝酸还原工艺进行优化，将 DMO 外排废水中总盐含量降至 0.6%。

以改进技术后某 60 万吨/年乙二醇项目为例，DMO 和乙二醇装置废水组成如表 6-39 所示。

表 6-39　低含盐废水组成表

序号	单元名称	单位	排水量（正常/最大）	水质指标（质量分数）
1	甲醇回收	m^3/h	27/32	MeOH（甲醇）100mg/kg（MAX300mg/kg）； NaNO₃ 6000mg/kg（MAX8000mg/kg）； Na₂CO₃ 1700mg/kg（MAX2000mg/kg）； COD$_{Cr}$ 4500mg/L
2	DMC 回收	m^3/h	0.022/0.030	甲醇 1.3%
3	真空泵尾气洗涤塔废液	m^3/h	6/8	甲酸甲酯 0.03% 甲醇 0.003% 乙醇 0.0002% 乙二醇 0.0007%

（3）处理工艺

目前，国内外研究的可用于乙二醇废水的处理方法有电解法、湿式氧化法、臭氧法、反渗透法、化学氧化法、蒸馏法、生物法等，其中有些处理方法尽管效果好，但处理费用高，难以实现工业化。工程化应用中，针对乙二醇废水，通常有以下两种方案。

① 与气化废水等废水联合处理。由于乙二醇废水的浓度高，水量小，与大水量的气化废水和其他废水混合后，可有效降低废水中的有毒有害物质浓度，实际工程中运行效果较好。联合处理示意见图 6-52。

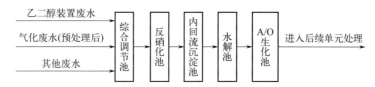

图 6-52 典型的乙二醇废水联合处理示意图

气化废水、乙二醇装置废水以及其他生产污水首先进入综合调节池进行水量的调节和水质的均和。由于进水中硝态氮含量较高，综合调节池出水自流进入反硝化池，在缺氧环境下完成对有机物的降解和部分总氮的去除。反硝化池出水进入内回流沉淀池，同时部分污泥回流至反硝化池进水端。出水进入水解池和 A/O 生化池，进一步去除废水中的有机物、气化废水中带来的氨氮和总氮，以及乙二醇装置废水剩余的硝态氮。其中，运行良好的反硝化池 NO_3^--N 脱除效率可达到 $80\%\sim90\%$。出水根据废水排放和回用要求，进入后续单元进一步处理。

② 乙二醇废水单独处理。国内部分项目将乙二醇装置废水进行单独处理，工艺流程示意如图 6-53 所示。

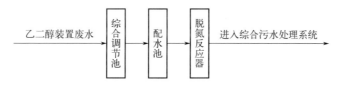

图 6-53 典型的乙二醇废水单独处理示意图

该反应器内有高活性的厌氧污泥床，与传统的 UASB 反应器相比具有气、固、液分离效率高、生物量富集能力强、有机污染物负荷高的特点。脱氮反应器内污泥浓度高，微生物量大，反硝化容积负荷可达到 1kg NO_3^--N/(m^3 · d)，但该方案设备投资费用偏高，控制系统较复杂。运行良好的反应器 NO_3^--N 脱除效率可达到 $80\%\sim90\%$。经过脱氮预处理后的乙二醇装置废水进入综合污水处理系统进一步处理。

在水资源紧张的地区，可设置回用水站，在生产运营阶段的正常及非正常工况下产生的生产、生活废水全部处理后回用，而不排入外部环境，充分综合利用，做到一水多用，达到节约水资源的目的。

6.4.3 固体废弃物污染源与环保措施

本节主要针对乙二醇生产过程中产生的工业固废进行阐述。

6.4.3.1 固体废弃物污染源

乙二醇生产过程中产生的工业固废主要包括：

① DMO 合成单元定期更换的废羰化催化剂，主要成分为 Pd、Fe_2O_3、Al_2O_3。

② 废气焚烧脱硝催化剂，主要成分为 $V_2O_6\text{-}WO_3\text{-}TiO_2$。

③ 乙二醇合成单元定期更换的废加氢催化剂，主要成分为 $CuO \cdot SiO_2$。

④ 乙二醇脱醛单元更换的废树脂，液相加氢单元更换的废催化剂，2 年更换一次。

以某典型的 60 万吨/年煤制乙二醇项目为例，固废排放表如表 6-40 所示。

表 6-40　乙二醇装置固废排放表

序号	固废名称	组成及特性数据	排放特性	处置措施	备注 （是否为危险废物）
1	废羰化催化剂	钯/氧化铝	1 次/2 年	催化剂厂商回收处理	危险废物 HW50（261-152-50）
2	废加氢催化剂	铜/氧化铜/氧化硅	1 次/1.5 年	催化剂厂商回收处理	危险废物 HW50（261-152-50）
3	废气焚烧脱硝催化剂	钯/氧化铝	1 次/2 年	催化剂厂商回收处理	危险废物 HW50（261-152-50）
4	废增强紫外树脂	树脂、有机物	1 次/3 年	供货厂回收处理	危险废物 HW13（900-016-13）
5	废脱醛树脂	树脂、有机物	1 次/2 年	供货厂回收处理	危险废物 HW13（900-016-13）
6	液相加氢废催化剂	Ni 等	1 次/2 年	催化剂厂商回收处理	危险废物 HW46（900-037-46）
7	废瓷球	氧化硅/氧化铝	1 次/2 年	送渣场安全填埋	一般固废

6.4.3.2　固体废弃物治理措施

（1）废催化剂

针对乙二醇生产装置而言，排放的废催化剂由于含有贵重金属，利用价值较高，不排入外环境，由原厂家回收。每次更换下来的废催化剂全部装入密闭容器，并在容器外壁贴上明显标签，慎防同其他固废混淆。如不能及时运出，需将容器放入固定堆放催化剂的仓库中暂存。

（2）其他固废

废树脂一般送供货厂回收处理，不外排。

废瓷球属于一般固废，送填埋场安全填埋。

综上，对典型的乙二醇装置的废气、废水（液）及废渣及其处理措施进行了介绍，明确了乙二醇装置"三废"处理的难点，促进煤制乙二醇行业清洁低碳安全高效发展。

参考文献

[1] 朱炳辰.化学反应工程 [M].3 版.北京：化学工业出版社，2001.

[2] 陈敏恒，翁元垣.化学反应工程基本原理 [M].北京：化学工业出版社，1989.

[3] 房鼎业，姚佩芳，朱炳辰.甲醇生产技术及进展 [M].上海：华东化工学院出版社，1990.

[4] 谢克昌，房鼎业.甲醇工艺学 [M].北京：化学工业出版社，2010.

[5] 亢万忠.低温甲醇洗工艺与 NHD、苯菲尔组合工艺技术经济比较 [J].化肥工业，1999，26（3）：3-6.

[6] 张建利，李锦，季金奎，等.大型煤制甲醇项目原料气净化工艺选择 [J].中氮肥，2010（2）：27-28.

[7] 韩仰，马超.氢气工业制备发展探讨 [J].化工设计通讯，2019，45（06）：181，186.

［8］范景中.变压吸附提纯 CO 技术的研究及应用［J］.河南化工，2010，27（22）：6-8，22.

［9］刘来志，薛子文.羰基合成工业中分离提纯 CO 方法［J］.化工设计通讯，2010，36（04）：46-48，51，64.

［10］李广武，李仲来，陈清军.气体膜分离技术及其应用［J］.小氮肥设计技术，2004，25（1）：6-10，14.

［11］李旭东.H_2/CO 深冷分离问题及处理［J］.煤炭与化工，2019，42（06）：137-139.

［12］张霞晨.CO/H_2 深冷分离运行优化总结［J］.氮肥与合成气，2018，46（11）：20-21.

［13］徐泽夕，王剑峰，褚丽雅，等.部分冷凝工艺制取 CO 模拟分析［J］.中国化工装备，2014，16（04）：17-21.

［14］郝雅博，秦燕.煤间接制乙二醇装置 CO/H_2 深冷分离工艺设计探讨［J］.深冷技术，2015（04）：46-49.

［15］王庆新.合成气制乙二醇反应器大型化措施［J］.中氮肥，2017（04）：1-6.

［16］全国化学标准化技术委员会石油化学分会.GB/T 4649—2018 工业用乙二醇［S］.北京：中国标准出版社，2018.

［17］徐涛，刘晓勤，刘定华，等.吸附剂的改性及脱除乙二醇中微量杂质［J］.化工进展，2006，25（10）：1158-1161.

［18］俞峰萍，金铭，谢同，等.提高乙二醇紫外透光率的研究进展［J］.化学反应工程与工艺，2019（4）：183-192.

［19］现代煤化工产业创新发展布局方案［Z］.2017.

［20］中国国家标准化管理委员会.GB/T 18916.36—2018 取水定额 第 36 部分：煤制乙二醇［S］.北京：中国标准出版社，2018.

［21］中国国家标准化管理委员会.GB 32048—2015 乙二醇单位产品能源消耗限额［S］.北京：中国标准出版社，2015.

［22］高耗能行业重点领域节能降碳改造升级实施指南（2022 年版）［Z］.

［23］周礼庆.国内乙二醇产能与成本分析及中煤平朔乙二醇市场定位［J］.山西化工，2021，41（04）：27-32.

［24］《国家安全监管总局关于公布首批重点监管危险化学品名录的通知》（国家安全生产监督管理总局安监总管三〔2011〕95 号）［S］.

［25］《国家安全监管总局关于公布第二批重点监管危险化学品名录的通知》安监总管三〔2013〕12 号［S］.

［26］《国家安全监管总局关于公布首批重点监管的危险化工工艺目录的通知》（安监总管三〔2009〕116 号）［S］.

［27］《国家安全监管总局关于公布第二批重点监管危险化工工艺目录和调整首批重点监管危险化工工艺中部分典型工艺的通知》（安监总管三〔2013〕3 号文）［S］.2013.

［28］张铁，王建新，姜杰.亚硝酸甲酯物性研究［J］.安全、健康和环境，2013，13（07）：39-40.

［29］李振花，许根慧，王保伟，等.H_2 对 CO 气相催化偶联制草酸二乙酯反应的失活机理［J］.化工学报，2003，54（1）：59-63.

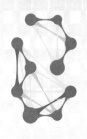

7
煤制乙二醇的产业化

煤制乙二醇技术是碳一（C_1）化工的一个重要课题，在我国得到了广泛的重视，从国家"八五"和"九五"重点科技计划开始，就给予了重点支持，国内多家科研机构相继开展了合成气气相法间接合成草酸酯和草酸酯加氢技术的研究，西南化工研究设计院、中国科学院福建物质结构研究所（福建物构所）、中国科学院成都有机化学研究所、天津大学、华东理工大学、浙江大学等都取得了较好的研究成果。

2010年12月，内蒙古通辽金煤化工有限公司（通辽金煤）20万吨/年乙二醇工业装置打通全流程，并产出合格的乙二醇产品，标志着我国率先在国际上实现了煤制乙二醇技术的工业化，引发了国内该领域技术研发和产业化发展的热潮。经过十多年的发展，国内涌现了多种工艺技术并实现工业化，到2022年6月，已建成投产的工业化装置有三十多套，合计产能达到857万吨/年。

本章将对已实现产业化的代表性煤制乙二醇技术及典型的工业化装置进行一一介绍。

7.1 煤制乙二醇产业化进程

7.1.1 福建物构所乙二醇技术

福建物构所从1982年开始对煤制乙二醇进行技术研发，并在2005年与上海金煤化工新技术有限公司（上海金煤）、江苏丹化集团有限责任公司（丹化科技）合作，完成了百吨级中试试验，于2007年建成了世界首套万吨级煤制乙二醇装置，打通全流程，随后通过中国科学院组织的技术鉴定，标志着我国煤制乙二醇成套技术正式走向产业化。福建物构所以技术入股内蒙古通辽金煤化工有限公司（以下简称通辽金煤），并于2009年建成了首套20万吨/年煤制乙二醇的通辽金煤工业装置。此后通辽金煤以技术许可的方式与河南能源化工集团有限公司合作，分别在河南新乡、永城、安阳、濮阳和洛阳布局并建设了5个煤制乙二醇生产基地，形成了120万吨/年的乙二醇产能。

在第一代煤制乙二醇技术的基础上，福建物构所对CO脱氢催化剂的贵金属利用率、DMO合成催化剂的择优活性、DMO加氢催化剂的稳定性开展了研究，并对系列催化剂研发及规模化制备、工艺流程设计以及乙二醇产品分离提纯进行优化，经过知识产权鉴定和技术论证，形成了新一代煤制乙二醇技术。2016 年，福建物构所与贵州鑫醇能源有限公司合作成立贵州鑫醇科技发展有限公司，启动新一代煤制乙二醇中试和产业化项目，其中试装置于 2018 年建成运行并通过中国石油与化学工业联合会组织的现场标定，进入工业推广阶段。

7.1.2　高化学乙二醇技术

日本高化学株式会社（高化学）乙二醇技术源自日本宇部兴产株式会社（UBE）。20 世纪 80 年代，UBE 在早期草酸酯合成经验基础上，着手开展合成气制乙二醇技术的开发，首次将亚硝酸甲酯引入乙二醇合成，采用两步法生产乙二醇，使得采用合成气生产乙二醇技术具有了实现工业化生产的条件。

2009 年，高化学获得了宇部兴产合成气制乙二醇技术的独家代理权，并与东华工程科技股份有限公司、浙江联盛化工公司签订了工业化联合开发协议，共同出资在浙江联盛建成了年产 1500t 乙二醇的工业化试验装置，试验取得了完整的数据，获得了符合国家标准 GB/T 4649—2018 聚酯级标准的产品。

截至 2022 年 6 月，高化学已经签署了 24 套乙二醇技术许可，总签约规模超过 1000 万吨，投产项目超过 500 万吨。其首套工业化装置——新疆天业 5 万吨/年装置将工业废气转化成高附加值产品，于 2013 年 1 月正式投料试车成功；全球首套以天然气为原料制乙二醇的工业化装置——天盈石化 15 万吨/年乙二醇装置于 2018 年投产；以煤炭为原料的新疆天业四期 60 万吨/年乙二醇项目、湖北三宁 60 万吨/年乙二醇项目等陆续开车成功；目前在建的全球最大陕西煤业 180 万吨/年乙二醇装置正处于投料试车阶段。

高化学构建了较完整的研发体系，在反应器大型化、催化剂性能提升及工艺流程的优化上取得重大突破，至今已发展到第五代工艺包技术。

7.1.3　上海浦景乙二醇技术

上海浦景化工技术股份有限公司（上海浦景）在华东理工大学多年研究开发成果的基础上，联合安徽淮化集团，于 2010 年年底在安徽淮南成功完成了规模为 1000t/a 的合成气制乙二醇的全流程中试试验，并通过中国石油和化学工业联合会组织的技术成果鉴定，形成了具有完全自主知识产权的合成气制乙二醇的成套技术及催化剂。采用上海浦景技术的首套 30 万吨/年合成气制乙二醇装置于 2015 年 3 月投产并产出聚酯级产品。

上海浦景在国内实现了多套合成气制乙二醇装置的技术实施许可，同时还开发了诸如 N_2O_4 法 NO_x 补充技术、NO_x 尾气催化处理技术、MF 资源化利用技术等独有的配套子技术，使得合成气制乙二醇成套技术更加完善，安全和环保性能不断提升。

近年来上海浦景在合成气制乙二醇产业化的后续延伸和柔性化生产方面不断努力，国能榆林 40 万吨/年乙二醇装置联产可降解材料（PGA）正在工业化实施。

7.1.4　WHB 乙二醇技术

2009 年 9 月，湖北省化学研究院（华烁科技）完成了合成聚合级乙二醇选择性脱氢、草酸二甲酯合成和草酸二甲酯加氢等关键催化剂研究，通过了小试成果鉴定。2011年，五环工程、华烁科技与鹤壁宝马联合开发的全流程300吨/年合成乙二醇中试技术通过国家能源局组织的成果鉴定。2012年在中试装置上又进行了3100h的工程放大补充试验，优化完善形成了成套技术（以下简称WHB技术）。2017年，开发了各项经济指标更先进的新一代WHB技术。

7.1.5　中石化乙二醇技术

中石化上海石油化工研究院（中石化上海院）自2007年启动合成气制乙二醇的技术研发以来，先后开发了高性能的偶联、草酸酯加氢和硝酸转化催化剂，创新了氧化酯化反应、草酸二甲酯和乙二醇产品精制、在线分析、安全控制等技术。于2009年在中国石化扬子石油化工有限公司建成了千吨级合成气制乙二醇中试装置并成功开车。依托中试放大的基础，从2012年8月开始在中国石化湖北化肥分公司建设20万吨/年的工业化示范装置，2014年3月顺利投产，产出合格产品。

7.1.6　上海戊正乙二醇技术

上海戊正工程技术有限公司（上海戊正）在对合成气制乙二醇技术研究方面，建立了小试、单管和多管评价体系。2009年，与山东华鲁恒升化工股份有限公司合作建设了5万吨/年合成气制乙二醇工业示范装置，装置于2012年试车成功。

基于第一代低压合成气制乙二醇的技术基础，上海戊正已经开发和推进第二代中高压合成气制乙二醇技术的工业化。

7.1.7　中科远东乙二醇技术

宁波中科远东集团有限公司（中科远东）自2007年开始，开展一氧化碳催化偶联合成草酸酯及草酸酯加氢制乙二醇的研究工作。2011年中科远东与中国科学院宁波材料所共同组建工程技术研究中心，在中国科学院宁波材料所新建科学试验及研发基地，系统部署合成气制乙二醇工艺的研究开发。先后完成了10吨/年的合成草酸酯及草酸酯加氢的模试研究、300t/a合成草酸二甲酯及草酸二甲酯加氢的中试研究、万吨级CO偶联合成草酸酯、草酸酯加氢的工艺软件包等。

2014年，华鲁恒升5万吨/年合成气制乙二醇装置采用中科远东的偶联和加氢催化剂，并对循环酯化偶联系统、加氢系统以及EG精馏系统进行了技改，2015年5月重新开车，装置高负荷连续、稳定、安全运行，产品质量优等品率达95%以上，已成功运用到聚酯行业。

2016年2月25日，中科远东与中国成达工程有限公司（成达工程）签订了乙二醇工艺技术合作协议。双方联合为国内外的合成气制乙二醇客户提供技术咨询、专有技术转让、工程设计、工程总承包、操作培训、开车指导等服务。

7.1.8　上海华谊乙二醇技术

2003～2008年，上海华谊集团公司（上海华谊）和华东理工大学针对合成气制乙二醇技术进行合作开发，开展了实验室研究、全流程百吨级模拟试验等。2009～2012年，华谊集团继续进行了万吨级中试装置工艺包的编制与工程设计及建设、催化剂的放大制备与加氢催化剂长周期单管寿命考评，万吨级工业试验装置在2012年建设。

上海华谊的广西华谊20万吨/年乙二醇装置已于2021年建成投产。

7.1.9　天津大学乙二醇技术

天津大学是我国最早开始合成气制乙二醇技术研究的机构之一，于2003年完成了国家"九五"科技攻关项目3t/a一氧化碳偶联制草酸二乙酯模试及催化剂工程放大和300t/a一氧化碳气相催化偶联制草酸二乙酯中试等，中试装置于2006年通过云南省科委组织的专家鉴定与验收。2009年，完成国家"十一五"科技攻关项目300t/a一氧化碳气相催化偶联制草酸二甲酯中试和吨级草酸二甲酯加氢模试。2012年完成了千吨级黄磷尾气制草酸项目，建成了1500t/a一氧化碳气相催化偶联制草酸二甲酯、草酸、乙醇中试装置。

2015年，惠生工程与贵州鑫新化工（集团）有限公司以及天津大学签订合成气制乙二醇战略合作协议，三方共同推进完全自主知识产权的合成气制乙二醇成套技术的商业化。

7.1.10　西南院乙二醇技术

2006年，西南化工研究设计院（西南院）承担了国家科技支撑项目含CO工业废气净化提纯一氧化碳，开发了经济有效的、满足羰基合成要求的CO提纯技术；承担了"十一五"科技支撑计划项目中的非石油路线制乙二醇攻关课题研究，进行加氢催化剂的研制及关键工艺开发。2008年建成了15t/a的中试装置，2009年完成了羰化催化剂和加氢催化剂的研制，2010年完成了万吨级工艺包的开发。

2013年西南院与河北辛集化工集团签订了6万吨/年工业排放气制乙二醇技术许可合同，装置于2016年9月建设完工。

7.1.11　上海交大乙二醇技术

2009年，上海交通大学（上海交大）在久泰能源集团的支持下进行了中试研究。2000t/a中试装置于2010年9月建成试产，2012年10月通过了国家能源局的中试成果鉴定。

7.1.12　煤制乙二醇产业化装置统计

煤制乙二醇产业化装置统计见表7-1。

表7-1　煤制乙二醇产业化装置统计

序号	公司名称	项目所在地	产能/（万吨/年）	技术来源	进展
1	通辽金煤化工有限公司	内蒙古通辽	22	福建物构所	已投产
2	安阳永金化工有限公司	河南安阳	20	福建物构所	已投产

序号	公司名称	项目所在地	产能/(万吨/年)	技术来源	进展
3	新乡永金化工有限公司	河南新乡	20	福建物构所	已投产
4	濮阳永金化工有限公司	河南濮阳	20	福建物构所	已投产
5	永城永金化工有限公司	河南商丘永城	40	福建物构所	已投产
6	洛阳永金化工有限公司	河南洛阳	20	福建物构所	已投产
7	山东华鲁恒升化工股份有限公司	山东德州	5	上海戊正合作	已投产
8	山东华鲁恒升化工股份有限公司	山东德州	50	中科远东	已投产
9	安徽昊源化工集团有限公司	安徽阜阳	30	中科远东	已投产
10	陕西榆林能源集团有限公司	陕西榆林	40	中科远东	已投产
11	安徽淮化集团有限公司	安徽淮南	10	上海浦景	已投产
12	内蒙古易高煤化科技有限公司	内蒙古鄂尔多斯	24	上海浦景	已投产
13	鄂尔多斯市新杭能源有限公司	内蒙古鄂尔多斯	30	上海浦景	已投产
14	阳煤集团平定化工有限责任公司	山西平定	20	上海浦景	已投产
15	山西襄矿泓通煤化工有限公司	山西长治	20	上海浦景	在建
16	陕西延长石油（集团）有限责任公司	陕西延安	10	上海浦景	已投产
17	鄂托克旗建元煤化科技有限责任公司	内蒙古鄂尔多斯	26	上海浦景	已投产
18	国能榆林化工有限公司	陕西榆林	40	上海浦景	已投产
19	阳煤集团深州化工有限公司	河北深州	22	WHB	已投产
20	内蒙古荣信化工有限公司	内蒙古达拉特旗	40	WHB	已投产
21	哈密广汇环保科技有限公司	新疆哈密	40	WHB	已投产
22	新疆天业（集团）有限公司	新疆石河子	5	高化学	已投产
23	新疆天业（集团）有限公司	新疆石河子	30	高化学	已投产
24	新疆天业（集团）有限公司	新疆石河子	60	高化学	已投产
25	阳煤集团寿阳化工有限责任公司	山西寿阳	20	高化学	已投产
26	贵州黔希化工有限责任公司	贵州毕节黔西	30	高化学	已投产
27	利华益集团股份有限公司	山东东营	15	高化学	已投产
28	中盐安徽红四方股份有限公司	安徽合肥	30	高化学	已投产
29	新疆生产建设兵团	新疆阿拉尔	15	高化学	已投产
30	山西沃能化工科技有限公司	山西曲沃	30	高化学	已投产
31	陕西渭河彬州化工有限公司	陕西彬州	30	高化学	已投产
32	湖北三宁化工股份有限公司	湖北枝江	60	高化学	已投产
33	山西美锦能源股份有限公司	山西清徐	30	高化学	已投产
34	陕煤集团榆林化学有限责任公司	陕西榆林	180	高化学	已投产
35	广西华谊能源化工有限公司	广西钦州	20	上海华谊	已投产
36	中石化湖北化肥分公司	湖北枝江	20	中石化	已投产
37	内蒙古康乃尔化学工业公司	内蒙古扎鲁特旗	30	高化学	已投产

7.2 典型的工业化装置

煤制乙二醇工业产业在成套技术开发、工程化实施、原料多元化、装置规模化和多联产发展模式等方面都不断取得新成果，涌现出了一批有代表性的工业生产装置，本节从现有已建装置中挑选了 11 个典型的案例，重点对其技术特点、生产运行情况等进行简要介绍。

7.2.1 通辽金煤 20 万吨/年乙二醇装置

7.2.1.1 工程概况

通辽金煤化工有限公司（通辽金煤）20 万吨/年乙二醇装置建设于内蒙古通辽市，采用福建物构所的合成气制乙二醇技术。装置于 2007 年开工建设，2009 年建成投产（图 7-1），装置的成功投产标志着我国具有自主知识产权的煤制乙二醇全流程技术在全球首次实现工业化。

图 7-1 通辽金煤 20 万吨/年乙二醇联产 8 万吨/年草酸生产装置

7.2.1.2 技术特点

该装置采用褐煤气化制取合成气，利用变压吸附装置制取高纯的一氧化碳和氢气，然后再通过气相催化羰基合成、加氢两步法制乙二醇，同时，草酸二甲酯中间体水解制取草酸。具体介绍如下：

（1）主要生产装置

① 褐煤气化装置。该气化装置采用恩德炉流化床粉煤气化工艺和设备制取合成气，有两台 ϕ5m 气化炉，单台产气量为 40000m³/h❶，备用一台 35000m³/h 的气化炉。

② 变压吸附分离 CO、H_2 装置。该装置共有脱硫、变换、变压吸附脱碳、变压吸附分离 CO 和变压吸附分离 H_2 等五个工序。煤气化装置来的原料气首先经过除尘、脱焦油，进入湿法脱硫工序，脱硫的原料气先根据 CO 和 H_2 产品的比例进行变换，变换后的气体通过 PSA-CO_2 将原料气中的大部分的水和 CO_2 脱除，脱碳后的气体通过 PSA-CO 工序得到合格

---

❶ 本章气体体积如无特殊说明，均指标准状态下的体积。

的 CO 产品气，PSA-CO 工序的吸附尾气进入制氢工序分离出产品 H_2。

③ 羰化合成草酸二甲酯装置。从变压吸附装置来的一氧化碳通过产品气压缩机输送到乙二醇装置脱氢系统，脱氢岗位利用汽包控制好反应温度，在反应器内通过催化剂的作用，脱除 CO 气体中的氢气，为羰化合成反应提供合格的反应原料气体。

一氧化碳脱氢后进入酯化系统，在一次酯化塔内加入过量甲醇和一定比例氧气，与循环气中的 NO 进行反应，生成亚硝酸甲酯，与合成系统循环气一同进入合成反应器进行羰化反应生成草酸二甲酯，副产物碳酸二甲酯通过精馏提纯外售。

④ 草酸二甲酯加氢制乙二醇装置。羰化反应产物草酸二甲酯经过净化分离后一部分与变压吸附制取的氢气充分混合、预热后送入加氢反应器，草酸二甲酯加氢生成粗乙二醇产品，粗乙二醇产品送入产品精馏系统，最终提取出优等品乙二醇产品。

⑤ 草酸二甲酯水解制草酸装置。羰化反应产物草酸二甲酯部分送至草酸生产装置，草酸二甲酯经水解、精馏、结晶、干燥后得到草酸产品，草酸已成为乙二醇装置柔性化生产的第二大产品，销售至下游行业。

（2）主要公用工程装置

20 万吨/年乙二醇和 8 万吨/年草酸装置公用工程配套主要包括储运装置、输煤系统、锅炉、空分装置、原水站、循环水站、消防水站、污水处理站、废气炉和火炬装置。具体介绍如下：

① 储运装置。储运装卸岗位是集原料、产品的贮存、装卸、转运于一体的重要系统。罐区系统包括两个容积 $10000m^3$ 的乙二醇产品储罐、两个容积 $1000m^3$ 的甲醇原料储罐、一个容积 $500m^3$ 的碳酸二甲酯产品储罐、一个容积 $100m^3$ 的粗乙醇产品储罐，并设有泵房、汽车装卸栈台、一个容积为 $14300m^3$ 的事故池及一座有效贮存量为 36000t 的煤场。甲醇由汽车装卸栈台卸到罐区储罐内，再由甲醇送料泵送到六车间使用。乙二醇由成品中间槽通过出料泵送到罐区两只乙二醇产品储罐，再由泵打到汽车装车栈台进行装车。

② 输煤系统。输煤系统分为两条线，从煤场开始可以由斗轮机和铲车两种上煤方式，两条线其中一条线经破碎后直接上到锅炉各煤仓，剩下一条线经破碎后去干燥系统，然后去恩德炉煤仓。输煤系统皮带统一带宽 800mm，输送量为 250t/h。

③ 锅炉与废气炉装置。建有三台 150t/h 次高温次高压循环流化床蒸汽锅炉，配套一台 6MW 和一台 12MW 背压式汽轮发电机组，主蒸汽 4.9MPa，外供 4.9MPa、1.7MPa、1.0MPa 和 0.5MPa 蒸汽给全厂使用。还建有一台 75t/h 的废气炉，配套一台 6MW 凝汽式汽轮发电机组，主产 1.7MPa 蒸汽，处理来自变换脱硫装置的富氢气，同时外供 1.7MPa、1.0MPa 和 0.5MPa 蒸汽给全厂使用。

④ 空分装置。建有两套空分装置，一套氧气负荷 $20000m^3/h$、氮气 $5000m^3/h$，另一套氧气负荷 $15000m^3/h$、氮气 $5000m^3/h$。部分氧气供给恩德炉造气装置产生半水煤气，另一部分氧气供给乙二醇装置酯化系统最终合成草酸二甲酯。氮气供给全厂各个生产车间，作为各个系统的保护气体以及输送系统的输送气体、除尘系统的喷吹气体等。

⑤ 循环水站。现建有三套间冷循环水冷却系统，一期建设了一套 $24000m^3/h$ 的循环水站，后因装置改、扩建，又新增一套 $8000m^3/h$、一套 $6000m^3/h$ 的循环水站。

⑥ 污水处理站。公司现有污水处理站一座。该污水处理站设计处理能力为 $4000m^3/d$，针对煤化工废水氨氮高的特点目前采用红菌 A/O 厌氧氨氧化生化法加 SBR 处理工艺使外排废水 COD≤200mg/L、氨氮≤35mg/L、总氮≤70mg/L。

⑦ 火炬系统。建有一套高空火炬系统，用于处理生产设备开罢工、非正常生产及紧迫状况下无法进行有用收回的可燃气体。该系统共设置两套火炬排放燃烧器（火炬头）——紧急火炬燃烧器、常燃火炬燃烧器，一套爆燃式火炬地面点火器，以及相应自动化控制系统。紧急火炬燃烧器配有4路火炬长明灯及相应高空点火系统，常燃火炬燃烧器配有2路火炬长明灯及相应高空点火系统。

7.2.1.3 生产运行

（1）生产情况

装置于2009年12月打通流程，产出合格的乙二醇产品。2010年10万吨/年煤制草酸项目经过联动试车，打通流程，试产出合格的草酸产品。2011年10月底开始停车消缺后，生产负荷逐步稳定至设计能力的75%以上，2011年11月18日成功达产。2012年12月13日，通辽金煤22万吨/年煤制乙二醇项目经过技术攻关，乙二醇产品220nm处的紫外透光率已经稳定达标，产品各项指标均已达到国家规定的优等品标准。目前生产装置运转正常，生产负荷基本稳定在设计产能的85%以上，乙二醇优等品产出率稳定在90%以上。从2015年起，装置稳定达产运行。

2021年，公司经济运行开车模式75%负荷正常生产共286天，非正常生产天数为59天。全年乙二醇实际完成138110.56t，计划完成率92.07%，草酸实际完成99733.175t，计划完成率117.33%，折合乙二醇总产完成187977.15t，完成年度计划的97.65%。消耗方面，吨乙二醇耗煤5.44t、耗电1515kW·h、耗水19.76t、耗甲醇0.053t，除煤耗外几大能耗指标全面平稳下降。煤耗有所增加的主要原因在于煤源种类多和品质波动等。

（2）技术改进

① 脱酸系统。在乙二醇合成工段，一次酯化塔合成亚硝酸甲酯的过程中，合成后的液相物质主要组分为甲醇、水、碳酸二甲酯等，另外还有副反应产生的0.5%～2.5%的硝酸。传统方法是将再生液经过蒸馏回收甲醇等有机物，含硝酸的废水用碱中和，然后进行环保处理。这种含硝酸盐、亚硝酸盐的废水组成复杂、毒性高，处理难度非常大。

通辽金煤进行了煤制乙二醇工艺废水处理技术的攻关研究，率先成功开发出硝酸催化还原技术。该技术可将煤制乙二醇再生液中的硝酸还原，转化为亚硝酸甲酯后作为原料返回系统，处理之后的工艺废水硝酸含量降至0.1%以下，极大地降低了煤制乙二醇工艺排放废水的处理难度，保证达标合格排放，同时回收了氮元素，减少氮氧化物的流失。

② 乙二醇产品透光率控制工艺技术。传统的石油路线生产的乙二醇只需经脱醛处理即可满足国标标准，而煤制乙二醇除含醛类杂质外还含有酯、酮等多种有机杂质，仅靠脱醛处理难以保证产品品质。

目前已经解决了煤制乙二醇行业的这一难题，对产品中醛类、酯类等各种杂质采用液相加氢和精制吸附的方式进行了彻底的脱除，极大提高了乙二醇产品的优级品率和产品紫外透光率，满足了乙二醇下游用户的各类需求，取得了很好的经济效益。

液相加氢系统主要作用是将微量的双键类物质进一步加氢，精制吸附系统主要用于脱除醛类等物质。

③ 碳酸二甲酯回收装置。公司在原20万吨/年乙二醇装置基础上新建一套8000t/a碳酸二甲酯装置，DMC产品纯度≥99.5%（质量分数）。原甲醇精馏装置及管线不做变动，单独增加三台精馏塔提取羰化合成反应液中的副产物碳酸二甲酯，同时也提高加氢进料的品质，

提高了加氢催化剂的选择性，进而提高了乙二醇产品的紫外透光率。

④ 联产 8 万吨/年草酸装置。该项目利用煤制合成气（一氧化碳、氢气），同时为乙二醇装置提供原料气，使合成气资源全部得到充分利用，降低了生产成本，同时避免和减小因石油市场价格的剧烈变化带来的冲击。

利用草酸二甲酯与水加热时发生水解反应，生成含二个结晶水的草酸和甲醇。甲醇回收供乙二醇生产循环使用，含二个结晶水的草酸经结晶、过滤、干燥、包装工序后作为产品销售。

⑤ 二期扩能改造。装置原设计 20 万吨/年乙二醇，主要包括羰化合成草酸二甲酯和草酸二甲酯加氢制乙二醇两大工艺过程。因一部分草酸二甲酯作为草酸生产装置的原料，造成了乙二醇装置草酸二甲酯加氢单元一直处于低负荷运行。为了提高乙二醇装置的草酸二甲酯加氢单元负荷，公司在现有乙二醇装置基础上优化了一台恩德炉造气装置，新增了变压吸附、草酸酯合成装置及配套公用工程设施，满足了乙二醇装置和草酸装置负荷提升的目的，实现了乙二醇 22t/a、草酸 8 万吨/年的生产目标。

7.2.1.4 安全环保

（1）安全设施及措施

从系统安全角度分析，安全措施主要有安全技术设置、安全管理和事故应急处理预案等三部分。安全设施设计严格遵循有关安全卫生标准、规范和规定，并结合项目实际情况，针对生产中可能造成的危害，从设计、管理、操作及紧急救护等方面采取了有效的防范设施和措施。

（2）环保设施及措施（表 7-2）

表 7-2　环保措施

类别	序号	污染治理措施名称
废气	1.1	煤场除尘：密闭煤仓、防风抑尘网、喷淋加湿
	1.2	破碎楼煤仓粉尘：高效袋式除尘器
	1.3	煤粉仓排放气：高效袋式除尘器
	1.4	干燥机排放尾气：旋风除尘器＋水膜除尘器
	1.5	变换解析废气：废气焚烧炉燃烧
	1.6	酯化塔尾气：送回合成净化装置小气柜作为原料气回收使用
	1.7	乙二醇车间制氢解吸气：废气焚烧锅炉充分燃烧
	1.8	热电联产锅炉石灰石湿法脱硫和 SNCR 尿素脱硝治理
	1.9	废气焚烧炉烟尘除尘器治理
废水	2.1	恩德炉灰水循环系统
	2.2	"以新带老"废水污染防治：采取吹脱法去除灰水循环处理系统排水中的氨氮
	2.3	污水处理站
	2.4	车间地面防渗
固废	3.1	危险废物临时储库
	3.2	一般工业固体废物临时堆场
噪声	4	各种隔声罩、消声器、减振垫等
事故及风险措施	5.1	危险气体、废水监测，毒害气体防护，防火救火器材
	5.2	事故联动装置、环境监测设备
	5.3	事故、消防水池
绿化方案	6	道路两侧及车间外绿化
施工期	7	施工降尘、降噪、水土保持

7.2.2 新疆天业5万吨/年乙二醇装置

7.2.2.1 工程概况

新疆天业一期5万吨/年电石炉气制乙二醇项目（图7-2）为国内外首套工业示范装置，于2011年年底立项开工建设，2013年1月工业化装置投产试车成功，获得聚酯级乙二醇产品，至今已经超过十年的"安、稳、长、满、优"工业化运行。装置的负荷超过110%。催化剂使用年限长，选择性高。装置生产优等品率高，产品品质完全达到聚酯行业要求。

图7-2 新疆天业一期5万吨/年电石炉气制乙二醇项目图

7.2.2.2 技术特点

电石炉气中一氧化碳含量达70%~80%，是一种有很高利用价值的气体，但与煤气化的合成气相比，其杂质成分更为复杂，除常规的硫化物、CO_2等，还含有少量的焦油、微尘、烷烃、烯烃类，因此前端净化流程更长，处理工艺要求更高。项目全厂流程见图7-3。

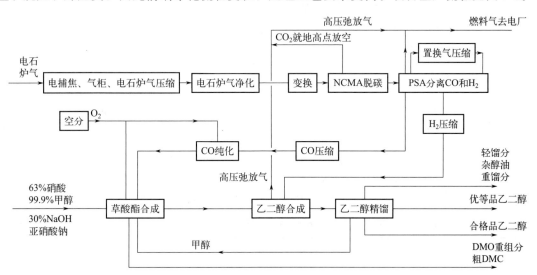

图7-3 新疆天业一期5万吨/年电石炉气制乙二醇项目全厂流程图

电石炉气首先经电捕焦除去电石炉气中的焦油和尘（出口焦油＋尘≤2mg/m³）后进入气柜暂存并稳压，再经炉气压缩机提压后分别经过氧化铁粗脱硫、脱磷、脱砷、氧化锌精脱硫及乙炔加氢，使炉气中的总硫、总磷及乙炔含量降至0.1mg/m³以下，进入变换工段调整满足乙二醇装置所需的氢/碳比，并经NCMA脱碳除去变换气中的CO_2，完成电石炉气净化。

净化后的变换气经TSA变温吸附除去水分后，再经PSA-CO和$PSA-H_2$分离所需的CO、H_2原料气。为进一步降低CO原料气中的H_2含量，从而减少DMO合成中副反应产物MF的生成，CO原料气还需要经催化氧化、脱氧使H_2浓度稳定在0.1%（体积分数）以下。项目技术方案见表7-3。

表7-3 新疆天业一期5万吨/年电石炉气制乙二醇项目技术方案表

序号	装置名称	主项名称	采用技术	备注
1	炉气压缩装置	气柜	威金斯干式气柜	国内技术
		电捕焦	电捕焦油器	国内技术
		炉气压缩	往复式压缩机	国内技术
2	净化装置	粗脱硫、脱磷、脱砷	耐硫吸附	
		精脱硫、乙炔加氢	加氢脱有机硫和不饱和烃	
		变换	Fe-Cr系宽温变换工艺技术	
3	H_2/CO分离装置	MDEA脱碳	MDEA湿法脱碳技术	
		$PSA-CO/H_2$	变压吸附技术分离CO和H_2	
		CO压缩、H_2压缩、置换气压缩	往复式压缩机	
		CO纯化	加氧脱氢、变温吸附	
4	DMO合成装置	DMO合成	催化偶联合成草酸二甲酯（DMO）技术	
5	乙二醇合成装置	草酸二甲酯加氢	草酸二甲酯加氢合成乙二醇技术	
		乙二醇精馏	真空精馏技术	

乙二醇装置规模为5万吨/年，DMO合成两个系列，EG合成一个系列。在第一代SEG技术中，硝酸还原采用的硝酸还原反应器，硝酸还原反应器为釜式带搅拌反应器，存在的弊端是该釜式反应器送出的釜液硝酸根含量较高，废水处理难度较大，该技术随着后续SEG技术的发展，逐渐被新的硝酸还原技术取代。

7.2.2.3 生产运行

新疆天业一期5万吨/年乙二醇项目DMO合成于2012年12月27日正式投料，2013年1月6日生产出聚酯级乙二醇产品，仅历时8天实现全流程打通，并在同年实现装置负荷92%连续稳定运行生产，2016年生产负荷达到110%，超负荷运行。

新疆天业一期首次装填的DMO催化剂选择性稳定在99%以上，生产周期70个月，EG催化剂选择性98%～98.5%，生产周期16个月。项目运行负荷见表7-4，产品指标见表7-5。

表7-4 新疆天业一期5万吨/年电石炉气制乙二醇项目运行负荷表

运行年份	2013	2014	2015	2016
计划产量/万吨	3.5	4.5	5	5
实际产量/万吨	4.5	4.8	5.2	5.5

运行年份	2013	2014	2015	2016
优等品率/%	93	95	95	95
装置运行负荷/%	92	96	104	110

表 7-5　新疆天业一期 5 万吨/年电石炉气制乙二醇项目产品指标表

波长	紫外透光率	
	国标	SEG
220nm	≥75％	90％～94％
275nm	≥92％	95％～98％
350nm	≥99％	100％

一期 5 万吨/年项目主要原辅材料单耗：H_2 单耗 $1670m^3$/t 乙二醇，CO 单耗 $835m^3$/t 乙二醇，O_2 单耗 $190m^3$/t 乙二醇，甲醇单耗 82kg/t 乙二醇。

7.2.3　新杭能源 30 万吨/年乙二醇装置

7.2.3.1　工程概况

鄂尔多斯市新杭能源有限公司（以下简称新杭能源）年产 30 万吨乙二醇装置（图 7-4）是国内投产的首套单线规模达到 10 万吨/年的煤制乙二醇装置，羰化、加氢反应器均为同期煤制乙二醇装置最大反应设备。该装置建设地点位于内蒙古鄂尔多斯市杭锦旗独贵塔拉工业园区，采用上海浦景的成套工艺技术，由华陆工程科技有限责任公司采用工程项目 EPC 总承包模式承建，该项目 2012 年 9 月开始建设，2014 年 10 月份建设完成，2015 年 3 月底投料试车成功并产出合格产品。

图 7-4　鄂尔多斯市新杭能源有限公司年产 30 万吨/年乙二醇装置图

7.2.3.2　技术特点

主要工艺路线是采用航天粉煤气化炉将原料煤气化制取粗合成气，采用耐硫变换、低温甲醇洗、深冷分离、变压吸附制氢获得符合规格要求的一氧化碳和氢气，进而通过合成气两步法制乙二醇。具体介绍如下：

① 粉煤气化装置。气化装置采用 2 台 $\phi3200/3800$ 型航天粉煤气化炉，单炉供气能力 $105000\,m^3/h$（$CO+H_2$），合计供气能力 $210000\,m^3/h$，为下游合成氨、尿素、乙二醇、甲醇生产装置供应原料气。

② 净化装置。净化装置根据航天气化炉粗煤气 CO 浓度高、水汽比介于 $0.7\sim0.8$ 左右的特点，采用两段中温耐硫变换工艺技术，调整 CO/H_2 比例以满足乙二醇装置对原料的要求。

该装置利用低温甲醇洗工艺脱除硫化物和酸性气体，净化后的合成气送后续分离装置分离 CO 和 H_2。

③ 变压吸附分离装置。该装置采用冷箱分离提纯 CO，得到纯度 >98.5%（体积分数）的 CO 原料气送酯化-羰化单元，变压吸附制氢得到纯度 >99.9% 的 H_2 原料气送加氢单元。

④ 酯化-羰化装置。DMO 合成（酯化、羰化）设计为 3 个系列，每个系列产能为 10 万吨/年。该装置在酯化单元首次设计了酯化预反应器，将氧化酯化过程分解在两个步骤中完成，有利于快速移除氧气和 NO 反应的反应热，提高氧化酯化工艺的安全性。

羰化反应器设计为 2 台并联，反应空速在 $2500\sim3500h^{-1}$，反应温度为 $120\sim145℃$，反应压力在 $0.3MPa$（G）左右。

⑤ 加氢-精馏。加氢单元设计为 3 个系列，每个系列产能为 10 万吨/年。精馏单元设计为 2 个系列，每个系列产能为 15 万吨/年。

具有独特知识产权的加氢反应器串联设计在该装置上首次进行使用，与同规模的加氢装置相比，在保持相同的加氢反应的氢酯比的情况下，循环氢压缩机的气量可以降低 50%。

7.2.3.3 生产运行

（1）生产情况

3 条反应线（酯化-羰化-加氢）分别在 2015 年 3 月、2015 年 8 月、2015 年 10 月投料试车成功，产出优等品（聚酯级）乙二醇，初期平均负荷在 70%~80%。在 2016 年到 2017 年的运行中，逐步实施了硝酸回收转化、加氢弛放气回收、精馏增设吸附树脂等多项技改措施，日产量基本稳定在 1050~1080t，乙二醇优等品产出率稳定在 97% 以上。尤其在 2019 年，在气化装置稳定运行的情况下，乙二醇生产负荷达到设计产能的 106%。

（2）技术改进

① 稀硝酸还原。乙二醇项目废水中硝酸含量通常在 2%~3%，这些硝酸如果不进行回收处理，一方面造成硝酸大量损失；另一方面设备腐蚀严重，降低设备的使用寿命，同时需要消耗烧碱进行中和，中和后产生大量的硝酸钠、亚硝酸钠、有机酸盐等污染物，增大了污水处理的难度和运行费用，影响系统的安全稳定运行。

针对硝酸问题，该装置在投产稳定后将 DMO 工段（一酯化塔、二酯化塔）产生的含有硝酸的甲醇水溶液在催化剂的作用下，与含有一氧化氮的合成气反应，将硝酸转化为亚硝酸甲酯（MN）返回合成系统，解决了 DMO 生产过程中的环保问题。减少了煤制乙二醇生产工艺中硝酸和液碱的消耗，并且增加乙二醇生产系统中的 MN 的产能；同时也减轻了后续含盐废水的处理难度，使项目生产过程中的废水排放达到国家排放标准。

2017 年至 2021 年新杭能源硝酸单耗趋势图见图 7-5。

如图 7-5 所示，新杭能源单位乙二醇产品硝酸单耗呈逐年下降趋势，尤其是自 2017 年旧的硝酸催化转化装置和 2018 年底非催化硝酸转化装置投用后，单位乙二醇产品硝酸单耗均有明显下降。

② 加氢弛放气回收。加氢单元在运行过程中为避免惰性气体组分在系统中累积，设计有弛放气外排。由于弛放气中氢气含量仍在 90%～95%，若不能有效进行回收，必然会造成氢气单耗的增加，因此为三个加氢单元系列增设了一套 PSA 回收系统，将加氢弛放气中的氢气回收后返回压缩机入口。

2017 年至 2021 年新杭能源氢气单耗趋势图见图 7-6。

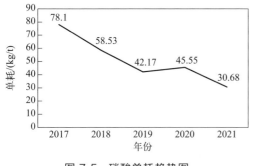

图 7-5 硝酸单耗趋势图

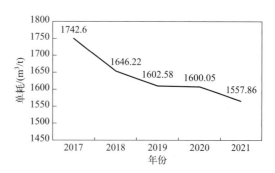

图 7-6 2017～2021 年氢气单耗趋势图

如图 7-6 所示，随着"填平补齐项目"逐步推进实施，工艺参数逐渐优化完善，新杭能源公司单位乙二醇产品氢气单耗呈逐年下降趋势。

7.2.3.4 安全环保

（1）安全设施及措施

① 重点监管危险化学品。储罐等压力容器和设备应设置安全阀、压力表、液位计、温度计，并应装有带压力、液位、温度远传记录和报警功能的安全装置。针对该项目的特性，编制完善的、可操作性强的危险化学品事故应急预案，配备必要的应急救援器材、设备，加强应急演练，提高应急处置能力。

② 所有转动设备均安装安全罩或其他防护措施；电气设备和输电线路，确保绝缘合格，必要时加防护设施，以防触电；做好防雷、防静电工作，在装置区及管线上的防静电措施应完善、到位。

③ 在该装置区域内，考虑到物料的易燃易爆性及毒性，在可能有可燃气体泄漏和有毒气体泄漏的部位设有可燃气体检测报警器和有毒气体检测报警系统，主要布置在有可燃气体泄漏和有毒气体聚集危险的关键地点以及有着火可能的设施附近，所有的检测信号均送往控制室内集中显示，及时给予检测，确保防患于未然。

④ 重要的工艺操作参数多集中在控制室集中控制，对许多电气设备设置现场就地开关。对温度、流量、压力、液位等主要过程参数设有必要的自动调节系统。同时对不允许超限的工艺参数设有声光报警系统，以保护设备和人身安全。

⑤ 依据《爆炸危险环境电力装置设计规范》，确保电气的安全设计。

⑥ 依据《建筑物防雷设计规范》（GB 50057—2010），具有易燃易爆物质的生产厂房按第二类防雷建筑物设避雷装置防止击雷侵害。

⑦ 根据规范要求，对装置内重要场所进行火灾监视，购置充足的灭火设备，配置火灾

探测及火灾报警系统。

（2）环保设施及措施

① 废气治理

a. 乙二醇装置的加氢弛放气、加氢产物中间罐排放气，含有 H_2、CH_4 等可燃成分，为了避免直接排放对环境产生的影响，送火炬燃烧后排放。

b. 乙二醇装置的 DMO 合成单元的弛放气、各塔顶排出的不凝性气体，由于含有一定量的 NO、MN 等组分，该项目通过设置 MN 回收塔及尾气处理单元，对该部分废气进行处理。

尾气反应器的主要反应为：

$$CH_3ONO + 0.5H_2 \longrightarrow CH_4O + NO \tag{7-1}$$

$$NO + H_2 \longrightarrow 0.5N_2 + H_2O \tag{7-2}$$

$$NO + CO \longrightarrow CO_2 + 0.5N_2 \tag{7-3}$$

c. 采用先进的清洁生产技术，实现煤炭高效、清洁转化，并重点识别、排查工艺装置和管线组件中 VOCs 泄漏的易发位置，制定预防 VOCs 泄漏和处置紧急事件的措施。

② 废水治理。根据清污分流的原则，该项目排水系统分为：生活污水排水系统、生产污水排水系统、清洁废水排水系统、雨水排水系统及事故消防废水排水系统。

a. 装置工艺废水去污水处理站。

b. 装置汽包排污水、循环水站排水去中水回用工程。

c. 生活污水去园区污水处理厂。

③ 固废治理

a. 气体净化和分离装置的 CO 深冷分离单元的废分子筛吸附剂、PSA 制氢单元的废吸附剂由具有相应危废处置资质的厂家进行回收。

b. 乙二醇装置的废羰化催化剂、废加氢催化剂、废尾气处理催化剂及废瓷球由具有相应危废处置资质的厂家进行回收。

c. 生活垃圾由园区环卫部门及时清运、统一收集处理。

④ 噪声治理

a. 在满足工艺流程与生产运输要求的前提下，结合功能分区与工艺分区，将行政办公区与生产区分开布置，减少噪声污染。

b. 在满足工艺流程要求的前提下，高噪声设备相对集中布置，并尽可能将高噪声设备布置在远离敏感目标的位置。

c. 在满足工艺设计要求的前提下，工艺管线选择合适的流速，管道截面无突变，管道连接采用顺流走向，管道与强烈振动的设备连接时采用柔性连接，管道穿越建（构）筑物时采取适当的隔声措施。

d. 在生产允许的条件下，尽可能选用低噪声设备。

e. 高噪声设备采用隔声、消声等降噪措施；大型压缩机等设备设隔声间。

7.2.4 湖北化肥 20 万吨/年乙二醇装置

7.2.4.1 工程概况

中国石化湖北化肥分公司（湖北化肥）20 万吨/年合成气制乙二醇工业示范装置是中国

石化"十条龙"科技攻关项目和重点工程，建设于湖北枝江，装置规模为20万吨/年。采用中国石化自主研发并具有完全知识产权的成套工艺技术，是国内投产的首套单线达到20万吨的乙二醇装置。该装置依托湖北化肥原有煤气化装置、空分装置、合成气变换装置、低温甲醇洗装置和公用工程辅助设施建设而成。2012年8月开工建设，2013年12月中交付，2014年3月建成投产。

全厂工艺流程图如图7-7所示。

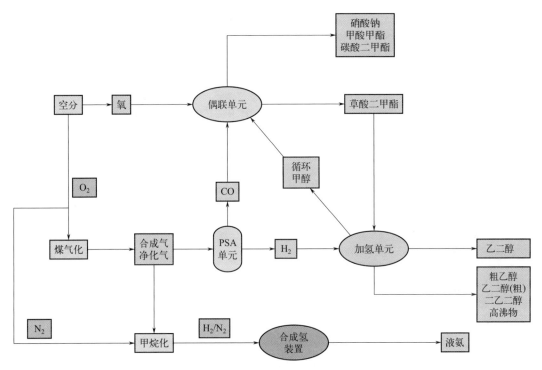

图 7-7　湖北化肥分公司全厂工艺流程图

7.2.4.2　技术特点

采用以变压吸附装置产品 CO 及 H$_2$（合成气）为原料，先经过偶联反应生成草酸二甲酯（DMO），再经加氢生成乙二醇的两步法路线。其主要技术特点有：

① 偶联单元主要是 CO 与 MN 在钯金属催化剂的作用下反应产生草酸二甲酯，同时反应副产少量碳酸二甲酯（DMC）等副产物。中国石化成套煤制乙二醇技术中羰基化催化剂使用的是中石化上海石化研究院开发的草酸二甲酯合成催化剂，采用独特的双金属钯浸渍液络合配制技术，有效降低了贵金属用量，成功开发了活性金属高度分散的双金属一氧化碳偶联催化剂，改善了活性金属钯的表面性质，提高了催化剂活化一氧化碳的效率，从而提高了草酸二甲酯的时空产率。DMO 选择性>98%，工业装置运行寿命突破6年，目前生产负荷仍稳定达到设计负荷的110%，且运行正常。

偶联反应采用管壳式反应器，两台并联。每台反应器生产能力达到年产27万吨 DMO，属国内首套达到27万吨/年的偶联反应器，偶联反应器由于其独特的设计实现了大型化制造，获得了中国石化科技进步三等奖。

② 加氢单元主要是氢气和草酸二甲酯在铜硅系加氢催化剂上进行反应，生产乙二醇。

中石化上海院开发的草酸二甲酯加氢催化剂，通过选择组合载体并优化沉淀 pH 值，创造了具有适宜孔道和表面酸碱性的铜硅催化剂，改善了扩散环境和催化剂表面性质，提高了草酸二甲酯加氢催化剂的活性和选择性。采用热稳定性较高的第二金属进行修饰稳定铜晶粒大小，提高了催化剂的反应稳定性。DMO 转化率＞99.99％，EG 选择性＞97％。

加氢反应器每台乙二醇生产能力超过 10 万吨/年，属国内首套达到单系列生产能力实现 20 万吨/年的加氢装置。

③ 开发了集气液高效接触反应与产物气体净化于一体的氧化酯化工艺及大型塔式反应器，特殊的气体进料形式降低了反应器内的温度，消除了因局部温度高造成亚硝酸甲酯分解的安全隐患，氧化酯化工艺更加安全可靠，同时还具有产品气中水和酸含量低、工艺流程简洁等优点。配合硝酸原位转化工艺，大幅降低了氮氧化物补充量及废水中硝酸盐浓度，更好地实现了系统氮氧化物的高效封闭循环。

④ 开发了原料纯化、反应工艺控制、分离条件控制、关键杂质脱除等控制技术，降低杂质的生成并实现高效脱除，形成了独有的提高乙二醇产品质量和回收率的产品精制工艺。

⑤ 开发了包括偶联循环气在线分析方法在内的关键分析技术，为装置安全稳定运行、乙二醇产品质量的提高提供了重要的技术支撑。

⑥ 成功开发了大型合成气制乙二醇成套技术，完成了大型列管式固定床反应器的工程化研究与设计，装置具有低能耗、低物耗、符合安全环保要求等特点。

7.2.4.3　生产运行

通过该装置多年的不断探索优化，实现了装置的达产达效，乙二醇日产量最高达到 610t，年产量达到 20 万吨。产品聚酯级率大于 98％，且在下游多条化纤生产路线上实现 100％石油基替代。2020 年装置通过改造，将装置的生产能力提升至原设计的 110％以上。

（1）加氢催化剂运行寿命问题等生产瓶颈

中国石化通过不断优化煤制乙二醇加氢催化剂配方及制备工艺，改造提升草酸二甲酯精制工艺，对反应器操作参数进行优化等途径，解决了催化剂粉化及性能下降的问题，催化剂运行寿命常态化超过 1 年，且负荷基本稳定在 95％以上。

（2）装置的消耗情况

乙二醇装置主要的能耗体现在蒸汽消耗上，而装置主要能耗用户是精馏分离部分。中国石化煤制乙二醇装置通过实施蒸汽系统优化改造、精馏系统 APC 先进控制应用、乙二醇精馏分离技术提升、乙二醇产品精制技术应用等措施，提高低品位蒸汽利用率，降低蒸汽消耗。蒸汽消耗降至了 5～6t/t EG，达到行业领先水平。

吨乙二醇产品的有效气单耗为 2400～2500m³。

（3）装置改进

煤制乙二醇与石油法乙二醇产品质量相比，虽然都能够满足国标各项要求，但煤制乙二醇产品特有的杂质仍然是制约煤制乙二醇在下游化纤行业大面积替代石油法乙二醇的关键因素。中国石化煤制乙二醇装置通过与仪征化纤开展产用合作，同时在工业装置中通过开展精馏分离技术优化、乙二醇产品精制技术开发等措施，开发出适合于煤制乙二醇产品质量提升的一系列精制技术及精制剂产品。目前中国石化煤制乙二醇产品中杂质种类及含量在行业内处于领先地位，在下游仪征化纤多条生产路线中实现 100％替代石油基乙二醇。

湖北化肥乙二醇装置不断通过碳酸二甲酯产品精制提升、乙醇浓缩塔优化等多项技改及操作优化，提升副产品质量水平，碳酸二甲酯质量达到国标一等品的标准。

煤制乙二醇工艺技术的突出特点就是工艺流程长，主副反应多，杂质种类多，分析检验是保证装置安全，指导工艺优化的关键途径。中石化上海石化院开发形成了全套分析技术，提升了对装置分析研究和工艺优化的能力。

7.2.4.4 安全环保

（1）亚硝酸甲酯的工艺安全技术

煤制乙二醇偶联循环气系统中亚硝酸甲酯属于特别危险介质，温度高会发生自分解，分解会放出大量热，进一步加剧亚硝酸甲酯分解，造成温度失控、飞温爆炸的风险。依托中国石化青岛安全工程研究院对装置亚硝酸甲酯危险性开展深入研究，重点就分解爆炸条件、燃爆条件和压缩稳定性进行研究，并根据研究结果不断完善装置在线监测系统，增加联锁保护设施，有效保证了工艺过程的安全性，装置未发生过相关安全事故。

（2）高硝基含氮废水处理技术

煤制乙二醇装置的高硝基含氮废水属于煤化工污水处理的一大难题。中国石化联合有关单位开发建设国内首套 AEB 工业装置，采用 AEB 厌氧反硝化技术，实施 A/O 流化床技术改造，成功解决了煤制乙二醇高硝基含氮污水问题，两项污水技术达到国内领先水平。

（3）VOCs 尾气治理

实施中间罐区及充装栈台 VOCs 尾气治理改造，实现了 VOCs 尾气排放废气中非甲烷总烃浓度≤50mg/m³ 标准，满足 GB 31571—2015《石油化学工业污染物排放标准》要求。

7.2.5 山西沃能 30 万吨/年乙二醇装置

7.2.5.1 工程概况

山西沃能化工科技有限公司（山西沃能）综合尾气制 30 万吨/年乙二醇联产 LNG 项目（图 7-8）由山西沃能化工科技有限公司兴建，是国内首套利用钢厂尾气（转炉气）和焦化焦炉气联合生产乙二醇的装置，建设地点位于曲沃县太子滩生态工业园区。

该项目于 2018 年 8 月展开施工图设计，现场于 10 月份开始施工，在 2020 年 7 月产出 LNG，8 月产出优等品乙二醇。

该项目主要技术经济数据、投资和占地见表 7-6。

表 7-6　山西沃能综合尾气制 30 万吨/年乙二醇联产 LNG 项目技术经济指标表

序号	项目名称	单位	产量/消耗
一	主产品		
1	优等品乙二醇	10^4 t/a	28.5
2	合格品乙二醇	10^4 t/a	1.5
3	LNG	10^4 t/a	13.76
二	副产品		
1	杂醇油	10^4 t/a	0.79
2	重馏分	10^4 t/a	0.22

序号	项目名称	单位	产量/消耗
3	轻馏分	$10^4\,t/a$	1.08
4	优级品 DMC	$10^4\,t/a$	0.965
5	DMO 重组分	$10^4\,t/a$	0.54
6	硫铵	$10^4\,t/a$	2.85
7	精苯	$10^4\,t/a$	7
8	甲苯	$10^4\,t/a$	1.35
9	二甲苯	$10^4\,t/a$	0.4
10	重苯	$10^4\,t/a$	1.1
三	主要原料和辅助原料		
1	燃料煤	$10^4\,t/a$	26.32
2	焦炉煤气	$10^4\,m^3/a$	96000
3	转炉煤气	$10^4\,m^3/a$	46400
4	粗苯	$10^4\,t/a$	10
四	公用工程消耗		
1	供水	$10^4\,t/a$	708.9
2	供电	$10^4\,kW \cdot h/a$	32608
五	总占地面积		
1	建（构）筑物占地面积	m^2	513322
2	道路广场占地面积	m^2	189929
六	建设投资	万元	349437.36

图 7-8　山西沃能综合尾气制 30 万吨/年乙二醇联产 LNG 项目全景图

7.2.5.2 技术特点

该项目主要原料采用钢厂转炉气和焦化焦炉气制乙二醇,尾气中含有焦油、灰尘、无机硫、有机硫、氧气、氟化物、氨和二氧化碳等杂质,需要经过除杂、净化等过程进行净化。全厂流程见图7-9。

对转炉煤气进行除尘、脱氧、脱硫、脱磷、脱碳等净化分离工艺,以满足下游乙二醇装置羰化CO纯度的要求。转炉尾气含50%左右的CO,可以其为原料生产乙二醇。相比煤制乙二醇具有投资省、成本低的巨大优势。而且对于钢铁行业来讲,这也是充分挖掘转炉尾气的潜能,生产高附加值的化工产品是钢铁降本增效的很好选择。

但是转炉尾气中含有灰尘、无机硫、有机硫、氧气、氟化物、磷化氢和二氧化碳等杂质,需要经过除杂、净化等过程进行净化。因尾气中有机硫种类复杂,磷化氢、氧气含量高,净化工艺流程和催化剂的选择非常重要。

焦炉煤气生产乙二醇的净化工艺流程包括焦油脱除、螺杆压缩、粗脱硫、变温吸附除杂(TSA)、离心压缩、除氧精脱硫、醇胺法(MDEA)脱碳。

DMO合成采用催化偶联合成草酸二甲酯(DMO)技术、乙二醇合成采用DMO加氢合成乙二醇技术。项目工艺技术方案见表7-7。

表7-7 山西沃能乙二醇项目工艺技术方案表

序号	装置名称	工艺技术路线	备注
1	脱焦油	电捕焦油器	
2	焦炉煤气压缩	螺杆压缩机+离心压缩机串联	
3	焦炉煤气精脱硫	预加氢+两级加氢转化、两次	
4	脱碳	MDEA脱碳工艺	
5	H_2/CO分离装置	深冷分离;变压吸附	
6	草酸二甲酯装置	DMO合成技术	
7	乙二醇	EG合成技术	
8	转炉气压缩	螺杆单级压缩	
9	转炉气净化	TSA	
10	除氧精脱硫	水解脱硫、亚太金属氧化物脱氧	

7.2.5.3 生产运行

山西沃能乙二醇装置于2020年8月份产出优等品乙二醇,并在2020年年底至2021年年初高负荷运行,随后因环上游钢厂和焦化厂降低负荷,该项目随之降低生产负荷。截至2022年6月,LNG装置产能高于450t/d,装置负荷在90%以上;乙二醇装置产能在500t/d,装置负荷在50%以上。

7.2.5.4 安全环保

(1)安全设施及措施

选址充分考虑了地质、水文、气象、地震等自然灾害的影响并采取了相应的防护措施,能够满足项目建设要求。

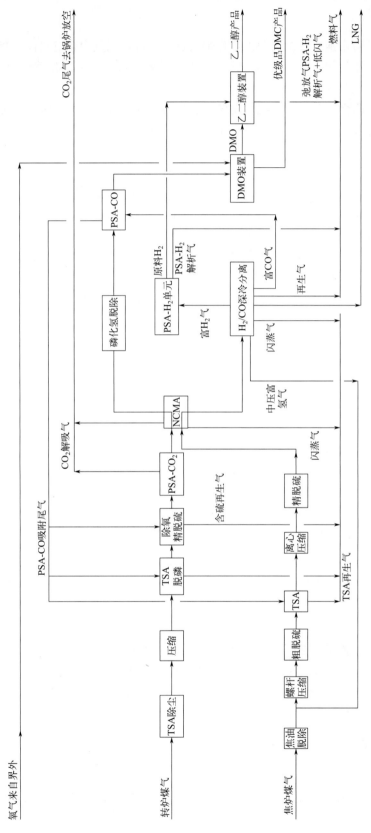

图 7-9 山西沃能综合尾气制 30 万吨/年乙二醇联产 LNG 项目全厂流程图

采用技术先进和安全可靠的工艺技术和设备，工艺过程采取防泄漏、防火、防爆、防尘、防毒、防腐蚀等主要措施。

总图和设备布置严格按照有关国家防火防爆规范规定，与周边防护目标的距离符合外部安全防护距离要求。

在厂区内建有气体防护站，负责全厂的气体防护工作。

该工程工艺主装置，除压缩等工段采用半封闭彩钢板墙体外，其他均为露天框架结构，工艺主装置排出的废气均密闭送至火炬系统焚烧。

针对重点监管的危险化工工艺（氧化工艺、硝化反应、加氢工艺）、重点监管的危险化学品重大危险源拟采取有相应的监控措施。

（2）环保设施及措施

① 废气治理

a. 安全阀放空气去放空总管，最终送火炬燃烧处理；工厂开停车、非正常和事故工况排气通过火炬气管线收集后燃烧排放。

b. 乙二醇装置氮氧化物尾气和废液送废气废液装置处理，经焚烧脱硝后达标排放。

c. 污水处理场各污水处理构筑物加盖密闭，并设置臭气处理系统。

② 污水处理

a. 根据周边条件及环境要求，按清污分流、污污分流的原则，根据工艺生产排水的特点及排放废水的性质设置排水系统。

b. 在全厂最低处设置全厂消防应急事故水池，收集和储存因消防等事故情况下产生的事故污水和消防污水，防止事故污水和消防污水通过雨水管道排入周围地表水体。

③ 固废处理

a. 废催化剂由于含有贵重金属，利用价值较高，不排入外环境。每次更换下来的废催化剂全部装入密闭容器，并在容器外壁贴上明显标签，慎防同其他固废混淆。如不能及时运出，需将容器放入固定堆放催化剂的仓库中暂存。

b. 其他固废，按照国家规范要求，进行填埋处理。

④ 噪声控制

a. 设计中尽可能选用低噪声设备，对单机噪声较大的设备如空气鼓风机要求设备本体带消声器及隔声罩。

b. 针对管路噪声，设计时尽量防止管道拐弯、交叉、截面剧变和 T 形汇流；对与机、泵等振源相连接的管线，在靠近振源处设置软接头，以隔断固体传声。

c. 操作室、控制室等配有通信设施的工作场所，采用隔声、吸声处理。

d. 由于主要噪声源距离厂界较远，厂区合理绿化也可以起到一定的隔声降噪作用。

7.2.6 建元煤化 26 万吨/年乙二醇装置

7.2.6.1 工程概况

鄂托克旗建元煤化科技有限公司（建元煤化）焦炉气资源利用项目年产 26 万吨乙二醇装置（图 7-10），是国内首套焦炉气制乙二醇工业化装置，以建元煤化已经建成投产的 280 万吨/年焦炉副产的 5.16 亿立方米/年焦炉气为原料生产乙二醇产品。该装置建设地点位于棋盘井工业园区，该装置采用上海浦景的合成气制乙二醇成套技术。由华陆工程科技有限责任公司负责工程设计，2018 年 3 月开始建设，2021 年 7 月建成投产并顺利产出聚酯级乙二醇。

图 7-10　建元煤化焦炉气制 26 万吨/年乙二醇装置

7.2.6.2　技术特点

建元煤化焦炉气年产 26 万吨乙二醇装置，通过焦炉气转化生产合成气，经脱碳脱硫、PSA 分离后得到制备乙二醇所需的 CO 和 H_2，通过合成气二步法合成乙二醇。

焦炉气作为合成乙二醇的原料，由于具有其中含有一定量的甲烷及烷烃和烯烃，硫含量高（尤其是有机硫），粉尘及焦油含量高，氮气含量较高，气量大，压力低等特点，因此对焦炉气的压缩、转化、净化和分离的工艺及设备要求较高。

该项目工艺装置主要包括空分装置、焦炉气转化及净化装置、气体分离装置、乙二醇装置、储运和辅助装置等，具体如下：

（1）焦炉气转化及净化装置

① 焦炉气压缩装置。焦炉气压缩系统采用 2 台螺杆机＋2 台往复机设置，压缩机能力约 $6.45 \times 10^4 \, m^3/h$，将原料焦炉气由常压提压至 4.3MPa（G）。

② 焦炉气转化装置。采用非催化部分氧化工艺，在 3.8MPa（G）、1300℃ 条件下，将焦炉气中的甲烷及多种烷烃和烯烃转化为 CO 和 H_2。

③ 转化气净化装置。通过 1 套 MDEA 工艺装置将转化气中的酸性气体和绝大部分硫化物脱除，为满足乙二醇装置对原料气硫含量≤0.1mg/m^3 的要求，在 MDEA 流程后设置 1 台精脱硫装置，精脱硫装置采用水解＋干法脱硫工艺。

④ 转化气分离装置。由于转化气中 CO 含量较低，约为 27％，使用冷箱工艺 CO 回收率相对较低。另外转化气中 N_2 含量约为 5％，用冷箱工艺分离 CO 和 N_2 难以满足乙二醇工艺要求，需要增加额外的分离设备，一定程度上增加了装置投资，且较难保证 CO 的产品质量。PSA-CO 工艺 CO 的回收率可以达到 95％以上，且 CO 回收率受转化气组分变化影响小，因此转化气的分离工艺分别选择 PAS-CO 工艺制取纯度为 99％的 CO 和 PSA-H_2 流程制取纯度为 99.9％的 H_2。

（2）乙二醇合成装置

该装置主要由氧化酯化、羰化、尾气处理、草酸酯加氢、乙二醇精制五个单元组成。装置总生产能力为 26 万吨/年乙二醇，其中氧化酯化、羰化、草酸酯加氢单元按 2 系列设置，单系列生产能力为 13 万吨/年；尾气处理和乙二醇精馏单元按 1 个系列设置，生产能力为 26 万吨/年。装置组成及生产单元系列配置见表 7-8。

表 7-8 装置组成及生产单元系列配置表

序号	装置名称	系列数	规模	技术来源
一	空分	1 系列	单套规模最大产气量 25000m^3/h 氧气	国内技术
二	焦炉气转化、净化及分离			
1	焦炉气压缩	2 系列	采用 2 台螺杆＋2 台往复压缩机	国内技术
2	焦炉气转化	2 系列	采用焦炉气非催化转化技术，处理焦炉气 64500m^3/h	华东理工
3	焦炉转化气净化	1 系列	采用 MDEA 脱硫脱碳技术	国内技术
4	精脱硫	1 系列	羰基硫水解＋氧化锌脱硫	国内技术
5	转化气分离	1 系列	PSA 技术	国内技术
三	乙二醇			
1	乙二醇合成	2 系列	单系列 13 万吨/年	上海浦景
2	乙二醇精制	1 系列	26 万吨/年	上海浦景

7.2.6.3 生产运行

建元煤化乙二醇项目于 2021 年 7 月投料开车，产出聚酯级乙二醇。由于逐步对上游焦炉气转化炉、CO 压缩机等问题进行消缺，装置负荷维持在 80％～85％，到 2022 年 3 月中旬提至满负荷，乙二醇装置产量 750t/d 左右。乙二醇精馏单元采出的乙二醇产品未经树脂吸附即可满足聚酯级乙二醇产品的质量标准，聚酯级乙二醇收率≥97％。

7.2.6.4 安全环保

（1）安全设施及措施

① 总平面布置按功能分区并根据工艺流程、生产特点和火灾危险性合理布置，满足消防和安全疏散的要求。装置内的建筑结构抗震按当地地震的基本烈度设计。建（构）筑物的耐火等级、防火间距、疏散通道、安全距离等均按有关规范执行。

② 工艺和装置中选用防火防爆等安全设施和必要的监控、检测、检验设施。

③ 根据爆炸和火灾危险场所的类别、等级、范围选择电气设备、安全距离、防雷、防

静电及防止误操作等设施。按照有关规范对电气设备进行了合理分级，所有的电缆及电缆桥架选用阻燃或难燃型。

④ 该工程采用 DCS 对整个生产过程进行监测、控制和生产管理。设置安全仪表系统（SIS），DCS、SIS 和主要现场仪表采用不间断电源（UPS），从而保证紧急事故状态的报警、联锁、安全停车等正常进行。

（2）环保设施及措施

① 废气处理

a. 焦炉气转化及净化装置。焦炉气净化含硫 CO_2 尾气，部分回用，部分去界外锅炉处理；焦炉气净化闪蒸气送至前端气柜出口压缩工段回收利用；PSA 气体分离吸附尾气去界外锅炉作补充燃料。

b. 空分装置。水冷塔塔顶污氮和放空消声器污氮分别高空达标排放。

c. 焦炉气转化及净化装置。焦炉气转化开车排放气、焦炉气转化事故排放气及乙二醇装置尾气、吸收塔尾气分别送火炬燃烧处理。乙二醇装置的含 NO_x 尾气经过尾气处理催化剂的作用，将 NO_x 还原为无害的 N_2。

② 废水处理。根据清污分流的原则，该项目排水系统包括生活污水、生产污水、初期雨水、清净排水、雨水排水系统及消防废水排水系统。根据排水性质的差异分别排至不同的污水处理系统进行处理。

③ 固废处理。乙二醇装置废瓷球、空分装置废分子筛和废氧化铝蒸汽吹扫后送地方固废中心填埋处置。装置产生的废催化剂，由具有资质的厂家回收处理。

④ 噪声防治。设计中优先选用了低噪声设备。将高、低噪声区域分开布置，防止噪声叠加、干扰。对高噪声设备，采取消声、隔声措施，压缩机、风机的进出口管道上设消声器。

⑤ 地下水污染防治措施。对装置区、罐区等界区内进行地面防渗分区，按不同分区采用相应防渗措施，以避免漏液污染地下水。

7.2.7 哈密广汇 40 万吨/年乙二醇装置

7.2.7.1 工程概况

哈密广汇环保科技有限公司（哈密广汇环保）荒煤气综合利用年产 40 万吨乙二醇装置（图 7-11）建设于新疆哈密市伊吾县淖毛湖工业园区，以广汇能源已经建成投产的 1000 万吨/年煤炭分级提质综合利用项目副产的 26.5 亿立方米/年荒煤气为原料，是国内首套荒煤气制乙二醇装置。

该装置采用五环工程、华烁科技与鹤壁宝马联合开发的 WHB 合成气制聚合级乙二醇技术，总投资 35.6 亿元，由五环工程采用工程项目 EPC 总承包模式承建。2019 年 6 月开始建设，2021 年 10 月建成投产。

7.2.7.2 技术特点

哈密广汇荒煤气年产 40 万吨乙二醇装置，通过荒煤气压缩、转化、变换、低温甲醇洗、变压吸附 PSA 分离等一系列工序，将荒煤气中价值较高的合成气组分分离提出，再通过

图 7-11 哈密广汇荒煤气年产 40 万吨乙二醇装置

WHB 技术的羰化、加氢和分离精制生产聚酯级乙二醇。

荒煤气制乙二醇的技术难点在于荒煤气的转化、净化和分离。由于荒煤气不同于普通的加压煤制气，存在气量大但压力低、粉尘及毒物杂质含量高、惰性气体氮气占比高（体积分数约 45%）等鲜明特点，对荒煤气压缩、甲烷转化、变换催化剂、CO 分离均提出了很大挑战，该项目也是国内此类荒煤气的首次综合利用，通过广泛的技术比选、严格的技术方案论证，最终相关单元的核心技术和装备均实现了国产化，实际运行结果也验证了相关方案的可行性与可靠性。

与传统的煤制乙二醇项目相比，采用荒煤气制乙二醇可以节约项目建设投资 30% 以上，能显著降低乙二醇产品生产成本、提高项目整体盈利能力。而且该项目每年可节省标准煤 57.4 万吨，二氧化碳直接减排 62.8 万吨，不仅符合绿色新发展理念，而且对于节能减排、推进生态环境保护有十分积极的作用。

该装置由荒煤气转化分离、草酸二甲酯合成和乙二醇合成三个主要的生产单元构成，具体如下：

（1）荒煤气转化分离装置

① 荒煤气压缩装置。装置配备 2 套荒煤气压缩系统，单套压缩机能力约 20 万 m^3/h（湿基），通过五级压缩将荒煤气原料由 5kPa 提压至约 3.2MPa。

② 荒煤气转化装置。荒煤气中甲烷含量高达 5%，采用高温非催化转化，将甲烷转化为 CO 和 H_2。

③ 耐硫变换装置。转化后的荒煤气进入变换催化剂，调整 CO/H_2 比例以满足乙二醇装置对原料的要求。该装置采用耐硫变换工艺，由于荒煤气组分相对复杂，变换前设置保护剂，脱除对变换催化剂影响大的毒物。

④ 低温甲醇洗装置。该装置利用低温甲醇洗工艺脱除硫化物和酸性气体，净化后的合成气送后续分离装置分离 CO 和 H_2。

⑤ 变压吸附分离提纯 CO 和 H₂ 装置。由于荒煤气中氮气含量很高，很难用冷箱分离提纯 CO，该装置采用对 CO 吸附能力优异的铜分子筛吸附提纯 CO，得到纯度＞99％的 CO 原料气送草酸二甲酯合成工序，变压吸附制氢得到纯度＞99％的 H₂ 原料气送草酸二甲酯加氢工序。

（2）草酸二甲酯合成装置

来自变压吸附的 CO 与酯化塔出口的循环气混合加热以后进 DMO 合成反应器，反应器出口气换热以后经甲醇吸收，DMO-甲醇吸收液进 DMO 精制系统分离提纯 DMO 与副产品 DMC，气相经 DMO 合成循环气压缩机压缩以后，进酯化再生和硝酸还原系统，其中硝酸还原塔出口的甲醇水溶液因含有大量甲醇，需经甲醇水精馏系统，回收的甲醇回用至酯化塔，废水处理合格后外排。设置亚硝酸甲酯回收系统，用于回收合成弛放气及精馏尾气中的 NO 和亚硝酸甲酯。主要工艺流程如图 7-12 所示。

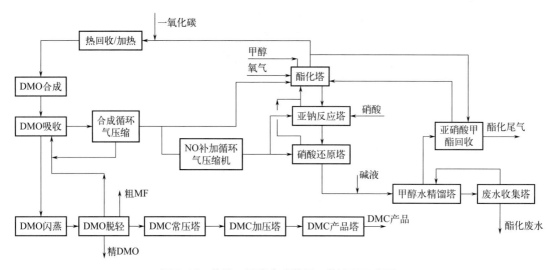

图 7-12　草酸二甲酯合成装置工艺流程示意图

① DMO 合成装置。该反应在特种 α-Al₂O₃ 载体负载的 Pd 系催化剂上进行，催化剂的 Pd 含量为 0.25％（质量分数），MN 单程转化率 50％～85％，DMO 时空产率 550～680g/L·h，DMO 选择性＞99％，使用寿命＞3 年。DMO 合成反应温度 100～145℃，压力 0.35～0.45MPa（G），CO/MN 摩尔比 1.5～2，气相空速 3000～4000h⁻¹，采用管壳式反应器副产蒸汽移热。

② DMO 吸收装置。DMO 合成反应器出口气体经换热后用甲醇吸收，甲醇来自于 DMO 脱轻塔回收的甲醇和循环压缩机后分离的甲醇，控制吸收液中 DMO 浓度为 80％～90％，吸收液送 DMO 精制系统分离提纯 DMO。

③ 酯化再生装置。将羰化反应生成的 NO 重新氧化为亚硝酸甲酯循环使用，需要与氧气、甲醇反应，适宜的条件为：反应温度 35～60℃、压力 0.45～0.50MPa（G），NO/O₂ 摩尔比≥6。采用类似反应精馏塔的酯化再生专用反应器，既可实现 NO、甲醇与 O₂ 的平稳充分反应，也可确保酯化出口气中硝酸、水等组分被严格控制，避免其对羰化催化剂的不利影响。

④ 硝酸还原装置。将酯化再生反应副产的硝酸进一步转化为 MN 原料加以利用，也能通过外补硝酸的方式维持 DMO 合成系统的氮氧化物总量，该方法操作简单便捷且运行成本

较低，也是目前业内最常见的氮氧化物补充方式。具体方案是将酯化再生反应的塔釜液提高温度至 65～90℃，与少量富含 NO 的循环气进一步反应，通常也可采用专用的硝酸还原催化剂，以进一步降低塔釜外排液的硝酸含量并减少氮氧化物的损耗。

⑤ DMO 精制装置。DMO-甲醇吸收液经过闪蒸和脱轻得到精 DMO 送加氢工序，精 DMO 纯度＞99%，相关杂质含量满足加氢工序的要求，脱轻分离出的副产物 DMC 再经过精制得到纯度＞99%的合格品副产品。

⑥ 甲醇水精馏装置。硝酸还原塔釜的甲醇水溶液进甲醇水精馏系统回收甲醇，少量的酸用碱先中和，甲醇水精馏塔塔顶温度约 65℃，塔顶回收甲醇，要求甲醇纯度＞99%，水含量＜500mg/kg，可回用至酯化再生反应器，塔釜废水冷却后送污水处理系统。

⑦ 亚硝酸甲酯回收装置。DMO 合成装置的循环弛放气、DMO 闪蒸气等排放气中含有氮氧化物、亚硝酸甲酯，亚硝酸甲酯回收系统就是利用酯化原理将氮氧化物转化成亚硝酸甲酯，再利用甲醇对亚硝酸甲酯具有一定溶解度的性质，采用甲醇洗涤尾气、回收亚硝酸甲酯，回收处理以后尾气排放的 MN+NO＜800mg/m³。

（3）乙二醇合成装置

来自变压吸附的 H₂ 原料与压缩机出口的循环氢气混合，经反应器进出口换热和预热，与高压泵送来的精 DMO 原料在汽化塔混合，使 DMO 充分汽化，然后经过加热器调温进入 DMO 加氢反应器，反应器出口气经换热、冷却分离后，得到粗乙二醇，循环气少部分进氢回收脱除 CO、CO₂ 等杂质，并维持加氢系统的惰性成分稳定和压力稳定，绝大部分气体直接进循环气压缩机，液相的粗乙二醇进乙二醇精馏和精制单元，经过甲醇回收、脱水、脱轻等多塔精馏处理，得到聚酯级乙二醇产品，并副产乙醇、混合醇酯、轻质醇、重质醇等副产品。主要工艺流程如图 7-13 所示。

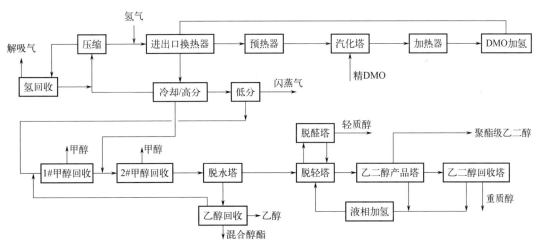

图 7-13 乙二醇合成装置工艺流程示意图

① DMO 加氢装置。该反应在铜硅系加氢催化剂上进行，适宜的反应条件为：反应温度 170～200℃，压力 2.5～3.2MPa（G），H₂/DMO 摩尔比 60～120，DMO 原料液相空速 0.4～0.5h⁻¹。采用管壳式反应器，单台反应器能力约 7 万吨 EG/年，单系列三台反应器并联。

② DMO 汽化装置。高压泵送来的精 DMO 在 DMO 汽化塔内与循环气混合汽化，其中

循环气进汽化塔前先预热，控制适宜的温度，以确保DMO充分汽化。

③ 氢回收装置。将加氢循环气中累积的CO、CO_2等杂质脱除，从压缩机出口抽一小股气，气量约10000m^3/h，采用变压吸附技术将CO+CO_2脱除至<20mg/m^3，解析气送燃料气管网，回收的氢气送至压缩机前与循环气汇合。

④ EG精馏精制装置。加氢粗乙二醇经过多塔精馏回收甲醇、分离副产物并得到聚酯级乙二醇产品。该装置为了节能将甲醇回收设置为两个塔，低分出来的甲醇含量相对较高的粗乙二醇进第一个塔，高分出来的乙二醇含量相对较高的粗乙二醇进第二个塔，然后脱水脱酯分离出乙醇、水和酯类，再进脱轻塔和乙二醇产品塔，产品塔塔顶物料配置液相加氢单元再返回脱轻塔，产品塔侧采得到聚酯级乙二醇产品，脱轻塔和产品塔均为负压操作，精馏得到的精乙二醇必要时再经过脱醛脱酯树脂床精制，以保证产品质量。

7.2.7.3 生产运行

哈密广汇荒煤气年产40万吨乙二醇项目于2021年10月投产打通流程，2022年5月完成装置的性能考核，最新运行数据表明，装置达到各项设计指标要求，实现了达标达产高质量平稳运行。该装置代表性的运行数据如下：

① 羰化反应器优化后，反应器床层温度更加平稳。汽包循环水采取强制循环，单台反应器相当于5万吨乙二醇年产能。在进口温度约100℃情况下，热点温度约126℃，出口温度约116℃，床层温差仅10℃。

② 酯化塔采用塔外氧气混合，避免局部氧的聚集，采取流量、温度、含量等多级联锁，确保酯化再生补氧的安全。酯化塔塔釜温度约55℃，塔顶温度约35℃，塔釜硝酸含量约4%，塔顶气相H_2O、酸、O_2均<100mg/m^3。

③ 硝酸还原与酯化再生耦合，确保硝酸还原塔外排塔釜液中硝酸含量<0.2%，降低了系统的硝酸和碱液消耗。

④ 优化DMO精制工艺设计，取消了DMO脱重塔，精DMO纯度99.9%，其中DMC、H_2O、酸均<100mg/kg，副产的DMC纯度≥99.5%。

⑤ 加氢反应氢酯摩尔比≥80，压力3.0MPa（G），进口温度约178℃下，床层热点温度约180℃，反应器温度平稳。在此情况下，DMO转化率>99.99%，MG选择性<0.1%，乙醇、BDO等主要副产物选择性<2%。

⑥ 乙二醇产品质量稳定，达到GB/T 4649—2018优等品指标要求，且优等品率100%，220nm处的紫外透光率85%～92%，产品采用"公铁联运"方式发往江浙地区，已应用于聚酯短纤、长丝等下游领域。

⑦ 装置的消耗指标达到先进水平。具体消耗指标见表7-9。

表7-9　装置实际运行的吨乙二醇消耗数据

物料消耗/吨乙二醇	运行值
CO（100%计）/m^3	770.5
H_2（100%计）/m^3	1576.5
O_2（100%计）/m^3	199.9
甲醇/kg	38.7

物料消耗/吨乙二醇		运行值
硝酸（65%，质量分数）/kg		5.2
NaOH（30%，质量分数）/kg		4.8
电/kW·h		123.9
工艺蒸汽/t	2.0MPa（饱和）	0.8
	1.0MPa（饱和）	3.09
	0.5MPa（饱和）	0.1
动力蒸汽（2.0MPa，360℃）/t		1.4
循环水（$\Delta T=10$℃）/t		336

7.2.7.4 安全环保

（1）安全设施及措施

该装置涉及 CO、H_2、O_2 等常规气体介质和甲醇、硝酸等常规液体物料，同时也涉及亚硝酸甲酯这一特殊的易燃易爆危险介质和羰化、加氢等强放热反应，装置的安全性是首要关注点。

工艺的本质安全是装置安全的前提。亚硝酸甲酯虽然与空气混合、遇热和明火有自分解、燃烧、爆炸的危险，但是控制较低的温度和适宜的含量，理论和实践均证明也是安全可控的。装置设计及运行时，羰化反应的温度不超过 150℃，而且长周期都是在 120～130℃ 相对低温操作，MN 的浓度不超过 15%，且在线监控含量，反应器温度设置多级报警和联锁，以避免超温引发不安全事故。

酯化补氧是该工艺需要高度关注的安全点，因为补氧量大且该反应也是放热反应，需要避免氧气混合后局部浓度超标和反应热聚集，装置在设计时采用塔外管线上专用的氧气混合器实现氧气与循环气的混合，利用循环气的高流速及时分散氧气，避免局部氧的聚集，且混合后气体立即进酯化塔，利用大量的循环和喷淋甲醇促进酯化反应并移走反应热，而且装置将氧气补入与流量、温度、含量等多级联锁，紧急情况自动切断氧气阀，确保酯化再生补氧的安全。

整套装置实现了全自动控制，关键数据均实现了在线监控分析，这样也减少了现场操作人员及其工作量，降低了生产人员暴露在装置现场的安全风险，同时安全预案和应急设施齐备。

（2）环保设施及措施

装置的环保主要涉及相关废气、废液和固废的处置，均制定了严格的控制指标和针对性的处理措施。

① 废气。主要来自于合成循环圈弛放气、DMO 闪蒸塔、DMO 脱轻塔、甲醇水精馏塔等塔顶排放的不凝气，主要含氮气、一氧化碳、一氧化氮、亚硝酸甲酯等。装置将各不凝气汇集送至不凝气处理塔，经二次酯化、甲醇吸收后，回收了其中大量的氮氧化物，剩余的废气（含 CO、H_2 等可燃气体）送锅炉，最后利用锅炉的脱硫脱硝实现达标排放。废气排放情况见表 7-10。

表 7-10 废气排放一览表

污染源名称	排放量/(m³/h)	主要污染物排放情况		排放方式	排放去向
		物质	浓度（体积分数）/%		
酯化废气	1400	CO	17	连续	锅炉
		MN	<1		
		O_2	1		
		N_2	81		
加氢闪蒸气	260	H_2	84	连续	燃料气管网
		CH_3OH	5		
		$CO+CO_2+N_2$	11		

② 废水。根据清污分流的原则，结合厂外排水条件并满足环保要求，排水系统分为生产生活污水系统、雨水系统等。其中生产废水主要来自于废水收集塔塔釜以及汽包排污，生产废水送至全厂污水站进行处理；地面冲洗废水主要来自于 DMO 合成、DMO 精制与水分离、亚硝酸甲酯回收、DMO 辅助工艺系统等，这部分废水经地沟送至全厂污水处理站进行处理；生活污水主要来自于生活服务设施，主要含 COD、BOD 等，经化粪池预处理后送入全厂污水处理站集中处理。生活废水排放情况见表 7-11。

表 7-11 生产废水排放一览表

污染源名称	排放量/(m³/h)	主要污染物排放情况		排放方式	排放去向
		名称	浓度/(mg/L)		
草酸二甲酯合成装置废水	18	COD	5000	连续	污水处理
		硝酸钠	3000		
乙二醇合成装置废水	4	甲醇	3000	连续	污水处理
		乙醇	2300		
		乙二醇	500		

③ 固废。主要来源是装置所用的催化剂、净化剂和瓷球等。其中废旧催化剂等绝大多数都有回收利用价值，一般由专业厂家回收处理。

7.2.8 国能榆林 40 万吨/年乙二醇装置

7.2.8.1 工程概况

国家能源集团榆林化工有限公司（国能榆林）40 万吨/年合成气制乙二醇装置（图 7-14）建设于陕西省榆林市榆神工业区清水煤化学工业园北区，采用上海浦景提供的合成气制乙二醇成套技术，由神华工程技术有限公司采用 EPC 总承包模式承建，是国内首套乙二醇多联产聚乙醇酸装置。该装置于 2018 年 7 月开工建设，2021 年 6 月装置实现中交，2021 年 11 月一次投料试车成功，顺利产出聚酯级乙二醇产品。

与传统煤制乙二醇项目不同，榆林化工积极探索煤化一体化运营新模式，充分发挥规模

图 7-14　国能榆林化工 40 万吨/年乙二醇装置

化投资、多元化产品联产、集约化布局优势。该项目与正在建设的世界首套 5 万吨/年聚乙醇酸可降解材料示范项目深度耦合，依托乙二醇装置的加氢单元，实现了乙二醇加氢和乙醇酸甲酯的联产，对促进国家煤化工产业向"高端化、多元化、低碳化"转型发展有着重要示范意义和积极影响。

7.2.8.2　技术特点

该装置的一氧化碳、氢气、氧气等原料气以及循环水、生产水、蒸汽等公用工程依托神华榆林煤炭综合利用项目（一阶段工程）（简称"SYCTC-1"项目）提供，依托煤制甲醇项目富余的合成气及公用工程实现联产，并将乙二醇装置排放的尾气作为煤制甲醇项目的原料进行回收利用，实现煤炭循环清洁利用。

① 国能榆林化工 40 万吨/年乙二醇装置设计为"两头一尾"的流程配置，即酯化单元、羰化单元设计为两条线，单线产能为 40 万吨/年 DMO；加氢单元设计为两条线，单线产能为 20 万吨/年 EG；精馏单元设计为一条线，产能为 40 万吨/年 EG。

② 在酯化单元使用 N_2O_4 作为装置开车时系统内 NO_x 生产的引发剂，是上海浦景的技术特点之一，避免了高浓含盐废水的产生。

③ 该装置 DMO 合成的羰化反应器的直径达到了 6m，产能为 20 万吨/年 DMO，是目前国内在运的最大乙二醇羰化反应器。同时，配套羰化反应器使用的是低钯载量催化剂（0.2%），在单线 40 万吨/年 DMO 生产线上的首次使用，投产后单程转化率≥60%，MN 入口浓度控制在 10%～12%，运行平稳，状态良好。

④ 该项目最大的技术特点在于加氢单元的柔性化生产特征，通过在 B 线加氢单元的一、二段加氢反应器中装填不同种类的加氢催化剂，实现了在同一条加氢生产线同时生产乙二醇和乙醇酸甲酯，通过联产的乙醇酸甲酯作为聚合的原料，配套生产 5 万吨/年全生物降解材料聚乙醇酸（PGA）。

工艺流程框图见图 7-15。

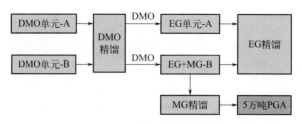

图 7-15 联产装置工艺流程框图

7.2.8.3 生产运行

2021 年 11 月 21 日，国能榆林化工 40 万吨/年乙二醇项目一次打通全流程，成功产出聚酯级乙二醇产品，2022 年 6 月 5 日 5 万吨/年聚乙醇酸（PGA）可降解材料示范项目的乙醇酸甲酯合成单元开车，产出合格乙醇酸甲酯，开创国内煤制甲醇联产乙二醇向可降解塑料产业链延伸的先河。

DMO 合成的低钯催化剂，MN 单程转化率达到 60% 以上。加氢单元采用高温型催化剂，热点温度 188℃，副产 1.0MPa（G）蒸汽供精馏单元使用，单线（20 万吨/年）循环氢量为 40 万立方米/时，催化剂液时空速 0.8h^{-1}，乙二醇选择性超过 97%。

装置的主要原料吨乙二醇消耗如下：CO 运行单耗为 780.7m³、O$_2$ 运行单耗为 193.3m³、H$_2$ 运行单耗为 1511.2m³，均优于设计指标。乙二醇产品质量指标见表 7-12。

表 7-12 乙二醇产品质量指标分析数据

项 目	指标	检测结果	检测结果
	聚酯级	聚酯级	聚酯级
检查时间		2022.2.25	2022.3.03
检测位置		T-1001A	T-1001C
干点/℃	≤199	197.5	197.5
初馏点/℃	≥196	196.6	196.3
外观	无色透明 无机械杂质	无色透明 无机械杂质	无色透明 无机械杂质
密度（20℃）/(g/cm³)	1.1128～1.1138	1.1132	1.1132
色度（铂-钴）/号			
加热前	≤5	1	1
加盐酸加热后	≤20	10	5
水分（质量分数）/%	≤0.08	0.04	0.03
酸度（以乙酸计）/(mg/kg)	≤10	1.1	2.7
铁含量/(mg/kg)	≤0.10	0.02	0.03
灰分/(mg/kg)	≤10	2	2
醛含量（以甲醛计）/(mg/kg)	≤8.0	1.8	0.5
氯离子/(mg/kg)	≤0.5	<0.5	<0.5
紫外透光率/%			
250nm	报告	98.8	99.3

项 目	指标	检测结果	检测结果
	聚酯级	聚酯级	聚酯级
220nm	≥75	92.6	95.2
275nm	≥92	99.2	99.6
350nm	≥99	99.8	99.9
碳酸乙烯酯（质量分数）/%	报告	<0.0001	<0.0001
1,4-丁二醇（质量分数）/%	报告	<0.001	<0.0001
乙二醇（质量分数）/%	≥99.9	99.91	99.93
二乙二醇（质量分数）/%	≤0.05	0.0002	0.002
1,2-丁二醇（质量分数）/%	报告	<0.0001	<0.0001
1,2-己二醇（质量分数）/%	报告	0.023	0.0195

基于 SYCTC-1 项目装置集成耦合的优势，相比同类装置，乙二醇产品完全成本降低了约 20%。同时，国能榆林化工依托乙二醇装置中间产品草酸二甲酯作为原料生产聚乙醇酸可降解塑料，与传统生产工艺相比，聚乙醇酸可降解塑料吨产品原料煤耗可降低约 50%，二氧化碳排放降低约 65%。

7.2.8.4 安全环保

（1）安全设施及措施

① 该装置采用 DCS 集中控制系统，对装置的生产过程实行集中检测、显示、联锁、控制和报警，并设有自动的声光报警和联锁系统，以保护操作人员和设备的安全。

② 对关键单元、关键工艺参数进行在线分析和检测，保证工艺生产安全。采用安全仪表系统（SIS）对工艺装置生产过程进行安全联锁保护，实现生产安全、稳定、清洁运行，保证人员和生产设备的安全，增强环境保护能力等。

③ 在装置区有可能泄漏并形成释放源的区域设置可燃、有毒气体检测报警系统（GDS）对可燃、有毒气体泄漏进行监测显示和报警。

④ 对装置内的压力设备、管道设置安全阀、爆破膜等紧急泄压设施，以防操作失灵和紧急事故带来的设备、管道超压，设置阻火、隔爆装置，防止某一设备发生火灾、爆炸而波及相邻的设备。

（2）环保设施及措施

① 废气处理。在上海浦景已成熟工业化应用的 NO_x 尾气催化处理技术的基础上，该装置通过耦合二段反应的设计，将尾气中的氮氧化物（MN、NO）进一步降低至 60mg/m^3，实现在乙二醇装置界区内处理后达标排放。精制单元的中间罐不凝气送燃料气管网作为燃料使用。中间罐区设置 VOCs 废气处理设施，将无组织排放收集处理后进行有组织达标排放。

② 废水处理。装置采用上海浦景化工独有的氮氧化物引发技术，采用 N_2O_4 作为初始开车的引发剂，通过配置的二酯塔实现了正常运行过程中通过补充硝酸的方式实现氮氧化物的补充，规避了采用亚钠法所带来的潜在安全隐患，避免了高含盐废水的产生，提升了装置的环保水平和安全性。

该装置的生产污水经独立的生产污水管送至 SYCTC-1 项目新建污水处理厂内的含盐污水生化处理装置，生产污水经 SYCTC-1 项目含盐污水生化处理装置处理后排至含盐废水膜浓缩装置进行反渗透脱盐处理后，废水经处理后回用，主要用于厂内循环水站、化水站等作为补充水。

③ 固废治理。装置排放的废催化剂均由催化剂提供方或由有资质的单位回收处理，精馏使用后的废吸附树脂由有资质的单位回收处理。

7.2.9 湖北三宁 60 万吨/年乙二醇装置

7.2.9.1 工程概况

湖北三宁化工股份有限公司（湖北三宁）合成氨原料结构调整及联产 60 万吨/年乙二醇项目（图 7-16），是国内目前在运行的最大规模的煤制乙二醇装置。该装置建设地点位于湖北省枝江市姚家港工业园，建设内容包括：煤气化装置、52 万吨/年合成氨装置、30 万吨/年缓释控尿素装置、22 万吨/年工业尿素装置，副产甲酸甲酯和碳酸二甲酯等装置、联产 60 万吨/年乙二醇装置、3 台 650t/h 高温高压循环流化床锅炉以及相配套的空分、供电、给排水等公用工程和辅助设施。

图 7-16　湖北三宁 60 万吨/年乙二醇项目全景图

主要技术经济数据、投资和占地见表 7-13。

表 7-13　湖北三宁 60 万吨/年乙二醇项目主要技术经济指标表

序号	项目名称	单位	产量/消耗
一	主产品		
1	聚酯级乙二醇	10^4 t/a	57.3
2	工业级乙二醇	10^4 t/a	2.7
3	液氨	10^4 t/a	52
4	缓释控尿素	10^4 t/a	52

序号	项目名称	单位	产量/消耗
二	副产品		
1	杂醇油	t/a	15875
2	重馏分	t/a	4544
3	轻馏分	t/a	21600
4	DMO 重组分	t/a	12733
5	工业级 DMC 产品	t/a	24786
6	回收 MF	t/a	7296
7	硫酸（98%）	t/a	40800
8	硫铵	t/a	17760
9	液氮洗、PSA 提氢尾气	m³/h	11033
10	工厂空气（0.7MPa）	m³/h	30000
11	氮气（0.6MPa）	m³/h	2000
12	氢气	m³/h	21240
13	2.5MPa 饱和蒸汽	t/a	1200000
14	0.5MPa 饱和蒸汽	t/a	800000
三	主要原料和辅助原料		
1	原料煤	t/h	211
2	甲醇	t/a	31500
3	氢氧化钠	t/a	4000
4	硝酸	t/a	4400
四	公用工程消耗		
1	锅炉燃料煤	t/h	124.39
2	脱盐水（平均用水量）	t/h	1817.12
3	新鲜水（平均用水量）	t/h	2455.76
4	年耗电量	10^4kW·h/a	64140.72
5	9.81MPa（G）、540℃高压蒸汽	10^4t/a	812.048
五	总占地面积	m²	992894
1	建（构）筑物占地面积	m²	363090
2	道路及广场占地面积	m²	161100
六	工程项目总投资	万元	980785.64

7.2.9.2　技术特点

该项目以神华煤为原料，气化工艺采用水煤浆气化技术生产合成气，一部分合成气经过宽温耐硫变换调整氢碳比后，送入低温甲醇洗脱除硫和二氧化碳，部分进入液氮洗，脱除甲烷、CO，并调整氢氮比，然后进氨合成装置生产合成氨；经过变换以及甲醇洗的另一部分气体进入 PSA。未变换的合成气经过热回收回收热量后进入低温甲醇洗脱除其中的硫和二氧化碳，然后进入深冷分离装置分离 CO 和富氢气，CO 供 DMO 装置生产 DMO，富氢气以及前述经过变换的部分气体进入 PSA 装置，制取高纯氢供乙二醇装置加氢生产乙二醇用。项目全厂流程见图 7-17。

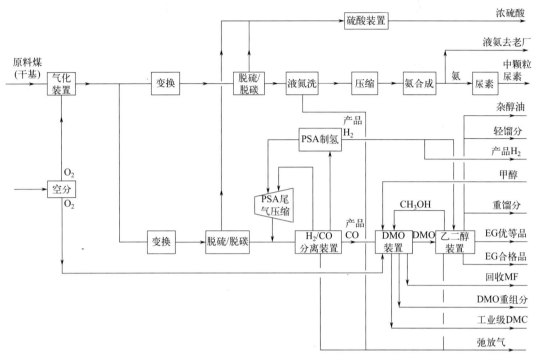

图 7-17　湖北三宁 60 万吨/年乙二醇项目全厂流程图

主要工艺生产装置包括：煤储运装置、气化装置、净化装置、合成氨-尿素装置、草酸二甲酯装置、乙二醇装置、硫黄制酸装置、空分装置。项目生产装置组成及选用的工艺技术方案见表 7-14。

表 7-14　湖北三宁 60 万吨/年乙二醇项目工艺技术方案表

序号	装置/工序名称	工艺技术	备注
1	空分装置	液化空气低温深冷分离工艺，内压缩流程	成套设备
2	煤气化装置	多喷嘴对置式水煤浆气化	工艺包
3	变换工序	等温耐硫变换工艺	工艺包专有设备
4	酸性气体脱除工序	低温甲醇洗工艺	工艺包
5	液氮洗	液氮洗工艺	成套设备
6	CO 深冷分离工序	深冷分离工艺	成套设备
7	PSA 制氢工序	UOP 工艺	成套设备
8	净化冷冻站	氨为制冷剂的压缩制冷工艺	成套设备
9	氨合成单元	Casale 氨合成工艺	工艺包
10	氨冷冻单元	氨为制冷剂的压缩制冷工艺	
11	尿素装置	卡邦工艺	工艺包
12	DMO 装置	气相羰基化法	高化学工艺包
13	乙二醇装置	DMO 加氢制乙二醇	高化学工艺包
14	硫回收装置	WSA 制硫酸工艺	工艺包

对乙二醇主装置,DMO 合成设置 3 个系列,单系列能力对应 40 万吨/年 DMO,每个系列设 2 台 DMO 反应器,单台能力为 20 万吨/年 DMO;乙二醇合成设 3 个系列,单系列设 2 台乙二醇合成塔,单台器能力为 10 万吨/年乙二醇;其余 DMO 精馏、DMC 精馏、MN 回收和乙二醇精馏等工段均按单系列设计。

采用以上工艺技术路线,项目在技术改进及节能降耗方面具有以下特点:

① 采用的甲醇羰基化合成草酸二甲酯技术已在日本宇部和国内多套乙二醇项目上实现多年稳定工业化生产,技术成熟可靠,经过验证,技术可靠性较好。

② 采用草酸二甲酯加氢催化剂和草酸二甲酯加氢生产乙二醇技术,技术先进,催化剂寿命长,转化率和选择性高,原料消耗低,而且风险可控。

③ 对 DMO 反应器和乙二醇合成塔进行了工程化放大,DMO 反应器单台能力达到 20 万吨/年,达到了国内最高水平,运行数据和理论放大数据完全吻合。

④ 对 DMO 合成、乙二醇精馏副产的低位热能进行了回收利用,回收低位热能,降低了装置的能耗水平和生产成本,提高了项目的经济效益。

7.2.9.3 生产运行

乙二醇项目自 2021 年 2 月 19 日,气化炉开始投料产出合格合成气,合成氨装置开车,到 4 月份整个合成氨、尿素装置达到稳定生产;乙二醇生产线自 5 月份开始投料生产,到 7 月份生产逐步稳定。主要工艺装置的生产能力见表 7-15。

表 7-15 湖北三宁 60 万吨/年乙二醇项目全厂主要装置生产能力

产品	单位	2021 年 8 月	9 月	10 月	设计值
液氨	吨	48000	49020	49500	52 万吨/年
尿素	吨	55725	55874	53877	52 万吨/年
乙二醇	吨	36287	43663	51812	60 万吨/年

2021 年 5 月 9 日,乙二醇及 DMO 合成催化剂还原结束后系统开始投料,待深冷 CO 合格后,缓慢补充 CO 进料,陆续投用 DMO 精馏、EG 合成及精馏;乙二醇装置在开车过程中,总体来说较稳定,一次性打通流程。2021 年 5 月乙二醇装置开车以来,每月产品质量达标率见表 7-16。

表 7-16 湖北三宁 60 万吨/年乙二醇项目产品指标情况

产品	指标值	8 月	9 月	10 月
聚酯级乙二醇 (聚酯级达到 95%)	外观:透明液体,无机械杂质 乙二醇含量/%:≥99.9 二乙二醇/%:≤0.05 密度 (20℃)/(g/cm³):1.1128~1.1138 水分/%:≤0.08 酸度(以乙酸计)/(mg/kg):≤10 铁含量/(mg/kg):≤0.1 灰分/(mg/kg):≤10 醛含量(以甲醛计)/(mg/kg):≤8 氯离子/(mg/kg):≤0.5 紫外透光率/%: 220nm:≥75　250nm:≥实测 275nm:≥92　350nm:≥99	91.83%	95.23%	96.86%

7.2.9.4 安全环保

（1）安全设施及措施

① 项目对重大危险源的安全设施和安全监测监控系统进行检测、检验，保证重大危险源的安全设施和安全监测监控系统有效、可靠运行。

② 对重大危险源的管理和操作岗位人员进行安全操作技能培训，在重大危险源所在场所设置明显的安全警示标志，写明紧急情况下的应急处置办法。

③ 设置火灾自动报警系统，在控制室、变电所等重要建筑室内安装火灾探测器，火灾报警控制器设在控制室。

④ 在工艺装置区及罐区等可能有可燃/有毒气体泄漏和积聚的地方设置可燃气体检测报警仪，一旦浓度超过设定值，将立即报警。

⑤ 制定重大危险源事故应急预案，建立应急救援组织或者配备应急救援人员，制定所在地区涉及危险化学品的事故应急预案。

（2）环保设施及措施

在生产装置工艺过程中必须排放的废弃物，首先采取回收或综合利用的措施；对必须排放的污染物则采取稳妥、可靠的治理措施，以达到国家排放标准。

① 废气治理。对于气化装置的真空排放尾气及脱氧槽废气，由于其不含大气污染物成分，可直接排放；净化装置低温甲醇洗工段的排放尾气、合成氨-尿素装置尿素分解塔及低压吸收塔的尾气，经吸收洗涤后可达标排放；尿素装置造粒塔尾气含有粉尘，经除尘处理后可达标排放；MN 回收塔排放尾气送往锅炉焚烧处理；锅炉烟气采用氨法脱硫工艺处理后，可通过 180m 烟囱达标排放。

② 废水治理。项目充分考虑水的循环使用，排放的废水采取"清污分流"的方式分别处理。气化装置渣水处理装置处理后的废水送新建污水处理站，处理达标后送老厂总排口排放；配套循环水站、脱盐水站排污等仅含有少量盐类及 SS 送老厂，其他污水因含有少量有机物、SS 等污染物，通过管道收集，送至新建污水处理站。

③ 废渣治理。生产装置中排放的废催化剂均送往催化剂厂家（商）回收利用或由有资质的单位回收处理，不外排；气化粗灰渣外送附近水泥厂作原料综合利用，气化细灰渣送锅炉掺烧；锅炉灰渣是较好的建材生产原料；污水处理站排放的泥饼主要为无机物、少量有机物，经脱水机房脱水后外送有资质的危废处理单位处理。

④ 噪声治理。该工程噪声防治采取综合控制措施，对与机、泵等振源相连接的管线，在靠近振源处设置软接头，以隔断固体传声；在管线穿越建筑物的墙体和与金属桁架接触时，采用弹性连接；在厂房四周及道路两旁进行绿化，也可有效阻挡噪声的传播，保证厂界噪声的达标控制。

7.2.10 山西美锦 30 万吨/年乙二醇装置

7.2.10.1 工程概况

山西美锦华盛化工新材料有限公司（山西美锦）综合尾气制 30 万吨/年乙二醇联产 LNG 项目（图 7-18）由山西美锦能源股份有限公司建设，是国内首套焦炉气制乙二醇联产

LNG 装置。该项目厂址位于山西省太原市清徐县美锦焦化园区内，于 2019 年 5 月开始施工，2021 年 9 月产出 LNG 产品，2022 年 3 月份产出优等品乙二醇。

图 7-18　山西美锦综合尾气制 30 万吨/年乙二醇联产 LNG 项目全景图

主要技术经济指标见表 7-17。

表 7-17　山西美锦乙二醇项目技术经济指标表

序号	项目名称	单位	产量/消耗
一	主产品		
1	聚酯级乙二醇	t/a	297000
2	工业级乙二醇	t/a	3000
3	LNG	t/a	155000
二	副产品		
1	杂醇油	t/a	7900
2	重馏分	t/a	2200
3	轻馏分	t/a	10800
4	优级品 DMC	t/a	9650
5	DMO 重组分	t/a	5400
6	产品 H_2	$10^4 m^3/a$	55784
7	工业高纯 H_2	$10^4 m^3/a$	1600
三	主要原料和辅助原料		
1	焦炉气	$10^4 m^3/a$	160000
2	氧气	$10^4 m^3/a$	20976.8
3	甲醇	t/a	15000
四	公用工程消耗		
1	供水	$10^4 t/a$	679.2
2	供电	$10^4 kW \cdot h/a$	71225.6
3	1.7MPa（G）蒸汽	$10^4 t/a$	87.74

序号	项目名称	单位	产量/消耗
4	3.8MPa（G）蒸汽	10^4 t/a	26.88
五	总占地面积	亩	660
六	项目建设投资	亿元	33

7.2.10.2 技术特点

原料焦炉煤气来自美锦上游焦化装置，经焦油脱除、螺杆压缩、粗脱硫、TSA 除杂、离心压缩、除氧精脱硫、MDEA 脱碳之后进入深冷装置，深冷富氢气去 PSA-H$_2$ 提氢，富 CO 气去 PSA-CO 制取 CO，液态 LNG 作为产品。项目全厂流程见图 7-19，工艺技术方案见表 7-18。

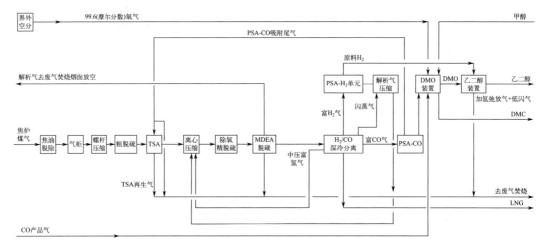

图 7-19 山西美锦综合尾气制 30 万吨/年乙二醇联产 LNG 项目全厂流程图

表 7-18 山西美锦乙二醇项目工艺技术方案表

序号	装置名称	工艺技术路线	备注
1	脱焦油	电捕焦油器	
2	焦炉煤气压缩	螺杆压缩机＋离心压缩机串联	
3	焦炉煤气精脱硫	预加氢＋两级加氢转化、两次脱除	
4	脱碳	MDEA 脱碳工艺	
5	H$_2$/CO 分离装置	深冷分离；变压吸附	
6	草酸二甲酯装置	DMO 合成	
7	乙二醇	EG 合成技术	
8	纯氧转化	非催化纯氧转化	

该工艺技术方案的流程设置特点如下：

① 利用焦化装置副产的焦炉煤气生产化工产品，延长了产业链，提高了附加值，进一步提升了企业的市场竞争力。

② H$_2$/CO 深冷分离采用甲烷洗工艺，产出 LNG 产品。

③ 选用的 MDEA 脱碳工艺，具有技术路线成熟、有效气损失小的优点。

④ 采用日本 UBE 公司的草酸二甲酯技术，不仅技术先进，且已有多套工业化装置在生产，确保了技术的可靠性。

7.2.10.3 生产运行

山西美锦综合尾气制 30 万吨/年乙二醇联产 LNG 项目 2019 年 5 月开始施工，2021 年 9 月产出 LNG 产品，2022 年 3 月份产出聚酯级乙二醇，产品各项指标优于国标标准要求。

7.2.10.4 安全环保

（1）安全设施及措施

① 项目选址充分考虑地质、水文、气象、地震等自然灾害的影响并采取了相应的防护措施，能够满足项目建设要求。

② 采用技术先进和安全可靠的工艺技术和设备，工艺过程采取防泄漏、防火、防爆、防尘、防毒、防腐蚀等主要措施。

③ 在厂区内建有气体防护站，负责全厂的气体防护工作。

④ 该工程均为露天框架结构，采用自然通风形式，使易燃、易爆气体易于扩散，防止有害气体积聚。工艺主装置排出的废气均密闭送至火炬系统焚烧。

⑤ 针对重点监管的危险化工工艺（氧化工艺、硝化反应、加氢工艺）、重点监管的危险化学品重大危险源拟采取有相应的监控措施。

（2）环保设施及措施

① 废气治理

a. 事故、安全阀放空气，去放空总管最终送火炬燃烧处理；工厂开停车、非正常和事故工况排气通过火炬气管线收集后燃烧排放。

b. 乙二醇装置氮氧化物尾气和废液送废气废液装置处理，经焚烧脱硝后达标排放。

c. 按照《石油化学工业污染物排放标准》（GB 31571—2015）要求选择罐区储罐类型，并设置两套油气回收设施用于处理罐区、汽车装车的 VOC。

d. 污水处理场各污水处理构筑物加盖密闭，并设置臭气处理系统。

② 污水处理

a. 根据周边条件及环境要求，按清污分流、污污分流的原则，根据工艺生产排水的特点及排放废水的性质设置排水系统。

b. 在厂区设置综合污水地下管网系统，收集地坪冲洗水、初期污染雨水及少部分无压排放的低污染生产污水等。

③ 固废处理

a. 对更换下来的废催化剂装入密闭容器，并在容器外壁贴上明显标签，慎防同其他固废混淆。如不能及时运出，需将容器放入固定堆放催化剂的仓库中暂存。

b. 其他固废，按照国家规范要求，进行填埋处理。

④ 噪声控制

a. 设计中尽可能选用低噪声设备，对单机噪声较大的设备如空气鼓风机要求设备本体带消声器及隔声罩。

b. 操作室、控制室等配有通信设施的工作场所，建筑上采用隔声、吸声处理。

c. 合理绿化。在厂房四周及道路两旁进行绿化，也可有效阻挡噪声的传播，保证厂界噪声的达标控制。

7.2.11 陕煤榆林化学 180 万吨/年乙二醇装置

7.2.11.1 工程概况

陕煤集团榆林化学有限责任公司（陕煤榆林化学）煤炭分质利用制化工新材料示范项目一期 180 万吨/年乙二醇工程（图 7-20），是国内最大规模的乙二醇工程。该项目以陕北区域当地煤资源为原料进行煤炭分质分级利用，建于陕西榆林榆神工业园区清水煤化学工业园内。主要装置包括：空分装置、煤储运装置、煤热解装置（含焦油加氢）、气化装置、净化装置、H$_2$/CO 分离装置、草酸二甲酯（DMO）装置、乙二醇装置、热电装置以及配套的公辅设施。

图 7-20 陕煤榆林化学 180 万吨/年乙二醇工程项目建设全景图

主要技术经济数据见表 7-19。

表 7-19　陕煤榆林化学 180 万吨/年乙二醇工程技术经济指标表

序号	项目名称	单位	产量/消耗
一	主产品		
1	聚酯级乙二醇	万吨/年	174.6
2	工业级乙二醇	万吨/年	5.4
二	副产品		
1	工业级 DMC 产品（一级品）	万吨/年	8.1
2	DMO 重组分	万吨/年	3.85
3	乙醇（含量＞90％）	万吨/年	1.23
4	轻质二元醇	万吨/年	6.48
5	重质二元醇	万吨/年	1.36
6	轻质化煤焦油 1♯	万吨/年	23.36
7	轻质化煤焦油 2♯	万吨/年	16.11
8	液化气	万吨/年	0.78
9	热解沥青	万吨/年	2.02
10	粗酚	万吨/年	2.84
11	液氨	万吨/年	0.48
12	硫黄	万吨/年	1.84
13	氢气①	$10^8 m^3/a$	1.8
14	氢气②	$10^8 m^3/a$	3.3
三	主要原料和辅助原料		
1	原料煤	万吨/年	365.5
2	燃料煤	万吨/年	230.4
3	兰炭焦油	万吨/年	24.87
四	公用工程消耗		
1	新鲜水	m^3/h	2187.9
2	循环冷却水	m^3/h	179593
3	除盐水	m^3/h	3454
4	高压消防水	m^3/h	2100
5	外购电	MW	99.84
6	高压蒸汽 11.5MPa（G）	t/h	2596
7	中压蒸汽 4.0MPa（G）	t/h	593
8	低压蒸汽 1.7MPa（G）	t/h	1363
9	低低压蒸汽 0.5MPa（G）	t/h	261
五	总占地面积		
1	厂内工程占地面积	公顷	559.87
2	生活区占地面积	公顷	41.27
六	厂区内总建筑面积	$10^4 m^2$	33.81471
七	项目总投资	万元	2778020

陕煤榆林化学 180 万吨/年乙二醇工程建设大体分为 5 个阶段:

第一阶段 (2018.04—2019.05) 完成工艺包合同签订和设计,完成总体设计及审查,完成场地平整、地基预处理(强夯)。

第二阶段 (2019.04—2019.09) 完成基础设计,配合基础设计开展长周期设备的采购,启动全厂一级地管施工。

第三阶段 (2019.07—2020.07) 完成详细设计,完成所有设备采购工作,完成地下工程施工,主要设备基础出地面。

第四阶段 (2020.08—2022.02) 安装工程基本建成,逐步开展电气调试、管道试压、仪表调校等预调试工作。

第五阶段 (2022.03—2022.07) 完成"三查四定"尾项整改、预试车、保温等工作,中交,进行联动试车、投料试车,打通项目全流程,产出合格产品。

7.2.11.2 技术特点

该项目全厂流程见图 7-21。原煤由煤矿送入界区,一部分原煤送往气化装置进行气化,产出的粗合成气送往变换装置。粗合成气进入变换装置后一分为二,一部分粗合成气进入变换部分,经深度变换后,进入净化装置的变换气吸收塔脱硫脱碳,然后送往 PSA 装置制取浓度为 99.9% 的氢气,氢气产品分为三部分,一部分氢气作为原料送往乙二醇合成装置,另外一部分氢气供给焦油加氢装置,其余氢气作为产品外售;另一部分粗合成气进入未变换部分,经热回收系统回收热量后,进入净化装置的未变换气吸收塔脱硫脱碳,然后送往 CO 深冷分离装置,制得浓度为 99% 的 CO,作为原料送往乙二醇合成装置。乙二醇合成装置用 CO 和来自空分装置的氧气作为原料,先合成 DMO,再与氢气反应制得乙二醇产品。

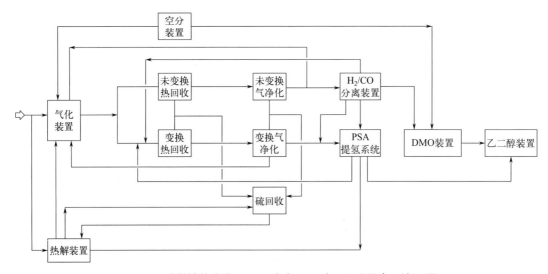

图 7-21 陕煤榆林化学 180 万吨/年乙二醇工程项目全厂流程图

另一部分原煤送往粉煤热解装置,热解后得到粉焦、煤气、焦油等产品。粉焦送往气化装置作为气化原料;煤气送往动力站作为燃料。

该工程技术改进及节能降耗措施综述如下:

① 采用优化的工艺路线和技术、最大化的装置规模和设备尺寸。

该工程各主要工艺装置规模和设备尺寸都尽可能地大型化,其中 EG 合成工段采用"两并两串"工艺技术方案，单系列 EG 合成能力达到 60 万吨/年。

② 采用优化的热能回收和利用方式。

充分利用工艺过程产生的余热，根据品位的不同副产蒸汽、加热锅炉给水或预热脱盐水和补充水，将单个设备、单个装置的能量利用优化与全厂能量利用总体优化相结合，从而提高全厂的能源利用效率，达到节能的目的。

③ 充分回收和合理利用生产过程中的可燃尾气。

④ 采用新型非催化硝酸还原工艺，降低硝酸和氢氧化钠消耗量，同时降低废水中硝酸盐浓度，废水直接进生化处理系统。

7.2.11.3　生产运行

主要工艺生产装置的规模、配置、技术路线和技术来源见表 7-20。

表 7-20　陕煤榆林化学 180 万吨/年乙二醇项目工艺技术方案表

序号	装置名称	规模	配置	工艺技术路线	技术来源	备注
1	空分装置	$30 \times 10^4 \mathrm{m}^3/\mathrm{h}$	3 个系列	深冷分离＋分子筛吸附	林德	以氧计
2	煤储运装置	$760 \times 10^4 \mathrm{t/a}$	—	—		（含动力站用煤）
3	气化装置	$71 \times 10^4 \mathrm{m}^3/\mathrm{h}$	5 台	干煤粉气化	科林未来能源技术（北京）有限公司	以 CO＋H_2 计
4	合成气净化装置	$71 \times 10^4 \mathrm{m}^3/\mathrm{h}$	变换＋未变换 2 个系列	两段等温耐硫部分变换，低温甲醇洗＋两级克劳斯（尾气送动力站）	变换采用国内技术，低温甲醇洗采用大连佳纯技术，硫回收采用华陆自有技术	以 CO＋H_2 计（含变换、净化、硫回收）
5	H_2/CO 分离装置	$18.45 \times 10^4 \mathrm{m}^3/\mathrm{h}$ CO $48.25 \times 10^4 \mathrm{m}^3/\mathrm{h}$ H_2	3 个系列冷箱＋3 PSA I ＋1PSA II	深冷分离；变压吸附	深冷分离：法液空 变压吸附：昊华科技	氢气送园区 $6.4 \times 10^4 \mathrm{m}^3/\mathrm{h}$
6	草酸二甲酯装置	$360 \times 10^4 \mathrm{t/a}$	9 个系列	DMO 合成	宇部兴产	以草酸二甲酯计
7	乙二醇装置	$180 \times 10^4 \mathrm{t/a}$	3 个系列	EG 合成技术	高化学	以乙二醇计
8	煤热解装置	$120 \times 10^4 \mathrm{t/a}$	1 个系列	粉煤热解＋悬浮床加氢	胜帮公司	以处理原煤干基计，含煤焦油加氢 $50 \times 10^4 \mathrm{t/a}$

7.2.11.4　安全环保

（1）安全设施及措施

① 生产装置各单元采用技术先进和安全可靠的工艺技术和设备，并按《石油化工企业职业安全卫生设计规范》（SH 3047）设置必要的安全卫生设施。

② 生产装置各单元的设备、管道、管件等均采用可靠的密封技术,使反应、储存和输送过程都密闭进行,以防止易燃易爆及有毒物料泄漏。凡泄压排放的易燃易爆物料均密闭排放到能力足够的火炬系统。

③ 在有可能泄漏可燃气体、有毒气体的部位均设有可燃气体、有毒气体探测器,一旦发生泄漏可及时报警。

④ 在爆炸危险区域内的所有仪表、电气设备和附件选择都符合所划分区域的类别、级别、温度组别。

⑤ 设计中高层构筑物、高设备都设有避雷及防雷接地。在爆炸危险区域内,所有电气设备均采用防爆型。

⑥ 该工程在有可能发生有毒、腐蚀性物质泄漏的部位设置了安全淋浴及洗眼器。对有可能泄漏有害气体及气味的各类压缩厂房、泵房等设置事故通风,并且在室内外均设置了开关。

（2）环保设施及措施

① 废气治理

a.采用封闭圆形煤场,并设有喷水抑尘装置;转运站内落煤管采用曲线型落煤管,延缓下落速度减少扬尘;在输煤系统的每个落料点均设置喷水除尘设备。

b.低温甲醇洗产生的酸性气体送硫回收处理,采用两级 Claus＋尾气焚烧工艺,经过焚烧炉焚烧后的尾气送锅炉烟气处理。

c.各加热炉、热风炉、焚烧炉均使用自产燃料气作为燃料,不足部分补充天然气,燃料中硫含量极低,从而从根本上减少二氧化硫的排放。

d.乙二醇装置氮氧化物（NO_x）尾气和废液送废气废液装置处理,经焚烧脱硝后达标排放。

e.按照《石油化学工业污染物排放标准》要求选择罐区储罐类型,并设置两套油气回收设施用于处理罐区、汽车装车以及火车装车的 VOC。

② 废水治理。该工程自建污水处理场、污水深度处理装置和回用水站。

③ 固体废物治理。固体废物首先考虑回收或综合利用,无利用价值的一般固体废物将送至榆神工业区清水工业园园区渣场填埋,无利用价值的危险废物送榆林市德隆环保科技有限公司危险废物综合处置中心处置。

④ 地下水和土壤污染防治。对厂区中有可能发生污废水泄漏的地方,在工程建设时要进行严格的防渗处理,从源头上防止污水进入地下含水层中。

⑤ 其他治理措施。为防止或控制风险事故对环境的污染,该工程采取一系列环境风险防控措施,主要采取控制噪声源,如设置隔声罩、减振器、消声器等,对总体布局进行合理布置,为高噪声工作场所配置单独操作间等措施防治噪声。

8

煤制乙二醇技术发展方向

　　我国已进入"十四五"的高质量发展新阶段，在国家实施"双碳"战略的背景下，随着全球新一轮科技革命和产业变革深入发展，我国煤化工行业也进入了关键发展时期，既面临着更大的碳减排和环保政策的压力，也面临着新能源相关技术所引领的能源绿色低碳转型的机遇，现代煤化工产业必须要走上清洁、高效、绿色、低碳的发展之路。将煤制乙二醇技术与以互联网、大数据、智能化、绿色化为代表的新一轮技术进行深度融合，也成为了促进其向高端化、多元化、低碳化发展的重要技术方向。

　　煤制乙二醇技术是 21 世纪新近崛起的现代煤化工技术，从 1965 年的科学发现到 2009 年实现工业化经历了近半个世纪。令人欣喜的是，我国不仅率先实现了煤制乙二醇技术的工业化，而且所有的工业化项目都建设在中国境内，产能超过 600 万吨。2010 年以后是煤制乙二醇技术高速发展的阶段，业界显著提高了合成和加氢催化剂的寿命，基本解决了乙二醇产品紫外透光率的问题，反应器、换热器等装置的大型化不断地取得突破，开发了更为环保的尾气处理技术、稀硝酸还原技术等，进一步降低了物耗、能耗和 CO_2 的排放量，装置逐渐实现了长周期平稳运行。

8.1　技术存在的问题

8.1.1　催化剂技术

　　对于使用寿命较长的 DMO 合成催化剂，存在的问题主要在于贵金属钯负载量偏高和催化剂易飞温。易飞温是由于 CO 氧化偶联反应是一个中强放热的反应，而载体 $\alpha\text{-}Al_2O_3$ 的导热性差，催化剂床层容易形成热点，导致合成反应器在运行时容易出现飞温。因为贵金属钯的负载量过高，合成催化剂的制备成本在催化剂生产中投资占比最高。按 2021 年钯平均负载量约 0.3% 估算，每吨催化剂需消耗 3kg 的钯，钯的成本就超过 120 万/吨催化剂，一套30 万吨/年的煤制乙二醇装置钯的成本就超过 1.44 亿元人民币。

　　相比于合成催化剂 2～4 年的使用寿命，煤制乙二醇技术中的加氢催化剂目前普遍寿命都没有超过 2 年，个别工业装置加氢催化剂的寿命只有 3～6 个月，对于列管式反应器而言，催化剂的更换需要一定的周期（1~3周），加氢催化剂的寿命周期短，一方面影响了整个煤制乙二醇技术的经济效益，另一方面也增加了投资，在工业化装置中一般都需要备用一个反应器作为更换催化剂切换时使用，或者采用更换一个反应器催化剂时提高另外几个反应器的负荷，而加氢负荷的提高又反过来进一步影响加氢催化剂的寿命。因此，进一步提高加氢催化剂的寿命成为亟须解决的核心技术。

加氢催化剂的性能也是目前业界关注的焦点，催化剂在长期运行过程中草酸酯的转化率偏低、乙二醇的选择性不高，这会增加后续分离的难度，使得精馏的负荷和能耗大幅增加，影响煤制乙二醇技术的经济效益。例如，运行一段时间后，加氢催化剂性能不高，提高反应温度后导致与乙二醇沸点接近的1,2-丁二醇（1,2-BDO）含量偏高（$\geqslant 0.5\%$），不仅浪费了与1,2-BDO共沸的乙二醇，与1,2-BDO一起蒸出，影响了优级品乙二醇率，而且能耗更高，甚至会导致初始设计的精馏塔负荷达不到副产物1,2-BDO分离的要求。

8.1.2 关键单元技术

在煤制乙二醇技术中理论上是不消耗甲醇的，甲醇的引入在氧化酯化单元，草酸酯加氢后又把甲醇作为产物，可以循环使用，在整个工艺中，甲醇的使用主要集中于两个部分，一是氧化酯化单元，所加入的甲醇量一般是反应摩尔比的5~8倍，合成草酸酯单元为了把反应后循环气体中的气相DMO吸收下来，除了用换热器换热降温外，还需要喷淋大量的甲醇用于吸收DMO，这两个单元加入的甲醇最后都要经过精馏单元的脱甲醇塔精馏后循环使用，其甲醇使用量直接影响能耗。经过十几年的技术发展，尽管酯化塔和DMO吸收塔的技术都得到了长足的进步，但综合来看，煤制乙二醇技术中甲醇的循环量还是偏大，合理利用甲醇流路、减少甲醇的消耗在技术上还有较大的提高空间。

8.1.3 工业大型化

随着乙二醇技术的日臻成熟，工业化乙二醇装置呈现出大型化的发展趋势，装置的大型化在一定程度上满足了国家对于节能降耗的要求，同时也降低了单位产品的装置投资。

8.1.3.1 工业大型化现状

乙二醇装置的大型化主要是通过单台设备规格的放大和同种类型设备间的串、并联来实现的。目前，DMO合成单元的单系列产能已经从最初的5万吨/年DMO提高到40万吨/年DMO，乙二醇合成单元的单系列产能已经从最初的5万吨/年乙二醇提高到60万吨/年乙二醇，乙二醇精馏单元的单系列能力也从最初的5万吨/年乙二醇提高到了目前的60万吨/年乙二醇。典型的5万吨/年乙二醇项目与60万吨/年乙二醇项目主要设备规格、数量对比详见表8-1。

表8-1 5万吨/年与60万吨/年乙二醇项目主要设备对比

单元名称		5万吨/年乙二醇	60万吨/年乙二醇
DMO合成单元	系列数	2	3
	反应器规格/数量	$\phi 3600mm/2$	$\phi 5400mm/6$
	反应器出口管道、切断阀	$DN700$	$DN1500$

单元名称		5万吨/年乙二醇	60万吨/年乙二醇
乙二醇合成单元	系列数	1	1
	反应器规格/数量	$\phi 3800mm/1$	$\phi 6200mm/4$
	压缩机出口管道、切断阀	$DN600$	$DN900$
乙二醇精馏单元	脱醇塔规格/数量	$\phi 3600mm/1$	$\phi 6200mm/2$
	产品塔规格/数量	$\phi 2400mm/1$	$\phi 6000mm/1$

8.1.3.2　工业大型化存在的问题

乙二醇装置的工业大型化，在降低单位产品装置投资、节能降耗、减少用地的同时，受装备制造水平和工艺技术水平等因素的影响，主要存在如下问题：

① 设备大型化后的运输问题。煤制乙二醇项目大多集中在内陆地区，受公路运输条件限制，设备直径一般要求不大于4.5m。装置大型化后部分反应器、精馏塔等设备的直径将会超过运输极限，需要现场制造，而现场制造对质量控制要求更高，难度也更大。

② 催化剂更换对装置平稳运行的影响。目前乙二醇合成单元已经可以通过4台反应器串并联的方式实现单系列产能60万吨/年。系列数越少，单系列故障停车或者催化剂更换时对于全厂生产负荷的影响也越明显。因此对催化剂的性能、寿命和装置的稳定性也提出了更高的要求。

③ 管道、仪表的大型化。在装置大型化的过程中，除了设备的大型化，同时还涉及管道和仪表的大型化。受制造水平和工艺要求等因素的影响，可能会出现部分管道和仪表大型化之后制造、选型困难而导致投资增加的情况。

④ 环保配套设施。随着装置的不断大型化，一些在生产规模较小的装置可以简单处理的细节问题也会随之放大，从而对装置的"安、稳、长、满、优"运行产生影响。以陕煤集团180万吨/年乙二醇项目为例，乙二醇合成单元装、卸催化剂的过程中会产生大量含铜的地坪冲洗废水，铜离子含量最高可达2000mg/L。规模较小的装置可以直接排入污水处理站进行处理，但随着装置规模的放大，催化剂装卸的时间相对集中，短时间产生的废水可能超过污水处理站的处理能力，故需要在装置内设置预处理装置。

综上所述，任何装置都存在合适的经济规模，经济规模的大小与装备制造水平和工艺技术水平等密切相关，在确定装置规模时需要综合考虑投资、消耗、设备运输、全厂工艺配置等相关因素，从而得出适宜的配置方案。

8.1.4　尾气处理的环保要求

目前煤制乙二醇工艺中酯化羰化工段的排放尾气经MN回收装置用低温甲醇洗涤后仍含有一定量的CO、MN、NO_x、CH_4、N_2等组分。其中MN与空气混合能形成爆炸性混合物，受热或光照易分解发生爆炸，而NO_x是大气主要污染源之一，因此酯化尾气中这些组分必须经过处理达标后才能排放。而目前大多数工业装置上采用的都是尾气直接送火炬焚烧等处理方式，既造成了氮资源的浪费，也增加了能耗和CO_2的排放。

8.1.5 碳减排要求

根据有关报道，不考虑工业装置中废气的火炬燃烧排放和 CO_2 回收利用量，煤制乙二醇工艺的 CO_2 总排放量约为 4.70t/t 乙二醇，而石脑油路线和乙烯路线工艺的排放量分别约 2.28t CO_2/t 乙二醇和 1.84t CO_2/t 乙二醇。煤制乙二醇工艺 CO_2 排放量高的本质原因是煤炭原料富碳少氢，在煤气化单元得到合成气后（通常 H_2/CO < 0.7），乙二醇合成所需的高氢碳比（H_2/CO ≈ 2.0），必须通过水煤气变换单元来调节 CO 和氢气的比例才能实现。

同时，当前大部分煤制乙二醇装置会副产一定量的甲酸甲酯（MF），并在系统内不断累积，导致 DMC 回收系统压力升高，弛放气量增加，系统甲醇损失增加，影响系统平衡，且 MF 水解产物会严重腐蚀装置。而目前工业装置的主要应对方案是采用弛放或精馏后焚烧的方法处理，但弛放和焚烧均会带来资源的浪费，增加物耗和 CO_2 的排放量。

8.1.6 装置的稳定性

目前，绝大部分工业生产装置均采用 DCS 系统实现集中数字显示、实时监控的功能，在一定程度上保证了装置较安全、平稳地生产。但由于操作人员知识水平的差异，无法实现生产过程与相关操作变量的实时统筹考虑和协调优化。尤其对合成气制乙二醇的生产过程，目前无成熟生产操作经验借鉴，且工艺流程长，过程变量存在着很强的耦合和约束作用，很大程度上未发挥出 DCS 系统应有的功能，导致非正常原因的开停车次数增加，难以做到装置的长周期平稳操作，无法保证产品质量的稳定性。

8.2 技术发展方向

8.2.1 催化剂技术

8.2.1.1 合成催化剂低钯负载

世界首套 20 万吨/年乙二醇工业示范装置的合成催化剂贵金属钯负载量达 1%～1.5%，导致催化剂成本高，增加了总投资。通过催化剂关键技术提升，把贵金属钯的负载量降低到 0.3% 以下甚至更低是煤制乙二醇技术未来的发展方向，也可以降低乙二醇的生产成本。

有学者针对催化剂结构进行研究，以改进催化剂性能，探索经济、高效的 DMO 合成 Pd 催化剂的结构。例如，Wang 等[1] 利用 α-Al_2O_3/Al 纤维复合材料制备了 Pd/α-Al_2O_3/Al 纤维催化剂，并研究了 DMO 强放热氧化偶联反应，发现微纤维结构的催化剂具有传热性能良好、压降低、活性高和稳定性高等优点。

8.2.1.2 加氢催化剂长寿命

业界对新型草酸二甲酯加氢催化剂性能关注的焦点是性能和寿命的持续提升，这也是新型草酸二甲酯加氢催化剂设计和发展的方向。具体而言，就是要求草酸二甲酯加氢催化剂，不仅能够长周期运行，而且在长周期运行过程中，有高的草酸二甲酯转化率和高的乙二醇选择性，同时与乙二醇沸点接近的副产物如 1,2-BDO 含量则要尽可能低。同时，日益严苛的环保要求对草酸二甲酯加氢催化剂的制备提出了更高的要求。需对现有草酸二甲酯加氢催化剂结构进一步优化或设计出新的催化剂结构，来提高草酸二甲酯的转化率和乙二醇的选择性并降低产品中副产物的含量。

近年来还有很多学者在降低反应温度、提高催化剂选择性和稳定性方面开展了一系列研究。Cui 等[2]以 CuMgAl-LDH 为前驱体制备了系列 Cu 基纳米催化剂，发现此催化剂在极低的操作温度下具有优异的催化性能，乙二醇产率高至 94.4%。Wang 等[3]使用硅烷偶联剂有效地覆盖了 Cu/SiO_2 表面分离的羟基，可明显提升乙二醇选择性以及催化剂的稳定性。Ye 等[4]提出引入有机添加剂以提高乙二醇产率和稳定催化剂活性。

浦景化工、高化学等也在持续开展加氢催化剂的优化工作。浦景化工最新的研究成果表明：在工业化运行条件下，DMO 的转化率＞99.9%，EG 选择性≥98.0%（其中 1,2-BDO 的选择性＜0.5%），催化剂稳定性超过 8000h。高化学多套已经运行的装置中，DMO 的转化率≥99.9%，EG 选择性≥98.2%（其中 1,2-BDO 的选择性≤0.4%），催化剂稳定性超过 12 个月。最新研究成果表明：新型加氢反应器中 DMO 的转化率≥99.99%，EG 选择性≥98.5%（其中 1,2-BDO 的选择性≤0.3%），同时也可延长催化剂寿命。

大多数技术提供商的草酸二甲酯加氢催化剂的 DMO 转化率都能做到≥99.9%，正在努力希望今后能做到≥99.99%。在乙二醇的选择性上，大多数技术提供商给出的数据是≥97%，希望今后能达到 99%，同时 1,2-BDO 等的选择性也能从现在的 0.5% 降低到≤0.1%。优化制备方法来高效负载活性物种，并保持活性物种在加氢催化过程中不失活或者说失活速度尽可能慢，努力使加氢催化剂的寿命超过 2 年。

新的草酸二甲酯加氢催化剂最终要达到具有很高的催化加氢性能，降低消耗才可增强其竞争力。

8.2.1.3　常压加氢催化剂

厦门大学化学化工学院、固体表面物理化学国家重点实验室和醇醚酯化工清洁生产国家工程实验室的科研人员，在福建物构所和厦门福纳新材料科技有限公司等有关专家协助下，打通了从合成气制备乙二醇的常压加氢催化技术难关，完成了在近常压和低于 200℃ 的条件下草酸二甲酯加氢制备乙二醇的规模化试验，相关成果以 "Ambient-pressure synthesis of ethylene glycol catalyzed by C_{60}-buffered Cu/SiO_2" 为题于 2022 年 4 月 15 日发表在 *Science*[5]。

该技术的核心在于将富勒烯与铜催化剂相复合。富勒烯是一类纯碳团簇物质（与石墨和金刚石等同属于碳同素异形体），其中最为典型的代表是 1985 年发现的 C_{60}（笼状团簇结构见图 8-1，发现者们获得了 1996 年度的诺贝尔化学奖）。目前，国内已有多家企业实现了富勒烯的工业化生产，也开发出了在能源装备和健康时尚等领域的若干应用。而铜作为一类在化工、制药和能源等领域具有广泛应用的过渡金属催化剂，其催化效果与铜的价态有关（铜原子通常可以 0、+1、+2 等不同价态形式存在）。福建物质结构研究所从 20 世纪 80 年代中期就开始进行了煤制乙二醇的成套工艺研究，并于 21 世纪初率先实现了工业化，最近发展的草酸二甲酯加氢转化为乙二醇催化剂就是以二氧化硅为基底的铜催化剂（Cu/SiO_2）。

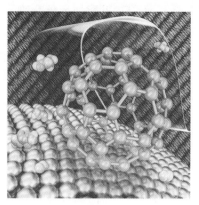

图 8-1 富勒烯的电子缓冲效应

袁友珠在元素掺杂和调控 Cu/SiO$_2$ 的表面电子性质与催化行为方面开展了多年研究，已验证了影响 Cu/SiO$_2$ 催化效果的关键在于其中的铜价态要有稳定的比例，特别是 +1 价亚铜成分要能在剧烈的催化反应过程中保持相对稳定。在该工作中，厦门大学等多个研究团队合作发展了富勒烯-铜-二氧化硅催化剂（C$_{60}$-Cu/SiO$_2$），利用铜与富勒烯之间的可逆电子转移，发挥富勒烯的电子缓冲效应（electron buffering effect），稳定了催化剂中的亚铜成分（图 8-1，图中的笼状团簇下方的深色区域），实现了草酸二甲酯常压催化加氢制乙二醇，并克服了副反应较多且催化剂易失活等问题。

8.2.2 关键技术单元新技术

8.2.2.1 稀硝酸还原技术优化

稀硝酸还原技术能够在系统内循环使用一氧化氮，不用进行其他的补充。然而生产过程中由于系统内会形成副产物，这就需要对系统补充亚硝酸甲酯（利用亚硝酸钠与甲醇和硝酸反应生成），确保生产能够正常进行，这样做的缺点是造成人力与物力的浪费。经过各技术方多年的努力，目前已实现工业化的硝酸还原工艺主要有四种：

① 搅拌釜式反应工艺。不使用催化剂，缺点是硝酸转化率较低，搅拌釜反应停留时间较长，高转速搅拌导致功率消耗大，设备投资、运行及维护费用大。

② 无催化塔式反应工艺。不使用催化剂，缺点是硝酸转化率较低，设备选材要求高。

③ 稀硝酸浓缩工艺。不使用催化剂，缺点是设备投资大、能耗高。

④ 高效催化法反应工艺。使用催化剂，优点是硝酸转化率≥90%，运行能耗低，对设备材质要求低等。

以上工艺技术各有利弊，需要进一步优化，不断提高硝酸转化率、降低投资及能耗、减少废水排放。

8.2.2.2 加压合成草酸酯技术

上海戊正工程技术有限公司（以下简称戊正公司）是国内最早推动乙二醇工业化实践的公司之一。在 5 万吨/年合成气制乙二醇项目成功商业运营的基础上，为满足装置单系列大型化的需要，戊正公司对第一代技术（STEG-L，简称低压技术）进行了提升，并首次提出并开发了中高压羰化工艺及催化剂，同时也对加氢工艺进行了技术升级，应用新的催化剂体系，形成了第二代合成气制乙二醇大型化技术（STEG-H，简称中高压技术）。据报道该技术已经开始 60 万吨/年乙二醇装置设计。与低压技术相比，单位催化剂产率和投资费用、运行成本、催化剂费用、占地、能耗等据称都有一定程度下降。中高压煤制乙二醇工艺流程图如图 8-2 所示，具体参数见表 8-2。

中高压技术引起了煤制乙二醇业界的关注，但还有待工业装置运行验证其技术经济性能。

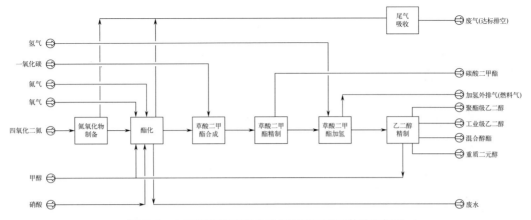

图 8-2　中高压羰化工艺合成气制乙二醇工艺流程框图

表 8-2　中高压羰化工艺合成气制乙二醇工艺参数

项目	羰化	加氢
压力（p）/MPa	1.5～5.0	3.5～8.0
温度（T）/℃	110～200	180～230
单程转化率（C）/%	≥98	≥99
选择性（S）/%	≥99	≥98
时空产率（STY）/[g/(kg·cat)]	≥1000	≥800

8.2.3　装置大型化

随着装置规模大型化的发展，从降低投资和能耗的角度出发，德艾柯工程技术（上海）有限公司（ATHCO）联合宇部兴产株式会社（UBE）、东华工程科技股份有限公司（ECEC）与高化学株式会社（High Chem）共同开发了新型枕式等温反应器。

和传统列管式反应器相比，枕式等温反应器具有传热系数高，换热面积小，设备费用低；催化剂装填系数高，体积紧凑，占地面积小；模块化组装，便于运输；床层温度更均匀；床层压降小，操作费用低等优点。枕式反应器结构为板壳式，因其内部的传热元件板片之间的焊点处呈现圆形枕头的形状而称为枕式(图 8-3)。

（1）DMO 枕式等温反应器

DMO 枕式等温反应器由两段流程组成（图 8-4），两段反应过程中，冷却介质流向始终保持和工艺气一致，有效地保证了床层温度分布的平稳性。并且，反应器每段流程均利用轴向上并列的多组相同模块来满足反应器产能的放大，避免反应器直径增大而受到公路运输的限制。该反应器由两段组成，催化剂装填在壳程，工作介质为工艺气，冷却水走板程，冷却水和工艺气并流流动。

DMO 枕式等温反应器能在有限空间内提供较高的传热能力；在满足反应移热要求的同时，减少催化剂床层气体阻力，有利于降低循环机能耗和生产运行成本。同时 DMO 枕式等温反应器能够分段调节水侧温度和流量，控制每段反应床层温度分布的均匀性

（图 8-5），降低副反应的发生，提高装置产能。同时由于二段反应移热侧设置了调节旁路，在生产末期，增加了对床层温度的控制手段，既保证了反应的安全性，又可保证末期 DMO 的收率。

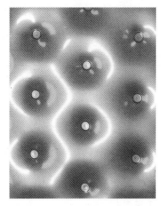

图 8-3　枕式反应器板片图

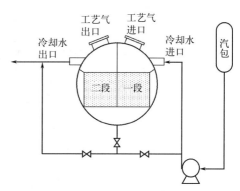

图 8-4　DMO 枕式等温反应器工作流程示意图

（2）EG 枕式等温反应器

EG 枕式等温反应器整体采用独立模块化设计，模块特性由板片/板对设计参数决定，多组板片/板对形成独立模块，多组模块并联集成大型反应器（图 8-6）。该反应器催化剂装填在壳程，工艺气走壳程，冷却水走板程，冷却水和工艺气逆流流动。

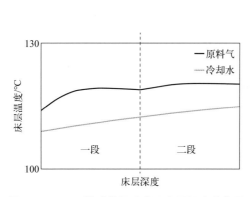

图 8-5　DMO 枕式等温反应器床层温度分布图

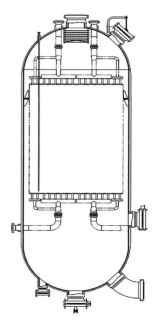

图 8-6　EG 枕式等温反应器

EG 枕式等温反应器的传热系数约为列管式等温反应器的 2 倍，可有效降低设备投资和运行成本。同时，EG 枕式等温反应器更强的控温能力和更均匀的反应床层温度分布还可以降低主要副产物 1,2-BDO 的选择性，反应器出口 1,2-BDO 的含量最低可降至列管式反应器的 50%。因此，EG 枕式等温反应器具有更高的 EG 选择性和转化率，从而降低运行成本。另外，由于 1,2-BDO 与目标产物 EG 的沸点非常接近，难以通过简单精馏进行分离，导致对应精馏塔的设备投资及能耗均较高。以 10 万吨/年乙二醇合成塔产能计算，反应器出口粗 EG 中，每降低 2000mg/kg 的 1,2-BDO，每年可节约一千五百万元人民币的运行成本（蒸汽以 120 元/吨计）。

8.2.4 尾气处理与环保技术

目前，对工业煤制乙二醇装置酯化尾气的处理研究很少。为了满足日益严格的环保政策，主要的技术提供方都开展了技术攻关，并提出了各种解决方案。

8.2.4.1 回收氮氧化物

氮氧化物作为装置内反应的一种有效物质，在设计过程中应该设置尾气吸收系统，由于甲醇中各组分气体有不一样的溶解度，把一氧化氮转化为亚硝酸甲酯，其易溶于甲醇，在喷淋甲醇后通过吸收送至合成系统内。将氮气、甲烷、二氧化碳等难溶于甲醇的惰性气相组分外送至焚烧装置进行无害化处理，并对合成系统内的惰性组分含量进行控制，确保各组分维持平衡。

8.2.4.2 尾气催化处理技术

浦景化工开发了一种新的尾气处理工艺和匹配的尾气处理催化剂[6]，通过在 MN 回收塔后设置一个尾气处理反应器，将羰化和加氢工段的弛放尾气混合后引入该反应器中发生氧化还原反应的方式，可实现 MN 和 NO_x 等有毒有害污染物气体的有效脱除。目前该工艺已在多套工业装置上实现长周期连续稳定运行。

8.2.4.3 MF 脱羰技术

根据目前部分工业装置的开车运行结果，乙二醇装置的羰化反应器中生成的 MF 会在酯化/羰化系统累积，导致弛放气量增加，系统甲醇损失增加。浦景化工从节约资源、降低碳排放量的角度出发，开发了 MF 脱羰技术[7]。即将系统中累积的 MF 经汽化、预热后，在专用催化剂上通过分解反应生成 CO 和甲醇，经冷却后进行气液分离，将 CO 气体经净化后引入羰化系统，同时生成的甲醇可进入酯化系统回收利用。此工艺流程简单，无须引入其他原料，且产品甲醇和 CO 可返回 EG 系统循环利用，既解决了碳排放的问题，也提升了装置运行的经济性。

8.2.5 低碳化技术

对煤制乙二醇技术的发展而言，利用新能源和煤化工之间的耦合、充分利用绿色氢能、推进现有装置碳排放的回收、推进现有装置的减碳措施，也将成为未来煤制乙二醇的重要发展方向。

2020 年，现代煤化工产业总的 CO_2 排放量约为 2.09 亿吨，约占全国 CO_2 排放量的 1.45%；现代煤化工项目的碳排放来源主要是变换工段的高浓度 CO_2 和热电装置的锅炉排放。其中煤制乙二醇的单位产品 CO_2 排放量约为 4.70t/t 乙二醇。根据《高耗能行业重点领域节能降碳改造实施指南》（2022 年版）中对现代煤化工行业节能降碳改造升级实施指南要求，到 2025 年，煤制甲醇、煤制烯烃和煤制乙二醇达到能效标杆水平以上产能比例分别为 30％、50％、30％，基准水平以下产能基本清零，行业节能降碳效果显著，绿色低碳发展能力大幅提高。

煤制乙二醇产业低碳发展的路径主要可以从两方面考虑。一方面，从全产业系统工艺技术路线本身出发，降低生产过程中的碳排放；另一方面，在资源获得可能的地区，实现与新能源制氢的耦合，并从尾气排放的治理措施上综合考虑。

8.2.5.1 工艺系统减碳技术

用煤炭制备的合成气，其特征是碳多、氧多、氢少，用其生产乙二醇产品，需要调整氢碳比，增加氢、降低碳含量，在所用的变换工艺过程中，合成气与水反应生产氢，就必然副产大量 CO_2。如果将该工艺过程和新能源电解水制氢进行耦合，可以大幅降低生产工艺过程的 CO_2 排放量，达到降碳的目的。

此外，如果乙二醇生产所需的 H_2、CO 也可以通过煤气化之外的原料（例如从富氢、富碳工业尾气）获得，从原料气的制备过程中减少煤气化过程部分煤炭完全燃烧的量，降低 CO_2 的生成量，从而达到降碳的目的。通过采用绿色制氢耦合合成气制备工艺等工艺降碳措施，在工艺生产过程中达到了工艺减碳的目的，降低碳排放，实现了低碳排放生产乙二醇的目的。

8.2.5.2 过程燃烧排放减碳路径

现代煤制乙二醇项目，需要消耗大量的蒸汽和电力，其蒸汽和电力的来源基本都是通过以煤为燃料自备电厂的蒸汽和电力外送，而自备电厂锅炉在外送能源的同时一定有大量的尾气排放，其主要成分是 CO_2，因此减少蒸汽和电力消耗，也是乙二醇产业努力的方向。

煤制乙二醇工艺，由于需要通过水煤气变换单元提高氢碳比，产生了较多的 CO_2 排放，以页岩气、天然气、焦炉煤气为原料经合成气制备乙二醇的工艺，由于其主要成分为 CH_4，或富含 H_2，所以通过甲烷水蒸气重整或非催化转化技术，可以不经水煤气变换就得到较高的氢碳比原料气，因此可明显降低 CO_2 的排放量，所以煤气化与富氢原料气的耦合，也是煤制乙二醇的产业方向。

从进一步降低煤化工过程的 CO_2 排放量，并最大限度地重复利用碳资源的角度出发，合肥工业大学等高校对煤化工中 CO_2 循环利用进行了研究，通过分析 CO_2 循环对煤化工过程性能的影响，提出了将煤与不同能源（如化石燃料或可再生燃料）结合的原理，通过技术经济分析发现，将 CO_2 循环利用应用到焦炉气制甲醇工艺中，新工艺的 CO_2 排放接近于零[8]。在此基础上，又提出了一种集成甲烷干重整的焦炉煤气辅助煤制乙二醇（CtEG-DMR）工艺，提出将焦炉气与煤进行联供，利用集成甲烷干重整（DMR）技术将工艺过程中产生的 CO_2 收集起来与 CH_4 反应，实现碳资源最大限度的循环利用[9]。

8.2.6 先进控制技术

目前，以模型预测控制为核心的先进过程控制（advanced process control，APC）是解决过程多变量、存在耦合特性、控制输入输出约束限制的先进技术。它以多变量模型预测控制为主要特征，比传统的 PID 控制更优异，代表性的技术有 Aspen 公司的 DMCplus 技术和 Honeywell 公司的鲁棒多变量预估控制技术（Profit Controller）。

APC 技术有成熟的理论基础和大量成功应用案例。其中，以煤化工行业为例，气化装置作为现代煤化工企业布局智能工厂的出发点，APC 技术的广泛应用显著改善了当前装置自动化投用率低、装置运行不稳定和人员劳动强度大的弊端。

先进过程控制技术在煤制乙二醇行业的应用思路是，通过分析煤制乙二醇生产过程的特点，利用多变量预测控制技术、动态模型辨识、软测量、在线优化技术，基于广泛采用的先进控制软件平台，改善过程动态控制的性能，降低过程变量的波动幅度，使之更接近于其优化目标值，从而推动生产装置在更接近其约束边界的条件下运行，最终达到提高装置运行的平稳性和安全性、保证产品品质的稳定性、实现节能减排，同时提高目标产品的收率、提高装置的处理量，从而达到降低运行成本的目的。

乙二醇工艺流程复杂，过程变量的交互作用受反应器之间热平衡影响，变量之间关联性强。在乙二醇装置上实施绿色先进控制技术，实现其长期平稳、绿色节能、优化操作，对进一步提高企业经济效益具有重要的现实意义。

8.2.7 小结

煤制乙二醇是一项切合中国资源特征的煤化工技术创新，已经对中国的煤化工和聚酯产业产生了重要积极的影响。从煤制乙二醇的基础研究到工艺技术及其装备等各个领域，越来越多的科研成员展开了针对性的科技创新，使得煤制乙二醇技术日趋完善。应用新的催化理论和催化剂微观结构的研究成果，大幅度提高了催化的各项性能，而制备成本大幅下降。催化剂选择性的提高配合先进的精馏技术应用，使得煤制乙二醇产品的紫外透光率指标已不再是煤制乙二醇产品的短板，煤制乙二醇已经满足了下游聚酯产业对产品质量的需求。在煤制乙二醇技术的工业化领域，已得到应用和验证的板式反应器、绕管式反应器等关键大型设备，克服了传统列管式反应器效能低的弊端。开发更为先进的氧化酯化技术及其工艺，稀硝酸还原、尾气循环和吸收、低压蒸汽的利用、废热发电等技术的应用，提高了煤制乙二醇技术的综合经济效益和节能减排水平。目前，中国国内多家高校和科研机构，相继展开了一步法煤制乙二醇技术及其催化剂的技术开发。

可以预见，煤制乙二醇技术将迎来更为广阔的发展前景。

参考文献

[1] Wang C Z，Xu W S，Qin Z X，et al. Low-temperature synthesis of α-alumina nanosheets on microfibrous-structured Al-fibers for Pd-catalyzed CO oxidative coupling to dimethyl oxalate [J]. Catalysis Today，2020，354：158-166.

[2] Cui G Q，Meng X Y，Zhang X，et al. Low-temperature hydrogenation of dimethyl oxalate to ethylene glycol via ternary synergistic catalysis of Cu and acid-base sites [J]. Applied Catalysis B：Environmental，2019，248：394-404.

[3] Wang M L，Yao D W，Li A T，et al. Enhanced selectivity and stability of Cu/SiO_2 catalysts for dimethyl oxalate hydrogenation to ethylene glycol by using silane coupling agents for surface modification [J]. Industrial & Engineering Chemistry Research，2020，59 (20)：9414-9422.

[4] Ye R P，Lin L，Wang L C，et al. Perspectives on the active sites and catalyst design for the hydrogenation of dimethyl oxalate [J]. ACS Catalysis，2020，10 (8)：4465-4490.

[5] Zheng J，Huang L，Cui C H，et al. Ambient-pressure synthesis of ethylene glycol catalyzed by C_{60}-buffered Cu/SiO_2 [J]. Science，2022，376：288-292.

［6］ Wu Jun. Process and system for tail gas treatment：AU2018446174A1 ［P］. 2021.

［7］ 劳依杰，骆念军，陈长军. 一种甲酸甲酯脱羰制高纯度甲醇和 CO 的方法：CN114315511A ［P］. 2022-04-12.

［8］ Yi Q，Li W，Feng J，et al. Carbon cycle in advanced coal chemical engineering ［J］. Chemical Society Reviews，2015，44（15）：5409 5445.

［9］ Yang Q C，Liu X，Zhu S，et al. Efficient utilization of CO_2 in a coal to ethylene glycol process integrated with dry/steam-mixed reforming：conceptual design and technoeconomic analysis ［J］. ACS Sustainable Chemistry & Engineering，2019，7（3）：3496-3510.

9

煤制乙二醇的关联产品与技术

在煤制乙二醇技术中，CO 羰化偶联催化合成草酸二甲酯是一关键步骤，采用不同的催化剂体系可以得到不同的产物系列。亚硝酸甲酯（MN）和 CO 反应，在低价钯活性中心，CO 可以碳碳偶联得到草酸二甲酯（DMO）；而改变钯的价态或修饰钯的配位环境可以得到碳酸二甲酯（DMC）；同样，在 CO 和 MN 反应气氛中引入适量的 H_2，改变催化活性中心可以得到甲酸甲酯（MF）。同时，DMC 和 MF 也是 CO 合成 DMO 的副产物（见第 2 章）。以 CO 羰化偶联制得的 DMO 为原料，可以制备多种化学品：DMO 水解可以制备草酸，DMO 氨解可以制备草酰胺。DMO 进行不同程度的加氢可以得到乙醇酸甲酯（MG）、乙二醇、乙醇。同时，乙醇酸甲酯和乙醇也是 DMO 加氢制乙二醇的副产物（见第 4 章）。以乙二醇为原料，与甲醇、乙醇等低级脂肪醇进行醚化可以得到聚乙二醇醚，或将乙二醇直接醚化合成碳链更长的聚乙二醇醚。

煤制乙二醇的关联技术丰富，下游产品多样（图 9-1），这些产品具有重要的开发价值。

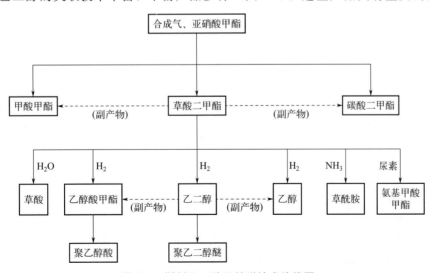

图 9-1　煤制乙二醇及关联技术路线图

新能源技术的发展促进了 DMC 的市场需求及其合成新技术的开发，使得煤制（合成气）DMC 技术受到企业的普遍青睐。聚乙醇酸（PGA）是一种可降解高分子，可发展成为一种环境友好新的材料，应用前景广阔。我国颁布了乙醇可作为汽油等燃料添加剂的法令，通过草酸酯合成乙醇成为一种煤制乙醇的新途径。

可见，发展煤制乙二醇的关联技术可实现煤制乙二醇技术的多元化和产品的多样性，增加煤制乙二醇技术的市场竞争力和抗风险能力，随着这些技术的发展和工业化，煤制乙二醇技术有望形成一个技术产业群。

9.1 甲酸甲酯

9.1.1 性质及用途

甲酸甲酯（methyl formate，简称 MF），分子式为 $C_2H_4O_2$，结构式为 $HCOOCH_3$，分子量为 60.05，沸点为 32℃，室温下为无色液体，有芳香气味。MF 可直接用作处理烟草、干水果、谷物等的烟熏剂和杀菌剂；也常用作硝化纤维素、醋酸纤维素的溶剂；在医药上，常用作磺酸甲基嘧啶、磺酸甲氧嘧啶、镇咳剂美沙芬等药物的合成原料；在汽车领域，用作酚醛树脂固化剂；在聚氨酯领域，用作绿色环保发泡剂（图 9-2）。

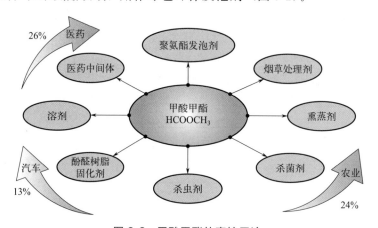

图 9-2 甲酸甲酯的直接用途

MF 是碳一化学中极其重要的中间体（属于有机化工原料），用途极为广泛。从 MF 出发，可以生产甲酸、乙酸、乙二醇、丙烯酸甲酯、丙酸甲酯、乙醇酸甲酯、异丁酸甲酯、甲基丙烯酸甲酯、N-甲酰吗啉、N-甲基甲酰胺、N,N-二甲基甲酰胺、高纯 CO 等 50 多种产品，和甲醇一样被誉为"万能中间体"（图 9-3）。

9.1.2 市场分析

据中研普华产业研究院《2020—2025 年甲酸甲酯行业市场供需分析及投资风险研究报告》，2015—2019 年甲酸甲酯行业全球产能逐年增加，2019 年全球产能已超过 1100 万吨，产量超过 840 万吨。甲酸甲酯主要生产国家有德国、美国、中国和日本。中国的甲酸甲酯产

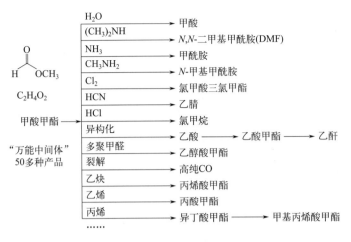

图 9-3 "万能中间体"甲酸甲酯

能也在逐年增加，2019 年产能达到 116 万吨，同比增长 22.1％，产量达到 92.1 万吨，同比增长 23.6％。随着其下游产品如甲酸、醋酐、丙酸甲酯、丙烯酸甲酯、乙醇酸甲酯、乙二醇等的不断发展，我国甲酸甲酯的需求量将以每年约 21％的速度增长，需求缺口将不断增大，2019 年我国甲酸甲酯需求规模为 93.5 万吨，同比增长 21.7％。

9.1.3　技术原理

目前甲酸甲酯制备有多种路线，由合成气直接合成甲酸甲酯是先进的甲酸甲酯生产方法，即以 CO、H_2 和 MN 为原料，在 Pd 系催化剂作用下，反应得到甲酸甲酯（图 9-4）。反应的关键是对 H_2 的控制，进入合成甲酸甲酯反应器的 H_2 必须严格控制含量，保证反应后尾气中的 H_2 含量不能太高，并在反应器后端加入一个脱除尾气中多余 H_2 的反应装置，保证进入氧化酯化塔的循环气中的 H_2 含量低于一定的数值，避免与 O_2 接触发生爆炸的风险。反应方程式如下：

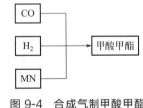

图 9-4　合成气制甲酸甲酯技术原理示意图

$$2CO + H_2 + 2CH_3ONO \longrightarrow 2HCOOCH_3 + 2NO \qquad (9\text{-}1)$$

9.1.4　产业发展现状

甲酸甲酯的合成方法[1]主要有：甲醇甲酸酯化法、液相甲醇羰基化法、甲醇脱氢法、甲醇氧化脱氢法、合成气一步法、甲醛二聚法、二氧化碳和甲醇加氢缩合法等，其中液相甲醇羰基化法（简称 BASF 技术）是目前工业主流的生产方法。该方法是德国 BASF 公司于 20 世纪 80 年代首先实现工业化的，其技术的关键是采用甲醇钠作为催化剂，优点是选择性高，甲酸甲酯是唯一产物。但是采用甲醇钠均相催化剂存在以下严重缺点：①甲醇钠对水极其敏感，因而对原料的纯度要求极高，如甲醇中的 H_2O 含量以及 CO 气体中的 H_2O、CO_2、O_2 和硫化物等杂质含量都要小于 10^{-6}，原料纯化费用较高；②甲醇钠是强碱，对设备腐蚀严重，而且反应压力较高，约 4MPa，需要高压反应容器，设备投入费用较高；③甲醇转化率低，仅 30％左右；④反应在反应釜中进行，属于均相反应，催化剂与产物分离较麻烦，不能实现大规模连续生产；⑤甲醇钠在甲酸甲酯中溶解度较小，若甲醇反应消耗大于某一限度值后，甲醇钠就会形成固体沉淀物，将管道与阀门堵塞，给实际操作带来很大困难，甚至无法正常生产。

此外，煤制乙二醇技术中的 CO 合成 DMO 工艺单元，一般会副产 MF，DMO 产物中的 MF 含量约 0.3%～1.5%。目前我国已建成煤制乙二醇工业化装置的年产量约 600 万吨，折合成 DMO 约 1200 万吨，副产的 MF 约 3.6 万～18 万吨，这部分 MF 在现有的煤制乙二醇装置中如能回收提纯，可以对目前的市场形成有益的补充。

9.1.5 技术前景

合成气制甲酸甲酯是一条绿色、原子经济性的催化反应技术路线。

合成气制甲酸甲酯技术创新主要表现在以下几点：

① 与主流的 BASF 技术不同，合成气制甲酸甲酯路线采用的反应原料之一是合成气，CO 与 H_2 不需要进行变压吸附分离。

② 将 BASF 技术中的甲醇钠均相催化剂替代为负载型金属纳米催化剂，对原料纯度要求低，对设备无腐蚀性。

③ 采用列管式固定床作为反应器，不存在催化剂与产物分离问题，生产过程具有连续性，生产规模可达到年产 10 万～20 万吨。

与 BASF 技术相比，合成气制甲酸甲酯技术在反应原料、催化技术及工艺流程方面具有重大创新，有望打破 BASF 技术的垄断地位，发展成为更具市场竞争力的变革性甲酸甲酯生产技术。

9.2 碳酸二甲酯

9.2.1 性质及用途

碳酸二甲酯（dimethyl carbonate，简称 DMC）是近年来颇受重视的一种被广泛应用的基本有机合成原料，它被誉为有机合成的"新基石"[2]。碳酸二甲酯，分子结构式 $(CH_3O)_2CO$，从其结构式中可以看出含有羰基、甲基、甲氧基、羰甲基，使得碳酸二甲酯具有良好的反应活性，作为重要溶剂和化工原料被广泛应用[3]。DMC 可合成聚碳酸酯、异氰酸酯、聚氨基甲酸酯等一系列化合物，以及食品添加剂、抗氧化剂、染料、农药、医药中间等[4]。而且 DMC 毒性很低，是光气、硫酸二甲酯、氯甲酸甲酯等工业上广泛使用的剧毒试剂的理想替代品，被誉为绿色化学品。

9.2.2 市场分析

据统计，2019 年全球 DMC 产能为 107.2 万吨/年，中国是 DMC 产能大国，产能为 70.5 万吨/年，实现产量 41.1 万吨，表观消费量 33.4 万吨，约占全球产能的 65.76%。

2020 年全球 DMC 产能为 137.2 万吨/年，中国产能为 94.3 万吨/年，约占全球产能的 68.73%。从需求端看，DMC 下游需求以新型领域居多，代表为电解液溶剂和聚碳酸酯。DMC 下游应用多样，除较为传统的胶黏剂、涂料、显影液，近年来以电解液溶剂及聚碳酸酯 (PC) 为代表的新兴领域已成为该产品的最主要下游应用。而从产品纯度来看，纯度较低的工业级 DMC 用于传统下游及非光气法 PC，而锂电池电解液溶剂则需要更高纯度的电池级碳酸二甲酯。锂电池电解液溶剂及 PC 已分别占到 DMC 下游需求的 28%、24%，合计超过一半。

9.2.3 技术原理

以 CO 和 MN 为原料，在 Pd 系催化剂作用下，反应得到 DMC。反应方程式如下：

$$2CH_3ONO + CO \longrightarrow (CH_3O)_2CO + 2NO \tag{9-2}$$

9.2.4 产业发展现状

国内外合成 DMC 的技术主要有光气法、甲醇氧化羰基化法、酯交换合成法、尿素醇解法及二氧化碳直接合成法等五种技术路线[5]，此外，煤制乙二醇技术中的 CO 合成 DMO 工艺单元，一般会副产 DMC。通过对现有煤制乙二醇装置羰化工段的催化剂及工艺条件的调变也可以提高 DMC 的选择性，从而实现 DMO 和 DMC 联产，提高整个装置的经济性。同时，在目前煤制乙二醇利润不断下降的背景下，浦景化工还开发了一种 DMO 气相脱羰生产 DMC 技术，以煤制乙二醇装置的中间产品 DMO 为原料生产 DMC。

9.2.4.1 光气法

光气法是采用光气与甲醇（或甲醇钠）反应制备得到碳酸二甲酯，该技术路线原料光气有剧毒，不仅工艺复杂、操作周期长，还副产大量的盐酸，严重腐蚀设备，污染环境问题严重，同时，由于产品中含有大量卤素，产品品质较差，已经被逐渐淘汰。美国 PPG 公司和德国 BASF 公司等都曾采用此工艺技术生产 DMC，国内的江苏吴县农药厂、重庆东风化工厂、上海吴淞化工厂也曾采用该工艺。

9.2.4.2 甲醇氧化羰基化法

甲醇氧化羰基化法以甲醇、CO 和 O_2 为原料，直接氧化羰基化合成 DMC。目前许多国家生产 DMC 采用该方法。该工艺具有原料易得、生产成本低、工艺简单、产品品质好等优点，主要分为气相法和液相法。

(1) 液相羰基化法

液相羰基化法主要以 CO、甲醇和 O_2 为原料，在催化剂 CuCl 的作用下进行反应，两步得到 DMC。其中，第一步反应是甲醇与 O_2 在催化剂 CuCl 的作用下生成 $Cu(OCH_3)Cl$，第二步 CO 羰基化合成 DMC，并还原出催化剂 CuCl。反应方程式如下：

$$2CH_3OH + 1/2O_2 + 2CuCl \longrightarrow 2Cu(OCH_3)Cl + H_2O \tag{9-3}$$

$$CO + 2Cu(OCH_3)Cl \longrightarrow C_3H_6O_3 + 2CuCl \tag{9-4}$$

该方法生产成本低，工艺简单，无环境污染，但是该工艺甲醇的转化率较低，DMC 的单程收率低，在 32% 左右，而且 DMC 还容易分解，副产物二氧化碳的量较大，反应过程中，游离氯加速了催化剂的失活，引入了新的杂质，并且还容易腐蚀设备。Enichem Synthesis、ICI、Texaco、Dow 化学公司等都做过该技术的研究开发。

（2）气相羰基化法

气相氧化羰基化跟液相羰基化法类似，采用甲醇、CO、O_2 及 NO 为原料。美国 Dow 化学公司在 1986 年研究开发了此项技术，该技术采用固定床反应器，在 2MPa 的反应压力及 100～150℃ 的反应温度下进行反应，反应催化剂为浸渍过氯化甲氧基酮/吡啶络合物的活性炭，其反应方程式如下：

$$2CH_3OH+1/2O_2+CO \longrightarrow (CH_3O)_2CO+H_2O \tag{9-5}$$

日本宇部兴产公司也成功开发了该技术，成功工业化后推广到其他国家。宇部兴产气相法以钯为催化剂，首先甲醇与 NO 及 O_2 反应生成亚硝酸甲酯及水，然后亚硝酸甲酯与一氧化碳进一步反应得到碳酸二甲酯并还原得到一氧化氮，其反应方程式如下：

$$2CH_3OH+1/2O_2+2NO \longrightarrow 2CH_3ONO+H_2O \tag{9-6}$$
$$2CH_3ONO+CO \longrightarrow (CH_3O)_2CO+2NO \tag{9-7}$$

该生产技术中，一氧化氮不消耗。该工艺产品纯度高，达到 99% 以上，CO 选择性高，为 96%，催化剂的寿命也较长，但反应过程中副产物较多。气相氧化羰基化法目前的研究主要集中于含氯催化剂，整个工艺对设备材质的要求也较高。国内浙江大学、天津大学和华东理工大学都对该技术进行过研究开发，并且取得了一定的成果。2015 年，国内的中盐安徽红四方股份有限公司与宇部兴产公司达成协议，引进宇部兴产公司气相甲醇氧化羰基化法技术建成 5 万吨/年碳酸二甲酯装置，并于 2018 年年底投产。

20 世纪 90 年代，中国科学院福建物构所开展了 CO 气相合成 DMC 的研究工作，其基本原理与 CO 气相法合成 DMO 相似，关键是需要解决 DMC 合成催化剂活性低、选择性差和寿命短的问题。近年来中国科学院福建物构所加强了 CO 气相合成 DMC 新型催化剂的研发，取得了重要进展，依据 DMC 合成催化剂的结构性能关系的理论指导，在酸性催化剂载体表面负载高价态的 Pd 并添加合适的有机配体，制备了无氯、高性能、长寿命的 DMC 合成催化剂。该催化剂能实现 DMC 的选择性大于 90%，时空收率大于 400g/(L·h)，寿命大于 700h。福建省石油化学工业设计院针对"气相亚酯法生产 DMC 工艺路线"进行了项目成果转移的经济评估，认为该项目经济可行，具有较好的经济效益，初步形成建立了独立知识产权。2022 年 4 月，中国科学院福建物构所完成了煤制碳酸二甲酯技术的单管试验（1Lcat），无氯 DMC 催化剂经过 3000h 运行后，催化剂各项性能都很稳定，具备了工业化的条件，目前正与设计院进行 10 万吨/年工业示范装置的设计，并与企业达成了合作建厂的合作意向。

9.2.4.3 酯交换法

目前国内的酯交换法主要包括环氧丙烷（PO）酯交换法和环氧乙烷（EO）酯交换法。

（1）环氧丙烷（PO）酯交换法

环氧丙烷（PO）酯交换法采用环氧丙烷、甲醇及二氧化碳为原料，首先环氧丙烷与二氧化碳在 3～5MPa 的反应压力、100～180℃ 的反应温度及催化剂的存在下，反应生成粗碳酸丙烯酯，再经过精馏提纯得到高纯碳酸丙烯酯；第二步碳酸丙烯酯与甲醇在 1.0MPa 的反应压力、60～80℃ 的反应温度及催化剂甲醇钠的存在下，酯交换反应生成 DMC 并副产丙二醇，反应方程式如下：

$$C_3H_6O + CO_2 \longrightarrow C_4H_6O_3 \tag{9-8}$$

$$C_4H_6O_3 + 2CH_3OH \longrightarrow C_3H_6O_3 + C_3H_8O_2 \tag{9-9}$$

环氧丙烷（PO）酯交换法工艺比较成熟，产品收率高达95%以上，反应条件温和，是目前国内主要的碳酸二甲酯生产工艺，该工艺占国内DMC生产工艺产能总量的80%以上。但该工艺采用的PO价格较为昂贵，导致该工艺的生产成本较高。同时该工艺副产的丙二醇市场容量有限，目前已经出现过剩的情况，这也导致目前国内该工艺生产装置的开工率不足。

（2）环氧乙烷（EO）酯交换法

环氧乙烷（EO）酯交换法与环氧丙烷（PO）酯交换法原理类似，其反应方程式如下：

$$C_2H_4O + CO_2 \longrightarrow C_3H_4O_3 \tag{9-10}$$

$$C_3H_4O_3 + 2CH_3OH \longrightarrow C_3H_6O_3 + C_2H_6O_2 \tag{9-11}$$

针对国内企业PO酯交换法制DMC生产成本高，副产物难销售，装置开工率不足的问题，国内唐山好誉科技开发有限公司等企业、高校及科研院所对EO酯交换法制备碳酸二甲酯技术进行了研究开发，并已经成功应用到工业化生产装置。2020年，浙江石油化工有限公司20万吨/年碳酸二甲酯（DMC）项目开车成功，该项目还副产13.2万吨/年的乙二醇。该项目实现了唐山好誉科技开发有限公司开发的环氧乙烷酯交换法生产工艺在国内的首次工业化生产应用。该技术反应条件温和，反应选择性高，反应转化率达到95%以上，产品纯度达到99.9%以上。但该工艺原料EO易燃易爆，不易长途运输，因此有强烈的地域性。

9.2.4.4　尿素醇解法

采用甲醇和尿素作为原料合成DMC的技术，是由中国科学院山西煤化所在20世纪90年代后期提出的一种工艺。目前尿素醇解法包括直接醇解法和间接醇解法。

（1）尿素直接醇解法

尿素直接醇解法以甲醇与尿素为原料，甲醇与尿素反应先生成氨基甲酸甲酯和氨气，氨基甲酸甲酯进一步与甲醇反应生成DMC和氨气，反应压力为1MPa，反应温度为180～200℃，反应方程式如下：

$$2CH_3OH + (NH_2)_2CO \longrightarrow NH_2COOCH_3 + NH_3 \tag{9-12}$$

$$NH_2COOCH_3 + CH_3OH \longrightarrow C_3H_6O_3 + NH_3 \tag{9-13}$$

该方法反应过程中，氨基甲酸甲酯与甲醇反应困难，需要在高压下进行，反应单程转化率低。

（2）尿素间接醇解法

尿素间接醇解法是以尿素、丙二醇、甲醇为原料，在常压及60～150℃的反应温度下，尿素与丙二醇反应生成碳酸丙烯酯及氨气，碳酸丙烯酯与甲醇继续反应生成DMC及丙二醇，反应方程式如下：

$$C_3H_8O_2 + (NH_2)_2CO \longrightarrow C_4H_6O_3 + 2NH_3 \tag{9-14}$$

$$C_4H_6O_3 + 2CH_3OH \longrightarrow C_3H_6O_3 + C_3H_8O_2 \tag{9-15}$$

在反应过程中，丙二醇并不产生消耗，作为原料循环使用。反应得到的氨气可以吸收作为副产品增值，整个生产工艺不对外排放"三废"，是理想的"零排放"绿色环保工艺。产物的分离也较酯交换工艺简单，没有水、甲醇及碳酸二甲酯的共沸物，分离能耗较低。2014

年，中国科学院山西煤炭化学研究所与上海韦福化工技术发展有限公司联合开发尿素间接醇解法生产碳酸二甲酯工艺技术，并建成 1000t/a 的中试装置，开工生产出 99.8％（质量分数）的碳酸二甲酯产品，这是国内首次实现尿素醇解法技术的中试生产。华东理工大学和江苏晋煤恒盛化工股份有限公司联合开发了具备自主知识产权的尿素两步法生产碳酸二甲酯工艺技术，并于 2015 年投建了一套 4 万吨/年碳酸二甲酯生产装置。2020 年，山西中科惠安化工有限公司建成全球首套 5 万吨/年尿素与甲醇间接制备碳酸二甲酯生产装置，该项目的核心技术由中国科学院山西煤炭化学研究所研究开发。2020 年 7 月，该项目关键工序尿素与丙二醇反应制备碳酸丙烯酯项目投产。试生产结果表明，尿素的转化率达到 100％，产品碳酸丙烯酯单程收率在 90％以上，纯度达到 99.95％以上，副产品液氨的纯度在 99.9％以上。该项技术的成功工业化，为该技术大规模推广应用奠定了坚实的基础。尿素法开拓出二氧化碳再利用的新途径，符合国家的节能减排政策。同时，利用国内产能严重过剩的尿素、甲醇等化工原料，开发出原料来源广、生产成本低、产品附加值高、环境效益好的碳酸二甲酯合成技术，推动了整个碳酸二甲酯行业及上下游行业的发展。

9.2.4.5 二氧化碳直接合成技术

二氧化碳直接合成法是将甲醇和二氧化碳作为原料，一步直接合成碳酸二甲酯。采用温室效应气体二氧化碳作为有效碳源合成有机化学品的原料，符合社会大众对于环境保护的愿望，并且原料易得，价格便宜，且无毒性。但由于热力学上二氧化碳分子的惰性，该方法反应的转化率及产品的收率极低，工业化的道路任重而道远。目前，国内许多高校和科研院所都在这方面进行了大量的研究，以催化体系的研究居多，但关键技术仍然需要突破。该方法是目前国内外已知的最经济的绿色环保工艺技术，该工艺技术原料来源广、价格便宜，还能解决环境问题，一旦实现工业化，将成为世界上最有发展前途的技术之一。

9.2.4.6 DMO 气相脱羰制 DMC 技术

近年来，上海师范大学、上海石化院等都对 DMO 脱羰制备 DMC 进行了研究，上海石化院黄谢君等[6]研究了 SiO_2 载体负载 Cs_2O_3 催化剂气相催化草酸二甲酯脱羰基合成 DMC 的反应。采用间歇高压搅拌釜考察了不同工艺条件下催化剂的反应性能，包括反应时间、反应温度、焙烧时间和负载量，并评价了最佳工艺条件下的催化剂寿命。结果表明，在催化剂焙烧温度为 500℃、负载量为 10％、反应温度为 220℃和反应时间为 90min 的条件下，反应转化率和选择性达到最佳，分别为 73.1％和 70.5％，单程收率为 51.6％。在循环 5 次性能评价中，催化剂性能依次下降，为积炭所致，焙烧再生能恢复一定活性。

上海师范大学顾华军等[7,8]将 Rb_2CO_3 @C 催化剂用于 DMO 脱羰制 DMC 的初步研究表明，转化率可达 80％，选择性＞99％，并推测了反应机理如图 9-5 所示。

推测碱金属碳酸盐催化 DMO 脱羰反应的可能机理涉及 α-消除反应（图 9-5）。首先，固体碱亲核进攻 DMO 的一个羰基碳产生一个草酸单甲酯中间物种和一个甲氧基负

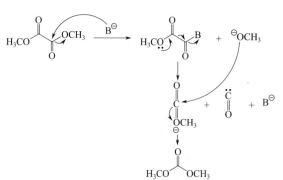

图 9-5　DMO 脱羰生成 DMC 反应机理图

离子基团。该草酸单甲酯中间物种经分子重排脱羰产生 CO、再生固体碱催化剂，并形成一个带正电的碳酸酯中间体。最后，由第一步形成的甲氧基负离子亲核加成产生最终产物 DMC。

不同于上述研究在间歇反应釜中进行，上海浦景化工研究了固定床中的 DMO 脱羰反应，开发了独特的脱羰催化剂，其中 DMO 转化率为 70%～80%，选择性为 80%～90%，催化剂寿命超过 1200h。

9.2.4.7　DMO 联产 DMC 技术

煤制乙二醇技术中的 CO 合成 DMO 工艺单元，一般会副产 DMC，DMO 产物中的 DMC 含量约为 1.9%～2.2%。目前我国已建成煤制乙二醇工业化装置的年产量约 600 万吨，折合成 DMO 约 1200 万吨，副产的 DMC 约 22.8 万～26.4 万吨，这部分的 DMC 在现有的煤制乙二醇装置中有一些已实现回收提纯，达到工业一级品的标准，如通辽金煤在原 20 万吨/年乙二醇装置基础上新建一套联产 8000t/a DMC 装置，DMC 产品纯度≥99.5%（质量分数），河南煤化建在安阳、洛阳、濮阳、永城、新乡的 5 套工业化装置也具备了联产 DMC 的能力，这部分 DMC 产品可以对目前的市场形成有益的补充。然而，在不改变生产工艺的前提下，现有乙二醇工业装置的 DMC 选择性较低，DMC 的产量受制于装置规模，因此仅实现 DMC 的产品精制对装置经济性提升有限。浦景化工在现有工艺技术基础上，通过改进羰化催化剂以及调变工艺条件，可在保证 DMO 产量不变的基础上，提高 DMC 选择性，通过提高 DMC 产量进一步提高整个装置的经济性。以 10 万吨/年乙二醇装置计算，每年可实现联产 DMC 3 万吨，DMC 产品纯度≥99.9%（质量分数），符合 GB/T 33107—2016《工业用碳酸二甲酯》中优级纯要求。以 2022 年 5 月 DMC 价格 5100～5200 元/吨计算，可至少增加产品收入 1.53 亿元。

9.2.5　技术前景

近年来，碳酸二甲酯合成技术的研究开发，是国内外化工领域的研究热点方向之一，酯交换法获得了较大的发展和进步。随着国内技术的不断发展进步和成熟，国内碳酸二甲酯的生产方法也将会从传统工艺酯交换法、甲醇氧化羰基化法向多元化的方向发展，尿素醇解法目前已经具备大规模工业化的前景，CO 气相羰基化法（含氯催化剂）在国内已经建成 10 万吨/年的工业化装置，在建拟建装置超过 20 万吨/年，DMO 气相脱羰制 DMC 技术正在国内进行中试，有望于近期建成工业化装置。随着聚碳酸酯（PC）及锂电池行业的发展，碳酸二甲酯将迎来新的发展机遇，市场空间将进一步扩大，这将进一步促进碳酸二甲酯技术的发展。

9.3　草酸

9.3.1　性质及用途

草酸分子式为 $H_2C_2O_4 \cdot 2H_2O$，白色结晶。草酸是生物体的一种代谢产物，广泛分布于植物、动物和真菌体中，并在不同的生命体中发挥不同的功能。研究发现百多种植物富含草酸，尤以菠菜、苋菜、甜菜、马齿苋、芋头、甘薯和大黄等植物中含量最高，由于草酸可降低矿质元素的生物利用率，在人体中容易与钙离子形成草酸钙导致肾结石，所以草酸往往被认为是一种矿质元素吸收利用的拮抗物。

9.3.2 市场分析

世界草酸的生产主要集中在亚洲，年产 45 万吨，其中日本、韩国和印度等共计 15 万吨。欧美年产量约为 15 万吨，主要产于法国、德国以及巴西等。从草酸需求量分析，33％用于制药行业，25％用于稀土行业，35％用于金属加工及铝品工业，其余 7％用于草酸酯和染料中间体等行业。随着草酸应用领域的扩展，草酸的需求量将持续稳定地增长。近几年，制药行业仍以 10％ 左右的速度增长，带动草酸用量的提升。从稀土行业看，虽然稀土产量提升有限，但稀土工业污染排放标准的实施，以及高端稀土的生产比例不断提高，也促使草酸需求增加。从其他行业看，电子行业发展迅速，电子级草酸用量迅速增长。我国是草酸消费的主要国家，表观消费量已超过 20 万吨，主要用于制药和稀土加工行业。

9.3.3 技术原理

草酸二甲酯进一步通过自催化水解反应，采用反应精馏、连续冷却结晶等方法得到草酸产品。水解反应式为：

$$(COOCH_3)_2 + 4H_2O \longrightarrow (COOH)_2 \cdot 2H_2O + 2CH_3OH \tag{9-16}$$

9.3.4 产业发展现状

工业化生产方法主要有：甲酸钠法、碳水化合物氧化法、乙二醇氧化法、丙烯氧化法和草酸酯水解法[9-11]等。

（1）甲酸钠法

甲酸钠法是利用一氧化碳和氢氧化钠在催化条件下反应，先制得甲酸钠，然后将甲酸钠加热到 400℃脱氢以制取草酸钠。将草酸钠转化为草酸，包括两种不同的工艺路线：一种称为铅化工艺，另一种称为钙化工艺。甲酸钠铅化法工艺成熟，产品质量稳定，生产周期短，其收率可达 80％～90％，精制草酸纯度可达 99.5％。但其生产过程中存在铅污染，且反应得到的硫酸钠不能返回流程，导致生产中要消耗大量的硫酸和烧碱。

（2）碳水化合物氧化法

该法直接以碳水化合物或农林副产品及其废料为原料，通过硝酸氧化制取草酸。各国受其本国资源的限制，所采用的原料也各不相同，就其获得性和经济性而言，玉米淀粉最佳，使用最普遍。该法原料易得、流程简单、操作条件温和、投资少且上马快，特别适用于中小型企业生产。但该法收率低，每生产一吨草酸需消耗约 2 吨粮食、0.8 吨浓硝酸和 0.5 吨浓硫酸，并且尾气中含有大量氮氧化物，毒性大且污染严重。

（3）乙二醇氧化法

乙二醇氧化法是由日本三菱瓦斯化学公司首先开发成功的，在硝酸和硫酸的混合介质中，乙二醇被不断地氧化成草酸，产品收率可到 80% 以上，最终产品的纯度可达 99.5%。该法可在常压、减压或加压三种工艺条件下进行，工艺简单，操作简便，能连续化生产，产品质量高，反应过程产生的 NO 可回收利用，几乎没有三废污染。可能是乙二醇供应链的问题，该法还没能实现工业化。

（4）丙烯氧化法

氧化过程分两步进行。第一步用硝酸氧化，使丙烯转化为 α-硝基乳酸；然后进一步催化氧化得到草酸。第二步也可采用混酸为氧化剂。丙烯氧化法生产工业级草酸二水化合物，以丙烯计总收率大于 90%。

（5）草酸酯水解法

以煤制乙二醇技术中的草酸酯为原料，在硝酸和硫酸存在下，与水反应而得草酸。此方法工艺简单，原料成本低，容易大规模生产。天津大学在 1998 年便开始了 CO 制草酸酯、草酸方面的模试及中试工作，在国家"九五"科技攻关项目的支持下于 2001 年完成 3 吨/年的合成草酸酯的模试研究[12]，2003 年完成了 300 吨/年合成草酸二乙酯、草酸的中试工作。随后在 2007 年开始与贵州鑫晨煤化工集团有限公司合作建设一套 1100 吨/年黄磷尾气制草酸中试装置，并开始了大规模利用工业尾气制草酸的技术推广。江苏丹化集团在 2005 年开始启动草酸酯草酸中试装置建设[13]，2010 年 5 月，通辽金煤的首套 20 万吨/年煤制乙二醇工业示范装置联产 10 万吨/年草酸酯水解制草酸项目经过联动试车，打通流程，试产出合格的草酸产品，产出的草酸产品纯度达到 99.5% 以上。随着煤制乙二醇技术的大规模工业化，草酸酯原料来源广且成本低，用于制备草酸不仅可以实现单套装置规模的大型化，一般可以建成 10 万吨/年以上规模，而且生产成本比现有技术要低很多。

9.3.5　技术前景

草酸生产工艺的选定，主要依据是原料来源及价格。对于石化工业水平发展较高、石化产品较便宜的国家，可采用乙二醇法、丙烯氧化法、CO 合成草酸酯法；农产品资源丰富的地区，可采用淀粉氧化法；甲酸钠法在国外已处于淘汰的边缘，仅在少数国家的中小厂家有少量生产，但在我国还是主要的生产方法。目前，国内用甲酸钠法生产草酸主要问题是脱氢工艺落后，收率较低，需引进国外连续脱氢专利技术和设备来提高草酸的收率，降低能耗。因此煤制乙二醇技术的发展使得 CO 合成草酸酯法形成大规模生产成为可能，而随着煤制乙二醇技术的提高，草酸酯法得到的草酸的生产成本将进一步降低，并有望取代甲酸钠法，成为草酸生产的主流工艺。

9.4　草酰胺

9.4.1　性质及用途

草酸胺分子式为 $(CONH_2)_2$，密度 $1.667g/cm^3$，分子量 88.0658，含氮 31.8%，白色粉末，在空气中不吸潮、无毒、易于贮存，微溶于水，不溶于乙醇和乙醚，在水中的溶解度为 0.016%，水解或生物分解过程中，逐步放出氨态氮和二氧化碳，是一种良好的脲醛类缓效肥料。

草酰胺用作硝化纤维制品的稳定剂。在推进剂中用作降速剂，在衬层配方中用作增链增黏剂，在燃气发生剂中用作发气剂和降温剂。未来潜在的最大用途是用作缓效肥料，可施用于粮食作物、经济作物、药材作物、饲料作物、工业原料作物等，或作为配方原料用于生产缓释复混肥料。其肥料形式分为颗粒肥、粉末肥和液态肥，可用作基肥、追肥和叶面肥，目前市场占有率不及氮肥总量的 1%。

草酰胺具有如下优点：

① 提高氮素利用率。草酰胺颗粒在水中溶解度小，施肥后不易被水带走，流失少，在土壤中被生物分解过程中逐步放出植物易于吸收形态的氮，长期缓慢释放氮素营养，使氮素被植物充分吸收，提高肥效，增加产量，减少浪费，提高氮肥利用率。

② 节省人工。草酰胺的施肥方法为一次性作基肥施用，减少施肥次数，大大节省了人工，使农民轻松种植、简单增产。

③ 保护环境。草酰胺本身物理特性微溶于水，作为肥料应用时不会随雨水淋失，可减少氮随水体的流失及向大气中氨的挥发，减少农业面源污染、保护农业生态环境，可缓解严重的农业面源污染。同时，作为一种缓释氮肥，可有效消除传统控释肥中聚烯烃类等包膜材料因降解缓慢而对土壤造成的二次污染。

9.4.2 市场分析

草酰胺是一种脲醛类缓释肥料，无毒且易于储存，在生物降解的过程中逐渐分解并释放出氨态氮和二氧化碳。草酰胺作为优质的缓释氮肥在农业上的应用价值在日本等国外地区已得到了证实（特别是在水稻和草莓的应用上），与目前广泛使用的速效氮肥（如碳铵、硫铵、尿素）相比，具有比较广阔的开发和应用前景。

9.4.3 技术原理

经草酸二甲酯氨解法，由 CO 偶联合成草酸酯，然后氨解得到草酰胺。氨解反应方程式为：

$$(CH_3OCO)_2 + 2NH_3 \longrightarrow (CONH_2)_2 + 2CH_3OH \tag{9-17}$$

9.4.4 产业发展现状

作为一种优良的缓释氮肥，草酰胺迟迟未能在农业上大规模推广应用的根本原因在于草酰胺的制备工艺尚不成熟，难以实现低成本、工业化生产。

草酰胺的合成技术[14]主要包括以下三种：

① 经 HCN 合成草酰胺，该法又分为一步法和二步法。一步法又称 Hoechst 法，用 O_2 在含 $CuNO_3$ 的稀醋酸溶液中直接将 HCN 氧化成草酰胺；二步法例如美国专利 US3989753 所述，HCN 先被氧化生成 $(CN)_2$，$(CN)_2$ 再水解生成草酰胺。二步法又分为 Degussa 法、相模法和旭化成法，区别主要在于所使用的氧化剂不同。该方法的缺陷在于 HCN 的毒性

大，成本高。

② 热解法。用草酸铵或草酸尿素热解得到少量草酰胺。该法缺点在于没有使用价值且成本高，目前研究较少。

③ 经草酸酯氨解法，由 CO 偶联合成草酸酯，然后氨解得到草酰胺。氨解反应方程式为：

$$(ROCO)_2 + 2NH_3 \longrightarrow (CONH_2)_2 + 2ROH \tag{9-18}$$

1981 年日本宇部兴产公司率先建成年产 600t 经草酸酯氨解合成草酰胺的工厂。美国专利 US6348626 首次公开了由草酸酯氨解合成草酰胺的研究，以草酸酯为原料，以对应的脂肪醇为溶剂，讨论了不同反应条件下合成草酰胺的纯度和收率。

近年来，CO 经亚硝酸酯偶联合成草酸酯的工艺逐步完善且成功实现工业化，为草酸酯氨解法合成草酰胺的大规模生产奠定了基础。中国专利 CN102267921B[15] 以煤、水和空气为基本原料，提出了一种合成草酰胺的连续工艺。煤经水煤气变换制合成气，再经变压吸附或深冷分离得到 CO 和 H_2，空气经变压吸附分离得到 N_2。其中 CO 经亚硝酸酯偶联合成草酸酯，N_2 和 H_2 用于合成 NH_3，草酸酯最后经 NH_3 氨解得到草酰胺。中国专利 CN103288666A[16] 介绍了一种连续气相合成草酰胺的方法，采用流化床反应器代替了原有的间歇式反应釜，实现了草酰胺的连续生产。美国专利 US5393319 和中国专利 CN103242188A[17] 还对草酰胺在合成过程中控制颗粒成型的问题进行了研究。

国外虽已有草酰胺用作缓释肥料研究的报道，但因无法解决制约草酰胺低成本生产所需关键原料草酸二烷基酯的大规模商业供应瓶颈，尚未见有草酰胺大规模工业化生产的报道，日本宇部兴产公司有相对较少量商品级草酰胺缓释氮肥供应，美国有几家公司生产工业品草酰胺，但没有肥料级产品。国内方面，相关煤制乙二醇公司具备大规模工业化生产草酸二甲酯产品的技术和能力。作为关联产品，煤制乙二醇工艺的快速发展及不断成熟为草酰胺缓释肥的大规模工业化生产提供了可能，成功解决了氨解法制备草酰胺的关键原料瓶颈，找到了一条草酰胺低成本、工业化生产的路线，为草酰胺在农业领域中的推广应用奠定了坚实基础。2010 年，国内煤制乙二醇企业建成草酸二甲酯氨解法制备草酰胺 300t/a 中试装置，实现了连续长周期稳定运行，工业化试生产出质量优良的草酰胺产品，大幅降低了草酰胺生产成本，经过攻关研究，解决了草酰胺单独或与其他速效肥混合成型工艺，为草酰胺用作缓释肥料的肥效研究及大规模推广应用奠定了坚实基础。

9.4.5　技术前景

尽管经草酸酯氨解合成草酰胺的工艺具备低毒低成本等优势，然而该路线仍然存在诸多缺陷。例如：产品较为单一，只能得到草酰胺一种有价值的化学品；反应生成的副产物脂肪醇的含量必须要控制在一定比例以下，否则草酸酯的转化率会受到很大影响，因此在反应进行过程中副产物脂肪醇需要不断移除；因为氨解过程中 NH_3 的利用率低，反应过程需要通入过量的 NH_3，这些来不及反应掉的 NH_3 不能直接排放到大气中，因此需要吸收或循环再利用，例如中国专利 CN103242188A[17] 和中国专利 CN103288666A 的工艺中都额外设计了 NH_3 吸收系统、冷凝系统和循环系统，而且反应装置的釜体、气路、NH_3 循环系统和吸收系统必须耐氨腐蚀，由此带来设备和工艺成本的增加。

我国是个农业大国，14 亿人口的吃饭问题是最大的政治问题，它需要大量的化肥和粮食。草酸酯氨解制草酰胺这一技术的开发成功并大规模生产，就可以大量生产缓效化肥草酰胺来满足农牧业生产需要。这将对我国的化肥和农牧业生产以及节能降耗、减轻环境污染等起很大作用，是一项真正资源节约型和能源节约型产业。

9.5 聚乙醇酸

9.5.1 性质及用途

聚乙醇酸或聚乙交酯（PGA），是一种单元碳数最少和降解速度最快的脂肪族聚酯类高分子材料，具有良好的生物相容性和生物可降解性。PGA 结晶度较高，熔点约 225℃，不溶于常见的有机溶剂，只溶于六氟代异丙醇等强极性有机溶剂。PGA 具有优异的生物相容性、阻气性、耐热性以及机械强度，更重要的是其可在 30 天内完全降解为水和二氧化碳，已在美国、欧盟和日本获得了可安全生物降解的塑料材料认证，是迄今研究应用最多的生物可降解材料之一。PGA 在生物医学方面，可用于生产可吸收的医用缝合线、骨折内固定物、组织修复和药物缓释材料等，还可用作食品和饮料的包装材料、阻气包装材料，在油气开采等工业领域也可用作高强度耐压材料，如可降解压裂球等[18]。

相比于现有 PGA 应用成熟的油气开采领域，PGA 在可降解材料领域的发展前景不可限量。近几年国家密集推出了多项有助于可降解材料迅猛发展的强有力政策，也使得 PGA 越来越受到了业内人士的重视。但除了国家政策影响之外，PGA 本身优异的降解特性，也能够有力支撑 PGA 在可降解材料领域的全面推广。PGA 不仅可在降解条件相对苛刻的海洋环境中实现降解，而且在海洋中降解中间产物乙醇酸单体，是海洋中微生物的重要有机碳来源。乙醇酸可以被变形菌门类微生物通过 β-羟基天冬氨酸循环而吸收，成为微生物体内营养物质，不必最终代谢成为二氧化碳，这就可以使得 PGA 在整个降解周期中不需要排出二氧化碳，在全球对碳减排要求越来越高的今天，PGA 能够为全球碳减排做出非常大的贡献[19]。

合成 PGA 的主要单体或原料有乙交酯（glycolide）、乙醇酸（glycolic acid，GA）和乙醇酸甲酯（methyl glycolate，MG）。乙交酯的化学式为 $C_4H_4O_4$，是两分子乙醇酸相互发生分子间酯化形成的六元环状二酯，为白色片状晶体，熔点为 84℃，沸点为 330℃。乙交酯是稳定的化合物，但与水在酸或碱存在下共热时，水解为 GA。乙交酯可用来均聚形成 PGA，也可以与其他环状单体共聚形成无规共聚物或嵌段共聚物（如图 9-6 所示）[20,21]。GA 又称羟基乙酸或 α-羟基乙酸，结构式 $HOCH_2COOH$，是最简单的羟基酸。GA 是无色易潮解的晶体，溶于水，以及甲醇、乙醇和乙酸乙酯等有机溶剂，微溶于乙醚，不溶于烃类。GA 兼有醇与酸的双重性，常用作化学分析试剂和有机合成原料，例如，用于生产 PGA、EG、皮革染色剂、纤维染色剂、铜蚀剂、清净剂、鞣革剂、黏合剂、金属螯合剂、电镀药剂、焊接机配料和石油破乳剂等。MG 又称羟基乙酸甲酯或甘醇酸甲酯，结构式 $HOCH_2COOCH_3$，其在室温下是无色，有愉快特殊气味的液体，可以任意比溶于醇与醚。MG 分子中官能团丰富，同时具有醇和酯的化学性质，能发生水解、氢解、羰化、氧化以及氨解等反应。MG 是一种重要的有机合成和药物合成的中间体，同时是许多橡胶、树脂和纤维素的优良溶剂，在国家的"十五"规划中被列为主要基础化工产品[22]。

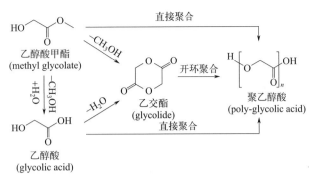

图 9-6　MG 和 GA 制备 PGA 工艺路径示意图

聚乙醇酸主要应用领域如下：

① 医药领域。PGA 是脂肪族聚酯和最简单的线性热塑性可生物降解聚合物，具有良好的生物可降解性，类似于天然纤维，与常见的聚乳酸树脂相比，其可在人体生理或合适的环境条件下还原为无毒产品，现已应用于手术缝合线（用途最大）、骨折内固定物、骨组织修复工程支架、软骨缺损替换材料、人体组织修复材料、缓释药物载体、泌尿管支架、医药灌洗液、医药等渗冲洗液、医用超声波凝胶、牙周再生材料等诸多领域。

② 包装领域。聚乙醇酸最明显的优点是对环境无害、可生物降解，可取代目前大量使用的聚乙烯和聚氯乙烯等包装材料（包括塑料袋、瓶子和其他一次性包装物品等）。聚乙醇酸具有使氧气、二氧化碳难以透过的高气体阻隔性，是各类碳酸饮料、啤酒瓶和防腐食品包装的理想选择。

③ 农业等领域。PGA 在农业生产中也有巨大的应用潜力。PGA 作为农用地膜，在使用后自动降解，减少了不可降解塑料聚乙烯、聚氯乙烯等对环境造成的污染。PGA 作为除草剂的缓释控制系统，可以控制除草剂、农药的释放速度，减少除草剂、农药给环境带来的污染。此外，PGA 还可以作为保水材料，用于林业、水产、沙漠绿化等。

综上所述，作为一种可生物降解且对人体和环境均无毒无害的环境友好型高分子材料，PGA 在生物医用、工程塑料、食品包装、农业生产等领域具有广阔的市场前景。特别是PGA 是综合阻隔性能（汽/氧阻隔性能）最好的材料之一，并且力学性能优于其他的可降解材料，接近 ABS 等工程塑料，其在食品包装、农膜保湿保温、一次性塑料制品、工程塑料等方面大有可为，可以部分取代在塑料工业中广泛应用的通用塑料，以及用作林业、土壤等农业生产中的不可生物降解材料，以减少全球的塑料污染问题。但由于传统合成 PGA 所用的单体和原料价格昂贵、加工性能差、生产规模小，PGA 长期主要用于生物医药等高端精细领域，产品也主要依赖国外进口。随着煤基合成气制 PGA 技术的发展和成熟，产能不断攀升并逐渐实现国产化，PGA 的生产成本不断降低，其应用范围和市场空间也将逐步扩大，有望成为生物降解材料领域的主流品种。

9.5.2　市场分析

目前，全球实现 PGA 规模化生产的企业仅有日本吴羽公司、德国赢创等少数几家。日本吴羽公司凭借强大的技术实力和先发市场优势，在全球 PGA 市场中占有重要地位，是全球聚乙醇酸行业的龙头企业。德国赢创是全球领先的生物可降解材料和医用材料供应商，在聚乙醇酸市场也占有一定份额。近年来，中国聚乙醇酸技术持续突破，浦景化工、金煤化工等企业通过加大技术研发，在聚乙醇酸工业化领域取得突破，大规模生产线正在建设中，逐渐打破了全球聚乙醇酸被日本吴羽公司垄断的局面。PGA 全球市场主要分析如下。

① 欧洲。欧洲是"限塑令"和"禁塑令"实施最为严格的地区，欧盟有机垃圾填埋指令要求成员国在 2016 年减少有机垃圾填埋量到 1995 年的 35％；意大利从 2011 年 1 月 1 日起超市全面禁售非生物降解的塑料袋；法国、西班牙于 2013 年 1 月 1 日全面禁售 PE 购物袋；在德国生产与销售生物降解塑料能豁免回收义务及税收；2011 年 5 月 24 日，欧盟筹划对全欧洲实施禁塑令，从 2012 年起禁用非生物降解塑料袋；2015 年，英国对超市每个购物袋开征 5 便士环保税；荷兰在 2016 年开始对超市赠送的所有塑料袋进行征税。"限塑令"和"禁塑令"的实施极大地促进了欧洲地区生物可降解材料市场的发展，欧洲也因此成为全球聚乙醇酸需求量最大的地区。2019 年，欧洲聚乙醇酸市场需求量为 2276 吨。

② 美国。日本吴羽公司通过在美国西弗吉尼亚州的杜邦工厂内建设 4000t/a 的生产线，实现了聚乙醇酸的商业化运行，美国也因此成为聚乙醇酸的主要生产地区。美国是生物可降解材料开发和推广应用的主要国家，其成立了专门的塑料降解研究联合体、生物/环境降解塑料研究会等进行生物可降解材料的合成、加工工艺、降解试验、测试技术和方法标准体系的建立。同时，美国也制定了有关法规限制不可降解塑料的使用，如 2007 年旧金山的超市和药店等零售商只允许向顾客提供纸袋、布袋或以玉米副产品为原料生产的可生物降解塑料，化学塑料袋被严格禁止。但是总体来看，美国对塑料污染的管控不及欧洲，聚乙醇酸在可降解塑料领域的需求与欧洲相比也较少。2019 年，美国聚乙醇酸市场需求量为 952t。

③ 中国。近年来，中国生物医用材料市场不断发展，而且限塑令不断升级，使得生物可降解材料市场也快速发展，聚乙醇酸作为重要的生物医用材料和生物可降解材料，中国聚乙醇酸需求量不断增加。而且聚乙醇酸是一种新型石化材料，是石化产业转型升级的重要方向，因此受到政府的大力支持，在政策和需求的推动下，中国聚乙醇酸产业化进程不断推进，进口依赖度也不断降低。2019 年，中国聚乙醇酸需求量为 636t。

我国 PGA 的研发虽然起步较晚，但近年我国在煤基 PGA 领域取得突破性进展，国内已有数家企业实现了煤制 PGA 工业化生产，已然大步向工业化应用迈进，国产 PGA 在产品质量和技术成熟度方面也必将进一步提升，从而在全球化市场中占据重要位置，逐渐打破全球聚乙醇酸被日本吴羽公司垄断的局面。上海浦景聚合材料有限公司位于内蒙古的一期 1500t/a PGA 装置已经投产。2021 年 3 月，国家能源集团榆林能化 5 万吨/年 PGA 示范项目开工，2022 年投产；同月，中石化湖北化肥 5 万吨/年 PGA 项目基础设计开工。此外，中石化长城能化在贵州规划建设 50 万吨/年 PGA 项目。全球 PGA 产能将不断扩张，同时在下游需求的增长带动下，行业产量也将不断增加，进而推动行业产值继续增加。

从政策导向和需求看，国家石化行业政策及规划鼓励实施创新驱动战略、促进传统行业转型升级、发展化工新材料。PGA 作为一种化工新材料，得到了国家政策的支持和鼓励，可以和煤制 EG 形成互补，有重要意义。另外，受国家限塑政策的影响，当前越来越多的企业开始关注可降解材料的研发。PGA 作为一种可降解塑料，是国家鼓励发展的新型材料，在"限塑令"实施的国家和地区具有较大的市场需求潜力和需求空间。各国也加大对非生物降解塑料的限制和可生物降解塑料的鼓励力度，全球可生物降解塑料市场将保持快速发展趋势，PGA 市场需求也将快速增长，预计到 2025 年，国内可降解材料市场潜在替代目标空间达到 766.9 万吨[23]。

9.5.3 技术原理

如前所述，PGA合成原料主要包括MG、GA和乙交酯，其合成途径主要有两种，即MG或GA直接缩聚法和乙交酯开环聚合法。此外，PGA合成还有一些被报道的方法，如溶液缩聚法（氯乙酸合成法）和甲醛与一氧化碳缩聚法等。溶液缩聚法是在三乙胺作用下，氯乙酸首先聚合生成聚氯乙酸，再熔融水解得到PGA。该方法原料来源广，成本低，工序简单，但是氯乙酸腐蚀性强，不仅会产生氯化氢副产物，还需要使用氯仿和丙酮等有机溶剂，整个路线对设备要求高，且带来较严重的环境污染。甲醛与一氧化碳缩聚法，是以一氧化碳与甲醛为原料缩合制备PGA，主要缺陷就是所得PGA分子量低，需要进一步缩合才能得到高分子量PGA。由此看来，MG或GA直接聚合法和乙交酯开环聚合法是更具工业前景和应用价值的PGA合成方法。所以，最重要的中间体MG或GA的合成效率是控制PGA合成的主要影响因素。

DMO加氢制MG技术的瓶颈是高效催化剂的研发。由于DMO和MG的沸点相差不大（分别为163.5℃和149～151℃），而且MG化学性质活泼，易于水解和分解，工业上为合成出高纯度MG，对加氢催化剂的性能要求很高。DMO加氢体系主要分为均相加氢和非均相加氢，催化剂分别以贵金属Ru络合物均相催化剂[24]和负载型Cu及Ag多相催化剂为代表[25-27]。工业上多采用非均相体系和催化剂。

目前，MG制备合成PGA的途径主要有两条：一是MG在催化剂的作用下，直接脱醇缩聚或脱水形成乙醇酸（GA），再直接缩聚形成低分子量的PGA；二是MG先脱醇生成GA低聚物，并进一步经解聚反应，生成粗乙交酯，粗乙交酯经精制提纯后，开环聚合得到高分子量的PGA聚合物（见图9-7）[28-32]。直接缩聚法的代表催化剂为$SnCl_2$，该方法高温聚合易导致所得产品颜色深，并且该方法产物分子量不易控制，实现工业化连续生产有一定难度[28]。而乙交酯开环聚合法是目前制备高分子量PGA最为成熟的方法。其聚合催化剂分为三类：①阳离子型催化剂，例如羧酸、对甲苯磺酸、$SnCl_2$、$TiCl_4$、SbF_2、CF_3SO_3Me和CF_3SO_3H等，只能引发内酯本体聚合，故而产物分子量不高。②阴离子型催化剂，例如BzOK、PhOK、t-BuOK和BuLi等，其催化活性高，适合溶液或本体聚合，但聚合过程副反应较多，产物的杂质含量高，因此也不利于制备高分子量的聚合物。③配位聚合型催化剂，例如烷基金属化合物Et_2Zn、Bu_2Zn、$AlEt_3$、$SnPh_2$和$Al(t\text{-}Bu)_3$等，烷氧基金属化合物$Al(i\text{-}OPr)_3$、$Zn(OBu)_2$、$Ti(OBu)_4$、$Zr(OPr)_2$、$Zn(OEt)_2$和$Sn(OEt)_2$等，以及双金属催化剂$ZnEt_2\text{-}Al(i\text{-}OPr)_3$和$(EtO)_2AlOZnOAl(OEt)_2$等，这些催化剂活性适中，能有效抑制副反应，产物分子量高且分布好[21]。

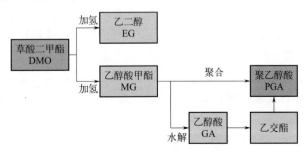

图9-7 DMO经MG制PGA路线

9.5.4　产业发展现状

日本吴羽公司于 1995 年在世界上首先开发了 PGA 工业生产技术，2002 年，在福岛县事业所设置了年产 100 吨的中试装置。2008 年，日本吴羽公司与杜邦公司合作，在美国设立新公司"吴羽 PGA"，投资 1 亿美元，在美国西弗吉尼亚州的杜邦工厂内建设 4000t/a 的生产线，从 2010 年初开始了 PGA 的商业化生产，成为了全球范围内仅有的实现 PGA 千吨级规模生产的企业。PGA 工业化大规模生产的实现极大地促进了产品工业领域的拓展应用，不再局限于手术缝合线等小规模应用，全球 PGA 产业由此进入快速发展阶段。

围绕 PGA，国外开展了大量的基础研究与工业化技术开发，取得了重大的产业化进展。而我国 PGA 的研发起步较晚，在该领域的技术较为落后，近几年才在煤基 PGA 领域取得突破性进展，目前国内实现聚乙醇酸工业化生产的企业数量较少。浦景化工基于其开发的低成本乙醇酸技术，以 CO、H_2 和 O_2 为主要原料，经中间产品 DMO 生产 GA，制备出纯度 99.6% 以上的 GA 产品，GA 经聚合得到 PGA。该技术于 2015 年 6 月在内蒙古通辽得到了 300t/a 中试运行验证，真正拉开了我国 PGA 产业化的序幕。随后，国内首个"万吨级聚乙醇酸"项目在内蒙古包头九原工业园区开工建设，使自主开发的 PGA 聚合技术得到中试运行验证。通辽金煤化工有限公司也是国内领先的 PGA 企业，其 3000t/a 的 PGA 生产线中试工作正在进行中，目前其产品主要自产自用，未来若其大规模生产线不断建成，将对我国 PGA 外销市场竞争格局产生较大的影响。

此外，煤制乙二醇技术中的 DMO 加氢制 EG 工艺单元，也会副产一定量的 MG，EG 产物中的 MG 含量约 0.3%～1.0%。目前我国已建成煤制乙二醇工业化装置的年产量约 600 万吨，副产的 MG 约 1.8 万～6 万吨，这部分 MG 在现有的煤制乙二醇装置中如能回收提纯，可以对目前的市场形成有益的补充。

9.5.5　技术前景

PGA 是重要的医用高分子材料和环保材料，也是煤化工产业转型升级的重点突破方向之一，因此受到国家政策大力支持。《产业技术创新能力发展规划（2016—2020 年）》将煤基 PGA 降解材料技术列为煤化工的重点发展方向。

我国 PGA 的研发起步较晚，在技术水平、产业化进程等方面与国际领先水平还存在一定差距，使得我国 PGA 产品严重依赖进口。近年来，在国家政策的鼓励下，我国 PGA 产业取得较大进步，以国内丰富的煤炭资源为原料，经过草酸二甲酯加氢生产乙醇酸甲酯为中间产品制得 PGA 的技术研发成功，该技术极大降低了聚乙醇酸的生产成本，我国逐渐成为全球聚乙醇酸技术的领先国家之一。而且，随着国内聚乙醇酸在建或拟建生产线的完工投产，我国或将成为全球最大的聚乙醇酸生产国和出口国。但是与日本等先进国家相比，我国聚乙醇酸产品质量还有较大差距，具备较高技术含量的医药级聚乙醇酸产品的生产能力还较弱。

单一的路线和产品在面临市场冲击时常常难以抵抗，针对煤制 EG 的工艺路线的拓展具有重要价值和意义。产品的多元化能极大地缓解企业的生存压力，增加抗风险能力。可降解塑料的巨大市场缺口以及煤制 MG 技术的成熟恰恰提供给了市场和企业拓展煤制 PGA 工艺的难得时机。PGA 具有较大的市场空间和发展潜力，搭借煤制 EG 的前端成熟技术，完善

DMO 加氢制 MG 以及 PGA 聚合两步工艺，即可在原来的装置基础上较快实现技术联产。

随着 PGA 产业化规模的不断扩大，PGA 材料下游应用产品开发的重要性日益突出。PGA 本身具有较好的力学性能、高阻隔性和快速降解性，却易热分解，加工难度高，其加工窗口较窄。若要进一步开拓国内 PGA 下游市场，未来应加强对 PGA 改性的研究，特别是其降解行为、加工稳定性等方面。可通过构筑 PGA 高分子材料表面功能化，更好地拓展 PGA 的应用范围，并寻找理想的增韧补强材料克服其韧性不足的缺陷，对 PGA 进行深加工，提升改性 PGA 实际应用水平，并与 PGA 改性材料以及终端客户建立密切的关系，为客户提供有针对性的 PGA 产品的解决方案。

PGA 的改性可以通过化学共聚、表面改性、熔融共混等方法进行。由于 PGA 与 PLA 的化学结构和合成方法最为相似，医疗器械领域上最常见的改性方法是用 PGA 与 PLA 或 PCL（聚己内酯）共聚改性，形成 PLGA 或 PGC，并且可以通过改变两种单体的比例来调节共聚物的降解周期和结晶性能。

PGA 的表面改性主要用于医学和药物传输领域。可将 PGA 聚合物与胶原蛋白杂交以克服聚合物的疏水性和惰性，使聚合物网表面附着胶原蛋白，从而改善细胞附着力和细胞接种性，适合 PGA 生产的相容剂和热稳定剂的研发将是解决热加工问题的关键。

PGA 的高加工温度造成了其与其他生物质高分子（如淀粉和纤维素）以及其他市售生物可降解高分子（如 PCL、PBS 和聚羟基丁酸酯）进行熔融共混的难度。大多数 PGA 合金采用的是溶液法制得，例如溶液流延、溶液静电纺丝等。引入适合 PGA 改性的相容剂和热稳定剂可降低其熔融共混的难度。随着改性技术的发展，可增加 PGA 的韧性和阻隔性，同时改善熔融加工时的熔体流动性，PGA 将会应用到更多领域。

9.6 乙醇

9.6.1 性质及用途

乙醇，英文为 ethanol，俗称酒精，分子式 C_2H_6O，结构简式为 CH_3CH_2OH 或 C_2H_5OH。乙醇是一元醇，冰点为 $-114.15\,℃$，沸点为 $78.4\,℃$，$20\,℃$ 时密度为 $0.789g/mL$，在通常情况下为液体，无色透明、易挥发、易燃，并略带刺激[33,34]。乙醇具有低毒性，但是短时间内过度摄入也会导致中毒。乙醇具有良好的溶解性，能与水以任意比互溶，还能与氯仿、乙醚等有机溶剂混溶[35]。乙醇可以和水形成共沸物。乙醇在特定条件下能被氧化成乙醛、乙酸。乙醇能和金属发生反应，比如和钠反应，但是它的氢原子活性比水的差。乙醇还可以脱水形成乙醚、乙烯。而乙醇含氧量高，易于完全燃烧，产物只有二氧化碳和水。乙醇是一种清洁能源，把乙醇作为燃料可以减少污染物排放，帮助解决环境污染问题。由于乙醇分子含有一个羟基，这使得它具有潮解性。

乙醇在国民生活中起着重要的作用，被广泛用于生产消毒用品、饮料制品、化工原料、汽车燃料、防腐剂等。在医学中，70%～75%的乙醇被用作消毒剂，乙醇能进入细菌细胞内使得细菌的蛋白质变性从而杀灭细菌。在石油化工工业中，乙醇可以在固体酸催化剂作用下脱水生产乙烯，与现有的烃类裂解制乙烯和煤制烯烃路线相比，该方法对环境更加友好并且成本更低，引起了越来越多研究者的关注[36]。乙醇作为添加剂，以一定的比例加入汽油中，可以促进汽油完全燃烧、减少污染物的排放，还可以提高辛烷值以提高汽油抗震爆性能[37,38]。除此之外，乙醇还用作燃料电池的燃料，和早期广泛使用的甲醇相比，乙醇可以提供更多的能量，并且它的毒性更低，在燃料电池技术方面乙醇具有很好的研究价值与应用价值[39,40]。乙醇还作为防腐剂加入食品中，可以抑制细菌的滋生，并且和其他防腐剂相比，乙醇具有更低的毒性，对人体更加友好[41,42]。

9.6.2　市场分析

世界经济正在不断地发展，而发展经济需要动力，这动力就是能源，全世界每年对天然气、石油、煤炭等资源的消耗在逐渐增加。随着全球变暖问题的产生，大量消耗化石能源所产生的环境问题也日益凸显，因此世界各国已经把寻找代替化石能源特别是汽油的新能源提上日程。甲基叔丁基醚（MTBE）在过去几十年作为一种汽油添加剂被广泛使用，然而有关研究表明这种物质对生物和环境具有一定的毒害作用[43]，乙醇则可以代替 MTBE 作为汽油添加剂大规模使用，为了应对环境问题以及减少我国能源对外依赖度，2017 年 9 月十五部委提出我国将于 2020 年全面普及乙醇汽油，车用乙醇汽油最新标准要求不得人为加入 MTBE[44]。

9.6.3　技术原理

草酸二甲酯与 H_2 在催化剂的作用下反应得到乙醇、甲醇和水，产物再经过精馏得到乙醇产品。反应式为：

$$(COOCH_3)_2 + 5H_2 \longrightarrow CH_3CH_2OH + 2CH_3OH + H_2O \qquad (9\text{-}19)$$

9.6.4　产业发展现状

9.6.4.1　生物质发酵法

燃料乙醇发酵糖来源通常分为两类，第一类主要采用糖以及淀粉作为原料，如木薯、高粱等农作物，第二类则主要采用农业废弃物中的木质纤维素作为发酵的材料[45]。以糖或淀粉为原料可以直接发酵，而以纤维素为原材料就需要进行初步分解得到分子量较小的糖类，然后再进行发酵制备乙醇[46]。

淀粉和纤维素乙醇技术已经成熟并不断完善，新一代燃料乙醇已经成为研究热点。新一代燃料乙醇将以微藻为原料，它可以直接利用二氧化碳生产乙醇并同时合成蛋白质[46]。但是在生产工艺上仍然存在技术难题需要进一步解决，纤维素的预处理等步骤有待改进，生产成本需要进一步降低[47]。

9.6.4.2　乙烯直接水合法

乙烯水合法的含义是：在特定反应条件以及合适的催化剂的作用下，乙烯与水发生反应制备乙醇。工业生产主要有乙烯间接、直接水合法。该反应的化学反应式如下：

$$(CH_2)_2 + H_2O \longrightarrow C_2H_5OH \tag{9-20}$$

以乙烯、水为原料，在固体酸催化剂催化下，二者发生加成反应生成乙醇[48,49]。

9.6.4.3 乙烯间接水合法

乙烯间接水合法主要包含两步，第一步，在温度为 $60\sim90℃$，压力为 $1.7\sim3.5MPa$ 的条件下，将乙烯和浓硫酸通入吸收塔，反应后生成硫酸酯。反应式如下：

$$(CH_2)_2 + H_2SO_4 \longrightarrow C_2H_5SO_4 \tag{9-21}$$
$$2(CH_2)_2 + H_2SO_4 \longrightarrow (C_2H_5)_2HSO_4 \tag{9-22}$$

第二步，将以上所得的硫酸酯和水混合，在水解塔中水解生成乙醇，以及副产物乙醚。反应方程式如下：

$$C_2H_5HSO_4 + H_2O \longrightarrow H_2SO_4 + C_2H_5OH \tag{9-23}$$
$$(C_2H_5)_2HSO_4 + 2H_2O \longrightarrow H_2SO_4 + 2C_2H_5OH \tag{9-24}$$

在整个过程中，硫酸作为吸收剂，在吸收、水解、提纯、精馏与浓缩等各个过程中起着重要作用。但由于反应过程中使用大量硫酸会释放一些 SO_3 气体，SO_3 对人是有害的，并且排到大气中会产生酸雨。因此，乙烯间接水合法相对乙烯直接水合法来说更不经济环保[50]。

9.6.4.4 合成气法制乙醇

合成气生产乙醇的工艺路线主要有：直接法和间接法。直接法即以合成气为原料直接制取乙醇；间接法即先把合成气加工成中间体，然后对中间体进行进一步加工生产乙醇。

（1）直接法制乙醇：化学合成法

将合成气直接通过合适的催化剂催化来制取乙醇，所需要的工艺步骤比较少，这意味着所需的成本可能会更少，能产生更大的经济价值。尽管合成气直接催化转化制乙醇这一块得到了许多研究并且取得了一些成果，但是该技术的不足之处仍未被克服：原料的单程转化率以及乙醇的选择性太低，未转化的原料要循环使用，这使得能耗增加；C_2 含氧副产物多且分离困难，会提高成本。另外，副产物中含有甲烷，随着原料气循环，会导致原料自身的成分压降低，为了维持反应效果，需要提高反应压力[51-53]。由于直接法反应催化活性低、乙醇选择性不高，合成气直接法制备乙醇还需要进一步探索才能实现大规模应用。该过程中均相催化剂和非均相催化剂都有应用，均相催化剂制备成本高、反应压力高、催化剂分离以及回收步骤烦琐限制了它的工业化应用；对于非均相催化剂，由于形成最初的 C—C 键速率缓慢而当碳数目达到 2 以上时碳链迅速增长导致原料转化率和乙醇选择性都很低[51]。

（2）直接法制乙醇：生物发酵法

生物发酵法的原料为 CO_2、H_2，以及 CO，在厌氧菌作用下借助乙酰 CoA 生物化学反应得到乙醇。该路线工艺流程相对简单，成本更低，不再以纤维素或淀粉为原料，而是以合成气为原料合成乙醇，节约了大量粮食并且可以实现不间断生产，这可以节约很多成本从而获得更大的利润回报。

（3）间接法制乙醇：合成醋酸再加氢

该方法先由煤炭制成合成气，把合成气制成甲醇，甲醇经羰基化得到醋酸，醋酸再加氢制备乙醇[47]。醋酸在催化加氢制备乙醇过程中伴随着一些副反应，会产生乙醛、乙酸乙酯、甲烷、二氧化碳等副产物。

$$CH_3COOH + 2H_2 \longrightarrow C_2H_5OH + H_2O \qquad (9\text{-}25)$$

该技术的关键是井发一种具有优异加氢活性的羧基加氢催化剂。已发表的研究成果中，研究的催化剂主要以氧化铝、氧化锆、二氧化硅、氧化钛等作为载体，以 Pt、Pd、Rh 等贵金属为活性金属。通常加入硒和钼助剂对催化剂性能进行优化。虽然以 Pt 为主要活性金属可以得到比较好的加氢效果，但是要用到贵金属，成本大幅提升。而且醋酸具有强腐蚀性，在高压条件下操作会对设备造成腐蚀。采用抗腐蚀材料，这将大大提高生产成本，压缩利润空间，不利于工业化大规模推广[54]。

（4）间接法制乙醇：合成醋酸酯再加氢

该工艺路线先由煤经合成气制得醋酸再进行酯化或者先制成二甲醚再进行羰基化来得到醋酸甲酯。

（5）间接法制乙醇：合成草酸二甲酯再加氢

把生物质、天然气、煤炭等制成合成气，合成气经过催化偶联得到草酸二甲酯，该反应分为两步，首先是 CO 与亚硝酸甲酯反应制备草酸二甲酯，接着是亚硝酸甲酯的再生，其中亚硝酸甲酯是可以循环利用的。

$$2CH_3ONO + 2CO \longrightarrow (COOCH_3)_2 + 2NO \qquad (9\text{-}26)$$

$$2CH_3OH + 1/2O_2 + 2NO \longrightarrow 2CH_3ONO + H_2O \qquad (9\text{-}27)$$

草酸二甲酯加氢为连续反应，第一步加氢得到 MG，第二步加氢得到 EG 或者 MA，第三步加氢得到乙醇。CO 偶联制 DMO 工艺已逐渐趋于完善，所以 DMO 加氢生产乙醇成为了主要研究方向，针对该反应路径长、副产物多的特点，开发出合适的催化剂成为重点[55,56]。其具体反应路径如图 9-8 所示。

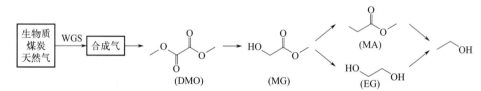

图 9-8　草酸二甲酯加氢连续反应路径图[57]

9.6.4.5　煤制乙二醇副产乙醇

煤制乙二醇技术中的 DMO 加氢制 EG 工艺单元，也会副产一定量的乙醇，EG 产物中的乙醇含量约 0.2%～0.5%。目前我国已建成煤制乙二醇工业化装置的年产量约 600 万吨，副产的乙醇约 1.2 万～3 万吨，这部分乙醇在现有的煤制乙二醇装置中如能回收提纯，可以对目前的市场形成有益的补充。

9.6.5　技术前景

我国煤炭资源丰富，石油资源却较为短缺，开发以煤炭为基础的合成气制乙醇新型工艺路线可以为乙醇的生产提供充足的原料，也为我国的可持续发展奠定重要基础。酯类分子中同时存在 C═O、C—O 键，根据特定的加氢条件以及使用相应的催化剂加氢可以得到不同的产物，酯类的加氢在研究催化相关课题中具有重要意义[57-59]。煤经气化制备合成气，合成气在钯催化剂作用下经耦合反应可以得到草酸二甲酯（DMO），这是一种结构对称的饱和脂类。DMO 在催化剂作用下可以加氢制备乙醇等具有重要经济价值的化工中间产物。而通过催化剂的设计以及反应条件的调控可以生成特定的产物。使用具有优异活性的催化剂，可以将DMO 直接加氢得到乙醇。该合成路线不仅成本低廉、原料来源广泛，而且符合我国能源结构特征。因此不论从学术角度还是应用价值来看，研究草酸二甲酯加氢制乙醇都具有重要意义。

9.7 其他新产品

9.7.1 氨基甲酸甲酯

氨基甲酸酯类化合物（carbamic ester）具有广泛的用途，可用作农药、医药和有机合成的中间体等，其中氨基甲酸甲酯（methyl carbamate）是典型的氨基甲酸酯类化合物[60]。氨基甲酸甲酯结构式 NH_2COOCH_3，简称 MC，分子量 75.07，别名尿基烷（urethylane）、甲基乌来坦（methylurethane），白色结晶颗粒，易溶于水和醇，沸点 177℃，密度 $1.1361g/cm^3$，折光率 1.4125，化学纯质量要求熔点 52～56.5℃。

氨基甲酸甲酯可用于织物防蛀虫，具有很好的应用前景，具有无味、挥发性适中、毒性低、防蛀效果好，优于精萘、对二氯、三聚甲醛等防蛀剂，是取代樟脑的较为理想的品种之一。另外，氨基甲酸甲酯在其他杀虫剂、杀螨剂和杀菌剂中也有较好的应用，品种多、药效好。

氨基甲酸甲酯作为镇静药物在医药上很早就得到了应用，另外，还可用作消炎剂、肌肉松弛剂、镇痛剂、抗癫痫药。

氨基甲酸甲酯和丙酮基丙酮反应，得到 N-甲基吡咯，具有优良的抗 UV 性能，和橡胶、塑料及各种树脂具有很好的相溶性。另外，氨基甲酸甲酯和原甲酸酯缩合后，生成一种亚胺酯，再和苯肼缩合得到唑酮类化合物，用作除草剂。

氨基甲酸酯和烯烃进行加成反应，可合成 N-氨基甲酸酯类化合物，如苯乙烯和氨基甲酸酯在 $Hg(NO_3)_2$ 存在下，进行加成反应得 N-苯乙基氨基甲酸酯，产率99％；又比如氨基甲酸酯和异丁烯在酸性离子交换树脂催化下，得到 N-叔丁基氨基甲酸酯，产率93％。

另外，氨基甲酸甲酯在异氰酸酯合成、无毒聚氨酯合成、碳酸二甲酯合成及与醛酮反应等方面也有应用，如氨基甲酸酯裂解法合成异氰酸酯是取代光气法的主要途径，目前在发达国家已投入工业化生产。

氨基甲酸甲酯用作水泥添加剂，生产低收缩水泥，这种水泥在凝固后收缩率低，而且不裂缝。

在纺织行业，氨基甲酸甲酯代替尿素和甲醛缩合，再经乙二醇醚化等工序，得到用于纤维处理的织物整理剂，产品具有较低的甲醛逸出率，织物抗皱性能好。

在涂料工业以氨基甲酸甲酯为原料可生产粉末涂料，用于家电、仪器、仪表外壳的涂饰，可增加涂层的透明性及耐酸性能，具有贮藏稳定性好，反应活性高之优点。另外，氨基甲酸甲酯在表面活性剂及树脂改性方面也有应用。

以草酸酯和尿素为原料，对反应进程进行控制，可以得到氨基甲酸甲酯，反应路径简单，收率高，成本低。

9.7.2 聚乙二醇醚

聚乙二醇醚是一类由环氧乙烷开环均聚合成得到的化学品，属于聚醚多元醇家族的一员，其中具有代表性的产品包括聚乙二醇单甲醚、聚乙二醇二甲醚等。

聚乙二醇醚具有良好的水溶性、润滑性、热稳定性和生理惰性，对环境友好且对人体无刺激。随着聚合度和分子链长度的变化，聚乙二醇醚表现出不同的物理化学性质，在多个领域发挥着重要作用[61,62]。例如，高聚聚乙二醇醚在建材工业中常用作高效水泥减水剂和增强剂的制备原料，在纺织印染工业及日化工业中常用作增稠剂和润滑剂，在制药工业中常用作油膏、乳剂、软膏、洗剂和栓剂的基质。低聚聚乙二醇醚可作为非质子性溶剂用于清洗剂、防冻液、油墨等工业消耗品的合成，尤其是可作为添加剂改善柴油品质，显著提高柴油的十六烷值、降低柴油的使用量和污染物的排放量，甚至能完全代替柴油用作动力机械的清洁燃料[63-65]。更重要的是，合成聚乙二醇醚所使用的甲醇和乙二醇原料可以全部由煤化工路线制备得到，这极其符合我国的基本国情与战略需求。

9.7.2.1 相关催化剂

合成聚乙二醇醚的醚化反应是一个典型的酸催化过程。传统的强酸性催化剂如硫酸、磷酸等无机酸均存在设备易腐蚀、产品分离困难等工艺问题，随着技术升级目前已被市场逐步淘汰。现在使用及开发的大多是固体酸类催化剂，主要包括分子筛、金属氧化物、树脂、负载型杂多酸等。

分子筛催化剂，例如 HZSM-5、H-beta、HY、MCM、SAPO 等系列经常被用于醚化反应[66,67]。分子筛催化剂催化乙二醇醚化的反应机理尚不明确，主导反应的决定性因素更可能来源于其酸性而非择形性。在固定床反应器中，反应物连续通过催化剂床层，其在分子筛表面的停留时间有限，反应物内/外扩散的影响被放大，故而分子筛孔道的作用也不可忽视。因此，对分子筛进行改性，调控其酸强度、酸量及孔道织构对提高分子筛在醚化反应中的活性、选择性、稳定性乃至分子筛催化剂的再生活化都有着重要意义。

金属氧化物固体酸催化剂主要指的是氧化锆、氧化钛及其复合物，它们除具有常规固体酸催化剂所具有的易分离、环境友好等特点外，还具有活性高、热稳定性好、易再生等优势。在通常情况下，这些金属氧化物表面只存在 Lewis 酸中心且酸性较弱，而经硫酸处理后，金属氧化物表面会产生较强的 Brønsted 酸中心，且硫酸根离子与金属氧化物之间有强相互作用，进一步加强了酸性，从而得到固体超强酸催化剂[68]。然而，在实际使用过程中该类型固体超强酸催化剂仍存在许多问题，例如活性组分易流失、热稳定性较差等，目前的研究主要集中在通过载体固载或者其他的改性方法解决这些问题，使其更具备实际应用的潜力和前景。

树脂是一类具有交联结构的高分子材料，其最大的特性是具有离子交换性能，故而广泛用于纯水的制造、稀土元素的提取、生物分子的精制等[69]。树脂本身通常含有具有酸性或碱性的功能基团，在作为催化剂使用时其活性通常来源于自身可与反应物相互作用的酸、碱中心，例如醚化反应常用的强酸性离子交换树脂通常要求具备磺酸基等基团[70]。树脂型催化剂的性能取决于其活性中心的种类与数量，更与树脂颗粒的大小、孔隙度、扩散系数、分子平均自由程等扩散因素密切相关。

9.7.2.2　相关合成方法

目前聚乙二醇醚的制备方法主要包括 Williamson 合成法、环氧乙烷开环聚合法、乙二醇醚化法、合成气法等。

Williamson 合成法是经典的醚合成方法，适用于对称醚和不对称醚的合成，其主要步骤为：①一分子醇与碱金属钠或氢氧化钠反应生成醇钠；②另一分子的醇与卤素发生取代反应生成卤代烷烃；③将醇钠与卤代烷烃混合反应生成醚，同时产生等摩尔量的卤化钠副产物[71]。该方法具有工艺成熟、操作简便等优点，在一定时期曾是我国生产乙二醇醚的主要方法，但是该方法也存在流程长、原子经济性低、副产物多等缺点[72]。该方法在以金属钠为原料制备醇钠时成本较高，基本不具有工业应用价值，若替换以氢氧化钠为原料制备醇钠，则又会出现反应条件苛刻，产物收率低等问题。

环氧乙烷法是采用环氧乙烷与醇类等起始剂为原料进行开环反应得到聚乙二醇醚的方法。在不同的反应机理下，固体酸催化剂、碱金属氢氧化物、醇钠等都可以作为催化剂驱动该反应的进行[73-75]。该反应原子经济性较高，但不易控制反应进行的程度，容易产生大量副产物，开发高效的催化剂是提升该方法市场竞争力的关键[76]。

乙二醇醚化法是指以乙二醇与甲醇、乙醇等低碳脂肪醇为原料，直接醚化合成碳链更长的聚乙二醇醚，或以低聚聚乙二醇为原料直接合成聚乙二醇醚的方法。该方法具有反应清洁，操作简便的优点，但很难兼顾反应的转化率和选择性，易产生大量的二噁英等有毒副产物。研究者针对该反应进行了广泛研究，Veiga 等考察了甘油、1,2-丙二醇、乙二醇等生物质多醇与乙醇或辛醇在 USY、H-beta、HZSM-5 等分子筛催化剂上进行的醚化反应，发现乙二醇的转化率与分子筛的亲水-疏水性有着密切关系，分子筛的疏水性越强，则乙二醇的转化率越高，其中 HZSM-5 具有最高的转化率与单醚选择性[77]。Liu 等则发现一种 Keggin 型均相杂多酸催化剂可用于醚化反应，在相同酸浓度或质子浓度的情况下，该类催化剂具有比传统酸催化剂如硫酸等更高的催化活性[78]。中国科学院大连化物所研究团队对 ZSM-5 型、Y 型、Beta 型分子筛以及树脂、超强酸等催化剂在固定床反应器上的反应条件进行了全面考察，他们通过醚化反应得到了乙二醇甲醚、乙二醇二甲醚、乙二醇乙醚、乙二醇二乙醚等系列乙二醇单、双封端的醚类产物[79-82]。尽管乙二醇醚化法目前尚存在亟须解决的各种问题，但在众多聚乙二醇醚的制备工艺中仍然具有较好的发展前景。

参考文献

[1] 张一平，费金华，郑小明.甲酸甲酯合成技术进展 [J].精细石油化工，2003 (04)：49-52.

[2] 王东方.草酸市场前景及生产应用 [J].化工技术经济，2003，21 (3)：20-21.

[3] 王保伟.CO 气相偶联制草酸模拟放大研究 [J].中国工程科学，2001，3 (2)：79-85.

[4] 李正清.气相催化合成草酸酯和草酸项目启动 [J].甲醇与甲醛，2005 (4)：43.

[5] 孙李林.碳酸二甲酯合成技术综述 [J].山东化工，2022，51：80-82.

[6] 黄谢君，刘俊涛.Cs_2CO_3 催化草酸二甲酯脱羰基合成碳酸二甲酯 [J].工业催化，2021，29 (12)：71-74.

[7] 顾华军.基于草酸二甲酯的催化加氢及脱羰基应用研究 [D].上海：上海师范大学，2020.

[8] 顾华军，韩昕宸，蓝梓桀，等.Rb_2CO_3@C 催化草酸二甲酯脱羰制碳酸二甲酯的研究 [C] //中国化学会.第十届全国催化剂制备科学与技术研讨会（成都）论文集.2018：2.

[9] 李安民，李一兵，耿书元，等.草酸的生产工艺评述 [J].煤化工，2006，34（5）：58-60.

[10] 阮复昌，范娟，黄国水.各种草酸生产工艺的对比及我国草酸工业的现状 [J].广东化工，1997，24（5）：14-17.

[11] 王丽杰，靳鹏.草酸的生产工艺及市场分析 [J].广州化工，2013，4（20）：30-32.

[12] 李辉，工煊军.化学氧化法制备草酸工艺述评 [J].广州化工，2010，38（9）：30-32.

[13] 梅允福，班丽娜，朱俊彪，等.草酸二丁酯的复合催化工艺 [J].广州化工，2009，37（8）：222-223.

[14] 任春华，戴志谦，汪国瑜.草酰胺合成技术发展 [J].泸天化科技，2016（4）：228-230.

[15] 陈贻盾.一种合成草酰胺连续工艺：CN102267921B [P].2011-05-26.

[16] 吴晓金，吴维果，毛洪堂，等.一种连续气相合成草酰胺的方法：CN103288666A [P].2013-05-21.

[17] 杨长生，曾浩.Method and device for directly synthesizing oxamide granules：CN103242188A [P].2013-08-14.

[18] Low Y J，Andriyana A，Ang B C，et al.Bioresorbable and degradable behaviors of PGA：Current state and future prospects [J].Polymer Engineering & Science，2020，60：2657-2675.

[19] Lennart Schada von Borzyskowski，Francesca Severi，Karen Krüger，et al.Marine Proteobacteria metabolize glycolate via the β-hydroxyaspartate cycle [J].Nature，2019，575：500-504.

[20] 李锦春.乙醇酸甲酯的合成及其开发前景 [J].四川化工与腐蚀控制，1998（1）：24-27.

[21] 陈群，许平，崔爱军.煤基聚乙醇酸技术进展 [J].化工进展，2011（30）：172-180.

[22] Holm M S，Saravanamurugan S，Taarning E，et al.Conversion of sugars to lactic acid derivatives using heterogeneous zeotype catalysts [J].Science，2010，328：602-605.

[23] 北京新思界国际信息咨询有限公司.2020 年全球及中国聚乙醇酸产业深度研究报告 [R].2020.

[24] Fan H H，Tan J J，Zhu Y L，et al.Efficient hydrogenation of dimethyl oxalate to methyl glycolate over highly active immobilized-ruthenium catalyst [J].Journal of Molecular Catalysis A-Chemical，2016，425：68-75.

[25] Zheng J W，Duan X P，Lin H Q，et al.Silver nanoparticles confined in carbon nanotubes：on the understanding of the confinement effect and promotional catalysis for the selective hydrogenation of dimethyl oxalate [J].Nanoscale，2016，8：5959-5967.

[26] Hu M L，Yan Y，Duan X P，et al.Effective anchoring of silver nanoparticles onto N-doped carbon with enhanced catalytic performance for the hydrogenation of dimethyl oxalate to methyl glycolate [J].Catalysis Communications，2017，100：148-152.

[27] Zhou J F，Duan X P，Ye L M，et al.Enhanced chemoselective hydrogenation of dimethyl oxalate to methyl glycolate over bimetallic Ag-Ni/SBA-15 catalysts [J].Applied Catalysis a-General，2015，505：344-353.

[28] 汪朝阳，赵耀明，严玉蓉，等.直接熔融聚合聚乙醇酸的合成与表征 [J].合成纤维工业，2004（03）：1-3.

[29] Kawakami Y，Sato N，Hoshino M，et al.Production process for injection-molded product of polyglycolic acid：US 6183679 B1 [P].2001.

[30] 山根和行，川上進盟.グリコリドの製造方法及びグリコリド製造用グリコール酸オリゴマー：日本特許，特開 WO2010073512A1 [P].2009.

[31] 南條一成.ポリグリコール酸を主体とする樹脂からなる二軸延伸フィルムおよびその製造方法：日本特許，特開 WO2009107425A1 [P].2006.

[32] 大熊正，山下渉，和田勝.グリコール酸系ポリマー：日本特許，特開 JP2008101030A [P].2008.

[33] 杜中南.草酸二甲酯选择性加氢制备乙醇 Cu 基催化剂的研究 [D].杭州：浙江师范大学，2020.

[34] 伞晓广，市井贵史，任庆生.二甲醚合成乙醇的新方法 [J].甲醇生产与应用技术，2010（1）：23-25.

[35] 白秀丽.乙醇的制备及应用 [J].化工之友，2001，01：37-37.

[36] 夏春晖，裴仁彦，王辉，等.乙烯技术发展现状及展望 [J].煤炭与化工，2020，43（01）：131-134，138.

[37] 许沧栗，杜德兴.含水乙醇在内燃机的应用研究 [J].内燃机工程，2004，25（4）：46-49.

[38] 石社轩，王中雅.乙醇燃料对内燃机经济性的影响 [J].装备制造技术，2008，8：146-148.

[39] 王倩，徐新，郭芳林.乙醇重整制氢催化剂的国内研究进展 [J].中外能源，2008，12（3）：23-29.

[40] 孙杰，吴峰，邱新平，等.燃料电池的氢源技术——乙醇重整制氢研究进展 [J].电源技术，2004，23（7）：452-457.

[41] 吴娟，毕生雷，张成明，等.乙醇及其提取在食品保鲜中的应用 [J].食品研究与开发，2016，37（18）：221-224.

[42] Plotto A，Bai J，Narciso J A，et al.Ethanol vapor prior to processing extends fresh cut mango storage by decreasing

spoilage，but does not always delay ripening［J］. Postharvest Biology and Technology，2006，39（2）：134-145.

［43］陈井影，赵晓松，王玉军. 甲基叔丁基醚（MTBE）研究新进展［J］. 吉林农业大学学报，2004（02）：182-186.

［44］张一峰. 汽油禁用 MTBE，带给炼化业怎样的变局？［J］. 中国石油和化工，2020（09）：18-20.

［45］Oscar J，Carios A. Trends in biotechnological production of fuel ethanol from different feedstocks［J］. Bioresource Technology，2008，99（13）：5270-5295.

［46］宁艳春，陈希海，王硕，等. 纤维素乙醇研发现状与研究趋势分析［J］. 化工科技，2020，28（01）：65-68.

［47］李洪关，张笑然，沈煜，等. 纤维素乙醇生物加工过程中的抑制物对酿酒酵母的影响及应对措施［J］. 生物工程学报，2009，25（9）：1321-1328.

［48］南方，李荣生，温陵生. 乙烯水合制乙醇平衡常数的测定［J］. 石油化工，1986，15（3）：180-183.

［49］胡宗定. 乙烯直接水合制乙醇反应器的数学模拟放大［J］. 化学工程，1980（1）：44-49.

［50］封继康. 乙烯水合制乙醇的热力学分析［J］. 化学通报，1978（6）：47-52.

［51］Subramani V，Gangwai S K. A review of recent literature to search for an efficient catalytic process for conversion of syngas to ethanol［J］. Energy Fuels，2008，22（2）：814-839.

［52］Wang P，Zhang J，Bai Y，et al. Ternary copper-cobalt-cerium catalyst for the production of ethanol and higher alcohols through CO hydrogenation［J］. Applied Catalysis A：General，2016，514：14-23.

［53］邱峰. 合成气制乙醇技术研究进展［J］. 化工技术与开发，2020，49（2）：73-75，92.

［54］Olcay H，Xu L，Xu Y，et al. Aqueous-phase hydrogenation of acetic acid over transition metal catalysts［J］. ChemCatChem，2010，2（11）：1420-1424.

［55］Mustafa B，Havva B. Recent trends in global production and utilization of bioethanol fuel［J］. Applied Energy，2009，86（11）：2273-2282.

［56］Himmel M，Ding S，Johnson D，et al. Biomass recalcitrance：engineering plants and enzymes for biofuels production［J］. Science，2007，315（5813）：804-807.

［57］Chen X，Hou C，Qin C，et al. Ir-catalyzed asymmetric hydrogenation of beta-keto esters with chiral ferrocenyl P，N，N-ligands［J］. RSC Advances，2017，7（21）：12871-12875.

［58］Wang Y，Shen Y，Zhao Y，et al. Insight into the balancing effect of active Cu species for hydrogenation of carbon-oxygen bonds［J］. ACS Catalysis，2015，5（10）：6200-6208.

［59］Zhang J，Gregory L，Yehoshoa B，et al. Efficient homogeneous catalytic hydrogenation of esters to alcohols［J］. AngewandteChemie-International Edition，2006，45（7）：1113-1115.

［60］朱明乔，谢方友，吴廷华. 尿素法合成氨基甲酸甲酯及其应用进展［J］. 浙江化工，2003，34（8）：10-11.

［61］Lin W C，Chang H Y，Chang F H. Exposure to ethylene glycol mono-butyl ether and related workers habits in an ink factory［J］. Iranian Journal Of Environmental Heath Science & Engineering，2008，5（1）：65-72.

［62］Kang Y，Seo Y，Kim D W，et al. Effect of poly（ethylene glycol）dimethyl ether plasticizer on ionic conductivity of cross-linked poly［siloxane-g-oligo（ethylene oxide）］solid polymer electrolytes［J］. Macromolecular Research，2004，12（5）：431-436.

［63］夏迪，陈国需，廖梓珺. 无灰型柴油添加剂的研究现状及发展趋势［J］. 节能技术，2015（02）：155-158.

［64］刘洁，景凯，蒋涛. 乙二醇单甲醚防冰剂对吸热型碳氢燃料的裂解特性研究［J］. 应用化工，2018，47（07）：1322-1326.

［65］Lam J K W，Carpenter M D，Williams C A，et al. Water solubility characteristics of current aviation jet fuels［J］. Fuel，2014，133：26-33.

［66］张怀彬，袁忠勇，张恒. 沸石催化剂上醇的醚化反应［J］. 料化学学报，1997（05）：36-39.

［67］Pariente S，Tanchoux N，Fajula F. Etherification of glycerol with ethanol over solid acid catalysts［J］. Green Chemistry，2009，11（8）：1256-1261.

［68］陈桂，康霞，谭晓婷. SO_4^{2-}/M_xO_y 型固体超强酸的改性及应用进展［J］. 现代化工，2018，38（12）：43-46.

［69］Alexandratos S D. Ion-exchange resins：a retrospective from industrial and engineering chemistry research［J］. Industrial & Engineering Chemistry Research，2009，48（1）：388-398.

［70］Sherrington C D，Hodge P. Syntheses and separations using functional polymers［M］. Chichester West Sussex：Wilcy，1988.

[71] 徐文娟，何学峰，朱新宝.乙二醇二甲醚的合成研究进展 [J].化学工业与工程技术，2010，31（01）：51-55.

[72] Wang Y J，Zhang M. Synthesis and analysis of ethylene glycol methyl ethyl ether [J]. Advanced Materials Research，2013，608-609：1395-1398.

[73] Malherbe F，Depege C，Forano C，et al. Alkoxylation reaction catalysed by layered double hydroxides [J]. Applied Clay Science，1998，13（5-6）：451-466.

[74] 于清跃，张云良，孙飞.脱铝超稳 Y 沸石负载磷钨酸铯盐催化合成乙二醇二甲醚 [J].石油化工，2017，46（11）：1366-1372.

[75] 于清跃，孙飞，朱新宝.ZrO$_2$/TiO$_2$ 催化剂上一步法合成乙二醇二甲醚 [J].化学反应工程与工艺，2017，33（04）：312-318.

[76] 于荟，清跃，魏洪宇.乙二醇二烷基醚的研究进展 [J].化工技术与开发，2016，45（08）：24-26.

[77] Veiga P M，Gomes A C L，Veloso C D O，et al. Etherification of different glycols with ethanol or 1-octanol catalyzed by acid zeolites [J]. Molecular Catalysis，2018，458：261-271.

[78] Liu J F，Liu Y，Yi P G. Synthesis of diethylene glycol ethyl ether with diethylene glycol and ethanol by the catalysis of heteropoly acid [J]. Applied Catalysis A：General，2004，277（1-2）：167-171.

[79] 路芳，徐杰，于维强.固定床连续醚化制备乙二醇二甲醚的方法：中国 201410652650.4 [P].2016-05-18.

[80] 于维强，徐杰，路芳.连续醚化法制备乙二醇单甲醚的方法：CN 201410652647.2 [P].2016-05-18.

[81] 倪友明，朱文良，刘勇.一种制备双封端乙二醇醚的方法：CN 201410804722.2 [P].2016-07-20.

[82] 倪友明，朱文良，刘红超.一种制备双封端乙二醇醚的方法：CN 201410812292.9 [P].2016-07-20.